U0261925

浙江水利年鉴

2019 YEARBOOK OF ZHEJIANG WATER RESOURCES

《浙江水利年鉴》编纂委员会 编

中国水利水电出版社
www.waterpub.com.cn
· 北京 ·

内容提要

本书以详尽的资料，全方位、多角度记录了2018年浙江水利工作的基本情况，客观反映了这一年浙江水利改革发展的进程。本书主要包括综述、大事记、重要文献、水文水资源、防汛防台抗旱、水利建设、水利管理、依法行政、能力建设、地方水利、厅直属单位、附录12个专栏。

本书适合各地各级水利工作者尤其是浙江水利工作者阅读，也适合对浙江水利工作感兴趣的读者参考。

图书在版编目（CIP）数据

浙江水利年鉴. 2019 / 《浙江水利年鉴》编纂委员会编. -- 北京 : 中国水利水电出版社, 2019.12
ISBN 978-7-5170-8354-2

Ⅰ. ①浙… Ⅱ. ①浙… Ⅲ. ①水利建设—浙江—2019—年鉴 Ⅳ. ①F426.9-54

中国版本图书馆CIP数据核字(2019)第299759号

书　名	浙江水利年鉴2019 ZHEJIANG SHUILI NIANJIAN 2019
作　者	《浙江水利年鉴》编纂委员会　编
出版发行	中国水利水电出版社 （北京市海淀区玉渊潭南路1号D座　100038） 网址：www.waterpub.com.cn E-mail：sales@waterpub.com.cn 电话：（010）68367658（营销中心）
经　售	北京科水图书销售中心（零售） 电话：（010）88383994、63202643、68545874 全国各地新华书店和相关出版物销售网点
排　版	杭州尚艺坊文化艺术策划有限公司
印　刷	杭州捷派印务有限公司
规　格	184 mm×260 mm　16开本　19.5印张　310千字　6插页
版　次	2019年12月第1版　2019年12月第1次印刷
印　数	001—800册
定　价	280.00元

2018 年 8 月 28 日，省委书记车俊（右二）调研平阳县水头水患治理工作

（平阳县水利局　提供）

2018 年 6 月 7 日，水利部部长鄂竟平（左二）赴浙江开展最严格水资源管理制度考核现场检查

（柳贤武　摄）

2018年12月17日，省委副书记、省长袁家军（中）出席全省农村饮用水达标提标行动电视电话会议并讲话

（王　超　摄）

2018年12月6日，水利部副部长蒋旭光（前排中）调研缙云县潜明水库

（丽水市水利局　提供）

2018 年 9 月 21 日，水利部副部长陆桂华（左三）调研浙江省水利河口研究院六堡试验基地
（蒋　超　摄）

2018 年 5 月 3 日，副省长彭佳学（前排左二）检查湖州市防汛工作
（长兴县水利局　提供）

2018 年 7 月 26 日，省水利厅厅长马林云（前排右二）调研姚江上游西排工程

（王　超　摄）

2018 年 4 月 24 日，省水利厅召开全省水利系统党风廉政建设工作视频会议

（王　超　摄）

1. 2018 年 5 月 29 日，全省防汛抢险演练在丽水市举行（图为船只遇险救援） （柳贤武　摄）

2. 2018 年 3 月 22 日，美丽河湖、美好生活——首届浙江省亲水节暨“世界水日”“中国水周”主题活动在仙居县举行 （谢根能　摄）

3. 2018 年 2 月 6 日，浙江河长学院首期河长培训班在丽水市开班 （何沪彬　摄）

2018 年 12 月，仙居县盂溪水库大坝主体完工

（刘柏良　摄）

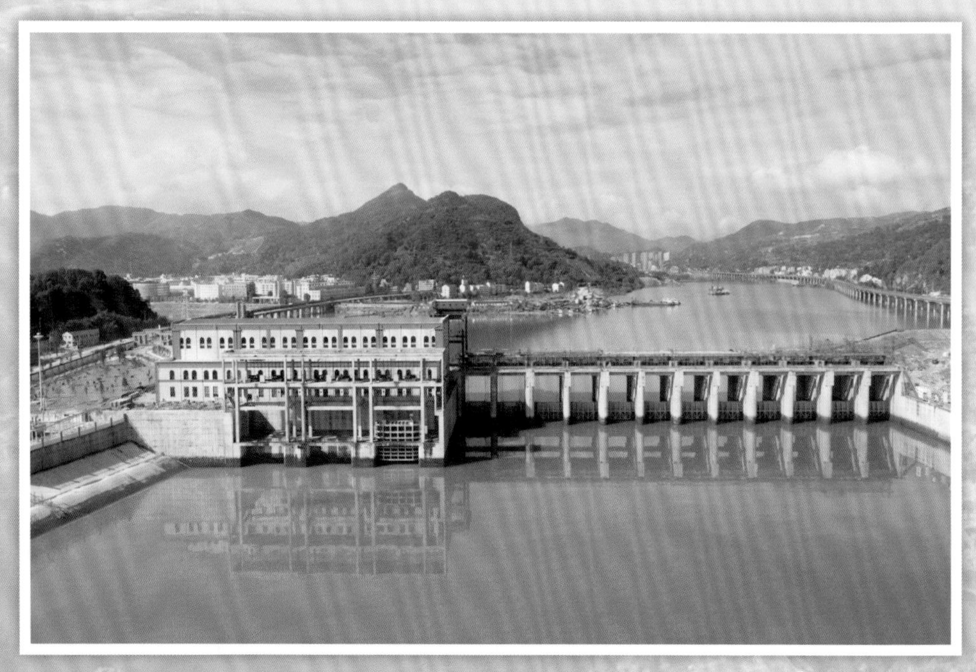

2018 年 8 月，青田水利枢纽工程下闸蓄水

（解宝山　摄）

2018 年 12 月，苕溪清水入湖河道整治工程全面建成

（林 杰 摄）

2018 年 9 月，温州市鹿城区瓯江绕城高速至卧旗山段海塘工程通过完工验收

（袁华义 摄）

2018 年 11 月，龙泉市安仁镇安福水厂完工通水

（丽水市水利局　提供）

2018 年 12 月，温州市泽雅水库管理站通过考核验收成为国家级水管单位

（潘胜波　摄）

2018 年省级“美丽河湖”展示（部分一）

上图：温州乐清市中运河（温州市水利局　提供）

下图：嘉兴海宁市鹃湖（嘉兴市水利局　提供）

2018 年省级“美丽河湖”展示（部分二）

上图：衢州市龙游县灵山江　　　　　　　　（衢州市水利局　提供）

下图：台州市天台县始丰溪城区段　　　　　　（台州市水利局　提供）

《浙江水利年鉴》编纂委员会

《浙江水利年鉴》编辑部

编 辑 说 明

一、《浙江水利年鉴》由浙江省水利厅主办，反映浙江水利事业改革发展和记录水利事实、汇集水利统计资料的工具书。从2016年开始，逐年连续编辑出版，每年一册。2019年卷主要收录2018年的资料和情况。

二、《浙江水利年鉴2019》共设12个专栏：综述、大事记、重要文献、水文水资源、防汛防台抗旱、水利建设、水利管理、依法行政、能力建设、地方水利、厅直属单位、附录。

三、专栏包含正文、条目和表格。标有【 】者为条目的题名。

四、正文中基本将“浙江省”略写成“省”。

五、《浙江水利年鉴2019》文稿实行文责自负。文稿的技术内容、文字、数据、保密等问题均经撰稿人所在单位和处室把关审定。

六、《浙江水利年鉴2019》采用中国法定计量单位。数字的用法遵从国家标准《出版物上数字用法》(GB/T 15835 — 2011)。技术术语、专业名词、符号等力求符合规范要求或约定俗成。

七、《浙江水利年鉴2019》编纂工作得到浙江省各市水利部门和省水利厅各处室、直属单位领导和特约撰稿人的大力支持，在此表示谢忱。限于编辑水平和经验，《浙江水利年鉴2019》难免有缺点和错误，敬请广大读者和各级领导提出宝贵意见，以便改进工作。

2019年12月

目　录

综　述

大事记

重要文献

水文水资源

防汛防台抗旱

水利建设

水利管理

依法行政

能力建设

地方水利

厅直属单位

附　录

综　述

Overview

001 ～ 006 页

2018年浙江水利发展综述

2018年是全面贯彻党的十九大精神的开局之年，是决胜全面建成小康社会、实施“十三五”规划承上启下的关键一年。全省水利系统深入贯彻习近平新时代中国特色社会主义思想，积极践行新时代治水方针，锐意改革创新、勠力真抓实干，推动水利各项工作取得重大进展。

一、防汛防台减灾效益显著

2018年，全省平均降水量与常年持平，但时空分布不均，嘉兴市受台风影响出现20～50年一遇高水位，温岭、玉环等地降水持续偏少，局部旱情较重。出梅后，浙江省在1个多月时间内连续遭受8号“玛莉亚”、10号“安比”、12号“云雀”、14号“摩羯”、18号“温比亚”等5个台风影响。面对复杂形势，全省各级水利部门、单位坚持“一个目标、三个不怕”，周密部署，及时响应，科学调度，竭尽全力减少人员伤亡和财产损失。按照“网格化、清单式”管理的要求，全省共落实各类防汛责任人31万名，培训人员9.7万人次，修订预案1 200余个，储备了总价值约7.68亿元的防汛物资，组建了3.47万人的县级以上防汛抢险和抗旱服务队。结合省级防汛督查，组织开展水库安全度汛专项行动，全面落实4 318座水库安全度汛措施，并在3月底前全部完成1 085处水毁工程修复。

台风影响期间，省防指进一步强化监测预报预警，密切监视台风动态和水情、雨情、工情，累计开展水文预报910站次，发出山洪灾害预警1.28万次。在台风行进路径复杂多变的情况下，密切跟踪，准确研判，及时启动应急响应，突出抓好避险管控。全省共启动防汛防台应急响应637次，转移危险区域人员116万人次。严格执行水库控运计划，在台风影响期间，全省水库拦蓄水量2.19亿m^3，在有效减轻下游江河行洪压力的同时，显著增加东阳、义乌、温岭、玉环等地水库蓄水，缓解供水紧张状况，充分发挥水利工程兴利除害功能。特别是12号台风“云雀”期间，嘉兴市遭遇强降雨，河网水位迅速上涨，正是依靠南排工程前期预排腾出的调蓄容量，以及太浦闸的临时关闭，有效减轻防洪压力，减少灾害损失。2018年全省因灾直接经济损失17.92亿元，为2003年以来最少，仅为近15年平均值的10%，并实现了人员零伤亡。

二、水利工程建设推进有力

在土地、资金等资源要素制约程度不断加大的形势下，水利建设仍然保持高投入、高速度、高质量，全年完成投资563.6亿元，并连续第4年实现年度完成投资超过500亿元。

深入开展“千人万项”“三百一争”

指导服务，建立“月报季查年考”推进机制，加快“百项千亿防洪排涝工程”等重大水利项目建设速度。2018 年，全省“百项千亿防洪排涝工程”完成投资 233.3 亿元，为年度计划的 101%。列入国家“172 重大项目”的“治太五大工程”基本完工见效，朱溪水库导流洞全线贯通，舟山大陆引水三期工程的大沙调蓄水库已完成坝体填筑。面上建设任务中，完成主要江河堤防（海塘）加固 137.3 km、水库除险加固 120 座、圩区整治 2.13 万 hm^2、山塘整治 558 座、新增高效节水灌溉面积 3.01 万 hm^2、围垦 0.2 万 hm^2、147.3 万农村人口饮水安全条件提升，均达到计划进度的要求。

在姚江上游西排工程试点的基础上，已将 10 个重大水利建设项目纳入全过程动态管理平台，对设计、监理、施工等各环节记录实行统一管理，进一步规范和落实质量行为，确保工程质量经得起检验。深化项目稽察和质量隐患排查，全年组织 40 余批次专家对 50 个重点在建工程进行全面稽察，发现问题隐患 101 个，提出意见建议 207 条，并一对一抓好问题整改落实。全省水利工程未发生质量事故。同各市水利局签订安全生产目标管理责任书，逐级落实安全生产责任。

部署开展安全生产大检查、施工安全专项治理等活动，对全省 59 个项目进行安全巡查，下发整改通知 43 份，有效遏制重特大安全事故发生。持续开展“安全生产月”宣教活动，对施工和监理企业法人代表进行安全生产培训，营造行业安全生产浓厚氛围。全省水利安全生产形势持续稳定向好。浙江省政府出台农村饮用水达标提标三年行动计划，高规格召开动员大会，明确到 2020 年底完成 803 万农村人口达标提标任务，实现“有水喝”向“喝好水”转变。启动美丽河湖建设，综合整治河道 700 km，创建市级美丽河湖 152 条（个），省级美丽河湖 30 条（个）。农饮水达标提标和美丽河湖建设两大惠民工程入选 2019 年度省政府民生实事。

三、科学管水治水能力增强

强势推进水事管理法治化、工程管理标准化，贯彻落实最严格水资源管理制度，全面推进节水型社会建设和水生态文明建设，顺利通过 2017 年度最严格水资源管理国家考核，用水总量等 6 项考核指标均超额完成国家下达的目标任务，连续 4 年获评优秀等级，获得国家财政奖励资金 5 000 万元。国家考核组高度评价浙江省：水资源开发利用水平和用水效率不断提升，水生态、水环境状况不断改善，水资源管理水平不断提高，开启了新时代科学管水治水的新探索、新实践。

开展《浙江省水域保护办法》立法调研和初稿起草，向省人大争取将《浙江省节约用水与水资源管理条例》列入 2019 年立法计划。严格做好规范性文件合法性审查、备案和清理工作，全年开展 7 轮专项清理，出具 15 件合法性审查意见，其中 1 件获评全省优秀。出台《大中型水库管理规程》《大中型水闸运行管理规程》等 2 项省级地方标准，进一步完善水事管理法制化、工程管理标准化体系。

建立省、市、县舆情信息共享机制，发现问题及时通报，督促查办，并跟踪处置过程。深化河湖长制工作，组织开展河湖“清四乱”、采砂整治、河湖执法省级专项执法等督查活动，加大河湖执法监管力度，全省河湖已实现全面禁采。主动与省检察院合作，建立信息交换、情况通报、案件移送、专业支持等机制，联合推进涉水公益诉讼。2018年，全省水行政执法部门共出动执法人员3.7万人次、车辆1.1万次、船只2 806次，累计巡查河道14.6万km、水域2.8万m^2，查处水事违法案件244件，排查“四乱”问题1 310个。

实施水资源管理专项行动，建立取用水监管长效管理机制，开展非法取用水专项整治工作，共排查整改非法取用水及日常监管失位行为近3 000例。实行水功能区通报制度，对水质评价不达标的水功能区进行通报，督促各地采取措施提高水质达标率。完成16个全国重要饮用水水源地安全保障达标建设，加强对饮用水源地的保护管理。推进入河排污口规范化建设和监督性监测，实现规模以上入河排污口全覆盖。

加强流域水生态补偿有关政策研究，探索建立省内流域水生态奖优惩劣的保护补偿机制。积极研究流域横向生态补偿水量指标及其测算方法，在全国率先建立流域上下游横向生态保护补偿机制，指导衢州、常山、龙游、开化等市县签署钱塘江流域上下游补偿协议。加快水土流失综合治理步伐，全年共完成水土流失治理面积340 km^2。开展农村水电站生态流量下泄情况集中检查，推进绿色水电创建，完成修复（含退出）农村水电站19座，着力推动河流生态修复。

四、重点领域改革持续深化

深化“最多跑一次”水利改革，省级所有事项实现“最多跑一次”，提前5个月达到浙江省政府要求，且网上办理比例达到100%。区域防洪影响、水资源论证、水土保持方案“三合一”初显成效，入园项目涉水审批可实现当天办结。大力推进“一件事”办理机制，将涉水审批项目平均办结时间缩短至5.5个工作日，办结量较2017年度增加51%。同时，以“最多跑一次”改革为牵引，带动水利其他重点领域改革向纵深推进。

召开省水利厅系统机关和事业单位负责人座谈会2场，市县水利部门座谈会13场，个别访谈65人次，广泛征求机构调整和职责优化的意见建议，并专程赴水利部了解对接水利部“三定”方案制订情况。全省机构改革动员大会后，迅速召开精神传达会，统一思想认识，严明纪律规矩，部署开展职责划转、人员转隶、制定部门“三定”、事业单位行政职能回归等相关工作，切实把思想和行动统一到中央和省委的决策部署上来。

建立省、市、县三级改革领导机构，水利、财政、农业、物价、国土等相关部门均建立改革工作机制。全省11个市、84个（市、区）开展农业水价综合改革试点，均制定出台改革方案、精准补贴和节水奖励办法，进一步完善改革机制。其中，平湖、德清、浦江、龙湾、嵊泗、洞头等6个县（市、区）完成全部改革任务。全省实施改革面积27.5万hm^2（412万亩），超年度计划49%。

加强与金融机构合作，争取国家开发银行、农业银行等政策性银行、商业银行发放水利贷款60.2亿元。全省年度新签订13个PPP项目，引入社会资本84.7亿元。全省6个水利投融资改革试点工作有序推进。有序推进杭州市东苕溪流域水权制度改革试点，研究编制水资源使用权证，推进水资源使用权交易工作，积极盘活水利资产。

五、清廉队伍建设抓严抓实

认真学习贯彻党的十九大精神，以党支部标准化建设为抓手，着力加强省水利厅系统党的建设，落实全面从严治党主体责任，为新时代浙江省水利现代化建设提供坚强的政治和纪律保障。省水利厅机关党的建设经验，得到上级有关部门的充分肯定，并在全省机关党建工作会议、长三角地区机关党建论坛等会议上作为典型进行经验交流。

省水利厅党组全面部署开展“遵守六大纪律”警示教育月专项活动，着力抓好“以案说法，对标自查”“问题导向，互帮互查”“整改落实，承诺履诺”等实施环节，将警示教育覆盖到省水利厅系统每一个单位、部门，每一位干部职工。通过警示教育，推动省水利厅系统广大干部职工牢固树立“四个意识”，坚定“四个自信”，做到“两个维护”，自觉在思想上政治上行动上同党中央保持高度一致。完成省水利厅系统全面从严治党第一轮巡察，对部分厅属单位开展“回头看”，进一步压紧压实“两个责任”。

按照省委开展“大学习大调研大抓落实”活动的部署要求，组织开展省水利厅系统“看优势、找短板、谋发展”大调研，省水利厅系统489名干部职工结合“千人万项”蹲点指导服务活动，深入基层企事业单位437家，基层站点、一线工地428个，召开座谈会381场，形成各项专题调研报告44篇。通过大调研，全面系统总结15年来“八八战略”在水利系统的实践成效，查找水利各领域存在的不足和短板，提出一系列相配套的实现水利现代化的思路对策。

精心组织开展党的十九大精神轮训，引导干部自觉运用新理念新思想新战略武装头脑、指导实践、推动工作。围绕“百项千亿防洪排涝工程”、水利工程标准化管理等重点水利工作开展业务培训，不断提升水利干部职工理论水平和业务能力。选派14名挂职干部深入基层水利部门和省级部门挂职锻炼，在基层实践中培养和煅炼干部。加强高层次高技能人才培养，推荐2人享受国务院政府特殊津贴、2人入选省“151”人才第三层次培养人选；2人获“全国水利技能”大奖（全国共20名），3人获“全国水利技术能手”称号。

大 事 记

Memorabilia

007 ～ 020 页

2018年大事记

1月

5日 省水利厅下发《关于实施遏制重特大事故工作指南 构建浙江省水利“双重预防机制”的指导意见》，要求各地、各单位结合水利安全生产工作实际，深入推进浙江省水利行业安全生产风险分级管控和隐患排查治理工作；各类水利生产经营单位要落实风险管控和隐患排查治理主体责任，全面排查安全风险和事故隐患，实现安全风险自辨自控、隐患自查自改，夯实防范和杜绝重特大事故的基础。

9日 国家发展改革委发布《关于下放政府出资水利项目审批事项的通知》，通知将部分政府出资地方水利项目的审批权限下放给省级发展改革部门，并强调各地要严格项目建设标准和资金落实真实性审核，合理把握项目审批建设规模、节奏和时序，严控新增地方政府债务。

18日 省财政厅、省环保厅、省发展改革委、省水利厅等部门联合印发《关于建立省内流域上下游横向生态保护补偿机制的实施意见》，标志着浙江省率先建立流域上下游横向生态保护补偿机制。

19日 省水利厅召开厅务会议，深入学习贯彻党的十九大、省党代会和全国水利厅局长会议、全省水利工作会议精神，总结2017年工作亮点和经验，研究部署2018年工作任务。省水利厅党组书记、厅长陈龙在会上强调，要深入贯彻落实党的十九大精神，振奋精神、鼓足干劲，扎实做好新一年水利各项工作，为推进水利现代化建设开好局、起好步，为浙江省决胜全面建成小康社会作出新的贡献。

水利部精神文明建设指导委员会印发《关于水利系统第五届全国文明单位和第八届全国水利文明单位的通报》，省委、省政府印发《关于命名表彰浙江省示范文明城市（县城、城区）和文明村镇、文明单位的通报》，省水利科技推广与发展中心均榜上有名，被授予“全国水利文明单位”“浙江省文明单位”称号。

2月

7日 省质量技术监督局批准发布《大中型水库管理规程》（DB33/T 2103—2018），于2018年3月10日起实施，这标志着浙江省在全国率先颁布实施大中型水库管理省级地方标准。

9日 省水利厅召开厅机关干部职工大会，回顾总结2017年工作，表彰2017年度省水利厅系统先进集体和优秀个人，并就春节期间相关工作进行部署。省水利厅党组书记、厅长陈龙在会上强调，要深入学习贯彻党的十九大精神和省“两会”精神，按照《浙江省水利现代化行动计划（一期2018—2022年）》和《2018年工作要点》，继续毫不松懈地抓好落实，扎实做好新一年水利各项工作，为推进水利现代化建设开好局、起好步。

23日 省安全生产委员会通报2017年度安全生产目标管理责任制考核结果，

省水利厅等6个部门考核等次被评为优秀，这也是省水利厅连续3年在安全生产目标管理责任制考核中获得优秀。

24日 省委农村工作会议在杭州召开，对2017年社会主义新农村建设优秀单位进行表彰。衢州市等7个市、杭州市临安区等39个县（市、区）及包括省水利厅在内的18个省直单位被评为2017年社会主义新农村建设优秀单位。

3月

1日 水利部太湖流域管理局局长吴文庆一行来浙江省调研指导河湖长制、172项重大水利工程建设和智慧水利等工作。

9日 省防指召开省级防汛督查专题部署会，对全省防汛准备工作进行督查。

14日 浙江省地方标准《大中型水闸运行管理规程》（DB33/T 2109—2018）经省质量技术监督局批准发布，于2018年4月14日起实施。

22日 省水利厅联合台州市人民政府，仙居县委、县政府在仙居永安溪畔举行“美丽河湖 美好生活”——首届浙江省亲水节暨3·22“世界水日”主题活动。

30日 省水利厅印发《2018年度全省水利工程标准化管理工作要点》，文件要求进一步明确目标、突出长效、完善平台、多措并举，有序推进水利工程标准化管理各项工作，2018年底前基本完成大中型水利工程标准化管理创建验收，全省全年力争完成2 300处水利工程标准化管理创建验收。

4月

1日 省水利厅召开干部大会，宣布省委关于省水利厅主要负责人调整的决定，马林云同志任省水利厅党组书记、厅长。

4日 省防指常务副指挥、省水利厅厅长马林云赴省防指办，专门听取当前防汛备汛有关工作情况汇报。他强调，要切实提高政治站位，深入学习贯彻党的十九大以及全国国土绿化、森林防火和防汛抗旱工作电视电话会议精神，践行新时代水利工作方针和治水新思路，坚持“一个目标、三个不怕”的防汛防台理念，狠抓责任落实，全力做好当前防汛备汛各项工作。

10日 省水利厅厅长马林云主持召开专题会议，听取水利系统“最多跑一次”改革工作情况汇报。他强调，要进一步提高认识水平、加大工作力度，以更高标准、更优服务深入推进“最多跑一次”改革，切实增强人民群众的改革获得感，为实现“两个高水平”建设目标展现水利新担当。

13日 省防指常务副指挥、省水利厅厅长马林云赴省防指办专门听取汛期值班等有关准备工作情况汇报。他强调，各级防汛部门要立足防大汛、抢大险、救大灾，压实汛期值班责任，全力做好防汛抗灾各项准备工作。

16日 省防指召开成员单位暨全省防汛工作视频会议，贯彻落实国家防总有关会议精神和省委、省政府有关防汛防台抗旱工作要求，分析研判2018年浙江省防汛防台抗旱形势，安排部署防汛防台抗旱工作任务。副省长、省防指指挥彭佳学出席会议并讲话。

17日 省人大常委会副主任史济锡率省人大农委主任委员章文彪，副主任委员王敏奇、迟全华等来省水利厅调研指导。省水利厅党组书记、厅长马林云和在杭厅领导参加座谈。

18日 省防指常务副指挥、省水利厅厅长马林云率省防指办及相关处室负责人，赴兰溪市检查指导防汛工作。

20日 农历三月初五谷雨时节，一年一度的公祭典礼在绍兴市大禹陵祭祀广场举行。水利部副部长魏山忠、省人大常委会副主任姒健敏、副省长彭佳学、省政协副主席马光明作为主祭人出席典礼并敬献花篮。省水利厅厅长马林云参加典礼。

水利部副部长魏山忠赴中国水利博物馆调研指导工作，省水利厅厅长马林云陪同调研并参加座谈。

24日 副省长彭佳学一行在省水利厅调研指导水利工作。他强调，在新的历史征程中，水利系统要提高政治站位，彰显水利担当，高水平推进水利现代化建设，为浙江省经济社会持续健康发展提供坚实的水利支撑和保障。

省水利厅召开全省水利系统党风廉政建设工作视频会议。会议强调，全省水利系统要以习近平新时代中国特色社会主义思想为指导，全面学习贯彻党的十九大精神，坚决维护习近平总书记在党中央和全党的核心地位，按照十九届中共中央纪委二次全会和省纪委十四届二次全会精神，树牢“四个意识”，坚定“四个自信”，弘扬“红船精神”，狠抓责任落实，坚决夺取党风廉政建设和反腐败斗争的新胜利。要增强政治定力，坚决维护党中央权威和集中统一领导；要保持高压态势，全力确保“两个责任”落到实处；要严守“八项规定”精神，巩固拓展行业作风建设成果；要坚持挺纪在前，实践运用好“四种形态”，切实为新时代水利现代化建设提供政治和纪律保障。

25日 省防指常务副指挥、省水利厅厅长马林云率省防指办及相关处室负责人赴东苕溪流域检查指导防汛工作。

26日 省水利厅党组书记、厅长马林云专题听取水利信息化工作情况汇报。他强调，要紧跟信息技术发展的整体趋势和方向，科学谋划，群策群力，大力推进智慧水利建设，打造浙江省水利信息化特色亮点，全面提升浙江省水利信息化工作水平，为新时代水利现代化建设提供强力驱动和有力支撑。

5月

2日 副省长、省防指指挥彭佳学率省防指检查组赴嘉兴、湖州两市，检查指导防汛工作。他强调，要按照习近平总书记提出的“一个目标、三个不怕”的总要求和“两个坚持、三个转变”的防灾减灾新理念，准确把握防汛防台抗旱工作面临的新形势、新要求，着眼长远、统筹谋划，构建系统完善、安全可靠的新时代防洪排涝减灾体系，为浙江省“两个高水平”建设提供坚实的水安全保障。

省水利厅厅长马林云专题听取河（湖）长制及美丽河湖建设工作汇报。他强调，要按照中共中央有关文件要求和省委省政府有关领导批示精神，围绕富民强省十大行动工作部署，继续高标准高质量推进河长制工作，全面建立并深化落实湖长制工作，加快推进美丽河湖建设行动，为浙江省扎实推进“两个高水平”建设提供坚实的水利保障。

7 日 经省政府同意，省水利厅等九部门联合印发《关于印发 2017 年度实行最严格水资源管理制度考核结果的通知》，全省 11 个设区市考核等级均为优秀，其中绍兴、衢州、金华名列前三。

10 日 省水利厅厅长马林云带队前往杭州三堡排涝工程，检查指导杭州市防汛工作。

13 日 省防指召开全省水库安全度汛工作紧急视频会议。会议强调，要深入贯彻落实习近平总书记、李克强总理等中央领导重要批示和全国水库安全度汛视频会议精神，认真落实省委、省政府决策部署，按照副省长、省防指指挥彭佳学批示要求，把水库安全度汛作为防汛防台工作的重中之重，以更高的站位、更严的要求、更实的举措、更好的成效，确保水库安全度汛，为全省推进新时代“两个高水平”建设提供坚实的水利保障。

16 日 省水利厅召开专题会议对“遵守六大纪律”警示教育月专项活动进行动员部署。会议强调，要立足严守“六大纪律”，扎实推进警示教育月专项活动，积极营造风清气正的政治生态，为新时代浙江水利现代化建设提供坚强的政治和纪律保障。

18 日 省水利厅党组书记、厅长马林云专题听取党支部标准化建设工作汇报。他强调，要继续推进党支部标准化建设，进一步强氛围、树典型、出效果、求创新，打造党支部标准化建设的 2.0 版本，为浙江省新时代水利现代化建设提供坚强的政治保障。

22 日 省水利厅厅长马林云率相关处室负责人赴杭州市大江东产业集聚区调研重大水利项目建设。

29 日 2018 年浙江省暨丽水市防汛演练在丽水市莲都区南明湖畔举行，省防指常务副指挥、省水利厅厅长马林云出席演练并下达演练指令。省、市、县三级救援队伍和保险公司、民间组织等共 25 家单位参与演练，来自全国各地的 30 余家抢险物资装备生产企业展示最新的防汛抢险产品、设备。

6 月

1 日 省水利厅制定出台《浙江省美丽河湖建设实施方案（2018 — 2022 年）》，要求各地水利部门充分认识美丽河湖建设的重大意义，加快制定工作方案、技术标准，开展美丽河湖评选及试点示范引领，加强组织领导、强化监督考核、加大资金投入、注重宣传引导，形成“上下同欲，勠力同心”的良好氛围，确保美丽河湖建设取得实效，为新时代美丽浙江建设提供坚实的河湖基础支撑和生态环境保障。

省政府召开省水资源管理和水土保持工作委员会会议，副省长彭佳学主持会议并讲话。会议强调，要认真学习领会习近平总书记新时代治水思路和 2018 年以来在长江经济带发展座谈会、全国生态环境保护大会上的一系列重要讲话精神，从落实以人民为中心发展思想、生态优先和高质量发展的高度，进一步提高认识、强化协同、锐意创新，统筹抓好新时代水资源管理工作。

6日　水利部部长鄂竟平率检查组，对浙江省2017年度最严格水资源管理制度开展考核检查。副省长彭佳学主持汇报会并陪同检查。鄂竟平强调，今后浙江要进一步深入学习贯彻习近平总书记提出的“节水优先、空间均衡、系统治理、两手发力”的新时代水利工作方针，紧紧盯住水灾害、水资源、水环境、水生态四大问题，按照走在前列的要求，深入研究新时代水利工作的定位与任务，继续开拓创新，为全国水利改革发展提供更多的浙江经验。

省水利厅厅长马林云专题听取农业水价综合改革和农村饮水安全工作汇报。他强调，要按照中央和省委、省政府关于农业水价综合改革的部署要求，结合实际，突出重点、抓住关键、强化保障、攻坚克难，加快推进农业水价综合改革进程；要紧紧围绕“两个高水平”建设目标，摸清底数、统筹规划，高水平巩固提升农村饮水安全，为乡村振兴战略提供坚实的农村供水保障。

8日　省水利厅印发《关于加强美丽河湖建设的指导意见》。

14日　在全省政府法制宣传信息工作会议上，省水利厅被评为全省政府法制宣传信息工作先进单位，这也是省水利厅连续第四年获此殊荣。

20日　省水利厅厅长马林云率厅有关处室负责人，赴台州市调研水利工作。

27日　由水利部文明办和中国水利政研会主办的水利部水文化建设专家研讨会在浙江水利水电学院召开。来自中国水利科学研究院、中国水利水电出版社、海河水利委员会及有关省市水利部门的30余位专家学者齐聚一堂，主要围绕开展水文化理论研究的发展方向和基本思路、提升水工程文化和河湖文化的内涵品位、加强水利遗产保护和利用、加强水文化教育传播的载体建设等内容进行热烈深入的研讨。

28日　浙江省水利工程检测协会成立大会暨第一届会员代表大会在杭州市召开。会议审议并表决通过《浙江省水利工程检测协会章程》（草案）等有关制度，选举产生第一届理事会、会长、副会长及秘书长，省水利河口研究院当选为第一届会长单位。

省水利厅组织对兰溪市芝堰水库除险加固工程进行蓄水验收。验收委员会经过充分讨论，一致同意芝堰水库除险加固工程通过蓄水验收。芝堰水库是兰溪市库容最大的中型水库，也是全市最大的饮用水水源地，除险加固后，水库以供水、灌溉为主，总库容3 912万m^3，正常蓄水位提高至147.0 m，增加兴利库容637万m^3，供水能力提升至10万t/d。

7月

2日　省水利厅与省气象局在省防指举行共享水文气象信息数据合作备忘录签署仪式。合作备忘录的签署，标志着双方将全面开展水文、气象信息共享工作，并确定共享未来降雨预报信息、共享水文气象监测信息、建立传输专线及保障、建立常态化联络合作机制等4个方面事项。

5—6日　省水利厅厅长马林云率厅有关处室负责人，赴舟山市调研水利工作。

11日　副省长、省防指指挥彭佳学主持召开8号台风“玛利亚”登陆后的会商分析会，传达贯彻省委书记车俊的重要指示精神，视频连线温州、台州、丽水等市，听取防御工作情况，研究台风登陆后的防御对策措施。彭佳学强调，各地要认真贯彻落实省委书记车俊的重要指示精神，发扬连续作战的作风，保持战斗状态，思想不松，力度不减，坚守岗位，认真履职，坚决打赢第8号台风防御战。

副省长、省防指指挥彭佳学再次主持召开台风防御工作会商会，要求各地贯彻省长袁家军的重要指示精神，研究部署下一步防御措施，并视频连线温州、台州、丽水等市，了解防御工作的最新情况。他强调，各地要继续发扬连续作战的作风，严格防台责任，强化应急值守，加强安全管理，善始善终地做好第8号台风防御工作，确保“不死人、少伤人、少损失”。要准确把握当前形势，时刻保持清醒头脑，继续强化监测预报预警，落实好下一阶段防台工作；要严格防台责任，持续做好应急值守，毫不松懈地坚守好安全底线；要加强隐患险情排查，针对新情况新形势找准薄弱环节，做好避险管控；要强化人员和船只安保，确保万无一失；要全力做好救灾工作，尽快恢复生产生活秩序。

12日　省水利厅召开厅党组理论学习中心组扩大学习会，专题传达学习贯彻习近平总书记对浙江工作的重要指示精神和省委常委会议精神以及省政府党组（扩大）会议精神，研究部署省水利厅系统贯彻落实意见。会议强调，省水利厅系统各级党组织和广大党员干部职工要深刻学习领会习近平总书记重要指示——走在前列。

13日　省水利厅召开厅党组理论学习中心组扩大学习会。会议围绕“跟着习近平总书记读好书”的主题，进行“大学习”成果交流。

17日　水利部副部长田学斌带领农水司和规计司相关负责人，赴浙江省开展贯彻落实实施乡村振兴战略水利专题调研。省水利厅厅长马林云向调研组介绍浙江水利工作。

省水利厅召开全省市级水利局长会议。会议强调，要认真学习贯彻习近平总书记对浙江工作的重要指示精神，以“八八战略”再深化、改革开放再出发为新起点，攻坚克难，真抓实干，高标准谋划推进浙江水利工作，切实扛起水利“干在实处永无止境、走在前列要谋新篇、勇立潮头方显担当”的使命和责任。

20日　省防指召开全省防台风工作视频会议，传达贯彻习近平总书记和李克强总理重要指示批示，省委书记车俊、省长袁家军和省委副书记郑栅洁的批示，省委全会和国家防总异地视频会商会精神，分析研判第10号台风“安比”的发展变化和防御形势，全面动员部署防台风工作。副省长、省防指指挥彭佳学出席会议，强调要坚决克服麻痹松懈轻敌思想，强化责任担当，全力以赴投入防台工作，坚决打赢防台攻坚战，确保人民群众生命财产安全。

21日　国家防总秘书长、水利部副部长兼应急管理部副部长叶建春率国家防总工作组赴浙江检查指导防台风工作。副省长、省防指指挥彭佳学参加汇报会。会上，省防指常务副指挥、省水利厅厅长马林云分析台风“安比”的特点，防御重点和难点等情况，汇报防御工作措施和下一步工作安排。

省防指常务副指挥、省水利厅厅长马林云先后视频连线宁波、舟山、嘉兴及岱山等地，了解各地防御台风“安比”的最新情况，并逐一进行有针对性部署。

23日　省水利厅召开厅机关干部职工大会，专题传达学习贯彻省委十四届三次全会精神和省纪委十四届三次全会精神。会议强调，省水利厅系统各级党组织要把学习贯彻省委、省纪委两个全会精神作为当前和今后一段时间重要政治任务来抓，把思想和行动统一到省委、省纪委全会的决策部署上来，深刻领悟习近平总书记赋予浙江的新要求新使命新期望，进一步增强紧迫感和责任感，扎扎实实做好当前各项工作。

26日　省水利厅厅长马林云带队调研浙东引水工程，并对姚江上游西排工程一线建设者进行高温慰问。马林云强调，要以更高的要求、更高的标杆自我加压，加快工程建设，强化工程管理，更好地发挥浙东引水工程的综合效益。

31日　省水利厅召开全省水利投资执行会商会暨河（湖）长制工作推进视频会议，就加快水利建设、提高水利投资、深化落实河湖长制等重点工作进行再部署再落实。

8月

1日　省防指常务副指挥、省水利厅厅长马林云召集水利、气象、海洋、水文等部门召开会商会，分析研判2018年第12号台风“云雀”的发展趋势，研究相应的防御措施。

3日　省防指常务副指挥、省水利厅厅长马林云主持召开会商会，研究12号台风“云雀”登陆后对浙江省产生的影响以及应对措施。会议强调，在台风警报解除前，继续毫不松懈地做好防御工作。密切监视台风动向，加强水雨情监测，及时滚动预报，为决策指挥提供依据；指导嘉兴市做好城镇防洪排涝工作，将内涝积水的影响降到最低限度；加强水库、山塘和堤防的安全巡查，发现险情，及时处置，确保安全。会后，省水利厅立即派出工作组赴嘉兴市指导防洪排涝工作。

6日　省水利厅、省发展改革委、省财政厅、省卫生计生委、省环保厅、省住建厅等六部门联合印发《浙江省农民饮用水达标提标专项行动方案》，正式启动实施“农民饮用水达标提标专项行动”。

8—9日　省水利厅厅长马林云赴杭州市调研水利工作。他强调，要以高度负责的态度，勇于担当的精神，进一步提高站位，抢抓进度、确保质量，全力以赴把千岛湖配水工程、农民饮用水达标提标工程等建设成为经得起检验的精品工程、示范工程和惠民工程。

10日 上海市水务局党组书记、局长白廷辉率相关处室和单位负责人，来浙江省调研考察水环境治理及河（湖）长制工作。省水利厅党组书记、厅长马林云参加座谈交流。

11日 省防指召开全省防御第14号台风“摩羯”视频会议，传达贯彻省委、省政府领导的重要指示精神，分析台风防御形势，全面部署防御工作。

12日 副省长、省防指指挥彭佳学主持召开第14号台风“摩羯”防御工作会商会，分析台风发展趋势和可能带来的严重影响，并视频连线各地，指导台风防御工作。彭佳学强调，各地各部门务必要认真贯彻落实胡春华副总理重要批示精神以及省委、省政府领导批示精神，坚持“不死人、少伤人、少损失”的总目标，做最坏的打算，做最好的准备，严阵以待，将台风防御各项工作做实做细，确保防台工作取得胜利。

14日 国家发展改革委等四部委发文通报2017年度农业水价综合改革工作绩效评价有关情况，浙江省获评优秀等次。此次通报中，国家四部委对浙江省鼓励实行“一把锄头放水”，调动放水员精细化管理和德清县加强农业用水定额管理，引导农民养成科学灌溉的做法给予肯定。

在加拿大萨斯卡通举行的国际灌溉排水委员会第69届国际执理会上，中国的都江堰、灵渠、姜席堰和长渠被确认为世界灌溉工程遗产。姜席堰的入选使得浙江省世界灌溉工程遗产总数升为5处。

15日 省防指召开全省防御第18号台风“温比亚”视频会议，分析台风发展趋势及当前防御形势，全面部署防御工作。省防指常务副指挥、省水利厅厅长马林云强调，各地各部门要毫不动摇地坚持“不死人、少伤人、少损失”的总目标，发扬不怕疲劳、连续作战的作风，高度重视、决不麻痹、压实责任、主动防御，全力以赴做好各项防御工作，确保把台风可能造成的损失降到最低程度。一要强化责任落实，二要强化监测预报预警，三要强化船只避风保安，四要强化人员转移避险，五要强化水库山塘安全度汛，六要强化应急联动。

20日 省水利厅召开水库安全度汛督查专题会议，总结前阶段水库安全度汛督查工作，分析国家防总、水利部对浙江省暗访督查反馈和省水利厅督查发现的问题，研究部署下一阶段水库安全度汛督查工作。省水利厅厅长马林云出席会议并讲话，要求充分认识水库安全的重要性，层层压实责任，把问题迅速整改到位，进一步健全长效机制，确保水库安全度汛。

29日 省防指组织召开全省防汛系统视频会议，贯彻落实习近平总书记、李克强总理关于防汛抢险救灾工作重要指示批示精神，传达国务院副总理、国家防总总指挥胡春华和国家防总副总指挥、水利部部长鄂竟平讲话以及省委省政府领导批示精神，部署当前防汛防台工作。省防指常务副指挥、省水利厅厅长马林云强调，当前，浙江省仍然处于台汛期，各地要坚决克服麻痹松懈思想，发扬不怕疲劳、连续作战精神，毫不松懈做好防汛防台各项工作，坚决夺取防汛抗洪防台全面胜利。

9月

4日 省水利厅和省财政厅联合印发新修订的《浙江省水利工程维修养护定额标准》和《浙江省水利工程维修养护经费编制细则》，自2018年9月1日起施行。

11—12日 省水利厅厅长马林云率厅有关处室负责人赴衢州市调研水利工作。衢州市及柯城区、常山县、开化县有关领导陪同。

12日 省水利厅、省财政厅、省农业厅和省物价局联合转发国家发展改革委、财政部、水利部、农业农村部等四部委《关于加大力度推进农业水价综合改革工作的通知》，对浙江省大力推进农业水价综合改革进行具体部署。

14日 省政府办公厅印发《浙江省水土保持目标责任制考核办法》（以下简称《办法》）。考核内容主要包括水土保持工作领导机制建立健全情况、水土保持目标责任制度建立并实施情况、年度水土流失治理任务完成情况、水土流失治理资金落实和使用情况、生产建设项目水土保持方案编报情况和生产建设项目事中事后监管情况等。《办法》的出台，标志着浙江省水土保持目标责任考核专项制度正式建立，对进一步加强全省水土保持工作具有重要作用。

17日 全国实行最严格水资源管理制度考核工作组发布公告，在2017年度实行最严格水资源管理制度考核中，包括浙江在内的7个省（直辖市）获得优秀等级。

17—19日 水利部副部长魏山忠率部有关司局主要负责人来德清县专题调研浙江省全面推行河（湖）长制工作。他强调，浙江河（湖）长制工作起步早，创新成果丰富，已从“见河长”“见行动”转入“见成效”阶段，经验值得总结和推广。要再接再厉，继续开拓创新，为全国各地全面推行河（湖）长制工作创造更多可复制、可推广的样本和经验。省水利厅厅长马林云陪同调研。

20—22日 水利部副部长陆桂华来浙江省调研水利工作。陆桂华对浙江省水利工作给予充分肯定。他强调，进入新时代，经济社会发展对水利工作提出了新的更高的要求，各级水利部门要深入领会贯彻落实习近平总书记新时代治水方针。要紧紧围绕社会发展大局，遵循人与自然和谐相处原则，积极推进水美城市、水美乡村建设。要不断提升科技创新能力，用科学技术支撑行业发展，重视产学研联合，将基础研究、应用研究、推广示范形成完整的科技创新产业链，更好地为水利事业服务。省水利厅党组书记、厅长马林云，嘉兴市、桐乡市等有关领导陪同调研。

21日 省水利厅党组制定印发《关于认真做好政治生态建设状况评估报告工作的通知》和《关于建立厅系统政治生态状况评估报告工作的实施办法（试行）》，扎实推动清廉浙江建设在水利系统的生动实践。

27 日　省水文局召开干部职工大会，宣布省委、省政府和省委组织部关于省水文局主要领导调整的决定，江海洋同志任省水利厅党组成员，省水文局党委书记、局长。厅党组书记、厅长马林云出席会议并讲话。

省水利厅召开《浙江通志・水利志》编纂工作会议。省水利厅厅长马林云专题听取汇报并讲话。他强调，要把志书编纂工作放在更加重要的位置，进一步加强组织领导，精益求精地做好编纂工作，努力把志书编成为存世垂鉴、泽被后世的精品佳作。

全国首个河（湖）长制标准发布研讨会在绍兴市召开。会上，全国首个河（湖）长制市级地方标准——《河长制工作规范》《湖长制工作规范》正式发布实施。这 2 个标准均分 9 大部分，主要对河长和湖长的术语和定义、管理要求、工作职责和内容、工作任务、巡查要求、公开要求、考核与问责等内容作全面的规定，对河湖长的工作任务作出系统、明确的规定，设置 7 大职责，提出 10 项要求，使得河湖长的工作职责更加具体明确，可操作性大大增强，进一步提升治水工作的成效。

28 — 29 日　省水利厅系统第十一届“钱塘江杯”乒乓球比赛在浙江同济科技职业学院文体中心举行，11 个单位 32 支参赛队伍参加本次乒乓球比赛。浙江同济科技职业学院、省水利科技推广与发展中心、省河道管理总站钱塘江管理局分别获得职工男子团体第一名、职工女子团体第一名、领导干部团体第一名。省水文局、省浙东引水管理局获得道德风尚奖，浙江同济科技职业学院获得优秀组织奖。

30 日　省水利厅印发《浙江省水土流失动态监测规划（2018 — 2022 年）》，明确今后 5 年浙江省水土保持监测与信息化的总体目标和主要任务，为水土保持和生态文明宏观决策等提供支撑和依据。

10 月

9 — 11 日　省水利厅厅长马林云率厅相关处室主要负责人赴温州市调研水利工作。

12 日　省水利厅召开厅党组理论学习中心组扩大学习会，进行“大学习大调研大抓落实”成果交流。省水利厅党组书记、厅长马林云主持会议并讲话。他强调，要狠抓大学习，将学习习近平总书记对浙江的重要指示精神和治水重要讲话精神工作推向新的高潮，真正以学习成果来武装头脑和谋划工作。要狠抓大调研，既注重总结成绩优势，更注重查找梳理短板，全力谋划下一步全省水利发展的中心工作。要大抓落实，不断提升治水管水能力，为浙江省“两个高水平”建设提供高质量的水利支撑和保障。

16 日　省水利厅厅长马林云赴临安专题调研农村饮用水达标提标工作。马林云强调，农村饮用水达标提标行动是浙江省水利深入贯彻落实省委省政府“三大攻坚战”的重大工作举措之一，是实打实的民生实事工程，关系到广大百姓的切身实际利益，一定要抓好抓实。

18—19日 省水利厅会同省发展改革委在长兴县组织召开合溪水库工程竣工验收会议。竣工验收委员会经过充分讨论，形成《合溪水库竣工验收鉴定书》，一致同意工程通过竣工验收。

24日 省水利厅召开全省机构改革精神传达会，省水利厅党组书记、厅长马林云主持会议并讲话。会议强调要站在政治和全局的高度，深刻认识深化机构改革的重要性紧迫性，切实把思想和行动统一到党中央的决策部署上来，坚持正确改革方向，把握改革精神实质，自觉服从改革大局，齐心协力把深化机构改革这篇大文章做好。

26日 《浙江通志》水利类志编纂委员会办公室在杭州市组织召开《水利志》（初审稿）评审会，专家组一致同意《水利志》（初审稿）通过评审。

29日 宁波市葛岙水库主体工程开工建设动员会在奉化市举行。工程位于奉化江支流东江上游奉化区尚田镇葛岙村附近，是省委、省政府确定的姚江、奉化江流域洪涝治理“6+1”工程的重要组成部分，也是奉化江流域防洪体系中重要的“上蓄”工程。该工程以防洪为主，结合供水、灌溉、生态等综合利用，设计总库容4 095万m^3。

31日 遂昌县大溪坝、蟠龙水电站工程顺利通过省水利厅组织的竣工验收。

11月

7日 省重点工程松阳县黄南水库工程举行大坝奠基仪式，标志着水库工程建设进入新的阶段。工程于2017年7月15日开工建设，2018年10月实现河道截流，计划2021年8月全部完工，工程枢纽主要由大坝、溢洪道、输水建筑物、发电厂房等建筑物组成，总库容9 196万m^3。

14日 省政府召开全省冬春农田水利基本建设电视电话会议。要求抢抓当前有利时机，迅速掀起冬春水利建设高潮。相关部门要形成工作合力，对照2018年初确定的目标任务，抓住当前全面实施乡村振兴战略、稳定投资等机遇，加快推进包括农田水利在内的各项水利工程建设，加大工作力度。

15日 三门县组织召开佃石水库工程竣工验收会议。经过大会认真讨论，验收委员会成员一致同意通过三门县佃石水库竣工验收。工程属省水利厅“水资源保障百亿工程”，是一座以供水为主，兼顾防洪、灌溉等综合利用水利工程，总库容3 009万m^3，年供水量2 001万t，为三门县第一座中型水库。

21日 省水利厅和省人力资源和社会保障厅联合发布《关于表扬在实行最严格水资源管理制度工作中成绩突出集体和个人的通报》，杭州市余杭区等41个集体和毛传来等147名个人，在2016、2017年度浙江省实行最严格水资源管理制度工作中取得突出成绩，予以通报表扬。

29日 浙江水利水电学院召开教师干部大会，宣布省委关于校领导班子调整的决定。省委组织部副部长胡旭阳，省水利厅党组书记、厅长马林云出席会议并讲话，省教育厅党委副书记、副厅长陈根芳主持会议。省委决定，史永安同志任浙江水利水电学院党委委员、书记；华尔天、严齐斌同志任浙江水利水电学院党委委员、副书记。提名华尔天同志任浙江水利水电学院院长、赵玻同志任浙江水利水电学院副院长。

12月

5—6日　全国洪水风险图编制和应用工作会议在宁波市举行，水利部副部长叶建春出席会议并讲话。会议总结我国洪水风险图编制与应用经验，分析水旱灾害防御工作面临的新形势、新要求，并对进一步做好洪水风险图编制与应用工作作出部署安排。省水利厅在会上作交流发言。

5—8日　水利部副部长蒋旭光带队赴温州、丽水、衢州、杭州、嘉兴等市调研重点水利工程建设情况。省水利厅厅长马林云陪同调研。蒋旭光对浙江省推进重点水利工程建设取得的成绩给予肯定，并强调，要认真贯彻落实习近平总书记“节水优先、空间均衡、系统治理、两手发力”的新时代治水方针，按照水利部党组“水利工程补短板、水利行业强监管”的总基调，提高站位、加快工程建设进度，精益求精，提升工程管理水平，从严监管、狠抓质量和安全，全力打造优质工程、精品工程、民心工程，进一步发挥水利工程的综合效益，让水利更好地造福当地群众。

17日　全省农村饮用水达标提标行动会议在杭州市召开。省委书记车俊作出批示，省长袁家军出席会议并讲话，副省长彭佳学主持。车俊在批示中指出，农村饮用水安全事关人民群众身体健康，事关乡村振兴，是重要的民生福祉。经过多年努力，浙江省农村饮用水工作取得明显成效，“有水喝”问题已基本解决，但让人民群众“喝好水”的任务仍然艰巨。希望各地和有关部门以习近平新时代中国特色社会主义思想为指导，深入贯彻党的十九大精神和习近平总书记对浙江工作的重要指示精神，坚持以人民为中心的发展思想，按照省委、省政府的决策部署，加快实施农村饮用水达标提标行动，进一步提升人民群众的获得感和幸福感，为高质量推进乡村振兴、实现“两个高水平”建设奋斗目标作出新的更大贡献。袁家军强调，农村饮用水达标提标行动是新时代“千万农民饮用水工程”的升级版、实施乡村振兴战略的标志性工程。农村饮用水不达标提标，就没有高水平全面小康。各地各有关部门要迅速行动、争分夺秒、全力以赴，深入贯彻习近平总书记对农村饮用水工作重要指示精神，全面实施农村饮用水达标提标三年行动计划，把农村饮用水达标提标这项民生工程、民心工程抓实办好，让老百姓喝上干净水，实现从“有水喝”向“喝好水”的转变。

20日　省水利厅召开水利数字化转型工作会议。省水利厅厅长马林云出席会议并讲话。他强调，要深入贯彻落实省委、省政府数字化政府建设的决策部署和水利部关于推进水利信息化工作的总体要求，主动对标对表，压实工作责任，加大工作力度，做精做细做专水利数字化转型工作，为浙江水利现代化建设提供强有力支撑。

26日 杭州千岛湖配水工程施工12标最后一次爆破结束，千岛湖配水工程输水隧洞实现全线贯通。2014年底，作为杭州“第二水源”的千岛湖配水工程启动建设。输水隧洞全线贯通后，工程将全面进入衬砌阶段，即采用钢筋混凝土衬护（或钢衬）输水隧洞，以防止优质水资源漏失。

水利部召开全国水利风景区建设与管理工作视频会议，公布第十八批国家水利风景区名单。浙江省的衢州开化马金溪、金华磐安浙中大峡谷、嘉兴海盐鱼鳞海塘等3家水利风景区名列其中，截至目前，浙江省国家级水利风景区总数已达36家。

29日 浙江省水利厅印发《关于公布2018年省级“美丽河湖”名单的通知》，公布杭州市东河等30条省级“美丽河湖”名单。通知要求，各地要切实发挥美丽河湖的示范引领作用，继续坚持安全为本、生态优先、系统治理、文化引领、共享共管的理念，全面建设安全流畅、生态健康、水清景美、人文彰显、管护高效、人水和谐的具有诗画江南韵味的美丽河湖，为新时代美丽浙江建设提供坚实的河湖基础支撑和生态环境保障。

重要文献

Important Literatures

021 ～ 064 页

重要文件

浙江省人民政府办公厅关于印发浙江省农村饮用水达标提标行动计划（2018 — 2020 年）的通知

（2018 年 12 月 12 日　浙政办发〔2018〕114 号）

各市、县（市、区）人民政府，省政府直属各单位：

《浙江省农村饮用水达标提标行动计划（2018 — 2020 年）》已经省政府同意，现印发给你们，请认真贯彻实施。

浙江省农村饮用水达标提标行动计划（2018 — 2020 年）

为提高农村饮用水安全水平，保障农村居民身体健康，助推乡村振兴战略实施，制定本行动计划。

一、总体要求

（一）指导思想。以“八八战略”为总纲，按照实施乡村振兴战略的部署要求积极践行新时代治水方针，将农村饮用水达标提标行动作为浙江省打好高质量发展组合拳的重要举措，坚持城乡饮用水同质标准，落实县级统管责任，以水质和水量达标为出发点，以建设和管理提标为着力点，以建立健全运行管护机制为突破点，大力推进农村供水工程高起点规划、高标准建设、高水平管理，为高质量实施乡村振兴战略、实现“两个高水平”目标提供强有力的基础支撑。

（二）总体目标。到 2020 年，全省努力构建起以城市供水县城网为主、乡镇局域供水网为辅、单村水厂为补充的三级供水网，基本建成规模化发展、标准化建设、市场化运营、专业化管理的农村饮用水体系，完成涉及农村 803 万人的饮用水达标提标建设任务，全省农村饮用水达标人口覆盖率达到 95%、农村供水工程供水保证率达到 95% 、农村供水工程水质达标率达到 90%、全省城乡规模化供水工程（包括城市水厂和乡镇水厂，其中乡镇水厂含联村水厂，下同）覆盖人口比例达到 85%，全面建立健全农村饮用水县级统管长效管护机制，基本实现城乡居民同质饮水；到 2022 年，努力实现全省农村饮用水达标人口全覆盖。

（三）基本原则。

—— 统筹规划，分类实施。顺应城乡融合发展趋势，结合新时代美丽乡村建设，加强与相关规划的衔接，立足当地地形地貌和供水条件，尊重基层首创，因地制宜，典型引路，精准施策，分类推进。

——充分延伸，城乡同质。坚持城乡供水一体化发展，大力推进规模化供水，最大限度延伸城市供水管网，最小限度保留单村水厂，防止低标准重复建设，实现县城农村供水与城市供水同质、同标、同服务。

——县级统管，依规管理。坚持先建机制、后建工程，全面落实县级统管责任，推行标准化管理，严格水源保护，严格水质监管，严控用水定额。

——节水为先，“两手”发力。加强节水型社会建设，坚持有偿用水，充分发挥政府主导和市场机制的“两手”作用，构建多元化的农村饮用水资金投入格局。

二、重点任务

（一）坚持问题导向，因地精准施策。逐村逐户摸清“家底”，评估供水安全状况，科学编制县域农村饮用水达标提标规划和行动计划，因地制宜提出“一县一方案”，精准实施农村饮用水达标提标工作。

（二）强化水源保障，增强供水保证。充分利用水库、山塘、小水电等已建工程现有条件，加强区域水资源统筹调配，着力形成农村供水工程多源互济的保障格局。城市水厂以大中型水库为主水源；乡镇水厂以小型水库为主水源，综合实施库塘（山塘）联调、多塘联供；单村水厂以山塘、溪流堰坝为主水源，大力实施原水管道延伸，积极引流小水电站发电尾水。到2020年，新增原水管道5 100 km以上，新改扩建小堪坝、大口井等2 000处以上。

（三）推进管网延伸，完善供水格局。大力实施城市管网延伸，按照能延则延、能扩则扩、进村到户要求，保障城市管网延伸段生活用水水质、水量和水压，构建城市供水县城网。乡镇管网按照能并则并、以大带小要求，尽可能形成规模化局域网，并按照城市管网标准建设，为今后乡镇局域网整体并网打好基础。单村管网要按照村庄规划合理布局，结合“四好农村路”等统筹管线埋设。对于高山、海岛等分散供水点的农村居民，应结合下山脱贫等政策优先实施搬迁，近阶段宜采取购置储水罐、家用净水器等措施保障饮水安全。到2020年，新增改造主干管（水厂至村口）1.2万km以上，新增改造村内管网2.9万km以上，单村供水工程覆盖全省人口规模控制在15%以下。

（四）加强水厂建设，规范净化消毒。强化水厂水质净化处理设施建设，以及消毒设施设备的安装、使用和运行管理，配齐净化消毒设施设备。水厂制水必须具备净化消毒工艺，配备自动化消毒设施，长距离输水工程要合理增加二次消毒工艺，单村水厂宜采用重力式一体化净化设备。严格规范净化、消毒等制水环节操作流程，保障净化消毒设施设备正常运行。严格水质检测，乡镇水厂必须配备独立的水质化验室，每天开展水质自检，单村水厂要定期抽检送检。到2020年，新增净水设施2 900座以上、消毒设施2 800座以上，实现县城水质检测和监测全覆盖。

（五）坚持县级统管，健全长效机制。建立以县为单位的管护机构或明确水务公司，对县城内农村供水工程实行统一专业化管护，可因地制宜采用直接管护、物业化管护等多种方式。全面落实农村供水工程建设、水源保护、水质监测评价“三同时”制度。全面划定农村饮用水水源保护区（范围），开展规范化建设，保护区（范围）的边界要设立地理界标、警示标识或宣传牌，引导村级组织将饮用水水源保护要求纳入村规民约。全面开展农村供水工程标准化管理建设，努力实现农村供水工程在线监测监控，推进水厂、管网信息化管理。2019 年 6 月底前，全面建立健全农村饮用水县级统管长效管护机制。

（六）严格水费征收，促进良性发展。全面按规定落实农村供水工程用地用电税收等优惠政策，按照补偿成本、公平负担的原则，合理确定水价，推行分类水价、阶梯水价制度。全面收取水费，严格农村饮用水一户一表计量收费，到 2020 年，新增改造一户一表 131.5 万个。探索建立适合浙江省农村供水实际的市场化运行机制。

三、保障措施

（一）加强领导，落实责任。农村饮用水达标提标行动实行行政首长负责制，各市、县（市、区）政府对本行政区域内农村饮用水达标提标行动负总责，要将其作为重大民生工程，摆上重要议事日程，切实加强组织领导和统筹协调，建立健全指标体系、工作体系、政策体系、评价体系，层层压实责任。省、市、县（市、区）政府要层层签订责任书，明确工作任务，落实工作责任，确保完成目标任务。

（二）拓宽渠道，加大投入。各地应调整优化支出结构，统筹利用水利建设发展资金、“一事一议”财政奖补等资金政策，加大对农村供水工程的公共财政投入力度；创新体制机制，拓宽市场化筹资渠道，依法合规筹措建设资金，争取地方政府债券和乡村振兴投资基金支持，引导受益群众筹资投劳，确保农村供水工程建设、长效管护等资金及时足额到位。省财政根据各地任务完成情况，对结对帮扶的“26 + 3”县（市、区）及海岛地区采取“建设期定额补助 + 以奖代补”的方式进行补助，对其他县（市、区）（不含宁波）采取以奖代补的方式进行补助。

（三）严控质量，狠抓进度。各地要建立月度进展情况统计通报制度，掌握任务完成、水质水量达标情况，对进度连续落后的县（市、区）相关负责人进行约谈。要落实工程质量终生责任制，加强重点环节和施工过程质量管控，各县（市、区）要统一建立主要材料供应商名录库，或统一采购主要材料，确保材料质优、价平。要加强对实施和管理主体的指导培训，努力提高农村供水工程建设和长效管护水平。

（四）加强协作，合力推进。各地、各相关部门要各负其责，密切配合，共同做好农村饮用水达标提标工作。水利部门牵头抓总，具体负责乡镇和单村供水工程建设与长效管护工作。城市（县城）供水主管部门具体负责城市管网延伸工程建设与长效管护工作。生态环境部门具体负责饮用水水源地的环境保护工作，加强水源地水质监测。卫生健康部门具体负责农村供水工程的健康影响评价和农村生活饮用水卫生监测，做好卫生监督相关工作。发展改革、财政、自然资源、交通运输、农业农村、税务、电力等相关部门要加大政策、资金等要素保障，按规定落实用地、用电、税收等优惠政策。要加强宣传，引导农民群众积极支持、参与农村饮用水达标提标行动计划，营造全社会关心支持农村供水事业发展的良好氛围。

浙江省水利厅贯彻《水利部关于加强事中事后监管规范生产建设项目水土保持设施自主验收的通知》的实施意见

（2018年2月7日　浙水保〔2018〕5号）

各市、县（市、区）水利（水电、水务）局，各有关单位：

为全面贯彻落实《国务院关于取消一批行政许可事项的决定》（国发〔2017〕46号）精神，规范生产建设项目水土保持设施自主验收的程序和标准，切实加强事中事后监管，水利部办公厅印发了《水利部关于加强事中事后监管规范生产建设项目水土保持设施自主验收的通知》（水保〔2017〕365号），现转发给你们。根据浙江省“最多跑一次”改革要求，提出以下贯彻意见，请遵照执行：

一、简化报备材料、优化报备程序

依法编制水土保持方案报告书的生产建设项目，其水土保持设施验收程序和报备材料按照《水利部关于加强事中事后监管规范生产建设项目水土保持设施自主验收的通知》（水保〔2017〕365号）要求执行（见附件1）。

依法编制水土保持方案报告表的生产建设项目，其验收程序参照上述规定执行，其水土保持设施验收报备材料简化为水土保持设施验收鉴定表（水土保持设施验收鉴定表式样见附件2）和水土保持设施验收报告（报告表项目的水土保持设施验收报告示范文本见附件3），取消水土保持监测总结报告。

填报水土保持登记表的生产建设项目，取消水土保持设施验收报备，由生产建设单位将水土保持登记表的实施情况纳入工程竣工验收材料。入园区类填报水土保持登记表的生产建设项目水土保持设施验收，由园区申报水土保持方案报告书的单位统一负责。报备回执式样见附件4。

二、强化审批管理，奠定验收基础

各级水行政主管部门要抓住“最多跑一次”改革契机，着力打破信息孤岛，实现部门间信息共享，积极主动与相关职能部门对接，获取项目信息，对于应编报水土保持方案的项目要提前介入、全程跟踪、服务与监督并重，强化水土保持方案审批管理。要针对相关法律、法规修订后水土保持方案审批的新变化、新要求，强化指导和服务，充分利用主体工程已有的设计资料，提升水土保持方案的编制深度与编制质量，进一步增强水土保持方案实施的针对性与可操作性，为水土保持设施验收奠定基础。

三、加强监督管理，严查违法行为

各级水行政主管部门要切实履行法定职责，按照属地监管原则，进一步做好水土保持方案实施情况的跟踪检查和水土保持设施自主验收的核查工作，对发现的违法违规行为及时查处。省水利厅每年定期对市、县两级水土保持监督检查工作开展情况进行抽查。

四、省水利厅已发布的生产建设项目水土保持设施验收有关规定与本通知不一致的，依照本通知执行

附件（略）：

1.《水利部关于加强事中事后监管规范生产建设项目水土保持设施自主验收的通知》

2. 生产建设项目水土保持设施验收报告示范文本（适用于编报水土保持方案报告表的生产建设项目）

3. 生产建设项目水土保持设施验收鉴定表式样

4. 生产建设项目水土保持设施验收报备回执式样

浙江省水利厅关于试行重大水利建设项目全过程动态管理平台的通知

（2018 年 2 月 11 日　浙水建〔2018〕3 号）

各市、县（市、区）水利（水电、水务）局：

为提升工程建设管理水平，2017 年省水利厅以姚江上游“西排”工程为试点，探索建立重大水利建设项目全过程动态管理平台，将业主以及设计、监理、施工等各环节信息和工作记录纳入平台统一管理。平台试行以来，在规范和落实质量行为、安全与进度控制、资金管理、信息畅通、作业流程监管等方面取得了明显效果，促进了项目建设管理的“规范化、信息化和阳光化”，得到了参建各方的一致认可。

质量是水利工程的生命。当前，全省正在奋力推进“百项千亿防洪排涝工程”，大投入、大建设、大发展对管理能力和规范建设提出了更高要求。按照全省水利工作会议精神和《浙江省水利厅关于加强重大水利工程质量管理的意见》要求，为进一步加强项目建设管理，争创优质工程，确保工程质量经得起检查和时间检验，经研究，决定在全省重大水利建设项目中试行全过程动态管理平台（以下简称“管理平台”），现将有关事项通知如下：

一、重要意义

试行项目建设管理平台是贯彻“要讲速度，更要保质量和安全”工作理念的具体体现；是创新水利建设项目监督检查方式，提高工程建设管理水平的现实需要；是规范建设管理行为，依法依规落实参建各方建设责任，确保工程质量、安全、进度和效益的重要抓手；也是加强工程建设领域廉政建设和失职渎职风险防控的一项重要技术措施。管理平台记录的信息数据可作为项目建设管理中督促整改、违规违约处理、质量与安全事故调查取证和有关奖惩的依据。

二、管理平台内容

目前开发的管理平台以满足项目法人、施工单位和监理单位对水利工程在建项目的日常化管理为重点，以质量安全、进度投资、合同履约等全领域内部管理为主线，涵盖基本建设项目的前期阶段、施工准备、建设实施、工程验收等全过程各环节信息管理，涉及人员到岗、重要隐蔽工程和关键部位验收、工程质量与安全、质量检测、投资计划管理、形象面貌、视频监控等关键环节和重要事项。

三、范围及时间

（一）试行范围。2018 年及以后新开工（即主体工程开工）的水利重大建设项目应试行管理平台。已开工且建安投资完成不足 50% 的新建大中型水库、大型水库除险加固项目应试行管理平台（项目名单见附件 1）。

重大建设项目包括“百项千亿防洪排涝工程”、大型病险水库除险加固工程等。其他工程可参照执行。

（二）安装时间。符合试行范围的新开工项目应在工程开工报告后一个月内由项目法人向省水利厅申请开户（开户申请表见附件2）；已开工的项目，原则上应在2018年4月底前全部部署完成。

符合试行范围内的项目管理平台由省水利厅信息中心统一部署完成，不收取费用（项目法人另有需求的除外）。

四、管理职责

项目法人对管理平台应用和管理负总责，做到责任领导、责任科室和责任人员“三落实”，对平台信息完整性、准确性、及时性负责，原则上各参建单位所制作和保存的信息和工作记录在72小时内应录入平台管理；要组织施工、监理等参建单位落实不少于2名专（兼）职人员承担各自工作环节的信息和数据的录入和审核把关；要建章立制，健全内控管理制度，保证信息数据的正常录入和平台正常运行。管理平台保存的信息数据按照工程建设档案管理有关规定妥善保存。

五、有关要求

（一）各级水利部门要深刻认识管理平台的重要意义，提高站位，统一思想，强化组织，落实措施，积极推动管理平台在水利建设管理中的推广应用，主动适应“大数据”和“互联网+”发展趋势，切实提高水利项目建设管理水平，力促浙江省水利工程建设管理工作继续走在前列。

（二）管理平台列入省水利厅“千人万项”指导服务、项目稽察服务、质量安全监督考核、水利年度综合考核等内容。各级水利部门要加强指导服务，督促抓好管理平台在水利建设管理中的应用。对发现没有按规定试行管理平台的项目，要及时督促，限期整改到位。省水利厅将加强管理平台使用情况的检查抽查，对执行不力、管理不到位的项目和地方全省通报，必要时约谈相关责任人。

本文件自2018年3月15日起施行。

附件（略）：

1. 已开工且建安投资完成不足50%的新建大中型水库、大型水库除险加固项目名单

2. 水利工程建设全过程动态管理平台开户申请表（可在浙江水利网下载）

浙江省水利厅关于加强美丽河湖建设的指导意见

（2018年5月28日　浙水河〔2018〕14号）

各市、县（市、区）水利（水电、水务）局，厅直属各单位：

为加快建设安全流畅、生态健康、水清景美、人文彰显、管护高效、人水和谐的具有诗画江南韵味的美丽河湖，依据《浙江省美丽河湖建设实施方案（2018—2022年）》有关要求，制定本指导意见。

一、总体要求

（一）重大意义。党的十九大提出，要加快生态文明体制改革，努力建设美丽中国，把我国建设成为生态环境良好的国家。省十四次党代会提出，着力推进生态文明建设，开展美丽浙江建设行动，全方位推进环境综合治理和生态保护。加强美丽河湖建设，着力补齐防洪薄弱短板、保护与修复生态环境、彰显河湖人文历史、提升河岸景观品位、增强河湖管护能力，还老百姓清水绿岸、鱼翔浅底的景象，是夯实美丽浙江“大花园”生态底色的重要举措，是浙江省生态文明建设的必要组成，更是广大人民群众的热切期盼。我们要及时更新理念、创新方法，高水平、高质量、高标准推进河湖综合治理，为新时代美丽浙江建设提供坚实的河湖基础支撑和生态环境保障。

（二）指导思想。以习近平新时代中国特色社会主义思想为指导，全面贯彻落实党的十九大和省第十四次党代会、省委十四届二次全会精神，坚定不移沿着“八八战略”阔步前进，深入践行“两山”理论，助推乡村振兴，围绕全省“大花园”建设和农村人居环境提升行动部署，系统推进河湖综合治理，着力解决河湖突出问题，切实将优质河湖生态资源转化为绿色发展新动能，努力打造“水网相通、山水相融、城水相依、人水相亲”的河湖水环境，加快构建具有浙江独特韵味的浙北诗画江南水乡、浙西南秀丽河川公园、浙东魅力滨海水城、浙中锦绣生态廊道、海岛风情花园的五大美丽河湖新格局。

（三）基本原则。

坚持规划引领。始终坚持规划先行，创新规划理念，改进规划方法，提高规划的科学性、实效性，在规划的引领、指导下全面推进河湖综合治理。

坚持因地制宜。针对山丘源头河流、平原河网水系、滨海入海河流及城镇河段、乡村河段、源头河段等不同特点，分析问题和需求，因地制宜确定河段功能、布局和治理方式。

坚持安全为本。深入贯彻落实防灾减灾“两坚持三转变”新理念，补齐洪涝台短板，强化洪水蓄滞空间建设，把提升河湖行洪排涝能力和保护人民生命财产安全放在河湖治理的首要位置。

坚持生态优先。牢固树立尊重自然、顺应自然、保护自然的生态文明理念，加强河岸生态化建设与改造，注重河湖生态修复与管理保护，全面构建河湖自然连通的水网格局。

坚持系统治理。树立山水林田湖草是一个生命共同体的理念，综合施策、科学施策，高质量推进河湖全流域综合治理，营造人与自然和谐共生的河湖环境。

坚持文化特色。充分挖掘河湖水文化，与城乡文明建设紧密结合，凸显本土化、个性化，将美丽河湖建成传承地方民俗风情的新节点、彰显地方历史文化的新载体。

坚持共享共管。以河湖现代化建设为导向，推动河湖大数据运用与管理，强化“智慧管水”“智慧治水”的河湖管理基础设施建设。

二、适用范围

本指导意见主要适用于浙江省主要江河、主要平原排涝、中小河流治理项目的规划、设计、施工等工程建设管理各环节，清洁小流域、山洪沟治理、清淤整治（农村河沟）、圩区整治等河湖治理项目应参照执行。

三、重点把握美丽河湖治理关键要素

（一）河湖防洪安全建设。

1. 系统考虑防洪安全。根据有关规划防洪排涝要求和存在的防洪安全问题，加强调查研究，统筹考虑河湖堤岸建设、河湖清淤、阻水建（构）筑物拆除、安全管护设施建设等综合措施，消除河道采砂带来的安全影响，不应简单从高程是否达标确定防洪工程措施。

2. 合理建设堤岸工程。应从安全、生态和综合功能等方面综合考虑堤岸工程建设。堤线布置应充分利用现有道路和高起的地势，尽量增加行洪断面。在满足安全的前提下，堤岸的结构形式尽量自然生态，建筑材料宜选用多孔隙天然材料，慎用大体量混凝土、灌砌石、浆砌石、土工材料以及未经类似工程验证的新材料等，切忌过度渠化、硬化河道；堤岸断面结构可采取地形重塑等手段形成“隐形堤岸”，对于现状不合理硬化的堤岸宜进行生态化改造或修复。堤岸空间和功能设计应分析综合功能需求，合理结合沿线交通、便民、文化、景观、休闲等。未经现场充分调查分析，不得直接套用规划堤线和规划防洪标准。

3. 合理建设堰坝工程。应从稳定河势、灌溉引水、改善生态等方面充分论证堰坝工程建设的必要性，特别注重堰坝下游消能和与堤岸连接处的安全措施，切忌过度筑堰影响防洪安全和河流生态。调查分析现状河流堰坝存在的问题，针对性提出拆除、降高、改造、加固等措施，应特别注重古堰坝的保护和修复。堰坝型式应与河床自然融合，可融入当地人文风情元素营造“一堰一景”，但切忌模仿抄袭及生搬硬套，应采用低矮宽缓堰坝，蓄水后尽量不破坏现有滩林、滩地，充分考虑鱼类洄游通道，堰体外观不宜暴露混凝土面板等白化材料。不宜在山丘区河道上建高堰坝挡水形成长距离的“景观水面”，不宜密集建堰形成水面“梯级衔接”，不宜在河道束窄等水流河势和地质条件不足河段建堰。

（二）河湖生态保护与修复。

1. 加强河湖生态调查。宜在河湖治理设计前对河湖常年水质变化、常年水量情况、空间形态、植物、水生动物种类及生存繁衍环境等情况进行针对性调查，指出具体存在的问题，分析原因并提出初步建议。重要河湖还需按照浙江省“水十条”要求开展生态健康评估。调查评估宜针对性强，建议借助科研单位力量开展此项工作。

2. 修复河湖空间形态。系统考虑河湖空间形态修复，平面上，对直线化、规则化的河湖岸线尽量优化调整；对山丘区河流因采砂等原因留下的深坑、乱滩应进行修复整理，营造滩、洲、潭等多样化的生态空间。横向上，尽量修复构建岸、坡、滩、槽形态，相互之间应平顺过渡。纵向上，对现状严重阻隔鱼类洄游、影响生态的拦河建筑物应统筹考虑其功能尽量予以拆除或生态化改造。河湖空间形态修复不应影响行洪安全和结构安全。

3. 保证河湖生态性水量。应全河段分析生态性水量问题，确保河湖生态健康。对于因拦河建筑物、引水式水电站等造成生态性水量不足的河道要提出生态性水量泄放要求，新建拦河建筑物不得造成下游河道脱水。对于因采砂等造成河床蓄水能力减退或消失的河段，可采用修建低堰的措施。应采取引配水、沟通断头河、拓宽卡口、清淤等措施改善水体流动性。河湖治理后的河段不应再有断流和生态性水量不足等问题。

4. 采取合理的植物措施。应结合岸坡稳定、生态修复和自然景观要求采取植物措施，构建河岸带缓冲区，宜林地段应结合堤岸防护营造防护林带，平原水系、山区河滨带和洲滩、湿地优先选择具有净化水体作用的水生植物、低杆植物，湖泊植物配置宜营造湿地景观。城镇区、村庄、田野等不同河段宜营造不同的植物景观风貌，应注意四季色彩变化，可尝试一条河一个或多个植物主题。要充分考虑养护成本，乡村河段不宜配置名贵树种、大草坪等，城镇河段亦需体现自然野趣。植物措施要在充分调查分析行洪影响、洪水冲刷浸没情况等基础上合理配置，不应影响行洪安全。

5. 科学清淤疏浚。河湖所沉积底泥是重要的污染源，又是水生态环境的有机组成部分，应科学分析、合理确定清淤方式和清淤规模，避免清淤过度。山丘区河流不宜大规模清淤疏浚，确有必要的须进行防洪安全和生态影响分析论证，杜绝借清淤疏浚盗采河道砂石资源。清淤前应进行淤泥的勘察、测量和检测，重点排查重污染行业，确定污染源的污染物类型、污染状况和污染来源。清淤原则上安排在非汛期施工，严格控制清淤范围，山丘区河道施工顺序应遵循先上游、再下游、先支流、再干流原则，平原区河道应考虑集中连片水网整体清淤。底泥处置应遵循“无害化、减量化、资源化”的原则，根据底泥的物理、化学和生物特性，确定底泥的处置方式。

（三）河湖管护设施建设。

1. 完善监测、监控设施。山丘区中小

流域内镇区防洪控制断面宜设置水位、流量监测设施。平原河道内镇区防洪控制断面、重要圩区、重要水利工程等处宜设置水位监测设施。在水位流量监测点、管理房、水闸、泵站、重要堰坝、险工险段等河湖重要位置布设必要的视频监控设施。监测、监控设施应能够自动采集、长期自记、自动传输、统一汇聚共享。监测、监控设施应按照流域区域整体考虑，尽量与河湖治理工程同步设计、同步施工、同步投入使用。

2. 完善管护标识标牌。探索建立涵盖安全警示、河湖长制、工程特性、建设情况、水情宣传、交通指示、文化标示等标识标牌系统，并且注意尽量结合各地特色，做到美观、耐用。加强河湖定界设施建设，可采用连续低矮的物理隔断、界桩等措施将河湖划界成果落地。

3. 合理设置管护用房。充分改造利用现有管理用房，按照《浙江省水利工程造价计价依据（2010 年）》有关规定，增设必要的管理用房。管理用房功能应尽可能多样化，遵循节能、绿色、环保等原则，与河长制管理要求、水情教育、水文化展示、便民、全域旅游、休闲驿站等配套设施相结合，做到外形美观、功能多样、经济实用。

4. 保持防汛管护道路畅通。在现有防汛道路的基础上，进一步结合新建堤岸道路、乡村道路等贯通防汛抢险道路，满足河流巡查管护等需要，同时尽量兼顾沿河沿湖两岸居民生产生活的需求。

（四）亲水便民设施建设。

1. 合理布设滨水滨岸慢行道。慢行道宜利用堤岸进行布设，堤岸顶慢行道可结合防汛道路，堤岸脚部慢行道应结合防冲功能布置，并考虑行人的安全与舒适度。路面材料应结合功能需要进行选择，乡野段道路宜选择自然生态材料。河道管理范围内的慢行道应与当地整体自然环境协调，不宜千篇一律按照绿道设计规范设计，不宜大量采用彩色路面，人迹罕至、山体侧河段和鸟类等动物栖息地不宜设置慢行道，宽度较窄的河流不宜两侧设置慢行道。

2. 合理建设滨水滨岸小公园。在重要节点处可结合需求在居民集居区域或结合古桥、古堰、古树、古村落等布置滨水滨岸小公园，适当考虑居民休闲、健身、文化交流、观赏等综合功能。滩地公园设施不得影响河道行洪安全，岸上公园与市政公园共建共管时不得影响河道管理功能。

3. 合理布置亲水便民配套设施。在居民较集中的位置可结合浣洗、取水、驳船等功能布置相应的河埠头、小码头、垂钓点等设施；在人流量比较集中的位置可设置遮阳避雨设施。在重要节点上可考虑照明、公厕等公共基础设施。

（五）河湖水文化建设。

1. 开展河湖文化专项调查。河湖文化挖掘和文化设施建设是美丽河湖建设的重要内容，是体现河湖内在美的必要条件，可从以下四个途径进行调查挖掘：一是古河流工程和古治水人、治水事，二是当代现代河流特色工程、治水事迹，三是河流腹地的流域人文，四是特色创新类文化。省、市、县级的母亲河（湖）原则上都要开展水文化调查挖掘和整理工作。

2. 保护传承展示古代水文化。对古桥、古堰、古渡口、古闸、古堤、古河道、古塘、古井、古水庙等古水利工程以及古代治水人物、故事、诗词文章进行挖掘整理，对现存的古迹进行保护、修复和文化设施建设，对已经不存在的重点古工程，可考虑进行文化艺术性展示。

3. 彰显当代现代治水成效和治水精神。对当代现代河流上的特色水利工程的基本情况、成效以及建设人物、故事等进行文化艺术性展示。在河流廊道与其腹地交通交汇点上，可考虑设置流域、区域特色文化的导引设施，既作为旅游交通导引，又丰满了河流廊道的文化元素，为全域旅游提供水文化支撑。

4. 特色创新类文化。根据规划或概念方案确定的河湖特色定位，打造有文化记忆、诗情画意、休闲野趣、浪漫情怀、健康生态等主题的河湖特色。

5. 文化设施策划与展示。文化设施形式可为石、碑、亭、廊、墙、牌、馆、像等，内容可为物、字、图、文、影等，需要选择合理的位置、形式、内容进行展示，并且符合美观性、易读性和耐久性要求。

（六）其他工程建设。为进一步提升河湖治理成效，河湖治理设计、建设还可包括水污染防治、产业配套、市政公园、景观提升等非水利功能的内容。超出河道管理范围以及超出河湖安全、生态、管护、文化、便民等水利功能的投资不纳入河湖治理水利估（概）算内容。

四、加强美丽河湖建设项目过程管理

（一）明确职责分工。各级水行政主管部门应切实加强河湖治理工程建设全过程监督指导，明确职责分工、细化工作方案。省级层面要加强美丽河湖建设总体指导，全力推进主要江河、主要平原排涝等工程前期审批，强化过程服务指导和培训。设区市水行政主管部门应加强辖区内项目督促指导，深入开展美丽河湖治理工程监督检查，发现问题及时反馈、落实整改。项目所在县（市、区）水行政主管部门负责辖区内具体项目建设全过程监督管理。各级水行政主管部门应以问题需求为导向，不断总结经验加强研究，进一步夯实美丽河湖建设理论体系和技术标准体系。各设区市可结合流域、区域特点，针对山丘源头河流、平原河网水系、滨海入海河流及城镇河段、乡村河段、源头河段等不同特点，制定美丽河湖建设标准，塑造本地区河流治理特色。

（二）强化过程管理。在规划阶段，应充分体现民生水利、资源水利和生态水利等现代化水利要求，积极践行多规融合，在保障流域防洪安全的基础上，充分发挥河湖的综合效益。尤其要加强中小河流规划阶段防洪保护区调查，合理确定防洪标准，留足洪水蓄滞空间，禁止小片区、非重要防护保护区高标准设防。积极开展河湖治理概念方案设计，充分梳理河湖沿线自然、人文、产业等要素，分析问题与社会服务需求，挖掘凝练河湖特色定位和目标任务，分类展示河流湖泊安全提升、生态修复、管护设施、亲水便民设施、文化设施等布局，对滨水公园等重要节点和滨水慢行系统、植物等重要专项进行概念设计，尺度较大的河流宜根据实施河段逐段细化，不应将概念方案编制成纯粹的景观设计方案。

在可行性研究初步设计阶段，应按照河流规划、概念方案有关要求，进行系统设计。禁止未做防洪、生态、文化和社会服务需求等深入调查就仓促开展设计工作，不应将河湖治理设计简单地归结为堤岸、堰坝工程或景观工程的设计。在相关编制规程的基础上根据实际需要调整和增加章节内容，治理措施的分类可参照本指导意见的分类方法，可分为河湖防洪安全、生态保护和修复、管护、亲水便民、文化等水利措施，超出水利功能和河湖管理范围的景观提升、水污染防治、市政配套等作为非水利措施。进一步重视地勘、测量工作，可借助无人机等作为查勘、设计的辅助手段。农业综合开发、土地整理、小城镇建设等项目涉及河道整治的，项目所在县（市、区）水行政主管部门要加强行业监管和指导服务。

在工程建设阶段，应按照“高水平、高质量”建设美丽河湖要求，加强工程质量安全管理，建立健全质量检查制度，及时发现问题并落实整改措施，加快推进工程建设和验收工作，积极鼓励各地采用PPP模式、EPC总承包模式提高工程建设管理水平。施工过程中应加强生态保护工作，落实各项保护措施，减少机械化施工对生态的破坏，保护与修复好岸坡植被、滩地、滩林、卵石滩等生态资源，尽量避开动植物生长、繁衍等敏感期进行施工。

本文件自2018年6月28日起施行。

浙江省水利厅关于开展区域水资源论证＋水耗标准管理试点工作的通知

（2018年6月6日　浙水保〔2018〕27号）

各有关市、县（市、区）水利（水电、水务）局：

探索区域水资源论证＋水耗标准管理是省委省政府确定的2018年度生态文明体制改革、经济体制改革的重要任务，有利于进一步深化“最多跑一次”水利改革，推动产业园区项目取水许可审批制度和用水监管方式创新，落实区域用水总量和强度控制要求，强化水资源刚性约束，提升水资源管理效能。按照试点先行、稳步推进的原则，经研究决定，在全省选择若干产业园区开展区域水资源论证＋水耗标准管理试点工作。现就有关事项通知如下：

一、总体要求

（一）工作目标

通过区域水资源论证，提出区域用水总量、强度控制目标和项目准入水效标准清单，明确区域水资源水环境承载能力，强化水资源刚性约束和事中事后监管，促进节水减排、绿色发展。同时，通过强化水资源区域管控，为园区项目取水许可审批制度改革创造条件，进一步提升审批效能，优化政务环境，实现“最多跑一次”水利改革目标。

（二）基本原则

坚守红线，强化约束。以辖区内水资源高效配置和水资源水环境承载力为基础，严格区域用水总量、强度管控和水效标准准入要求，提出直观、针对性强、可操作的管理清单，作为园区项目取水许可审批和事中事后监管的重要依据。

加强指导，提高效率。强化试点产业园区水资源论证与项目取水许可的联动管理，对高质量完成区域水资源论证、各类管理清单清晰可行的园区，可以优化、简化取水许可审批程序和办证方式，进一步提升审批效能。

凝聚合力，注重落实。充分发挥产业园区和地方水行政主管部门积极性，形成工作合力。加强区域水资源论证结论和审批意见在园区招商引资、项目取水许可管理、节水工程和设施建设方面的落实，对违反区域水资源论证结论等情况采取限制性措施，从源头上强化区域水资源安全保障。

（三）试点范围

依法设立的县级及以上各类开发区、产业集聚区、高新区、工业功能区和特色小镇等（以下统称园区），经征求各有关水行政主管部门意见，选择在杭州大江东产业集聚区、宁海经济开发区、瑞安市仙降工业园、长兴经济技术开发区核心区、绍兴袍江开发区、岱山经济开发区、临海头门港经济开发区、椒江绿色药都小镇、温岭市上马工业区等9个园区先行开展试点，其他有条件的园区也可逐步开展试点工作。

二、主要任务

区域水资源论证＋水耗标准管理改革的主要任务包括开展一项论证、制订三张清单、推行一项制度、建立三项机制，具体如下：

（一）开展区域水资源论证，制订三张清单。试点园区的水资源论证，应符合有关技术规范，并参照《浙江省区域水资源论证报告编写提纲（试行）》（附件1）编写。要在行政辖区水资源配置、水资源管理“三条红线”和分析园区功能定位、产业布局的基础上，制定区域水资源论证结论清单，明确提出区域用水总量及强度管控、项目准入水效标准和不适用承诺备案制管理的项目类型（附件2）等3张清单和相应管理规定。区域水资源论证报告一般由园区管理机构自行编制或委托中介机构编制，经有管辖权的水行政主管部门审查，报本级人民政府同意后，由水行政主管部门批准，也可按照当地政府的改革部署，确定论证管理方式。

1. 制订区域水资源消耗总量和强度管控限值清单。调查分析本地区开发利用现状和水资源承载能力，根据水资源配置规划和最严格水资源管理总量和效率控制目标，研究提出试点园区水资源总量和效率控制限制清单，据此提出近期适宜的产业发展方向、开发强度和规模的建议。

2. 制订项目准入水效标准清单。选择国家和省各类用水定额标准上限作为项目准入水效标准，也可通过本地区特色产业水效现状调查，从严制定行业水效标准作为项目准入水效标准。

3. 制订不适用承诺备案制管理的项目类型清单。主要包括审批权限不在本行政区的项目、公共制水项目以及年取水量50万吨以上的项目，各试点区域可根据实际情况作适当补充。不适用承诺备案制的项目仍按现行审批程序办理取水许可。

（二）推行取水许可承诺审批制度。对适用承诺制管理的建设项目，项目投资主体已作出书面承诺的，可统一按照表（二）填写建设项目水资源论证表，水行政主管部门或其委托机构可根据取水许可申请书即时办理批复，批准初定取水量。项目竣工具备通水条件后，经水行政主管部门组织现场核验，确定批准取水量，颁发取水许可证。

为提高办证效率，有条件实现水资源管理信息系统与政府审批网互联互通的地区，可通过线下核验与线上信息交互，切实提高办证效率。

（三）建立健全事中事后监管机制。

1. 建立节水评估和信用评价机制。强化投资项目取用水全周期监管，通过组织开展水平衡测试等工作，定期对项目实际水效进行检查评估，对照用水户水效承诺和项目准入水效标准清单，开展节水守信情况评价。依据《浙江省公共信用信息管理条例》《浙江省公共数据和电子政务管理办法》等法规规章，将取用水户的节水守信评价结果，纳入省、市公共信用工作机构建立的信用档案。

2. 建立区域用水总量和强度监测预警机制。当地水行政主管部门应定期评估本区域取用水情况，对已接近水资源消耗总量和强度控制目标的临界超载区域，要及时向有关园区管理单位发出预警通知，采取限制审批和停止审批新增取水等措施。需要调整区域水资源消耗总量和强度控制限制清单、项目准入水效标准清单的，必须经过科学论证，重新进行审查审批。

3. 建立“水效领跑者”激励机制。在节水评估的基础上，定期对区域内用水企业的单位工业增加值或税收的水耗进行排名，以“亩产论英雄”，通过媒体通报排名情况，对排名靠前的节水先进企业采取节水奖励措施。

三、保障措施

（一）加强组织领导。探索区域水资源论证＋水耗标准管理是省委深改领导小组确定的2018年度重点改革任务，意义十分重大，各有关市、县（市、区）务必高度重视，切实加强领导和组织协调，落实责任部门和工作分工，制定可行的工作方案，保障必要的工作经费，确保按期高质量完成试点任务。省水利厅将做好试点工作统筹指导，组织专家团队，加强对重点、难点问题的调查研究，及时提供技术支持；建立试点工作通报和交流研讨机制，及时总结工作经验，改进管理方式。各有关设区市水利局要加强对改革试点工作的指导和日常管理，对发现的问题和有关意见建议，及时报告省水利厅。

（二）加快推进实施。2018年底前，基本完成试点园区的区域水资源论证的审查审批，建立园区项目取水许可承诺备案管理制度，初步建立事中事后监管机制，力争2～3个园区先行完成试点任务；2019年5月底前，各试点园区全面完成试点任务，试点园区所在地市级水利部门会同县级水行政主管部门，完成试点工作总结并报送省水利厅。省水利厅将在总结各地试点经验基础上，提炼最佳实践案例，将成熟模式和经验在全省复制推广。

（三）强化监督管理。相关水行政主管部门应加强监督管理，在实施过程中违反区域水资源论证结论清单、盲目简化项目取水许可程序的试点园区，要及时采取措施予以纠正。

（四）开展宣传总结。各有关市、县（市、区）水行政主管部门应积极支持试点园区管委会总结实践经验，选取典型案例，做好媒体宣传。对按期高质量完成改革试点任务，并取得可推广经验的，可在各级最严格水资源管理考核中予以加分，并给予管理经费支持。

附件（略）：

1. 区域水资源论证报告编写提纲（试行）

2. 不适用承诺备案制管理的项目类型清单（参考）

3. 建设项目取水许可承诺备案要点（参考）

浙江省水利厅关于印发《浙江省水行政主管部门随机抽查事项清单》的通知

（2018 年 7 月 23 日　浙水政〔2018〕6 号）

各市、县（市、区）水利（水电、水务）局：

为深入贯彻落实《国务院办公厅关于推广随机抽查规范事中事后监管的通知》（国办发〔2015〕58 号）、《国务院关于印发 2016 年推进简政放权放管结合优化服务改革工作要点的通知》（国发〔2016〕30 号）及《浙江省人民政府办公厅关于全面推行“双随机”抽查监管的意见》（浙政办发〔2016〕93 号）等文件精神，结合浙江省水利工作实际，省水利厅修订了《浙江省水行政主管部门随机抽查事项清单》。现印发给你们，请认真贯彻执行。本通知自 2018 年 9 月 1 日起施行。

浙江省水行政主管部门随机抽查事项清单

序号	抽查事项名称	抽查依据	抽查主体	抽查对象	抽查比例	抽查频次	抽查方式	抽查内容及要求
1	水利建设市场主体的监督检查	《水利工程质量检测管理规定》（水利部令第 36 号）第二十一条　县级以上人民政府水行政主管部门应当加强对检测单位及其质量检测活动的监督检查，主要检查下列内容：（一）是否符合资质等级标准；（二）是否有涂改、倒卖、出租、出借或者以其他形式非法转让《资质等级证书》的行为；（三）是否存在转包、违规分包；（四）是否按照有关标准和规定进行检测；（五）是否按照规定在质量检测报告上签字盖章，质量检测报告是否真实；（六）仪器设备的运行、检定和校准情况；（七）法律、法规规定的其他事项。	省水行政主管部门	省内水利工程质量检测单位	20%	1～2 次 / 年	现场检查或书面检查	是否符合资质等级标准；是否有涂改、倒卖、出租、出借或者以其他形式非法转让《资质等级证书》的行为；是否存在转包、违规分包；是否按照有关标准和规定进行检测；是否按照规定在质量检测报告上签字盖章，质量检测报告是否真实；仪器设备的运行、检定和校准情况；法律、法规规定的其他事项。

序号	抽查事项名称	抽查依据	抽查主体	抽查对象	抽查比例	抽查频次	抽查方式	抽查内容及要求
2	水利生产经营单位安全生产管理	1.《中华人民共和国安全生产法》第九条　县级以上地方各级人民政府有关部门依照本法和其他有关法律、法规的规定，在各自的职责范围内对有关的安全生产工作实施监督管理。第十一条　各级人民政府及其有关部门应当采取多种形式，加强对有关安全生产的法律、法规和安全生产知识的宣传，提高职工的安全生产意识。第五十六条　负有安全生产监督管理职责的部门依法对生产经营单位执行有关安全生产的法律、法规和国家标准或者行业标准的情况进行监督检查。 2.《水利工程建设安全生产管理规定》（水利部令第26号）第二十六条　水行政主管部门和流域管理机构按照分级管理权限，负责水利工程建设安全生产的监督管理。水行政主管部门或者流域管理机构委托的安全生产监督机构，负责水利工程施工现场的具体监督检查工作。第二十九条　省、自治区、直辖市人民政府水行政主管部门负责本行政区域内所管辖的水利工程建设安全生产的监督管理工作。 3.《浙江省安全生产条例》第五条　县级以上人民政府公安、交通运输、港口、建设、质量技术监督、渔业、发展改革、经济信息化、环境保护、水利、旅游等部门负责有关行业、领域的安全生产监督管理工作。第二十七条　负有安全生产监督管理职责的部门依法对生产经营单位进行监督检查时所行使的职权，依照安全生产法的有关规定执行。	省、市级水行政主管部门	省内水利施工企业	10%～20%	1～2次/年	现场检查或书面检查	安全机构设置、安全专兼职人员配备、保险、安全宣教培训以及三类人员证书持证上岗情况。

序号	抽查事项名称	抽查依据	抽查主体	抽查对象	抽查比例	抽查频次	抽查方式	抽查内容及要求
3	生产建设项目水土保持监督管理	《水土保持法》第二十九条　县级以上人民政府水行政主管部门、流域管理机构，应当对生产建设项目水土保持方案的实施情况进行跟踪检查，发现问题及时处理。第三十条　国家加强水土流失重点预防区和重点治理区的坡耕地改梯田、淤地坝等水土保持重点工程建设，加大生态修复力度。县级以上人民政府水行政主管部门应当加强对水土保持重点工程的建设管理，建立和完善运行管护制度。第四十三条　县级以上人民政府水行政主管部门负责对水土保持情况进行监督检查。流域管理机构在其管辖范围内可以行使国务院水行政主管部门的监督检查职权。	各级水行政主管部门	生产建设单位（特指矿山类企业）	60%～80%	2～4次/年	现场检查	水土保持措施落实情况，重点是弃土（渣）场、灰库、高陡边坡等部位防护情况；是否存在水土流失情况；是否足额缴纳水土保持补偿费；是否按要求开展水土保持监测工作。
4	取用水监督管理	1.《中华人民共和国水法》第十二条第四款　县级以上地方人民政府水行政主管部门按照规定的权限，负责本行政区域内水资源的统一管理和监督工作。2.《取水许可和水资源费征收管理条例》第三十八条　县级以上人民政府水行政主管部门或者流域管理机构应当依照本条例规定，加强对取水许可制度实施的监督管理。3.《浙江省水资源管理条例》第四十一条　县级以上水行政主管部门应当建立水政巡查制度，加强对用水单位取水工程建设情况、取排水情况的检查；其中，对地下水取水工程施工应当进行现场监督。	各级水行政主管部门	取用水单位或个人	3%～10%	1～2次/年	现场检查书面检查或网络监测	取水许可制度实施情况；取水计划实施情况；取水计量和监控设备安装和运行状况情况；是否按时足额缴纳水资源费。

序号	抽查事项名称	抽查依据	抽查主体	抽查对象	抽查比例	抽查频次	抽查方式	抽查内容及要求
5	水利工程（含滩涂围垦）建设项目稽察与监督检查	《水利建设项目稽察办法》第五条　省级水行政主管部门负责本行政区域水利稽察工作，对辖区内水利建设项目进行稽察，组织落实整改工作。第三十四条　稽察工作机构对稽察发现的问题要建立台账，跟踪整改落实情况，必要时组织复查，及时通报相关情况。	省水行政主管部门	有省级以上补助资金的重点水利建设项目	10%～40%	1次/年	现场检查或资料核查	监督检查有关项目的监管和主管部门单位贯彻落实国家水利方针政策、重大决策部署情况，建立完善建设管理制度、组织推动项目建设等工作情况；抽查建设项目前期工作与设计、计划下达与执行、建设管理、资金使用与管理、工程质量与安全等方面实施情况；抽查稽察发现问题的整改落实情况。
6	水利工程运行的监督检查	《浙江省水利工程安全管理条例》第四条　县级以上人民政府水行政主管部门（以下简称水行政主管部门）负责本行政区域内水利工程的监督管理。第六条　各级人民政府应当按照安全管理责任制的规定，对本行政区域内水利工程安全负责，明确并公布水利工程安全管理责任人，对水利工程安全管理工作进行考核。	各级水行政主管部门	水利工程管理单位	10%～30%	1～2次/年	现场检查	1. 水库大坝安全管理责任人落实情况。管理单位主要负责人、技术负责人是否书面明确。 2. 水库大坝注册登记。事项变更是否及时办理（大坝隶属关系发生变化的，应在此后3个月内向登记机构办理变更事项登记）。 3. 水库大坝安全检查。日常巡查制度是否建立，日常巡查、汛前检查、年度检查是否开展。 4. 水库大坝安全监测。安全监测制度是否建立，水文观测（降雨、水位）、工程安全监测是否开展，工程安全监测资料是否按年度开展整编分析。 5. 闸门及启闭机管理。保养维护是否开展，操作规程是否制定，闸门操作是否实行双人上岗制度，应急备用电源是否配备，闸门、应急备用电源是否试运行。 6. 水库大坝维修养护。维修养护制度是否建立，维修养护年度计划是否制订，批准的维修养护项目是否实施。

浙江省水利厅 浙江省人力资源和社会保障厅关于印发《浙江省水利专业工程师、高级工程师职务任职资格评价条件》的通知

（2018年8月27日　浙水人〔2018〕33号）

各市、县（市、区）水利（水电、水务）局、人力资源和社会保障局，厅直属各单位，省级有关单位：

根据国家和省职称改革有关精神，我们制定了《浙江省水利专业工程师、高级工程师职务任职资格评价条件》，现印发给你们，请遵照执行。在执行中遇到的问题请及时反映，以便修订完善。

浙江省水利专业工程师、高级工程师职务任职资格评价条件

第一章　总　则

第一条　为客观公正地评价水利工程专业技术人员的能力和水平，促进水利工程专业技术资格评价工作的制度化、规范化和科学化，根据《工程技术人员职务试行条例》（职改字〔1986〕第78号）、《中共中央办公厅　国务院办公厅印发关于深化职称制度改革的意见》（中办发〔2016〕77号）和《中共浙江省委办公厅　浙江省人民政府办公厅关于深化职称制度改革的实施意见》（浙委办发〔2018〕4号）等文件精神，结合浙江省水利工作实际，制定本评价条件。

第二条　本评价条件为从事水利工程技术开发、规划设计、建设管理、运行管理等工作的企事业单位在职专业技术人员申报评审水利专业工程师、高级工程师职务任职资格的依据。其适用范围如下：

（一）技术开发

从事水利工程技术服务、试验测试、应用开发、信息化等工作的专业技术人员。

（二）规划设计

从事水利规划、勘测、设计咨询、环境评价、建设后评价等工作的专业技术人员。

（三）建设管理

从事水利工程施工技术、施工管理、施工监理、质量与安全监督、工程概（预）算、造价咨询、审价、招标代理、设备安装等工作的专业技术人员。

（四）运行管理

从事防汛防台抗旱、水文、水资源、水利工程建设与管理、农村水利、水土保持、水政监察、水利政策法规等区域水利管理和水利工程运行管理工作的专业技术人员。

第三条　建立省水利工程专业技术人员工程师、高级工程师职务任职资格量化评分标准，并根据行业发展情况适时调整完善。

第四条　按照本评价条件评审通过并获得水利专业工程师、高级工程师职务任职资格证书者，表明持证人具有相应的专业技术水平。

第二章　申报条件

第五条　思想道德条件

遵守《中华人民共和国宪法》和法律法规，具有良好的职业道德和敬业精神，热爱本职工作，履行岗位职责，努力完成工作任务，积极为浙江省水利事业发展服务。

第六条　申报水利专业工程师职务任职资格人员须具备下列条件之一：

（一）具有本专业或相关专业大学专科及以上学历，取得助理工程师职务任职资格后，实际聘任水利专业助理工程师工作4年以上。

（二）不具备前项规定的学历和资历，但按本评价条件量化评分标准，自评分达到规定分值并经两名水利高级工程师实名推荐的。

第七条　申报水利专业高级工程师职务任职资格人员须具备下列条件之一：

（一）具有本专业或相关专业博士学位，取得工程师职务任职资格后，实际聘任从事水利专业工程师工作2年以上。

（二）具有本专业或相关专业大学本科学历、研究生学历或硕士学位，取得工程师职务任职资格后，实际聘任从事水利专业工程师工作5年以上。

（三）不具备前两项规定的学历和资历，但按本评价条件量化评分标准，自评分达到规定分值经两名水利正高级工程师实名推荐，并经各中级评审委员会推荐通过的。

第八条　获得以下学历（学位），经考核合格，可认定或初定相应的专业技术职务任职资格：

（一）博士后流动站、工作站出站人员，在站期间能够圆满完成研究课题，并取得科研成果，经考核合格，按省有关规定可认定相应副高级专业技术职务任职资格。

（二）获得博士学位，经考核合格，按省有关规定可初定工程师职务任职资格。

（三）研究生毕业或获得硕士学位，从事水利专业工作满3年（学历或学位取得前后从事水利专业或相近专业工作年限可以累计，但学历或学位取得后从事水利专业工作须满1年），经考核合格，按省有关规定可初定工程师职务任职资格。

第九条　在满足第十一条（一）、（二）、（三）款基础上，符合下列条件之一，可直接经省水利工程技术人员高级职务评审委员会审定水利专业高级工程师职务任职资格：

（一）在水利专业领域研究或技术工作中取得重要成果。国家科学技术奖获奖人员；省科学技术奖和大禹水利科学技术奖一等奖及以上获奖人员或二等奖的前五名完成人。

（二）在水利专业领域研究或技术工作中以第一作者或通信作者（国内单位为第一作者单位）在SCI二区期刊正式发表论文1篇以上。

（三）在水利专业技术领域做出重大贡献或突出成就获得的省（部）级劳动模范。

（四）已公布实施的国家或水利行业标准制订的起草人。国家级工法的第一完成人。

（五）全国水利行业职业技能竞赛前

十名或全省水利行业职业技能竞赛第一名获得者（提供5项专业业绩参考）。

第十条 申报人员所学专业与申报的专业不一致或不相近的，应视为不具备规定学历。取得不同专业学历（学位），但其中一个专业学历（学位）为水利工程专业或相近专业的，其学历（学位）可按取得的最高学历（学位）认定。

第十一条 其他条件

（一）年度考核等次要求。申报水利专业工程师职务任职资格的，近4年的年度考核均为合格以上；申报水利专业高级工程师职务任职资格的，近5年的年度考核均为合格以上。

（二）继续教育要求。申报水利专业工程师、高级工程师职务任职资格的，应满足《浙江省专业技术人员继续教育规定》《浙江省水利专业技术人员继续教育学时登记细则（试行）》要求。

（三）评聘结合要求。事业单位专业技术人员申报水利专业工程师、高级工程师职务任职资格的，应符合国家、省评聘有关规定。

（四）考试与评审。申报评审水利专业工程师、高级工程师职务任职资格人员，应参加浙江省水利专业工程师、高级工程师职务任职资格评价业务考试，考试合格者方可按评价条件申报评审，考试成绩3年有效（工程师限参加省厅中评委评审人员）。高级工程师职务任职资格评价业务评价考试成绩为评价的量化指标之一，评审时取3年内最高分计入。

第三章 水利专业工程师资格评审条件

第十二条 从事水利工程技术开发工作的专业技术人员

（一）专业理论知识

较系统地掌握本专业必备的专业理论知识和专业技术知识，了解本专业新技术、新工艺、新设备、新材料的现状和发展趋势。

（二）工作经历与能力

具有运用本专业领域的理论和现有科研成果，进行水利工程技术服务、试验测试、应用技术开发、信息化建设的经历和能力。

（三）专业技术工作业绩

任现职期间，取得下列成果之一：

1. 县级以上科技奖项的获得者；

2. 获得水利工程技术方面国家专利或软件著作权1项以上，或转让专利1项以上；

3. 参与完成县级以上综合技术课题项目（且至少为单项课题报告的主要编写者）1项以上；

4. 参与完成县级以上重点科技项目或市厅级以上科技项目1项以上；

5. 参与编写完成有关技术标准、规程、规范、标准设计图集、工法、造价定额、咨询报告等1项以上，并经批准实施；

6. 参与完成应用科技专题项目1项以上；

7. 参与完成新技术、新工艺、新方法、新材料革新和推广应用1项以上，并取得实效。

第十三条　从事水利工程规划设计工作的专业技术人员

（一）专业理论知识

较系统地掌握本专业必备的专业理论知识和专业技术知识，了解本专业新技术、新工艺、新设备、新材料的现状和发展趋势。

（二）工作经历与能力

具有运用本专业技术标准和规程、规范，有参与水利规划、勘测、设计与咨询的经历和能力。

（三）专业技术工作业绩

任现职期间，取得下列成果之一：

1. 县级以上科技奖项获得者，或市厅级以上勘测、设计、咨询成果奖获得者；

2. 获得水利工程技术方面国家专利或软件著作权 1 项以上，或转让专利 1 项以上；

3. 参与编制完成流域（区域）综合、专业（专项）水利规划 1 项以上；

4. 参与完成大、中型水利工程勘测、设计工作 1 项以上，或主持完成水土保持规划设计、涉水专题论证等项目 2 项以上；

5. 主持完成小型水利工程勘测、设计工作 1 项以上，或参与完成小型水利工程勘测、设计工作 3 项以上；

6. 参与编写完成有关技术标准、规程、规范、标准设计图集、工法、造价定额、咨询报告等 1 项以上，并经批准实施；

7. 参与完成新技术、新工艺、新方法、新材料革新和推广应用 1 项以上，并取得实效。

第十四条　从事水利工程建设管理工作的专业技术人员

（一）专业理论知识

较系统地掌握本专业必备的专业理论知识和专业技术知识，了解本专业新技术、新工艺、新设备、新材料的现状和发展趋势。

（二）工作经历与能力

具有运用本专业技术标准和规程、规范，掌握招标、投标、合同管理及质量和安全管理的要求，有参与水利工程建设项目的施工、监理、施工方案或施工图审查、造价咨询、招标代理以及项目管理等工作的经历和能力。

（三）专业技术工作业绩

任现职期间，取得下列成果之一：

1. 县级以上科技奖项的获得者，或市厅级优秀工程奖等获奖工程的参加者；

2. 获得水利工程技术方面国家专利或软件著作权 1 项以上，或转让专利 1 项以上；

3. 参与完成大、中型水利工程施工建设 1 项以上，或主持完成小型水利工程施工建设 1 项以上，或参与完成小型水利工程等施工建设 3 项以上，投产后运行正常；

4. 参与编写完成本专业技术标准、施工规程、管理办法、设计标准图集、工法、造价定额、咨询报告等 1 项以上，并经批准实施；

5. 参与完成新技术、新工艺、新方法、新材料革新和推广应用 1 项以上，并取得显著效益；

6. 参与完成水利工程项目的招标代理或工程造价咨询成果文件的编制或审核 3 个及以上。

第十五条　从事水利工程运行管理工作的专业技术人员

（一）专业理论知识

较系统地掌握本专业必备的专业理论知识和技术知识，了解本专业新技术、新工艺、新设备、新材料的现状和发展趋势。

（二）工作经历和能力

具有运用本专业技术标准和规程、规范，掌握工程运行安全管理的要求，有参与区域水利管理和水利工程运行与管理技术工作的经历和能力。

（三）专业技术工作业绩

任现职期间，取得下列成果之一：

1. 县级以上科技奖项获得者，或市厅级以上优秀工程咨询奖、优秀调研报告奖等奖项的获得者；

2. 参与编写完成重点江河、重点工程的水情测预报、防汛抗旱调度方案、防洪防台预案、站网规划、水文水资源分析评价等 3 项以上；

3. 参与完成中型水利工程建设项目管理 1 项以上，或参与完成小型水利工程建设项目管理 2 项以上；

4. 获得水利工程技术方面国家专利或软件著作权 1 项以上，或转让专利 1 项以上；

5. 参与编制完成水利工程运行管理的技术标准、规程、规范、标准设计图集、工法、造价定额、咨询报告、专题报告等 1 项以上，并经批准实施；

6. 参与完成水利工程运行状况的鉴定分析，制定维修、除险加固实施方案 1 项以上，并取得实效；

7. 参与完成技术发展规划和组织实施方案等技术工作 3 项以上，并取得实效；

8. 参与完成水事违法案件的查处或水事纠纷的调解 3 项以上，并取得实效；

9. 参与完成水文测站的水雨情或重要水利工程的水情、工情等基础资料调查及资料整编工作 3 项以上；

10. 参与完成新技术、新工艺、新方法、新材料革新和推广应用 1 项以上，并取得实效。

第四章　水利专业高级工程师资格评审条件

第十六条　从事水利工程技术开发工作的专业技术人员

（一）专业理论知识

全面系统地掌握本专业的基础理论和专业理论知识，掌握有关法律法规、技术标准和规范，具备跟踪本专业科技发展前沿水平的能力。

（二）工作经历和能力

具有熟练运用本专业领域的理论和现有科研成果，进行新技术开发和解决重大技术难题，撰写过高水平的新技术开发方案和成果报告，指导水利专业工程师工作、学习的经历和能力。

（三）专业技术工作业绩

任现职期间，取得下列成果之一：

1. 市厅级以上科技奖项的主要获得者，或县级科技奖项 2 项以上的主要获得者；

2. 获得水利工程技术方面国家发明专利或软件著作权 1 项以上，或转让发明专利 1 项以上；

3. 主持完成市厅级以上科技项目 1 项以上（主要参与 2 项以上）；

4. 主持完成大、中型涉水工程技术攻关专题项目1项以上；

5. 主持完成县级科技项目2项以上（主要参与3项以上）；

6. 主要参与编写完成技术标准、规程、规范、标准设计图集、工法、造价定额、咨询报告等1项以上，并经市厅级及以上业务主管部门采纳施行；

7. 主持开发或推广应用新技术、新工艺、新方法、新材料1项以上（主要参与2项以上），成效显著。

第十七条 从事水利工程规划设计工作的专业技术人员

（一）专业理论知识

全面系统地掌握本专业的基础理论和专业理论知识，掌握有关法律法规、技术标准和规范，熟悉规划、设计、咨询等程序和内容，具备跟踪本专业科技发展前沿水平的能力。

（二）工作经历与能力

具有熟练运用本专业领域的专业理论知识、技术标准、规范和规程，主持水利规划编制、水利工程勘测、设计与咨询项目工作的经历和能力，或承担大、中型项目专业负责人工作，协调相关专业技术工作，指导水利专业工程师工作、学习的经历和能力。

（三）专业技术工作业绩

任现职期间，取得下列成果之一：

1. 市厅级以上科技奖项的主要获得者，或县级科技奖项2项以上的主要获得者，或省部级以上勘测、设计、咨询成果奖的获得者；

2. 获得水利工程技术方面国家发明专利或软件著作权1项以上，或转让发明专利1项以上；

3. 主持完成流域（区域）综合、专业（专项）水利规划1项以上（主要参与2项以上）；

4. 主持完成大、中型水利工程勘测、设计项目1项以上（主要参与2项以上），或主持完成小型水利工程勘测、设计项目2项以上（主要参与3项以上）；

5. 主持完成水土保持规划设计、涉水专题论证等项目5项以上；

6. 主持完成水利规划、水利工程勘测和设计项目的技术咨询工作3项以上，并编写技术咨询报告；

7. 主要参与编写完成技术标准、规程、规范、标准设计图集、工法、造价定额、咨询报告等3项以上，并经市厅级及以上业务主管部门采纳施行；

8. 主持开发或推广应用新技术、新工艺、新方法、新材料1项以上（主要参与2项以上），成效显著。

第十八条 从事水利工程建设管理工作的专业技术人员

（一）专业理论知识

全面系统地掌握本专业的基础理论和专业理论知识，掌握有关法律法规、技术标准和规范、施工程序、工艺和方法，熟悉招标、投标、合同管理、质量和安全管理，具备跟踪本专业科技发展前沿水平的能力。

（二）工作经历与能力

具有熟练运用本专业领域的专业理论

知识、技术标准、规范和规程，主持小型以上水利工程建设的经历，或承担过大、中型项目专业负责人工作，协调处理相关专业技术工作，指导水利专业工程师工作、学习的经历和能力。

（三）专业技术工作业绩

任现职期间，取得下列成果之一：

1. 市厅级以上科技奖项的主要获得者，或县级科技奖项2项以上的主要获得者；

2. 获得水利工程技术方面国家发明专利或软件著作权1项以上，或转让发明专利1项以上；

3. 主持完成大、中型水利工程施工建设项目1项以上（主要参与2项以上）；或主持完成小型水利工程施工建设项目2项以上（主要参与3项以上），投产后运行正常；

4. 主持编制水利工程施工计划、施工方案、投标文书、监理规划或细则、工程造价咨询成果文件等2项以上，并经批准实施；

5. 主持招标的工程项目累计中标价达1亿元以上，或主持编制的各类工程造价咨询成果文件累计造价达1亿元以上；

6. 主要参与编写完成技术标准、规程、规范、标准设计图集、工法、造价定额、咨询报告3项以上，并经市厅级以上业务主管部门采纳施行；

7. 作为项目主持人或专项工程负责人，主持完成工程施工建设中开发或推广应用新技术、新方法、新工艺、新材料1项以上（主要参与2项以上），并科学地组织施工，按期完工，成效显著。

第十九条 从事水利工程运行管理工作的专业技术人员

（一）专业理论知识

全面系统地掌握本专业的基础理论和专业理论知识，掌握有关法律法规、技术标准和规范，熟悉水利行业管理或水工程运行管理，具备跟踪本专业发展前沿水平的能力。

（二）工作经历与能力

具有熟练运用本专业领域的专业理论知识、标准、规范和规程，为区域水利管理、水利工程运行管理的技术工作提供决策依据、技术咨询和建议，协调有关部门间技术工作，解决关键技术问题，指导水利专业工程师工作、学习的经历和能力。

（三）专业技术工作业绩

任现职期间，取得下列成果之一：

1. 市厅级以上科技奖项的主要获得者，或县级科技奖项2项以上的主要获得者，或市厅级以上优秀调研报告奖等奖项的主要获得者；

2. 获得水利工程技术方面国家发明专利或软件著作权1项以上，或转让发明专利1项以上；

3. 主持完成水利工程运行与管理的重要技术报告、专题报告2项以上（主要参与3项以上）并被采纳运用；或主持完成大、中型水利工程建设项目管理1项以上（主要参与2项以上），或主持完成小型水利工程建设项目管理2项以上（主要参与3项以上）；

4. 主持完成水利工程运行状况的鉴定分析报告1项以上，制定维修、除险加固实施方案，成效显著；

5. 主持编写完成重点江河、重点工程的水情测预报、防汛防旱调度方案、防洪防台预案、站网规划、水文水资源分析评价或水雨情和工情资料收集整编等 2 项以上（主要参与 3 项以上）；

6. 主持完成技术发展规划和组织实施方案等技术工作 3 项以上，成效显著；

7. 主持完成重大水事案件的查处、水事纠纷的调解 3 项以上，成效显著；

8. 参与编写完成行业技术标准、规程、规范、规章、标准设计图集、工法、造价定额、咨询报告等 3 项以上，并经市厅级以上业务主管部门采纳并施行；或参与制订区域水利管理、水利工程运行管理的工作方案或改革办法等 2 项以上，经当地业务主管部门采纳并施行；

9. 主持开发或推广应用新技术、新工艺、新方法、新材料项目 1 项以上（主要参与 2 项以上），成效显著。

第五章　评审程序及处分规定

第二十条　本评价条件将申报的水利工程专业划分为技术开发、规划设计、建设管理、运行管理等 4 个不同的工作性质。一人兼多个专业类别的，可以自行选择其中一个专业进行申报。专业资格评审时，将综合评价申报人的总体专业技术能力和水平。

第二十一条　申报者的基本情况（主要包括申报者的姓名、工作单位、行政职务、现专业技术资格、取得时间、聘任时间、专业技术水平、工作能力和工作业绩等情况）应在本单位进行为期不少于 5 个工作日的公示，公示无异议后按规定程序报送；经相应评审委员会评审通过的人员，将由评委会办公室在相应的门户网站上对申报者的姓名、工作单位、现专业技术资格及取得时间等进行为期不少于 5 个工作日的公示。

第二十二条　本评价条件为相应评审委员会对申报者进行综合评价的重要依据，评审委员会在对申报材料充分审议的基础上，以无记名投票表决的方式产生评审结果。

第二十三条　申报参加水利专业工程师、高级工程师职务任职资格评审的人员违反有关规定的处理。

（一）申报者有下列情形之一的，取消其评审资格或取消其已取得的任职资格，已取得资格证书的，收回其相应证书，并从评审次年起 3 年内不得申报：

1. 伪造、变造证件、证明等申报材料的；

2. 有违纪违法行为，仍在处理、处罚、处分阶段或任现职期间有明确处分的违纪违法行为，在申报材料中未有反映的；

3. 有其他严重违反评审规定行为的。

（二）任现职期间，出现如下情况之一，在规定年限上延迟申报：

1. 年度考核基本合格（含）以下或受单位通报批评者，延迟 1 年申报；

2. 受记过以上处分或已定性为安全生产或技术责任事故、在生态环境和资源方面造成严重破坏并被追责的直接责任者（且处分期满），延迟 2 年申报。

第六章　附　则

第二十四条　转评水利专业技术职务任职资格、机关分流人员申报水利专业技术职务任职资格的，按照省有关规定执行。

第二十五条　对引进的高层次、紧缺急需等人才，采取一事一议方式进行评定。外省调入人员专业技术职务任职资格确定由水利高评委常设评审组织进行。

第二十六条　本评价条件中涉及的工作能力、工作业绩、科研成果、论文论著等均应为任现职后取得。

第二十七条　工作业绩、工作成果、论文论著、标准专利等，申报者均应提供相关的、有足够证明力的佐证材料。“佐证材料”是指能提供本人在所完成的业绩成果中地位、作用的书面证明材料。

第二十八条　本评价条件中规定的工程项目或课题复杂程度和大、中、小型水利工程等级，参照国家有关技术标准和规范执行。

第二十九条　本评价条件中有关词（语）或概念的特定解释：

（一）“获奖者”是指国家有关机构规定的获奖项目、课题各等级内额定获奖人员（有个人获奖证书），“主要获奖者”是指排名前5位的获奖者。

（二）“主持”和“主持者”是指担任项目、课题、工程负责人、技术负责人。

（三）“主要参加者”“主要参与者”和“主要编写者”是指项目、课题、工程排名2～3位者、专项（专业、专题）负责人，或项目、课题、工程的次级子项目、子课题、子工程的负责人、技术负责人。

（四）“一般参加者”和“一般编写者”是指承担项目具体实施工作，独立处理各种常见技术问题的专业人员，即前述两项之外的专业技术人员。

（五）“市厅级”指省辖市、省级业务主管部门、部级归口部门对应的市、厅、司（局）级；“县（市）级”包括县本级以及市、厅级业务主管部门，以及县（市）综合管理部门，如发展改革委、经委、农委（办）等。

（六）“公开发表”是指论文刊登在有国内或国际统一刊号的专业报刊上或论著、译著经出版社正式出版，无正式刊号的内部报刊以及内部资料成果，均不得作为“公开发表”。

（七）“省、部级以上学术刊物”是指省、部级以上专业学会（协会）或省部以上业务部门主办的公开发行的有正式刊号的刊物；大专或高职以上学校主办的学报视同省、部级以上刊物。

（八）“有指导水利专业助理工程师或工程师工作、学习的经历和能力”是指有实际材料证明经组织安排有明确的指导对象并完成了指导的全过程。如作为单位负责人、处（科）室负责人、项目负责人、课题负责人、专业负责人、部门经理等所负责的工作任务中有助理工程师或工程师工作，可视为有指导助理工程师或工程师进行本专业工作的能力。

（九）“重点工程”和“重点项目”是指有关政府部门有明文认定的“重点工

程”或“重点项目”。

（十）实践、业绩成果、论文论著等各条件中2项超过50%（含）的可以按5舍6补的原则补算够1项。如：作为主要参加者，完成省部级项目1项或市厅级2项以上，若专业技术人员参加了市厅级项目1项可计为半条，而在另一条件中，又完成规定条件的一半以上，那么，这2项相加可以视为达到一整项条件。

（十一）水利类及水利类相关专业应结合实际从事的水利工作岗位理解，如包括：水利水电工程、水文与水资源工程、水力学及河流动力学、港口航道与海岸工程、船舶与海洋工程、土木工程、农业水利工程、水土保持与荒漠化防治、工程力学、交通工程、勘查技术与工程、资源勘查工程、机械设计制造及其自动化、给水排水工程、热能与动力工程、电气工程及其自动化、信息化、地质工程、测绘技术与工程、环境科学与工程等。

（十二）本评价条件中所称“以上”均含本级。

（十三）本评价条件中所称的“年”均为周年。

第三十条 本办法由省人力资源和社会保障厅、省水利厅按职责分工负责解释。

第三十一条 本评价条件自2019年1月1日起执行，原《浙江省水利专业工程师、高级工程师资格评价条件（试行）》（浙人社〔2009〕187号）同时废止。

附件（略）：

1. 水利专业工程师职务任职资格评审量化评分表
2. 水利专业工程师职务任职资格评审量化标准解释
3. 水利专业高级工程师职务任职资格评审量化评分表
4. 水利专业高级工程师职务任职资格评审量化标准解释

浙江省水利厅关于明确浙江省河湖“清四乱”专项行动问题认定及清理整治标准的通知

（2018年12月3日　浙水河〔2018〕29号）

各市、县（市、区）水利（水电、水务）局：

2018年7月，水利部部署开展全国河湖“清四乱”专项行动，在全国范围内组织开展为期一年的对乱占、乱采、乱堆、乱建等河湖管护突出问题的专项清理整治行动，全省各地高度重视，积极行动。近期，水利部印发了《水利部办公厅关于明确全国河湖“清四乱”专项行动问题认定及清理整治标准的通知》（办河湖〔2018〕245号），根据通知要求，结合浙江省实际，对浙江省“清四乱”专项行动问题认定及清理整治标准要求如下：

一、总体标准按照《水利部办公厅关于明确全国河湖“清四乱”专项行动问题认定及清理整治标准的通知》执行。

二、根据《浙江省河道管理条例》，结合浙江省实际，补充如下问题认定和清理整治标准。

1. 问题认定标准。

根据《浙江省河道管理条例》，在河道管理范围内禁止建设住宅、商业用房、办公用房、厂房等与河道保护和水工程运行管理无关的建筑物、构筑物；设置阻碍行洪的拦河渔具；利用船舶、船坞等水上设施侵占河道水域从事餐饮、娱乐等经营活动。从事河道采砂的单位或者个人未按照规定设立公示牌或者警示标志。

2. 清理整治标准。

在河道管理范围内从事禁止行为的，由县级以上人民政府水行政主管部门责令停止违法行为，限期改正；逾期不改正的，处一万元以上五万元以下的罚款。

从事河道采砂的单位或者个人未按照规定设立公示牌或者警示标志的，由县级以上人民政府水行政主管部门责令限期改正；逾期不改正的，处五百元以上五千元以下的罚款。

三、有关要求

各地要高度重视河湖“清四乱”工作，严格按照《水利部办公厅关于明确全国河湖“清四乱”专项行动问题认定及清理整治标准的通知》及浙江省补充的标准，切实做好问题认定和清理整治。

附件（略）：

《水利部办公厅关于明确全国河湖“清四乱”专项行动问题认定及清理整治标准的通知》

领导讲话

把农村饮用水达标提标这项民生工程抓实办好
——浙江省省长袁家军在全省农村饮用水达标提标行动电视电话会议上的讲话要点

（2018年12月17日）

一、深刻认识农村饮用水达标提标行动的重大意义

开展农村饮用水达标提标行动，就是为了破解农村饮用水问题，让老百姓喝上安全、质量有保障的水，实现从“有水喝”到“喝好水”的转变。这是我省高质量发展组合拳的重要一招，也是“两个高水平”建设的重要举措，更是各级政府应尽的职责、必须完成的一项重大民生实事。各地、各部门要迅速行动、争分夺秒、全力以赴，全面开展农村饮用水达标提标行动。

（一）这是新时代“千万农民饮用水工程”的升级版。习近平总书记在浙江工作期间，高度重视农村饮用水问题，多次强调：“要让人民群众喝上干净的水”，并在2003年亲自谋划部署“千万农民饮用水工程”。15年来，历届省委、省政府一张蓝图绘到底、一任接着一任干，持续深入推进农村饮水安全。这15年可分为3个阶段：第一阶段是2003—2009年，启动实施“千万农民饮用水工程”，解决了1 367万农村居民饮水困难问题；第二阶段是2010—2014年，启动实施“农村饮水安全工程”，解决了575万农村居民饮水困难问题；第三阶段是2014—2017年，全面推进“五水共治”，启动“农村饮水安全提升工程”建设，改善提升了187万农村居民饮水安全水平。2017年，浙江省农村自来水普及率达到99%以上，农村饮水水质达标率为75.5%。2014年3月，习近平总书记在中央财经领导小组第五次会议上强调，“要保障国家水安全，不能把饮水不安全问题带入小康社会”。可以说，农村饮用水不达标提标，就没有高水平全面小康。我们要认真学习贯彻习近平总书记重要指示精神，坚持以人民为中心的发展思想，把农村饮用水提标达标行动作为新时代“千万农民饮用水工程”的升级版抓紧抓实抓好。

（二）这是实施乡村振兴战略的标志性工程。浙江是习近平总书记新时代“三农”思想的重要萌发地，城乡协调发展、美丽乡村建设是浙江省的一张“金名片”。党的十九大提出，实施乡村振兴战略是新时代做好“三农”工作的总抓手，按照产业兴旺、生态宜居、乡风文明、治理有效、

生活富裕的总要求，加快推进农业农村现代化。2018年，党中央、国务院将饮水安全问题，作为扶贫工作的一项重要指标。我们要把农村饮用水达标提标行动与新时代美丽乡村建设结合起来，作为实施乡村振兴战略的重要任务，作为新时代美丽乡村达标验收的重要内容抓实抓好，努力实现城乡同质饮水。

（三）这是水利基础设施补短板的重要领域。近年来，浙江省深入实施“五水共治”，取得了显著成效，获得了百姓点赞。但要清醒看到，农村饮用水仍是“五水共治”中的薄弱环节，水利建设中的一块短板。主要体现在“四个不高”：一是饮水达标率不高。全省仍有803万农村人口需达标提标，其中需要乡镇水厂和单村水厂供水的人数占比达89%，主要集中在山区、半山区。二是规模化程度不高。低标准、小规模供水点居多，单村水厂及分散供水点占全省供水工程的97.3%、而供水人口仅占18.7%。三是建设标准不高。单村等小水厂中具备消毒设施的仅占46.8%，具备完整处理工艺的仅占21.6%，9.5%的水厂没有任何处理工艺。四是运行管护水平不高。乡镇水厂自管占64.6%，单村水厂自管占92.3%，缺少专业管护人员，管网漏损率普遍较高。此外，2017年浙江省农村饮用水安全考核全国第7，与经济地位不相符。特别是，对标江苏、广东等兄弟省份，浙江省工作力度仍需加码。问题所在，就是我们的发力方向，要对标先进找差距，精准发力补短板，全力打好农村饮用水提标达标行动这场攻坚战，让群众喝上安全水、清洁水、满意水。

二、全面实施农村饮用水达标提标行动

总的要求是：以“八八战略”为总纲，按照实施乡村振兴战略的部署要求，聚焦聚力高质量、竞争力、现代化，全面实施农村饮用水达标提标三年行动计划（2018 — 2020年），以水质和水量达标为出发点，以建设和管理提标为着力点，大力推进农村供水工程高起点规划、高标准建设、高水平管理，加快构建以城市供水县域网为主、乡镇局域供水网为辅、单村水厂为补充的三级供水网，以及规模化发展、标准化建设、市场化运营、专业化管理的农村饮用水体系，为高质量实施乡村振兴战略、实现“两个高水平”目标提供强有力的基础支撑。确保到2020年，全省完成涉及农村803万人的饮用水达标提标建设任务，农村饮用水达标人口覆盖率达到95%、农村供水工程供水保证率达到95%、农村供水工程水质达标率达到90%、全省城乡规模化供水工程覆盖人口比例达到85%，全面建立健全农村饮用水县级统管长效管护机制，基本实现城乡居民同质饮水；到2022年，努力实现全省农村饮用水达标人口全覆盖，饮用水质量持续提升。

（一）以实现城乡同质标准为导向，推动“建、管、治”同步达标。一方面，要坚持规划引领。要顺应城乡融合发展趋势，加强与土地利用、城镇发展、美丽乡村建设等规划的衔接，立足当地地形地貌和供

水条件，因地制宜，精准施策，分类推进县域农村饮用水达标提标工作。要逐村逐户摸清“家底”，评估供水安全状况，做到“底数清、情况明”，科学提出农村饮用水达标提标“一县一方案”。另一方面，要坚持城乡供水一体化发展。大力推进规模化供水，按照能延则延、能扩则扩、进村到户，保障城市管网延伸段生活用水水质、水量和水压，最大限度拓展城市供水管网，最小限度保留单村水厂，实现县域农村供水与城市供水同质、同标、同服务。

（二）以系统化推进为路径，实现“从源头到龙头”的全链条全过程建设。一要抓水源保障。充分利用水库、山塘、小水电等工程现有条件，加强区域水资源统筹调配，着力形成农村供水工程多源互济的保障格局。城市水厂以大中型水库为主水源；乡镇水厂以小型水库为主水源，综合实施库塘（山塘）联调、多塘联供；单村水厂以山塘、溪流堰坝为主水源，积极引流小水电站发电尾水。到2020年，新增原水管道5 100 km以上，新改扩建小堰坝、大口井等2 000处以上。特别是，要把水源地保护工作作为打好污染防治攻坚战的标志性战役来抓，按照生态环境部挂牌督办要求，进一步完善农村饮用水水源保护区（范围）划定，依法全面清理保护区内违法项目和排污口。二要抓水厂建设。加强农村水厂选址和净化消毒等工作，全面提升水质达标率。强化水厂的综合布局，为联村并网打好基础。全面配备配齐净化消毒设施，水厂水质要严格检测，乡镇水厂必须配备独立的水质化验室，每天开展水质自检，单村水厂水样要定期抽检送检。到2020年，新增净水设施2 900座以上、消毒设施2 800座以上，实现县域水质检测和监测全覆盖。三要抓管网延伸。大力实施城市管网延伸，构建城市供水县域网。乡镇管网按照能并则并、以大带小要求，尽可能形成规模化局域网，并按照城市管网标准建设，为今后乡镇局域网整体并网打好基础。单村管网要按照村庄规划合理布局，结合“四好农村路”等统筹管线埋设。对于高山、海岛等分散供水点的农村居民，应结合下山脱贫等政策优先实施搬迁，近阶段宜采取购置储水罐、家用净水器等措施保障饮水安全。到2020年，新增改造主干管（水厂至村口）1.2万km以上，新增改造村内管网2.9万km以上，单村供水工程覆盖全省人口规模控制在15%以下。

（三）以制度供给为支撑，切实加强农村饮用水长效运行管护。要把工程管护摆在与工程建设同等重要的位置，保障农村供水工程长久发挥效益。一要落实县级统管责任。以县为单位，落实管护机构，对县域内农村供水工程实行统一专业化管护，足额落实年度管护经费，可因地制宜采用水务公司直接管护或物业化管护等多种方式。二要实行标准化管理。开展农村供水工程标准化管理创建，同步验收、同步创标、同步投入使用。全面开展农村供水工程信息化建设，努力实现农村供水工程在线监测监控，推进水厂、管网信息化管理。三要建立用水缴费制度。全面按规定落实农村供水工程用地用电税收等优惠政策，按照补偿成本、公平负担的原则，合理确定水价，推行分类水价、阶梯水价制度。探索建立适合浙江省农村供水实际的市场化运行机制，对于低收入家庭等特殊用户可限额内先收后返。

（四）以农民受益为落脚点，共建共享农村饮用水达标提标行动成果。一要尊重农民主体地位。农民是直接受益对象，要充分发挥农村集体经济组织和农民群众的主体作用，尊重基层首创精神，坚持问需于民，把农民“喝上好水”的美好愿望落实到行动计划中。二要让农民参与决策。农村供水工程规划选址、工程实施、长效运维、水价制定和收益分配等直接涉及农民合法权益的事项，要广泛听取农民意见建议，接受社会监督，确保农民知情权、决策权、参与权、监督权。引导村级组织将饮用水水源保护要求纳入村规民约。三要让农民共享发展成果。通过实施农村饮用水达标提标行动计划，实现城乡同质饮水，既让农民喝上好水，又不大幅增加农民用水负担，让农民有实实在在的获得感。

三、建立健全农村饮用水达标提标工作体系

各地、各部门要按照“四个体系”要求，压实责任，密切配合，精准发力，以钉钉子精神推动这项工作落地见效。

（一）加快建立目标体系。要将全省农村饮用水提标达标行动的总体目标任务进行分解，层层分解到各市、县（市、区）和乡镇，分解到各年度，制定年度工作计划，倒排时间、挂图作战、狠抓进度、全力推进。省、市、县（市、区）要层层签订责任书，明确工作任务，落实工作责任，确保完成目标任务。通过发挥目标体系的指挥棒作用，使各级各部门明白全面实施农村饮用水提标达标行动具体怎么干、如何着力，确保各项工作落到实处。

（二）加快建立项目推进体系。省水利厅要牵头抓总，各地是第一责任人，要将这项工作作为重大民生工程，加强组织领导和统筹协调，把行动的具体任务细化为一个个项目，建立项目库，实现项目化推进。各地要因地制宜，做到尽力而为、量力而行，不搞政绩工程、形象工程，坚守廉政底线和不违规负债底线，打造更多的示范工程、精品工程。各县（市、区）要统一建立主要材料供应商名录库，或统一采购主要材料，确保材料质优、价平。要落实工程质量终生责任制，加强重点环节和施工过程质量管控，确保建一处、成一处、发挥效益一处。

（三）加快建立政策激励体系。省级各部门要按照“集中财力办大事”的原则，在城市管网建设、水质监测、水源保护、资金、用地、用电、税收等方面加大支持保障力度。省财政要根据各地任务完成情况，对结对帮扶的“26+3”县（市、区）及海岛地区采取“建设期定额补助 + 以奖代补”的方式进行补助，对其他县（市、区）采取以奖代补的方式进行补助。各地要调整优化支出结构，统筹利用水利建设发展资金、“一事一议”财政奖补等资金政策，加大财政投入力度。要拓宽市场化筹资渠道，依法合规筹措建设资金，争取地方政府债券和乡村振兴投资基金支持，确保农

村供水工程建设、长效管护等资金及时足额到位。

（四）加快建立考核评价体系。省水利厅要牵头修订农村饮水安全工作考核办法，以县为单位开展验收销号，并将考核结果作为新时代美丽乡村建设达标验收的重要内容。要加强典型引路，及时总结这项行动的好经验好做法，加大宣传和推广力度，变“盆景”为全省“风景”，营造全社会关心支持农村供水事业发展的良好氛围。

浙江省副省长、省防指指挥彭佳学在2018年省防指成员暨全省防汛工作视频会议上的讲话要点

（2018年4月16日）

一、充分肯定近年来防汛防台抗旱工作所取得的成效

近年来，在省委、省政府的正确领导下，各地、各有关部门牢牢坚持“一个目标、三个不怕”和“两个坚持、三个转变”的防灾减灾新理念，坚持依法防控、科学防控、群防群控，防汛防台抗旱体制机制不断完善，抵御洪涝台灾害的能力明显提升，值得充分肯定。

一是基层基础不断强化。各地各部门坚持和完善防指统一指挥、各成员单位协同、有关方面参与的组织体系，按照全面防、主动防的要求，全省“一盘棋”、上下一条心，全面落实责任，及时把防御自然灾害的措施落实到最基层、最前线。按照“巩固、规范、加强、提升”的要求，全面开展基层防汛防台体系规范化建设，全省所有县（市、区）和19个功能区基本完成规范化建设任务，基层应对洪涝台灾害的能力明显提升，在防汛防台中发挥了十分重要的作用。

二是工程措施不断提升。近年来省委、省政府作出了“五水共治”、提速实施“百项千亿防洪排涝工程”等重大决策部署，开工和建成了一批重大水利工程，在拦蓄洪水、水量调度、应急供水等方面发挥了重要作用。另外，城乡危旧房改造、除险安居工程建设、避灾场所建设、避风渔港建设、监测网络建设、交通、电力、通信等城乡基础设施建设等方面也都全面推进并投入使用。这些方面能力的提升、体系的形成，为我们防汛防台工作提供了坚实保障，防汛防台抗旱的硬实力得到全面加强。

三是科学防汛体系不断健全。各级防汛、水利、气象、海洋、水文、国土、建设等部门加强水、雨、风、潮和地质灾害、城市内涝等监测，利用短信、网络、广播、电视、户外电子屏等，及时向公众发布洪涝台预警信息。进一步加强科学调度，密切关注供水、需水情况，积极协调有关工程管理单位处理好发电、供水的关系，及时做好跨流域区域引调水工作。

四是团结协作机制不断完善。各级各部门按照职责分工，密切配合，通力协作，形成了防汛防台抗灾强大合力。在2017年防御洪涝台灾害期间，省军区、省武警总队、驻浙部队先后派出近5 200名官兵，全省消防部队出动2 000余人，全省公安干警出动58 230人次，为抗洪救灾赢得胜利提供了坚强保障。

二、认清形势，切实增强使命感和责任感

浙江省是水旱灾害多发频发省份，省委、省政府一直高度重视，车俊书记指出“不仅要把防台防汛作为常态性工作来抓，

而且要作为重点工作来抓”，袁家军省长要求“科学预报、系统预防、避险管控、精准减灾”，这是防汛工作者的政治责任。2018年的防汛防台抗旱形势，有以下几方面的特点：

一是经济社会发展需要稳定良好的大局。2018年是贯彻党的十九大精神的开局之年，是改革开放40周年，是决胜全面建成小康社会、实施“十三五”规划承上启下的关键之年，也是浙江省奋力推进新时代“两个高水平”建设，实施创新型省份、乡村振兴战略、大湾区大花园大通道大都市区等重大举措开好局、起好步的第一年，做好防汛防台抗旱工作，提供高标准的防汛防台安全保障，为经济社会发展提供稳定良好的发展环境，意义十分重大。

二是2018年气候具有诸多不确定性。在全球气候变化的大背景下，极端性恶劣天气频发，反常性、突发性、不可预见性日益显现，洪涝台旱灾害频率、强度总体呈不确定性、上升性特点，特别是短历时暴雨、雷雨、大风等强对流天气突发性强，预警时间短，预防难度大。

三是干部队伍的战斗力有待检验。2018年“新人多、新手多”，对防汛防台工作还有一个熟悉的过程，再加上这些年没有发生全局性的大的洪涝灾害，队伍的战斗力有待真正考验。同时，2018年恰逢机构改革，职能、机构会作调整，胡春华副总理在全国国土绿化、森林防火和防汛抗旱工作电视电话会议上专门强调防汛工作“宁可抓重不可抓漏”，在思想上不能有丝毫松懈，干劲上不能有丝毫减退，宁可重复性做一些预防性的工作、处置性的工作、应急性的工作，也绝不能让机构改革影响我们的工作。

三、全力以赴，扎实做好2018年防汛防台抗旱工作

浙江省已进入汛期，这意味着防汛防台进入了实战状态。前阶段，省防指已作了一系列的部署，各地要根据自身实际抓好落实。

一要高度重视，认真准备，进一步强化责任落实。防汛防台抗旱工作，没有捷径可走，关键在于扎扎实实地防御、认认真真地准备，关键在于思想认识、主体责任和各项防御措施的落实到位。防汛指挥部是政府的防汛指挥机构，防指办公室设在水利部门，承担日常工作，但防汛防台抗旱工作的主体责任不仅仅是水利部门，各成员单位也都要承担并落实主体责任。各级各部门要牢固强化党的领导意识，自觉坚持党的领导，主动将防汛防台抗旱工作向党委、政府主要领导做好汇报。各级防指、责任人要深入一线、掌握动态、了解情况、处置问题、靠前指挥。针对部门行政责任人调整变化的新情况，必须加强业务培训，提高防汛防台抗旱决策指挥水平和突发事件应对处置能力。各级防指要强化统一组织指挥，切实加强组织协调和监督指导，防指各成员单位要按照各自职责抓好落实；要严肃防汛防台抗旱工作纪律，加强对责任落实情况日常监督和专项督察，对因领导不力、工作失职或处置不当而造成堤防决口、水库垮坝等严重后果

的，要依法依纪严肃追究责任。

二要提高站位，围绕大局，进一步加强组织领导。防汛防台抗旱工作由防指统一指挥，实行分级负责、属地管理为主的原则，各地区、各部门分工负责、统一行动。在防汛防台抗旱工作中，地区之间、部门之间、上下游、干支流、左右岸之间都要牢固树立统一调度的思想，要顾大局、讲团结、守纪律，要坚持局部利益服从整体利益，下一级指挥部服从上一级指挥部的指挥调度，地方各部门服从当地指挥部的指挥调度，确保政令畅通。各防指成员单位要按照预案和职责分工，在预测预报、会商调度、物资运输、险情救护、灾后救助、恢复重建、资金下达、信息宣传等方面相互支持、通力合作，并加强对本系统、本行业防汛抗洪的指导和监督。要加强与部队的衔接协调，充分发挥部队在抗洪抢险中的突击队作用。要发挥宣传主渠道作用，进一步丰富宣传手段，充分发挥微博、微信公众号等新兴媒体在防汛工作中的引导作用，及时准确发布防灾减灾工作信息。

三要拉高标杆，科学谋划，进一步提高数字化水平。要积极运用大数据、云计算、地理信息等现代信息技术，以及无人机、水下机器人、卫星遥感等新设备，推进现代信息技术在安全监测、预报预警、分析研判、决策指挥等环节的应用，推动数字化、智能化与防汛抗旱减灾深度融合，大幅提升防汛抗旱水平。要组织开展关键节点洪水预报技术攻关，加强洪水滚动预报，编制重点地区洪水风险图，探索研究洪水演进模型。气象、水文、海洋、国土等部门要加强实时监测，进一步增强雨情、水情和台风监测预警能力。要加强信息共享，推动应用系统的资源整合和业务协同，提高信息获取、模拟仿真、预报预测、风险评估能力，努力提高预报的时效性和精准性，为指挥决策提供科学依据。

四要融合优化，全民参与，进一步加强基层防汛防台体系建设。防汛防台抗旱是系统工程，面对天灾，要充分运用目前已有的各类资源，做好“融合”文章。要整合江河、湖泊、水库、堤防、海塘、城市、蓄滞洪区等行政责任人以及巡查员、监测预警员、气象协理员、避灾场所管理员等各类责任人，成为防汛防台抗旱的中坚力量。全省基层治理体系比较健全、基础比较稳固，而且基层治理工作队伍有着丰富经验，包括基层治理综合信息系统四个平台的网格化管理在实际应用中也发挥着很大作用，我们要把防汛基层体系纳入四个平台建设，充分利用已有平台和现有资源，把防汛防台抗旱的文章做大做强。要建立健全政府主导、社会协同、全民参与的防汛防台抗旱工作机制，加强防汛防台抗旱责任教育，充分发挥基层群众自防自救意识。

五要突出重点，全面防御，进一步提高防灾减灾能力。防汛防台抗旱要紧紧围绕确保广大人民群众生命安全这个目标，突出重点，全面防御。要按照防大汛的要求，“明确重点抓重点，查找短板补短板”。各市、县、乡、村要参照当地历史上发生的最不利情况，针对当前存在的问题隐患，研究分析对策措施，并把各项措施落到实处。各级责任人，特别是主要责任人，一定要按照当地防大汛的要求，明确工作安排、力量组织和成员单位职责，做到规范化、制度化，到岗到人。坚持力量下沉，突出重点，进一步提高防灾减灾能力。

署名文章

砥砺奋进新征程　改革创新再出发①

浙江省水利厅厅长　马林云

2018年，浙江水利系统高举习近平新时代中国特色社会主义思想伟大旗帜，认真贯彻落实党的十九大精神，积极践行新时代水利工作方针，砥砺奋进、改革创新，扛起治水责任，推进各项工作，充分发挥了水利对社会经济发展的保障和支撑作用。

连续奋战，防汛防台抗旱大战告捷。2018年浙江各地降雨多寡不均，接连遭受多个台风影响，防汛防台抗旱战线长、任务重。面对复杂形势，全省各级防汛、水利部门坚持“一个目标、三个不怕”，周密部署、及时响应、科学调度，连续奋战，竭尽全力减少人员伤亡和财产损失。全省因灾直接经济损失17.92亿元，为2003年以来最少，仅为近15年平均值的10%，实现人员零伤亡。

攻坚破难，水利建设保持高强度推进。浙江深入开展“千人万项”“三百一争”指导服务，建立“月报季查年考”推进机制，实施全过程动态管理，逐级落实安全生产责任，水利建设仍保持高投入、高速度、高质量。至11月底，全省已完成投资533.9亿元，其中中央投资计划完成43.3亿元，完成率继续位列全国前茅。列入国家172重大项目加快推进，农村饮用水达标提标行动全面启动。全国水利建设质量工作考核中继续位列A级。

强管善治，科学管水治水能力有效增强。以贯彻落实最严格水资源管理制度为抓手，全面推进节水型社会建设和水生态文明建设，深化河（湖）长制工作，组织开展河湖“清四乱”、采砂整治等专项行动，加强流域水生态补偿有关政策研究，水资源保护更严格，水环境整治更强力，水生态修复更到位，连续第四年获最严格水资源管理国家考核优秀等次。

学法用法，依法依标管理水平不断提升。以水行政管理法治化、工程管理标准化为抓手，完善水法治体系，加强水行政执法，深化标准化管理，不断提升水利行业管理水平。组织全系统1.2万人参加水法律法规学习考试，全省水行政执法部门共出动执法人员3.7万人次，完成2 620个水利工程标准化管理创建任务，累计完成7 611个水利工程标准化管理创建，累计培育物业管理企业703家，充实了水利工程管护力量。

开拓创新，重点领域改革持续深化。深化“最多跑一次”水利改革，省级所有事项实现“最多跑一次”，网上办理比例

① 本文发表于《中国水利》2018年24期。

达到100%。大力推进“一件事”办理机制，将涉水审批项目平均办结时间缩短至5.5个工作日。以“最多跑一次”改革为牵引，带动水利其他重点领域改革向纵深推进，机构改革有序推进，农业水价综合改革全面铺开，投融资体制改革发力见效。

抓严抓实，党风廉政和队伍建设成效明显。认真学习贯彻党的十九大精神，以党支部标准化建设为抓手，全面开展“遵守六大纪律”警示教育月专项活动，深入实施“看优势、找短板、谋发展”大调研，不断提升水利干部职工理论水平和业务能力，为新时代浙江水利现代化建设提供坚强的政治和纪律保障。

2019年，浙江水利将高举习近平新时代中国特色社会主义思想伟大旗帜，深入贯彻落实党的十九大精神，积极践行新时代水利工作方针，坚持问题导向、目标导向和未来导向，围绕高质量、竞争力、现代化，补短板、强监管、走前列，统筹推进水灾害、水资源、水生态、水环境治理，努力稳定水利投资规模，着力构建互联互通幸福和美的现代化“大水网”，推进水利现代化建设走在前列，为“两个高水平”建设提供有力支撑，以实际行动向中华人民共和国成立70周年献礼。一是着力推进“百项千亿防洪排涝工程”建设。“聚焦防洪排涝、防灾减灾”，重点研究新时代城市防洪标准，完成主要江河堤防加固和海塘加固115 km，水库加固120座。二是着力推进农村饮用水达标提标工程建设。以“坚持城乡同质标准、落实县级统管责任”为目标，完成410万农村人口的饮用水达标提标建设任务，全面建立健全长效管护机制。三是着力推进“美丽河湖”建设。系统整治江河流域，积极开展水系连通，持续推进水生态文明建设，高标准创建“美丽河湖”100条（个）。四是着力推进水利改革。持续深化“最多跑一次”水利改革，积极稳妥推进行政事业单位体制机制改革，深化水利投融资体制机制改革，加快农业水价综合改革，完成1 030万亩（1亩=1/15 hm^2，下同）改革面积。五是着力加强节约用水和最严格水资源管理。贯彻实施国家节水行动，深化落实最严格水资源管理制度，实行水资源消耗总量和强度双控，加快推进县域节水型社会建设。六是着力加强水利工程运行管理。全面开展水利工程标准化管理创建，全年完成1 100处水利工程创标，全省基本建立完善水利工程标准化长效管理机制。七是着力加强水利行业监管。全面加强水利法治建设，深入落实全国河湖执法三年行动方案，进一步加大“无违建”河道创建力度，创建“无违建”河道6 500 km。八是着力加强水旱灾害防御。认真落实水旱灾害防御职责，重点推进覆盖面积3 100 km^2的洪水风险图编制，深化水文与气象合作，做好汛前物资储备，完成500座山塘和20万亩圩区整治任务。八是着力加强从严治党和队伍建设。进一步完善政策措施，形成人才优先发展的工作格局，加强基层水利人才培训，提升水利队伍整体素质。加强党风廉政教育，深化廉政风险防控机制建设，努力营造风清气正的工作氛围。

水 文 水 资 源

Hydrology and Water Resources

065 ～ 074 页

雨情

【概况】 2018年，浙江省平均降水量1 640.3 mm，较2017年偏多5.4%，较多年平均降水量偏多2.3%，时空分布不均匀。时间分布上看，1月、5月、7月、8月、11月、12月较多年平均偏多7.9%～159.7%，12月为偏多最大月；其他月份偏少6.0%～42.5%，2月为偏少最大月。空间分布上看，温州市最大，年雨量1 912.3 mm，舟山市最小，年雨量1 370.1 mm。

【年降水量】 2018年，根据水文年鉴刊印站点统计，全省平均降水量1 640.3 mm，较多年平均偏多2.3%。全省降水量地区分布不平衡，温州市最大，1 912.3 mm，舟山市最小，1 370.1 mm，最大值是最小值的1.40倍。各市2018年平均降水量与多年平均对比情况见表1。其中，嘉兴市偏多40.6%，湖州市偏多20.2%，杭州市、宁波市、温州市、绍兴市和舟山市偏多4.6%～7.9%，台州市略偏多0.9%，衢州市、金华市分别偏少4.4%、5.9%，丽水市偏少9.9%。时间分布上看，1月、5月、7月、8月、11月、12月分别较多年平均值偏多54.8%、7.9%、16.4%、29.9%、59.8%、159.7%；2月、3月、4月、6月、9月、10月分别偏少42.5%、31.2%、10.0%、28.5%、6.0%、39.1%。

表1 2018年各行政分区年降水量

行政区	2018年降水量/mm	多年平均年降水量/mm	行政区	2018年降水量/mm	多年平均年降水量/mm
杭州市	1 675.8	1 553.8	金华市	1 423.9	1 512.9
宁波市	1 603.9	1 518.3	舟山市	1 370.1	1 275.5
温州市	1 912.3	1 827.6	台州市	1 649.6	1 634.2
嘉兴市	1 678.5	1 193.5	衢州市	1 739.2	1 818.8
湖州市	1 681.3	1 398.5	丽水市	1 561.7	1 733.7
绍兴市	1 556.8	1 461.8	全省	1 640.3	1 603.8

从流域分区分析，太湖流域降水量变化较为明显，较2017年降水量偏多24.5%，较多年平均降水量偏多26.5%；浙南诸河、闽东诸河流域降水量较2017年降水量分别增加8.9%、9.1%，与多年平均降水量较为接近；闽江流域较2017年降水量偏少7.8%，较多年平均降水量偏少14.2%；鄱阳湖水系、钱塘江、浙东诸河与2017年降水量及多年平均降水量都比较接近。

根据闸口、姚江大闸、金华、温州西山、圩仁等45个代表站降水量分析，降水年内分配不均，全省4—9月降水量占全年的67.5%；汛期各月降水量为9.0%～14.7%，8月份相对大些为14.7%。非汛期1月和12月降水量较大，为6.5%和7.9%。

【降水量地区差异显著】　全省年降水量为 1 100 ~ 2 700 mm，总体上自西向东、自南向北递减，山区大于平原，沿海山地大于内陆盆地。南雁荡山、北雁荡山、括苍山、天台山、西天目山、千里岗一带为高值区，年降水量在 2 000 mm 以上，单站年最大降水量（峰文站）为 2 685.5 mm。瓯江水系的好溪、龙泉溪上游，钱塘江水系的东阳江、南江、浦阳江上游，浙南沿海诸河的南麂岛、洞头岛，浙东北沿海诸河的象山、舟山群岛一带为全省低值区，年降水量为 1 100 ~ 1 300 mm，单站年最小降水量（安华站）为 1 107.8 mm。

【汛期降水量】　2018 年汛期，浙江省北部地区降水量偏多，中西部及西南地区偏少。浙南沿海、鳌江、飞云江和瓯江等部分地区的降水量在 1 500 mm 以上，钱塘江局部、南麂岛、岱山、衢山等地区的降水量不足 700 mm，其他大部分地区的降水量为 700 ~ 1 500 mm。八大水系汛期降水量见表 2，各市汛期降水量见表 3。八大水系，杭嘉湖区偏多 41.6%，太湖湖区、苕溪偏多 6.4% ~ 8.6%，甬江、飞云江偏多 3.2% ~ 3.4%，椒江、鳌江基本持平，瓯江偏少 6.4%，钱塘江偏少 10.0%；各市，嘉兴市偏多 43.0%，温州市、湖州市分别偏多 10.8%、15.2%，绍兴市、舟山市、台州市和宁波市偏多 0.6% ~ 4.3%，杭州市偏少 1.8%，金华市、丽水市和衢州市偏少 12.3% ~ 16.7%。

表 2　2018 年八大水系汛期降水量

水系	汛期降水量 /mm	水系	汛期降水量 /mm
钱塘江	600 ~ 1 600	椒江	900 ~ 1 700
苕溪	800 ~ 1 500	瓯江	600 ~ 2 000
运河（杭嘉湖东部平原）	800 ~ 1 500	飞云江	1000 ~ 1 900
甬江	900 ~ 1 400	鳌江	900 ~ 1 900

表 3　2018 年各市汛期降水量

地区	汛期降水量 /mm	地区	汛期降水量 /mm
杭州市	600 ~ 1 500	金华市	600 ~ 1 300
宁波市	600 ~ 1 500	舟山市	600 ~ 1 100
温州市	700 ~ 2 100	台州市	900 ~ 1 700
嘉兴市	800 ~ 1 500	衢州市	600 ~ 1 400
湖州市	700 ~ 1 500	丽水市	600 ~ 1 900
绍兴市	500 ~ 1 600		

【主要降水过程】　2018 年主要有以下 9 场集中的较强降水过程。

5 月 18 — 22 日，受强对流天气和冷空气补充影响，浙江省大部降中到大雨、局部暴雨到大暴雨。全省平均降水量58.0 mm，地市平均降水量以衢州市（91.8 mm）为最大，面雨量较大的地市还有丽水市（80.2 mm）、金华市（70.2 mm）；流域平均降水量以钱塘江衢州以上流域（99.9 mm）为最大，面雨量较大的流域还有钱塘江兰溪以上流域（85.4 mm）、瓯江流域（78.9 mm）；全省共有1 730个水情站累计降水量大于50.0 mm、427个站大于100.0 mm、4个站大于200.0 mm，最大降水量为丽水市莲都区周村站（221.5 mm）；此次降雨局部强度较大，全省最大1小时降水量76.0 mm（衢州市常山招贤站）、最大3小时降水量107.0 mm（台州市仙居双坑水库）、最大24小时降水量136.0 mm（台州市仙居石舍站达到大暴雨级别）。

6月19—23日，浙江省出现2018年入梅后首次（也是梅雨期唯一一次）持续较大范围强降雨过程，全省大部分地区先后降大到暴雨、局部大暴雨。全省平均降水量74.1 mm，地市平均降水量以湖州市（116.3 mm）为最大，面雨量较大的地市还有杭州市（108.5 mm）、嘉兴市（98.2 mm）；流域平均降水量以东苕溪流域（130 mm）为最大，面雨量较大的流域还有西苕溪流域（126.8 mm）、分水江流域（123.3 mm）；全省共有921个水情站累计降水量大于100.0 mm、12个站大于200.0 mm，最大降水量为杭州市滨江区江边站（243.5 mm）；此次降雨过程短时强度较大，全省最大1小时降水量70.0 mm（绍兴市柯桥区洪溪水库）、最大3小时降水量111.0 mm（杭州市滨江区江边站）、最大24小时降水量194.0 mm（杭州市滨江区江边站，达到大暴雨级别）。

7月10—11日，受8号台风“玛莉亚”影响，浙江省温州市大部、台州市和丽水市的部分地区降暴雨到大暴雨、温州市局部降特大暴雨。全省平均降水量27 mm，地市平均降水量以温州市117.5 mm为最大，面雨量较大的地市还有台州市（39.5 mm）、丽水市（38.3 mm）；流域平均降水量以飞云江流域（113.2 mm）为最大，面雨量较大的流域还有鳌江流域（99.8 mm）、瓯江流域（66.1 mm）；全省共有599个水情站累计降水量大于50.0 mm、273个站大于100.0 mm、23个站大于200.0 mm，最大降水量为温州市泰顺九峰村站（284.5 mm）；此次降雨过程强度较大，全省最大1小时降水量52.0 mm（温州市文成光明水库）、最大3小时降水量115.0 mm（温州市文成光明水库）、最大24小时降水量283.5 mm（温州市泰顺九峰村站，达到特大暴雨级别）。

7月20—21日，受10号台风“安比”影响，浙江省宁波市大部、绍兴市中东部、嘉兴市中南部、湖州市南部、杭州市东部以及舟山市等地区降大到暴雨，宁波余姚局部降大暴雨（其他地区出现分散性大雨、暴雨）。全省平均降水量14.2 mm，地市平均降水量以宁波市（31.7 mm）为最大，面雨量较大的地市还有嘉兴市（25.0 mm）、绍兴市（24.2 mm）；流域平均降水量以甬江流域（46.3 mm）为最大，面雨量较大的流域还有杭嘉湖区（29.7 mm）、曹娥江流域（27.9 mm）；全省共有113个水情站累计降水量大于50.0 mm、6个站大于100.0 mm，最大降水量为宁波市余姚夏家岭站（124.5 mm）；初步统计，全省最大1小时降水量51.5 mm（温州市泰顺站）、最大3小时降水量93.5 mm（丽水市庆元贵南洋水库）、最大24小时降水量124.5 mm（宁波市余姚夏家岭站，达到大暴雨级别）。

8月1—3日，受12号台风“云雀”影响，浙江省嘉兴全市、宁波市中北部、湖州市大部、杭州市东北部、绍兴市东部等地普降暴雨到大暴雨，其中宁波慈溪局部降特大暴雨。全省平均降水量30.3 mm，地市平均降水量以嘉兴市151.4 mm为最大，面雨量较大的地市还有湖州市（67.6 mm）、宁波市（55.7 mm）；流域平均降水量以杭嘉湖区（145.7 mm）为最大，面雨量较大的流域还有甬江流域（72.7 mm）、东苕溪流域（63.5 mm）；全省共有663个水情站累计降水量大于50.0 mm、120个站大于100.0 mm、10个站大于200.0 mm，最大降水量为宁波市慈溪四灶浦十二塘闸（273.0 mm）；此次降雨过程部分地区强度较大，全省最大1小时降水量78.5 mm（宁波市慈溪四灶浦水库）、最大3小时降水量175.0 mm（宁波市慈溪四灶浦十二塘闸）、最大24小时降水量273.0 mm（宁波市慈溪四灶浦十二塘闸，达到特大暴雨级别）。

8月11—13日，受14号台风“摩羯”影响，浙江省台州市大部、温州市东北部、金华市东部和北部、绍兴市西部和南部、杭州市东部和北部、湖州市大部、宁波市局部、舟山市岱山和嵊泗等地普降暴雨到大暴雨。全省平均降水量49.7 mm，地市平均降水量以台州市92.9 mm为最大，面雨量较大的地市还有湖州市（74.8 mm）、绍兴市（64.3 mm）；流域平均降水量以椒江流域（110.4 mm）为最大，面雨量较大的流域还有西苕溪流域（86.7 mm）、浦阳江流域（84.7 mm）；全省共有1 528个水情站累计降水量大于50.0 mm、341个站大于100.0 mm，最大降水量为台州市临海黄家寮水库（204 mm）；此次降雨过程短时强度较大，全省最大1小时降水量67.0 mm（舟山市岱山大峧山岛）、最大3小时降水量108.0 mm（杭州市桐庐小松源水库）、最大24小时降水量180.5 mm（台州市天台滩岭站，达到大暴雨级别）。

8月15—17日，受18号台风“温比亚”影响，浙江省浙北地区普降暴雨到大暴雨。全省平均降水量30.6 mm，地市平均降水量以湖州市（87.2 mm）为最大，面雨量较大的地市还有舟山市（76.3 mm）、宁波市（71.1 mm）；流域平均降水量以西苕溪流域（92.6 mm）为最大，面雨量较大的流域还有甬江流域（91.6 mm）、东苕溪流域（78.7 mm）；全省共有798个水情站累计降水量大于50.0 mm、226个站大于100.0 mm、5个站大于200 mm，最大降水量为舟山市定海区肚斗水库（268.0 mm）；此次降雨过程部分地区短时强度很大，全省最大1小时降水量93.5 mm（舟山市定海区龙眼水库）、最大3小时降水量147.5 mm（舟山市定海区肚斗水库）、最大24小时降水量249.5 mm（舟山市定海区肚斗水库，接近特大暴雨级别）。

9月15—17日，受22号台风“山竹”等影响，浙江省浙北大部和东南沿海地区普降大到暴雨、局部大暴雨。地市平均降水量以嘉兴市（129.4 mm）为最大，面雨量较大的地市还有宁波市（113.0 mm）、舟山市（77.9 mm）；流域平均降水量以杭嘉湖区（112.6 mm）为最大，面雨量较大的流域还有鳌江流域（91.8 mm）、甬江流域（83.1 mm）；全省共有1 187个水情站累计降水量大于50.0 mm、436个站大于100.0 mm、23个站大于200.0 mm，最大降水量为宁波市宁海王社站（243.5 mm）；此次降雨过程局部短时强度极大，全省最大1小时降水量147.0 mm（宁波市象山墩岙塘水库，初步分析列浙江省最大1小时暴雨历史实测第4位）、最大3小时降水量215.0 mm（宁波市象山墩岙塘水库）、最大24小时降水量243.5 mm（宁波市宁海王社站，接近特大暴雨级别）。

10月4—5日，受25号台风“康妮”影响，浙江省浙北东部地区（宁波、舟山和绍兴等市）大部降小到中雨，宁波市、舟山市和绍兴市局部降大到暴雨。地市平均降水量以宁波市（21 mm）为最大，面雨量较大的地市还有舟山市（20.0 mm）、绍兴市（8.7 mm）；流域平均降水量以甬江流域（26.9 mm）为最大，面雨量较大的流域还有曹娥江流域（13.3 mm）；全省共有137个水情站累计降水量大于30.0 mm、37个站大于50.0 mm、2个站大于100.0 mm，最大降水量为宁波市鄞州区下山塘站（112.5 mm）；此次降雨过程短时降雨强度不大，全省最大1小时降水量15.0 mm（宁波市余姚夏家岭站）、最大3小时降水量39.0 mm（宁波市余姚夏家岭站）、最大24小时降水量112.5 mm（宁波市鄞州区下山塘站，达到大暴雨级别）。

（闵惠学）

水情

【概况】　2018年，杭嘉湖区（主要是嘉兴市）主要平原河网控制站汛期最高水位超过保证水位（其中，海盐欤城站最高水位重现期达20～50年），太湖湖区、甬江、瓯江下游、台州温黄平原等主要江河（或平原河网）控制站年最高水位超过警戒水位；受台风和天文大潮等因素影响，河口及沿海主要水位站年最高水位均超过警戒水位（其中，钱塘江河口乍浦和甬江口镇海2站最高水位重现期约20年）。

【江河水情】　2018年梅雨期间，杭嘉湖区主要河网控制站最高水位超警戒水[illegible]0.13～0.43 m，钱塘江上游常山站最高[illegible]位略超警戒水位。受12号台风“云雀”和22号台风“山竹”期间较强降雨影响，嘉兴市主要河网控制站最高水位2次超过保证水位。其中，12号台风“云雀”期间，海盐欤城站实测最高水位2.61 m，超过保证水位0.65 m，排历史实测第三，仅低于历史实测最高水位0.06 m，重现期20～50年；嘉兴站实测最高水位2.36 m，超过保证水位 0.50 m，列历史实测第六，低于历史实测最高水位 0.23 m，重现期 10～20 年；海宁硖石站实测最高水位 2.70 m，超过保证水位 0.34 m，列历史实测第五，重现期 10～20 年。22 号台风“山竹”期间，杭嘉湖区和宁波市主要河网控制站最高水位大多超过警戒水位；其中，嘉兴市主要河网控制站最高水位大多超过保证水位，超保幅度 0.14～0.63 m（其中，嘉兴站最高水位 2.18 m，超过保证水位 0.32 m）；宁波余姚站最高水位 2.26 m，超过警戒水位 0.36 m。

【钱塘江来水量】 2018 年，钱塘江来水量 218.553 9 亿 m^3，比常年同期偏少 21.9%。各月来水量与常年同期相比，除 5 月、12 月偏多外，其余各月均偏少。各月来水量情况见表 4。

表 4 钱塘江各月来水量

月份	来水量 / 亿 m^3	较常年同期
1 月	13.792 9	偏少 7.3%
2 月	9.592 1	偏少 40.3%
3 月	24.224 0	偏少 15.0%
4 月	29.164 3	偏少 7.4%
5 月	40.863 7	偏多 16.8%
6 月	29.503 0	偏少 40.0%
7 月	17.174 3	偏少 41.4%
8 月	11.047 1	偏少 43.4%
9 月	10.813 0	偏少 31.4%
10 月	6.918 9	偏少 45.0%
11 月	8.697 9	偏少 32.6%
12 月	16.182 7	偏多 17.7%

【潮水位】 2018 年，受多个台风等影响，浙江省入海河口及沿海地区主要潮位站年最高潮位超过警戒潮位，超警幅度为 0.38～0.90 m。各主要潮位站年最高潮位具体情况见表 5。

表 5 各主要潮位站年最高潮位统计情况

潮位站名	年最高潮位出现时间	年最高潮位 /m	超过警戒潮位 /m
鳌江口 鳌江站	7 月 11 日 6 时 25 分	4.75	0.90
钱塘江口 澉浦站	8 月 13 日 1 时 45 分	6.04	0.84
杭州湾 乍浦站	8 月 13 日 1 时 20 分	5.19	0.79
甬江口 镇海站	8 月 13 日 0 时 20 分	3.00	0.70
椒江口 海门站	8 月 12 日 21 时 55 分	4.35	0.60
飞云江口 瑞安站	7 月 11 日 7 时 2 分	4.38	0.53
三门湾 健跳站	8 月 12 日 21 时 55 分	4.36	0.51
舟山岛 定海站	8 月 12 日 23 时 50 分	2.67	0.47
瓯江口 温州站	7 月 11 日 6 时 45 分	4.40	0.40
钱塘江口 盐官站	8 月 13 日 2 时 10 分	7.03	0.38

（闵惠学）

预警预报

【概况】 2018 年，全力做好水情预警预报工作。特别在台风影响期间，根据省防指统一部署，及时启动相应防汛防台等水文测报应急响应，共完成水文预报（包括滚动预报、预估预报、退水估报和风暴潮预报等）910站次，洪水关键期预报367站次。

【水情预警】 2018年，梅雨、台风和局地短时强降雨等影响期间，及时做好水情预警等相关工作。通过浙江省水情中心短信平台，全年共发送水情预警短信10万余条；通过浙江省水雨情信息展示系统，对于超过规定阈值的雨情、水情站进行及时预警；为各级防汛指挥部门及时掌握汛情提供可靠依据。

【水文预报总体情况】 2018年，共完成水文预报910站次，洪水关键期预报367站次。水文预报成果准确、及时，为各级政府和防汛防台抗旱指挥部门指挥调度决策和抗洪抢险工作提供可靠的依据。

【梅雨期水文预报】 2018年梅雨期间，密切关注水雨情变化，提前启动估报、预报分析和会商，较好地完成洪水预估预报成果，为各级防汛指挥部门科学调度洪水提供技术支撑。初步统计，2018年梅雨期共计完成钱塘江重要控制站日常化预报63站次，大中型水库入库预报2期，重要水情站洪水作业预报12期。

【台风期水文预报】 2018年有9个台风对浙江省产生影响。台风影响期间，根据台风发展形势，共计完成20期（117站次）沿海潮位站风暴增水和高潮位预报，成果上报省防指作防汛防台调度决策参考。还完成27期（563站次）台风期间水情预报服务，预报成果提交至水利部信息中心。台风期间水文预报总体精度较高，为浙江省防台风部署和防汛抢险救灾提供水文技术支撑。

（王 浩）

水资源开发利用

【概况】 2018年，全省平均降水量1 640.3 mm，全省水资源总量866.54亿 m^3，产水系数0.51，产水模数83.5万 m^3/km^2。人均水资源量1 521.0 m^3。人均综合用水量304.7 m^3，人均生活用水量50.0 m^3（注：城镇公共用水和农村牲畜用水不计入生活用水量中），其中城镇和农村居民用水量分别为53.4 m^3 和43.1 m^3。农田灌溉亩均用水量337 m^3，农田灌溉水有效利用系数0.597。万元国内生产总值（当年价）用水量30.9 m^3，万元国内生产总值（可比价）用水量32.2 m^3。全省平均水资源利用率为20.1%。

【水资源量】 2018年全省地表水资源量848.64亿 m^3，较2017年地表水资源量偏少3.8%，较多年平均地表水资源量偏少10.1%。全省年入境水量212.72亿 m^3；出境水量249.35亿 m^3；年入海水量691.05亿 m^3。

2018年全省水资源总量866.54亿 m^3，较2017年水资源总量偏少3.2%，较多年平均水资源总量偏少9.3%，产水系数0.51，产水模数 83.5 万 m^3/km^2。人均水资源量为 1 521.0 m^3。

2018 年，全省 194 座大中型水库，年末蓄水总量 243.18 亿 m^3，较 2017 年末增加 21.42 亿 m^3。其中大型水库 34 座，年末蓄水量 218.95 亿 m^3，较 2017 年末增加 18.43 亿 m^3；中型水库 160 座，年末蓄水量 24.24 亿 m^3，较 2017 年末增加 2.99 亿 m^3。

【供水量】 2018 年全省年总供水量 173.81 亿 m^3，较 2017 年减少 5.69 亿 m^3。其中地表水源供水量 170.37 亿 m^3，占 98.0%；地下水源供水量 0.80 亿 m^3，占 0.5%；其他水源供水量 2.64 亿 m^3，占 1.5%。在地表水源供水量中，蓄水工程供水量 66.93 亿 m^3，占 39.3%；引水工程供水量 33.54 亿 m^3，占 19.7%；提水工程供水量 62.49 亿 m^3，占 36.7%；调水工程供水量 7.41 亿 m^3，占 4.3%。

【用水量】 2018 年全省年总用水量 173.81 亿 m^3，其中农田灌溉用水量 67.92 亿 m^3，占 39.1%；林牧渔畜用水量 9.19 亿 m^3，占 5.3%；工业用水量 44.00 亿 m^3，占 25.3%；城镇公共用水量 18.64 亿 m^3，占 10.7%；居民生活用水量 28.55 亿 m^3，占 16.4%；生态环境用水量 5.50 亿 m^3，占 3.2%。

【耗水量】 2018 年全省年总耗水量 96.36 亿 m^3，平均耗水率 55.4%。其中农田灌溉耗水量 48.12 亿 m^3，占 50.0%；林牧渔畜耗水量 7.13 亿 m^3，占 7.4%；工业耗水量 15.94 亿 m^3，占 16.5%；城镇公共耗水量 7.45 亿 m^3，占 7.7%；居民生活耗水量 12.78 亿 m^3，占 13.3%；生态环境耗水量 4.95 亿 m^3，占 5.1%。

【退水量】 2018 年全省日退水量 1 234.27 万 t，其中城镇居民生活、第二产业、第三产业退水量分别为 303.48 万 t、661.02 万 t 和 269.78 万 t，年退水总量 45.05 亿 t。

【用水指标】 2018 年全省人均综合用水量 304.7 m^3，人均生活用水量 50.0 m^3（注：城镇公共用水和农村牲畜用水不计入生活用水量中），其中城镇和农村居民人均生活用水量分别为 53.4 m^3 和 43.1 m^3。农田灌溉亩均用水量 337 m^3，其中水田灌溉亩均用水量 396 m^3，农田灌溉水有效利用系数 0.597。万元国内生产总值（当年价）用水量 30.9 m^3，万元国内生产总值（可比价）用水量 32.2 m^3。

（王　贝）

水质监测

【概况】 2018 年，全省河流水体中，各大水系总体水质较好，平原河网、城市内河水体水质改善明显；湖泊、水库的水质较好，按水功能区目标水质评价全年达标率为 89.1%。

【水功能区水质监测】 2018 年，全省 1 112 个水功能区有 785 个开展监测。其中，纳入国家水功能区考核名录的 204 个水功能区均按照国家相关标准开展监测和评价工作，及时向水利部和流域机构上报监测成果；纳入省对地市考核名录的717个水功能区均按照《浙江省“十三五”期间水功能区监测工作计划》要求开展监测和评价工作。

【水生态监测】 2018年，全省开展浮游植物常规监测，各有关分中心对20个典型供水水库及重要湖泊进行每月1次的常规浮游植物监测，并于月均气温最高的8月份组织开展1次浮游植物普查监测。每季度编制《浙江省重点湖库浮游植物监测分析》，2018年总检测指标约3 000项次。在开展浮游植物常规监测的同时，各分中心继续对浮游动物开展监测，监测断面共8个。

【河流湖库水质】 2018年，全省列入国家及省级考核的重点水功能区717个，评价总河长12 114 km。按水功能区目标水质评价，全年达标率为89.1%。其中一级水功能区140个（不包括开发利用区），达标率为95.0%，二级水功能区577个，达标率为87.7%。水功能区水质评价情况按八大水系统计见表6，按地市统计见表7。

表6 八大水系水功能区水质评价情况

水系	水功能区个数 / 个	全年达标率 /%
钱塘江水系	228	95.6
苕溪水系	65	95.4
运河水系	130	79.2
甬江水系	90	82.2
椒江水系	74	77.0
瓯江水系	84	95.2
飞云江水系	19	94.7
鳌江水系	27	100

表7 各地市水功能区水质评价情况

地市	水功能区个数 / 个	全年达标率 /%
杭州市	87	92.0
宁波市	73	84.9
温州市	63	92.1
嘉兴市	94	75.5
湖州市	71	94.4
绍兴市	62	98.4
金华市	61	91.8
衢州市	46	100
舟山市	21	71.4
台州市	71	77.5
丽水市	68	100

（何锡君）

防汛防台抗旱

Flood Control, Typhoon Defense and Drought Relief

洪涝台旱灾害

【概况】 2018年，全省平均降水量1 640.3 mm，比2017年降水量偏多5.4%；从行政分区看，嘉兴市、湖州市较多年平均降水量偏多40.6%、20.2%。汛期，浙江省北部地区降水量偏多，中西部及西南地区偏少。全年有1个台风登陆、8个台风影响浙江，其中14号台风“摩羯”登陆台州温岭并穿过浙江腹地，给浙江大部分地区带来大到暴雨，局部大暴雨；12号台风“云雀”在上海登陆，给嘉兴带来强降雨，致使嘉兴地区出现20～50年一遇高水位。全省全年69.37万人受灾，洪涝台直接经济损失17.92亿元，占全省GDP（56 197亿元）的0.03%，其中，农林牧渔业损失9.85亿元，占直接经济损失的55.0%；工业交通运输业损失5.12亿元，占直接经济损失的28.6%；水利设施损失2.07亿元，占直接经济损失的11.6%。全省没有人员因灾死亡（失踪）。

【灾害特点】 灾害损失较常年少。2018年全省洪涝台直接经济损失、农林牧渔业损失、工业交通运输业损失、农作物受灾面积、受灾人口分别占2000—2017年均值的11.2%、16.5%、9.9%、11.9%、32.1%，为2003年以来最少。受灾区域较为集中。2018年全省洪涝台灾害损失主要集中在温州、嘉兴、舟山3市，共计16.26亿元，占全省直接经济损失的90.7%。其中，温州市9.26亿元，占56.9%；嘉兴市4.10亿元，占25.2%；舟山市2.90亿元，占17.8%。台风灾害损失占比大。2018年有1个台风登陆、8个台风影响浙江，共造成直接经济损失17.49亿元，占全省直接经济总损失的97.6%。其中，8号台风“玛莉亚”造成损失9.37亿元，占52.3%；10号台风“安比”造成损失2.25亿元，占12.6%；12号台风“云雀”造成损失4.28亿元，占23.9%。局部地区出现旱情。受降雨量持续偏少和降雨空间分布不均的影响，玉环市、温岭市水库山塘蓄水率持续偏低，导致2市供水持续紧张，象山县2018年降水量偏少20.3%，自2018年6月26日一直维持城镇供水Ⅲ级抗旱应急响应。

【主要台风灾害】 2018年，浙江境内有1个台风登陆，受8个台风影响。7月8日出梅后仅3天，8号台风“玛莉亚”就接踵而至，至8月17日，先后有10号台风“安比”、12号台风“云雀”、14号台风“摩羯”、18号台风“温比亚”等台风集中影响，平均8天1个，历史罕见，其中“摩羯”在温岭沿海登陆，“云雀”登陆在上海、降雨在嘉兴。此后，又有19号台风“苏力”、22号台风“山竹”、24号台风“潭美”、25号台风“康妮”等4个台风影响浙江省海域。

第8号台风“玛莉亚”于7月4日20时在美国关岛以东的洋面上生成，6日05时发展成超强台风，逐渐向浙闽沿海靠近，绕过台湾岛，于11日09时10分在福建省连江县黄岐半岛登陆，登陆后继续向西北偏西方向移动，强度快速减弱，穿越福建北部，于11日晚上进入江西省境内减弱为低压。受8号台风“玛莉亚”影响，7月10—11日，温州市大部、台州市和丽水市的部分地区出现暴雨到大暴雨、温州局部为特大暴雨。浙南主要河口风暴增水大，高潮位增水1.49~1.99 m，浙南三大江河口主要水位站最高水位均超过警戒水位，超警幅度0.41~0.90 m。“玛莉亚”造成温州、台州、丽水等3个设区市15个县（市、区）174个乡（镇、街道）43.41万人受灾，倒塌房屋31间，农作物受灾面积2.991万hm^2，成灾面积1.677万hm^2。直接经济损失9.37亿元，其中：农林牧渔业6.88亿元，工业交通运输业1.07亿元，水利设施0.91亿元。苍南县损失较大，达4.32亿元。

第10号台风“安比”于7月18日20时在菲律宾以东的洋面上生成，20日10时增强为强热带风暴，逐渐向浙北沿海靠近，穿过舟山群岛，于22日12时30分在上海市崇明岛沿海登陆，登陆后自南而北穿过江苏、山东、河北、天津等省市，强度缓慢减弱，于25日02时在内蒙古境内变性为温带气旋。受10号台风“安比”影响，7月21—23日，浙江东北部部分地区出现大到暴雨。全省平均降水量14.2 mm，其中宁波31.7 mm、嘉兴25 mm、绍兴24.2 mm；余姚市62.5 mm、海曙区41.5 mm、上虞区41.4 mm。浙北沿海出现10~13级大风，10级以上大风持续时间长达18个小时，最大为嵊泗县嵊山镇38.9 m/s（13级）。台风“安比”主要造成舟山市损失，该市4个县（市、区）38个乡（镇、街道）3.10万人受灾，农作物受灾面积670 hm^2。直接经济损失2.25亿元，其中：农林牧渔业0.52亿元，工业交通运输业1.00亿元，水利设施0.68亿元。

第12号台风“云雀”于7月25日05时在西北太平洋洋面生成，7月29日凌晨登陆日本，8月3日10时30分前后在上海金山再次登陆，3日17时在江苏昆山境内减弱为热带低压。这次台风生命期长（历时228小时、近10天），路径异常复杂，登陆在上海、强降雨在嘉兴。受“云雀”影响，8月1—3日杭州湾两岸的嘉兴、宁波、杭州和绍兴东部地区以及舟山、湖州东部地区等普降暴雨，部分地区大暴雨。12号台风“云雀”使嘉兴、湖州等平原地区出现20~50年一遇高水位。12号台风影响期间，受强降雨影响，杭嘉湖平原17个代表站超保证或警戒水位。受“云雀”影响，嘉兴、湖州等地部分道路、桥涵、小区出现积水，部分工厂、农田受淹。“云雀”造成嘉兴、湖州等2个设区市12个县（市、区）68个乡（镇、街道）18.01万人受灾，倒塌房屋1间，农作物受灾面积1.317万hm^2，成灾面积0.174万hm^2。直接经济损失4.28亿元，其中：农林牧渔业1.50亿元，工业交通运输业2.54亿元，水利设施0.07亿元。

第14号台风“摩羯”于8月8日14时在西北太平洋洋面生成，12日23时35分前后在温岭市沿海登陆，登陆后向西北方向移动，依次穿过台州、金华、绍兴、杭州和湖州等地，强度逐渐减弱，于13日08时前后进入安徽省境内。“摩羯”是2018年首个登陆浙江的台风，从登陆台州温岭到离开浙江进入安徽省历时8.5个小时，强降雨范围较广，影响台州、湖州等8个地市。受"摩羯"影响，8月11—13日，浙江大部分地区出现大到暴雨，局部大暴雨。台风"摩羯"登陆前后恰逢农历七月的天文最大潮汛，部分沿海潮位站遭遇天文最高潮与最大风暴增水双碰头叠加，实测最高潮位均超过警戒水位。"摩羯"台风降雨有效增加了大中型水库增蓄水，特别是前阶段缺水较为严重的东阳、义乌、温岭、玉环等地，缺水状况得到一定程度的缓解。全省未发生明显灾情，无人员因灾伤亡。

【降水偏少致个别县（市）干旱】 2018年，浙江玉环、温岭、象山等地水库蓄水率持续偏低，供水紧张。玉环市自2017年7月初入伏后，持续高温少雨，开始旱象露头，后旱情加剧。2018年上半年旱情延续，旱情特征为供水形势严峻，农业旱情相对不严重。主汛期后，受台风和台风外围环流影响，降雨充沛，水库蓄水增加，旱情基本解除。温岭市从2017年下半年开始，受降雨量持续偏少和降雨空间分布不均影响，温岭市水库山塘蓄水率持续偏低，全市大范围管网供水紧张，给群众生活生产造成较大影响。一直到2018年7月、8月降雨增多，水库、山塘蓄水情况得到较大改善，饮用水供水紧张状态基本缓解。象山县自2017年秋冬以来，持续干旱少雨，象山县于2018年6月26日启动城镇供水抗旱Ⅲ级应急响应，同时积极采取抗旱措施解决供水问题。

【灾情损失】 2018年全省有9个设区市43个县（市、区）384个乡（镇、街道）69.37万人受灾，没有人员因灾死亡或失踪，倒塌房屋65间，洪涝台直接经济损失17.92亿元。其中农林牧渔业损失9.85亿元，农作物受灾面积4.766万hm^2，成灾面积1.896万hm^2，绝收面积0.212万hm^2，因灾减产粮食3.81万t，经济作物损失4.02亿元，死亡大牲畜0.05万头，水产养殖损失1.98万t；工业交通运输业损失5.12亿元，停产工矿企业3 596个，铁路中断1条次，公路中断305条次，供电线路中断585条次，通信中断19条次；水利设施损失2.07亿元，损坏堤防395处计29.31 km、塘坝20座、护岸298处、水闸27座、灌溉设施471处、水文测站19个、机电井1眼、机电泵站74座、水电站1座。

（胡明华、魏　珂）

防汛防台抗旱基础工作

【概况】 2018年，各地积极践行"两个坚持、三个转变"防灾减灾理念，持续深化基层防汛防台体系管理，积极协调水文气象合作共享，畅通信息，着力提高防汛防台队伍应急能力，进一步夯实洪涝台灾害防御基础。

【基层防汛防台体系管理】 各地按照"网格化、清单式"管理和定格、定人、定责的要求，组织重新梳理1 390个乡

（镇、街道）、30 917 个村（社区）的 30.7 万名基层防汛责任人和 24.6 万个危险点、96.4 万名受影响人员的信息。按照省数据管理中心的要求，推进数据共享和业务协同，组织做好基层防汛防台体系信息平台与基层治理综合信息平台的对接，10.3 万名基层防汛责任人与基层综合治理全科网格员的信息实现融合。

【山洪灾害防治项目和农村基层防汛预报预警体系建设】 2018 年，全面完成 18 个县的山洪灾害防治项目建设和 7 个县的农村基层防汛预报预警体系建设。组织各地根据实际，修改完善村级防汛防台形势图，切实增强有防汛防台任务的村（社区）转移避险能力。组织完成覆盖面积约 1 万 km^2 的洪水风险图编制。

【群测群防整体提升工作】 2018 年，按照全省防汛防台群测群防整体提升工作部署要求。组织开发防汛管理 APP，完成所有乡镇、村级防汛责任人安装到位，初步实现履职痕迹化管理功能，进一步夯实基层防汛防台责任。

【信息保障】 防御台风期间，省防指办加强值班，密切关注台风动态和天气变化，及时将气象预报、海洋预报、水文监测预报情况报告防指领导，同时下传市级防指，提醒早防范、早部署。为有力有序应急，在形势分析、工作部署、动态掌握、材料准备等方面努力做到及早谋划、提前行动，做好部署指挥的保障工作。汛情结束后，及时总结，第一时间向省委省政府报告防御工作情况。全年共完成会议汇报材料 31 份、编发各类传真电报 159 份、简报 66 份、防御工作总结 7 份。积极协调省气象局与省水文局强化业务合作，提高信息获取、模拟仿真、预报预测、风险评估能力，提升水文气象预测预报技术水平。

【抢险物资和队伍】 2018 年，按照抢大险的要求，指导各地做好防汛物资储备、补充及防汛抢险队伍建设，全省共储备防汛袋类 3 000 万条、土工布 62 万 m^2、块石 65 万 m^3、救生衣（圈）18 万件、舟艇 5 354 艘等物资设备，总价值 7.68 亿元，组建县级以上防汛抢险和抗旱服务队 217 支 3.47 万人。

（胡明华、魏　珂）

防汛防台抗旱措施与成效

【概况】 2018 年，在省委、省政府的正确领导下，按照国家防总的总体部署，认真贯彻习近平总书记防灾减灾重要论述精神，坚持以人民为中心，扎扎实实做好防汛防台抗旱工作，努力把灾害损失降到最低程度。全省共落实防汛防台抗旱各类责任人 31 万名，共培训各类防汛责任人 900 班次、9.7 万人次，台风期间共转移危险区域人员 116.47 万人次。初步估算，防灾减灾直接经济效益 192 亿元。

【动员部署】 省委省政府领导高度重视防汛防台工作。省委书记车俊要求各地各部门认真学习贯彻习近平总书记和李克强总理的一系列重要批示指示精神，高度重视，提高警惕，防止麻痹，压实责任，严格措施，有效防灾抗灾减灾，最大限度减少人民群众生命财产损失。省长袁家军要求强化底线思维，严格管控各类风险隐患，全面落实各项防御措施，切实提升灾害防控能力。省委副书记郑栅洁、常务副省长冯飞等省领导多次检查指导防汛防台工作，并作出重要批示指示。副省长、省人民政府防汛防台抗旱指挥部（以下简称“省防指”）指挥彭佳学反复强调要严守安全底线，从重从严从大从紧落实各项防御措施，多次组织召开防汛防台抗旱工作会议，台风影响期间彻夜坐镇省防指，组织分析会商，研究部署防御对策措施。面对台风连续集中影响，各级党委、政府坚决贯彻省委省政府决策部署，按照绝不能因为工作疏忽造成群死群伤，绝不能因为工作失职给党和国家造成负面影响的要求，不麻痹、不侥幸、不轻敌，组织动员基层广大干部群众，发扬连续作战精神，全力应对台风灾害。

省防指在2018年初就明确年度目标、主要任务和工作要求。4月16日，省防指召开省、市、县三级防指成员视频会议，全面部署防汛防台抗旱工作。省防指办还分别联合国资、能监等部门，专门就汛期旅游安全、山洪和地质灾害防御、城市洪涝灾害防范、省属国有企业安全度汛、水库水电站安全度汛等工作作出部署。

【落实责任】　按照“网格化、清单式”管理，定格、定人、定责和“纵向到底、横向到边、不留死角”的要求，推进防汛防台工作在基层落地生根。组织开展水库安全度汛专项行动，全省4 318座水库全面落实“三个责任人”和“三项重点措施”。全省共落实防汛防台抗旱各类责任人31万名，并在各级媒体公布，接受社会监督。组织所有基层防汛防台责任人安装防汛管理APP。根据机构职能变化和防汛抢险工作实际，省防指重新明确31个成员单位的职责。省防指办建立“每日一检查、每月一通报”制度，组织对各市县防汛值班情况的检查。各级防指将年度重点工作任务细化分解，逐项排出任务表、责任表、时间表，明确任务、责任到人，确保每项工作有人管、有人盯、有人促、有人干。

【开展隐患排查整治】　按照“全覆盖、零容忍、严执法、重实效”的要求，全省共出动检查人员10.1万人次，检查工程和村庄39 868处（个），对发现的3 971处防汛安全隐患逐项“销号”或落实安保措施。10月前，全省核销地质灾害隐患点1 223处，完成综合治理项目1 245个，其中重大地质灾害隐患点治理项目403个，减少受威胁人数28 944人。全部完成本轮城镇危旧房、农村D级危房和涉及公共安全的C级危房治理改造任务。

【完善预案方案】　组织开展《浙江省防汛防台抗旱应急预案》修编，核准新安江、富春江等5座大型电站水库控制运用计划。各地根据《浙江省防汛防台抗旱预案管理实施细则》对预案编制、审批、备案、发布、评估、修订、宣传和演练等规定要求，组织修订完善防汛防台方案预案，编制水库、水闸等水利工程控制运用计划、在建工程安全度汛方案，并落实安全度汛措施。全省梳理、修订、完善各类防汛防台预案1 200余个。省水文局完成兰溪、诸暨、瓶窑等站洪水预报方案修订。

【宣传培训演练】 全省共培训各类防汛责任人900班次、9.7万人次，积极组织开展“防汛防台日”“预案演练周”活动，县级以上组织开展防汛防台宣传活动120余场次。组织开展全方位、多层次、贴近实战的防汛抢险演练，省防指联合丽水市防指在丽水市莲都区开展险情抢护、堰塞湖处置、人员转移安置、遇险船只和落水人员营救、城镇内涝强排水、伤员救治、卫生防疫等7大科目的演练。省防指成员单位以及10个市、93个县（市、区、功能区）防指组织开展防汛防台演练近200次，参演、观演人数超过20万人。

【强化监测预报预警】 各级防汛、水利、气象、海洋、水文、国土、建设等部门加强对水、雨、风、潮和地质灾害、城市内涝的监测，利用短信、网络、广播、电视、户外电子屏等，及时向公众发布洪涝台预警信息。各级防汛部门密切监视台风动态，积极做好水、雨、风、潮和地质灾害、城市内涝等监测预报预警。据统计，省水利、气象、海洋、国土、建设等部门共发布预警短信近7 160万条、台风信息158次、海浪警报73期、风暴潮警报39期、地质灾害预警短信61万多条，开展水文预报824站次，各级水利部门通过山洪灾害预警平台发出预警信息1.28万次。

【准确研判及时响应】 2018年，台风个数多，路径复杂怪异，对浙江省的影响判断困难，如10号台风“安比”移动路径多次跳跃变化，预报登陆点从浙中沿海，逐步调整为浙中北沿海、宁波、舟山、上海等市；12号台风“云雀”先在日本本州岛南部沿海登陆，而后西行穿过舟山群岛进入杭州湾，且移动缓慢，“登陆在上海、降雨在嘉兴”；14号台风“摩羯”在温岭市登陆前后恰逢农历七月的天文最大潮汛，面临“风、雨、潮”三碰头的不利形势，省防指密切跟踪，准确研判，针对海上防风、沿海防潮、陆上防雨，及时动态部署。19号、24号、25号3个台风主要影响浙江省沿海海域，省防指打破常规，实施海上防台风应急响应。省防指全年组织召开应急视频会议6次，发出防御应急工作等通知31份，先后启动Ⅳ级及以上应急响应17次，派出工作组17组次。据统计，全省各级防指共启动防汛防台应急响应637次，其中Ⅰ级9次、Ⅱ级59次、Ⅲ级185次、Ⅳ级384次。面对2018年连续不断的台风，精准施策，分阶段、分层次采取“防、避、抢”等处置措施。

【突出抓好避险管控】 坚持以人为本，生命至上的理念。台风影响期间，突出抓好海岛景区、农（渔）家乐、海涂养殖、危旧房、工棚等高风险区域人员的疏散、转移避险；及时关闭涉海、涉水旅游景区；组织渔船回港或驶入安全水域避风，做到定人到船、不漏一船；加强“四客一危”船舶、无动力船舶、工程施工船舶安全监管和海陆交通安全管控，提前布防大马力救助船。据统计，全省共转移危险区域人员116.47万人次，组织船只进港避风或前往安全水域12.9万艘次，停运客运班线2 847条次、沿海客（渡）运785个航次。

【全面排查风险隐患】 台风影响期间，积极做好水库、山塘、海塘、堤防等水利工程和石油、化工、核电、电力等重要设施的安全管理，全面排查薄弱环节和安全隐患；加密巡查观测台风影响期间的运行状况，确保隐患早发现，早处置。全省共出动10.32万人次，检查和排查重点部位7.44万处，整改风险隐患2 500多处，有力保障防汛防台安全。

【科学调度兴利除弊】 严格执行水库控运计划，根据雨情、水情和工情，统筹上下游、兼顾左右岸，精心调度水利工程，充分发挥水利工程兴利除弊功能。8号台风“玛莉亚”影响前，采取有力措施，降低水库水位，水库河网预泄预排2.22亿 m^3。12号台风“云雀”影响前，嘉兴、宁波、绍兴等市分别启用南排工程、姚江大闸、曹娥江大闸预排，为应对可能的强降雨腾出调蓄容量；强降雨致使嘉兴市河网水位迅速上涨，省防指积极协调，太湖防总暂时关闭太浦闸，减轻嘉兴市的防洪压力。在14号台风“摩羯”影响前，全省河网抢排水量2.39亿 m^3，有效降低河网水位；台风暴雨期间，水库全力拦蓄水量2.19亿 m^3，既有效减轻下游江河压力，又显著增加台风前缺水较为严重的东阳、义乌、温岭、玉环等地水库蓄水，缓解供水紧张状况。

【团结协作合力抗灾】 2018年，省防指各成员单位按照职责分工，密切配合，通力协作，形成防汛防台抗灾强大合力。省防指组织协调海事、海洋部门成功营救8号台风期间滞留在上大陈岛帽羽沙附近海域的20艘外省籍渔船和18号台风影响期间搁浅的浙岱渔“04252”19名遇险船员。省水利厅共派出85个组次检查指导防汛防台工作，督查水利工程安全管理；宣传部门大力宣传报道防台风工作；国土部门加强地质灾害隐患排查和治理；建设部门严格落实市政设施、危旧房屋安全度汛措施；公安、交通等部门加强道路车辆、交通运输船只的安全管理；电力、通信等部门加强电力、通信保障；经信、安监等部门督促相关企业做好无动力船舶、危化品等防汛防台保安；农林渔部门指导地方做好农林牧渔业防灾工作；民政等部门做好避灾场所安全管理和灾民救济救助；教育、旅游等部门做好校舍、师生和游客的防汛防台安全管理。各地党委、政府主要领导在防御洪涝台过程中靠前指挥，广大基层干部冲在一线，组织广大群众防汛抗灾。

【减灾效益】 在防御梅雨洪涝，台风、局地暴雨中，全省实现主要河流重点河段、大中城市及重要城镇、重要基础设施的防洪安全，实现水库无一垮坝、重要堤防海塘无一决口，城乡供水正常，努力把灾害损失降到最低程度。全省共投入抢险人数8.63万人次、机械设备1 384台班；消耗编织袋24.71万条、编织布1.25万m^2、砂石料36.05万m^3、木材0.07万m^3，用油69.41 t、用电35.22万kW·h；减淹耕地面积1.007万hm^2，减少受灾人口18.3万人、避免可能造成伤亡事件392起计7 186人次。据估算，防灾减灾直接经济效益192亿元。

【防汛责任人】 4月15日为浙江省防汛防台日，全省公布了2018年度196座大中型水库大坝安全管理责任人、12处（段、个）重要堤防和蓄滞洪区防汛责任人、167座农村水电站（配套大中型水库）防汛安全责任人名单。

（胡明华、魏　珂）

水利建设

Hydraulic Engineering Construction

085～110页

水利建设总体情况暨“五水共治”

【概况】 2018年是“五水共治”“基本解决问题，全面改观”的收官之年，也是碧水行动的开局之年。全省水利系统紧紧围绕省委、省政府“五水共治”（河长制）碧水行动决策部署，凝心聚力，攻坚克难，全年水利建设完成投资563.6亿元，超年度计划12.7%；17项计划指标年度完成率均为100%以上；“百项千亿”年度完成投资233.3亿元、新开工建设18项。

【治污水】 2018年，全省完成河湖库塘清淤8 072万m^3、河道综合治理700.3 km，分别占年度计划的115%、140%。完成美丽河湖市级评定152条（个），评定省级美丽河湖30条（个）。累计完成河道管理范围划界13 073 km，新增水域面积18.16 km^2，河湖空间管控进一步加强，实现市级以上河道基本无违建的目标。

【防洪水】 以加快推进“百项千亿防洪排涝工程”建设为重点，全省“百项千亿”完成投资233.3亿元，新开工建设18项，分别占年度计划的101.4%、120.0%。全面推进防洪排涝工程建设，完成大中型水库安全鉴定294座、小型水库除险加固120座、主要江河堤防（海塘）加固137.3 km，分别占年度计划的196.0%、120.0%、137.3%。深入开展水利工程标准化建设，完成水利工程标准化验收2 620个，完成率为113.8%；通过长效机制省级评估的县（市、区）45个，完成率为100%。

【保供水】 加快推进杭州市第二水源千岛湖配水、宁波联网供水、舟山大陆引水三期等重大引调水主体工程建设，其中杭州市第二水源千岛湖配水工程隧洞开挖全线贯通。嘉兴市域外配水工程、台州市南部湾区引水、丽水市滩坑引水、龙泉市瑞垟引水、龙游县饮用水保障、云和县紧水滩引水、开化县茅岗水库引水等重大引调水工程新开工建设。聚焦民生发展，提请省政府出台农村饮用水达标提标三年行动计划，全年完成农村147.3万人饮用水达标提标建设，完成率为105%。

【抓节水】 深入推进节水型社会达标建设，根据2018年度县域节水型社会达标建设工作任务要求，重点完成第一批20个县（市、区）县域节水型社会国家达标任务。全年新增高效节水灌溉面积3.01万hm^2，完成率180%。

（陈　刚）

重点水利工程建设

【概况】 2018年，全省完成水利投资563.6亿元，连续4年突破500亿元，实现年度中央投资计划、全省水利投资、“百项千亿”工程投资“三个百分百”完成和省委省政府提出的年度投资增长10%以上的“三百一争”目标任务。其中，在建重点水利工程共计90项（不含河道项目），概算总投资1 593.5亿元，2018年完成投资228.0亿元，累计完成投资966.0亿元，完成率达61%。水利工程质量连续第4年获得水利部建设质量工作考核A级优秀，近两年连续位居第一。

【重大水利工程建设进展情况】 2018年，重大水利工程建设进展顺利，国家172重大项目的“治太五大”工程基本完工见效（除扩大杭嘉湖南排3座排水泵站外），朱溪水库导流洞全线贯通，舟山大陆引水三期工程的大沙调蓄水库坝体填筑已完成。姚江上游“西排”等防洪排涝工程总体进展顺利，其中，松阳黄南、龙游高坪桥、缙云潜明、仙居盂溪等大中型水库主体工程建设进一步加快。庆元兰溪桥水库扩建、临安双溪口水库等18个项目新开工建设。长兴合溪水库、三门佃石水库和遂昌大溪坝、蟠龙水电站等4个工程完成竣工验收工作。

【扩大杭嘉湖南排工程】 该工程是国家172项节水供水重大水利工程，由长山河排水泵站、南台头排水泵站、长山河延伸拓浚工程（嘉兴段）、长水塘整治工程、洛塘河整治工程及南台头闸前干河防冲加固工程等组成。工程任务为提高太湖流域水环境容量，促进杭嘉湖东部平原河网水体流动，增加向杭州湾排水能力，改善流域和杭嘉湖东部平原水环境，提高流域和区域防洪排涝和水资源配置能力，兼顾航运等综合利用。建设内容包括新建三堡、八堡、长山河、南台头等4座排涝泵站，新增强排能力700 m^3/s，河道整治163.9 km等，工程估算总投资72.4亿元。

【苕溪清水入湖河道整治工程】 该工程是国家172项节水供水重大水利工程，位于杭州市余杭区境内东苕溪沿线，涉及余杭、中泰2个街道和瓶窑镇的6个村。工程任务是通过苕溪流域主要河道的水环境改善和河道整治工程，减少入太湖的污染负荷，改善太湖和苕溪流域的水环境状况，提高区域防洪能力。主要建设内容包括河道拓浚73.7 km、堤防加固169.5 km、河道清淤48.4 km等。概算总投资为72.0亿元。

【姚江上游西排工程】 工程主要建设内容由梁湖排引闸站及其配套工程、通明闸改造工程2部分组成。梁湖排引闸站排水泵站流量165 m^3/s，引水泵站设计引水流量40 m^3/s；内侧新开排引水河道总长1.66 km。工程总投资12.33亿元。工程建成后，开辟姚江流域向曹娥江排涝通道，提高上虞区四十里河沿岸的防洪排涝能力，并有效减轻姚江干流、余姚城区的防洪压力，同时切实发挥浙东引水工程的整体效益，保障宁波、舟山水资源需求。2018年度完成投资27 701万元，已累计完成投资6.55亿元，占总投资的53%，2018年主要进行总干渠、枢纽闸站、河道开挖等工程建设。截至2018年底，总干渠主体工程已基本完成；枢纽闸站主基坑土方开挖完成，三联孔主机段浇筑至2.55 m，二联孔主机段2.55 m高程混凝土浇筑完成，引水泵站底板已全部完成；站前河道进行挡墙浇筑施工，三轴搅拌桩全部完成；副厂房基础开挖已完成，桩基试验已检测完成；新开河，调节池除人工岛外已开挖完成；劈山段及劈山段以东土方开挖累计完成26.09

万 m³；通明闸闸室主体施工基本完成。

【绍兴市上虞区虞东河湖整治工程】 该工程主要任务为防洪排涝和改善水生态环境。工程整治湖泊 6 个，建设护岸工程 40.14 km，清淤 306.87 万 m³，新建堤防 1.37 km，整治河道 16.68 km，新建隧洞 2.72 km，新建节制闸 6 座，新建及拆建桥梁 26 座。工程总投资 12.32 亿元，虞东河湖综合整治工程于 2015 年 12 月正式启动建设，2018 年完成投资 28 095 万元，累计完成投资 7.86 亿元，累计完成率 64%，主要进行虞甬运河疏浚、皂李湖区域整治等工程。截至 2018 年底，虞甬运河疏浚已于 2016 年 8 月完工，共整治河道 12.2 km，清淤 17.1 万 m³。皂李湖区域整治已完成疏浚固化土方约 100 万 m³，完成桥梁、堤防、节制闸等主体工程建设，标段形象进度达 90%。连通隧道工程已累计完成 709 m，标段形象进度达 25%。五湖疏浚工程。已完成固化土外运，完成疏浚 90 万 m³，标段形象进度达 55%。

【平阳县鳌江干流治理水头段防洪工程】

该工程以防洪排涝为主，兼顾改善水环境，是国家江河湖泊治理骨干项目，工程防洪标准 10 年一遇（远期配合流域防洪工程可达到 20 年一遇），排涝标准能力达到 10 年一遇。主要建设内容：整治龙岩——显桥鳌江干流河道 8.36 km，新建北岸堤防 8.41 km，新建南岸护岸 8.36 km；新建章岙闸、鸣溪闸、中后闸（泵）、上小南闸（泵）、下小南闸，总闸宽 71 m，总泵排流量 35 m³/s；新开鸣溪河 387 m；配套建设箱涵、涵闸和圆涵共 14 处；凤卧溪西排分洪工程由凤蒲河、蒲尖山隧洞、蒲尖山闸、九龙岱闸组成；新开凤蒲河 692 m（含连接段）；蒲尖山隧洞 2 条，洞长 1.87 km，洞宽 15 m；新建蒲尖山闸，闸宽 2 孔 ×15 m，设计流量 417 m³/s；新建九龙岱闸，闸宽 2 孔 ×8 m，设计流量 174 m³/s。概算总投资 16.69 亿元。2018 年完成投资 46 075 万元，累计完成投资 9.31 亿元，占总投资的 56%，主要进行隧洞开挖、河道开挖、水闸工程建设等任务。截至 2018 年底，完成河道开挖 4 000 多米，凤卧溪分洪工程隧洞掘进 3 385 m（双洞累计），完成衬砌 1 875 m；九龙岱等 6 座水闸正在进行混凝土浇筑施工。

【平湖塘延伸拓浚工程】 该工程是国家 172 项节水供水重大水利工程，位于嘉兴市，由建于出海口的独山闸及由独山干河、南市河、东市河、上海塘、北市河、平湖塘和南郊河等河道构成的排水干河组成。排水干河贯穿于嘉兴经济开发区、南湖区和平湖市。主要任务为提高太湖流域水环境容量，改善太湖流域和杭嘉湖东部平原水环境，提高区域水资源优化配置能力，完善流域和区域排涝格局，兼顾航运等综合利用。工程由河道工程、堤防工程、枢纽建筑物、河道沿线口门及跨河桥梁等组成。工程主要建设内容包括：新建总净宽 40 m 的独山排涝闸枢纽；主干河道总长 77.75 km，其中利用老河道 19.2 km，疏浚河道 23.71 km，拓浚河道 21.05 km，新开河道 13.34 km；新建沿河两岸堤防 71.07 km，护岸 82.76 km；节制闸 10 座，跨河桥梁 35 座，沿河桥梁 15 座。工程施工总工期 36 个月，总投资 35.7 亿元。2018 年完成投资 25 326 万元，累计完成投资 345 461 万元，累计完成总投资的 97%，2018 年主要进行河道拓浚、水闸、桥梁工程施工。截至 2018 年底，已基本建成独山排涝应急工程，河道工程、桥梁工程和节制闸工程已全面开工建设，其中河道工程完成投资约 96%、桥梁工程完成投资约 91%、节制闸 1 标工程完成投资约 80%、节制闸 2 标工程完成投资约 8%。

【舟山市大陆引水三期工程】 该工程是国家 172 项节水供水重大水利工程，也是浙东引水的重要组成部分，是从大陆向舟山海岛引水，增加舟山本岛及其周边部分岛屿的生活、工业及驻舟部队供水的引调水工程。主要建设内容包括宁波至舟山岛黄金湾水库引水三期工程、舟山本岛输配水工程、岛际引水工程及大沙调蓄水库等 4 部分。输水管线总长 179.9 km，建设大沙调蓄水库 1 座，泵站 6 座，原水预处理厂 1 座。工程建成后，可增加舟山群岛新区域外引水量 1.2 m^3/s，同时可完善岛内、岛际供水系统，充分发挥舟山市大陆引水一期、二期工程效益。工程总投资 23.6 亿元。2018 年完成投资 5.41 亿元，累计完成投资 18.99 亿元，完成率为 80%。截至 2018 年底，岛际引水钢管正在铺设，隧洞已贯通；大沙调蓄水库坝体正在进行混凝土面板浇筑，完成率 74%。坟墓迁移累计完成 1 910 穴，完成率 98%；水库移民安置小区主体结构施工已完成。

【台州市朱溪水库工程】 该工程是国家 172 项节水供水重大水利工程。以供水为主，结合防洪、灌溉，兼顾发电等综合利用的大型水库。水库总库容 1.26 亿 m^3，供水调节库容 0.98 亿 m^3，防洪库容 0.31 亿 m^3。工程总投资 37.4 亿元。工程建成后，可使台州市南片供水区和朱溪流域供水区城乡综合供水保证率达 95%，灌溉供水保证率达 90%，改善饮水条件的人口约 350 万人；可使朱溪流域沿岸城镇和农田的防洪标准达到 20 年一遇，保护人口 8.4 万人，耕地 0.32 万 hm^2。2018 年完成投资 8.01 亿元，累计完成投资 19.44 亿元，完成率为 52%。截至 2018 年底，导流洞已贯通，输水隧洞洞口和支洞正在施工，70% 移民村安置房动工建设并实施搬迁。

【杭州市第二水源千岛湖配水工程】 该工程是浙江省“五水共治”十枢工程之一，是以供水为主的重大民生工程，工程等别为Ⅰ等，输水干线全长 113.2 km，设计输水流量 38.8 m^3/s。工程建成后，将使杭州市形成以千岛湖为主、钱塘江和东苕溪为辅的多水源供水格局，向杭州市区以及桐庐、富阳、建德的部分区域供应生活和部分工业优质原水，多年平均供水量 9.78 亿 m^3；受益区常住人口 806 万人。概算总投资 106.5 亿元。2018 年完成投资 26.8 亿元，累计完成投资 78.0 亿元，完成率为 81%。截至 2018 年底，引水隧洞全线贯通。

【嘉兴域外引水工程（杭州方向）】 该工程是嘉兴市实施的一项重大民生实事工程，工程的建设对于提升嘉兴原水水质、提高市民生活水平、构建多水源供水保障系统、提高嘉兴市水资源保障能力和经济社会可持续发展具有重要意义。工程设计配水规模 2.3 亿 m^3/a，由隧洞工程、管道工程，加压泵站等组成，取水水源地为千岛湖，输水线路上接杭州市第二水源千岛湖配水工程。工程输水线路总长 171.5 km，其中杭州市境内 24.8 km（全线盾构隧洞），嘉兴市境内 146.7 km。杭州段采用盾构隧洞的设计方案，盾构段布置 9 座盾构井。嘉兴段采用埋管、顶管、水平定向钻等施工工艺，输水管道选用钢管和球墨铸铁管，双管铺设，主干线管径为 DN2200 ~ DN1400，支线管径为 DN1400 ~ DN600。工程概算总投资 85.54 亿元。2018 年完成投资 14.3 亿元，累计完成投资 16.5 亿元，完成率为 19%。2018 年 2 月 1 日工程开工。截至 2018 年底，盾构二标、四标正在进行盾构井开挖，管道六标正在进行沉井施工。

【浙东钦寸水库工程】 该工程是浙江省“五水共治”十枢工程之一，是以供水、防洪为主，兼顾灌溉和发电等综合利用的大型水库，工程等别为Ⅱ等；水库总库容 2.44 亿 m^3，兴利库容 1.67 亿 m^3，防洪库容 0.62 亿 m^3，配套电站装机容量 2 750 kW。建成后年可供水量 1.5 亿 m^3，其中向外流域宁波地区提供 1.26 亿 m^3。工程总投资 53.58 亿元，2018 年完成投资 3.15 亿元，累计完成投资 59.9 亿元，完成率为 112%。截至 2018 年底，工程已基本完工。

【仙居县孟溪水库工程】 该工程是以防洪、供水为主，结合生态景观用水等综合利用的中型水库。面板堆石坝，最大坝高 66.3 m，坝顶长度 219.7 m，总库容 2 119 万 m^3。工程估算总投资 4.1 亿元。截至 2018 年底，主体工程已基本完工。

【临海市方溪水库工程】 该工程是以供水为主，结合防洪、灌溉、发电等综合利用的中型水库，总库容 7 200 万 m^3，年供水量 7 000 万 m^3。工程总投资 11.5 亿元，2018 年完成投资 1.51 亿元，累计完成投资 10.67 亿元，完成率为 93%。截至 2018 年底，进行大坝左岸、右岸坝肩开挖。

【缙云县潜明水库一期工程】 该工程是以防洪为主，兼顾供水、发电等综合利用的中型水库，最大坝高 42.5 m，坝顶长 335 m，总库容 3 413 万 m^3。工程总投资 16.06 亿元。2018 年完成投资 2.78 亿元，累计完成投资 13.56 亿元，完成率为 84%。截至 2018 年底，大坝一期已完成混凝土浇筑，二期已浇筑至 236 m 高程，主体工程已初具规模。

【三门县东屏水库工程】 该工程是以供水为主，兼顾防洪、发电等综合利用的水利工程。工程由东屏水库、长林水库、输水建筑物等组成，其中长林水库为东屏水库的引水配套工程。水库总库容 2 700 万 m^3。工程总投资 7.04 亿元，2018 年完成投资 1.12 亿元，累计完成投资 3.59 亿元，完成率为 51%。截至 2018 年底，初步设计已批复，正进行移民安置、政策处理、场地平整等主体工程开工前的准备工作。

【松阳县黄南水库工程】 该工程是一座以供水、灌溉、防洪为主，结合改善水生态环境、发电等综合利用的中型水库，总库容 9 196 万 m^3，年供水量 5 700 万 m^3。工程总投资 13.7 亿元，2018 年完成投资 4.82 亿元，累计完成投资 13.47 亿元，完成率为 75%。截至 2018 年底，工程已顺利通过截流验收，正进行坝体填筑。

【龙游县高坪桥水库工程】 该工程是以供水、防洪为主，兼顾灌溉、发电及改善河道水环境等综合利用的中型水库，总库容 3 200 万 m^3。工程总投资 9.9 亿元，2018 年完成投资 2.34 亿元，累计完成投资 7.87 亿元，完成率为 79%。截至 2018 年底，大坝堆石体填筑完成。

【青田水利枢纽工程】 该工程是以改善瓯江青田城区段水环境为主，兼顾发电、航运及稳定江道等综合利用的水利枢纽。主要建筑物包括泄洪闸、拦河坝、发电厂房和船闸。工程总投资 15.99 亿元，2018 年完成投资 3.35 亿元，累计完成投资 12.52 亿元，完成率为 78%。截至 2018 年底，一期工程已通过蓄水阶段验收，正进行二期工程施工。

（殷国庆）

重大水利工程竣工验收

【概况】 2018 年，全省完成长兴县合溪水库、三门县佃石水库和遂昌县大溪坝、蟠龙水电站等 4 个重大水利项目的竣工验收工作。

【长兴县合溪水库工程】 工程位于长兴县境内合溪流域，是长兴平原防洪骨干工程和合溪流域的控制工程，也是浙江省水资源保障百亿工程之一，是一座以防洪为主，结合供水等综合利用的大（2）型水库。该工程等别Ⅱ等，主要建筑物包括拦河坝、泄水建筑物、供水放空建筑物、工程观测设施等，坝址以上集雨面积 235 km^2，水库总库容为 11 062 万 m^3。水库正常蓄水位 24.00 m，相应库容为 5 313 万 m^3；水库供水规模 20.7 万 t/d（不含环境用水），年供水量 6 047 万 m^3，环境用水 1 428 万 m^3/a。拦河坝总长 752 m，坝顶高程 32.20 m，宽 6 m，由重力坝段和黏土心墙砂砾石坝段组成。2018 年 10 月 18 — 19 日，工程通过省水利厅和省发展改革委联合组织的工程竣工验收。

【三门县佃石水库工程】 佃石水库距离县城 16.5 km，属省“水资源保障百亿工程”，是一座集防洪、供水、灌溉为一体的综合性中型水库，总库容 3 009 万 m^3。工程等别为Ⅲ等，水库为中型水库，正常蓄水位 106.00 m，相应库容 2 563 万 m^3；主要由拦河坝、溢洪道、跨流域引水建筑物（引水堰和引水隧洞）、输水建筑物、放空建筑物及管理用房等组成；坝顶高程

110.60 m，防浪墙顶高程 111.80 m，坝顶长度 384 m。河床段趾板建基面底高程为 57.00 m，相应最大坝高 53.60 m；溢洪道位于拦河坝左岸，采用开敞式表孔，为有闸控制的正槽溢洪道；跨流域引水隧洞进口位于引水堰右坝头上游约 20 m 处，引水隧洞为无压城门洞型，总长 1 988.7 m。2018 年 11 月 15 日，工程通过省水利厅和省发展改革委联合组织的工程竣工验收。

【遂昌县大溪坝、蟠龙水电站工程】 大溪坝、蟠龙水电站位于遂昌县境内乌溪江干流上，属梯级开发的水电工程，工程主要任务为发电，兼顾防洪和改善生态环境。大溪坝、蟠龙水电站工程均为Ⅳ等工程，主要建筑物拦河坝、发电引水隧洞进水口为 4 级建筑物，设计洪水标准为 50 年一遇，校核洪水标准为 200 年一遇；发电引水建筑物（不含进水口）、电站为 4 级建筑物，设计洪水标准为 50 年一遇，校核洪水标准为 100 年一遇，消能防冲设计标准为 20 年一遇。大溪坝水电站坝址以上流域面积 463 km^2，水库正常蓄水位 296.00 m，相应库容为 57 万 m^3，水库总库容为 118 万 m^3。蟠龙水电站坝址以上流域面积 727 km^2，水库正常蓄水位 254.80 m，相应库容为 412 万 m^3，水库总库容为 514 万 m^3。大溪坝水电站多年平均年发电量 2 768 万 kW·h，蟠龙水电站多年平均年发电量 3 534 万 kW·h。2 项工程概算总投资 25 845 万元。2018 年 10 月 31 日，2 项工程通过省水利厅组织的竣工验收。

（般国庆）

围垦建设

【概况】 2018 年，全省在建围垦工程（含历年已圈围但尚未竣工验收项目）面积 38 866.43 hm^2，2018 年无新开工项目。2018 年圈围面积 2 046.67 hm^2，分别为：上虞世纪新丘（三期港区片）546.67 hm^2、舟山六横小郭巨二期 1 500.00 hm^2。2018 年新建成舟山六横小郭巨二期等 50 年一遇标准海堤 7 088 m、新建成水闸 4 座（内含 2 个通航孔）、新增河道面积 50.80 hm^2。围垦前期工作（含促淤）项目 20 个，设计规模 26 607.77 hm^2。2018 年全省滩涂围垦完成投资 287 739 万元，其中：各级财政资金 32 385 万元，占总投资的 11.26%；信贷资金 71 707 万元，占总投资的 24.92%，民企投入 2 396 万元，占总投资的 0.83%，国有企业投入 181 251 万元，占总投资的 62.99%。

【重点围垦工程建设】 2018 年，温州瓯飞一期（分北片、南片）、普陀小郭巨二期、上虞世纪新丘（三期港区片）等 20 个（含宁波）重点围垦工程建设进展顺利，围垦面积总规模 37 800 hm^2；2018 年度实现圈围面积 2 046.67 hm^2，分别为：上虞世纪新丘（三期港区片）546.67 hm^2、舟山六横小郭巨二期 1 500 hm^2。

【温州瓯飞一期围垦工程】 该工程位于温州市瓯江口至飞云江口之间海岸，围垦面积 8 858 hm^2，概算总投资为 272.93 亿元。北片（北区）2 373.33 hm^2 已圈围；

南片南堤正在建设，其他部分尚未开工。2018 年完成投资 5.83 亿元，已累计完成投资 90.75 亿元。

【舟山绿色石化基地围填海工程】 该项目位于岱山县大小鱼山岛东西两侧，围填海总面积 1 735 hm^2，项目概算总投资 183.75 亿元。水利部分：2018 年完成投资 10.08 亿元，累计完成投资 35.87 亿元。

【瑞安丁山三期西片围垦工程】 该工程位于飞云江北岸，围垦面积 2 386.67 hm^2，概算总投资 11.03 亿元。2018 年完成投资 0.67 亿元，累计完成投资 6.16 亿元。

【重点围垦工程验收】 2018 年，完成舟山市嵊泗县小洋山围垦一期工程的竣工验收。该工程等别为 III 等，新隔堤等级为 4 级，挡潮设计标准为 20 年一遇（允许部分越浪）；新增防护促淤潜堤的建筑物级别为 5 级，防浪标准为 20 年一遇。新建隔堤 3 539 m，隔堤以南吹填成陆，成陆面积 217 hm^2，新建防护促淤潜堤 2 877 m，新增促淤面积 115.89 hm^2（含堤身 10.74 hm^2）。工程批准概算投资 16.44 亿元，工程竣工决算投资 14.28 亿元，建设资金由项目法人自筹解决，来源为资本金及贷款融资资金，其中资本金 5 亿元。工程于 2012 年 5 月正式开工，2017 年 6 月完工，实际建设工期共计 62 个月。2018 年 7 月 18 日完成工程竣工验收。

【滩涂围垦科学研究】 继续《浙江省滩涂资源重点区域监测项目（2017 — 2019）》等课题项目年度任务工作。完成“浙江滩涂围垦后评估”“浙江省滩涂淤涨泥沙源调查分析”课题验收和“浙江省滩涂资源重点区域监测”项目中期成果验收。完成“浙江省围垦存量与潜力调研报告”调研课题。

【滩涂围垦开发利用情况】 1950 — 2018 年，全省滩涂围垦面积 282 595 hm^2，其中钱塘江河口围垦 141 087 hm^2。尚未开发利用的已围面积 65 178 hm^2，占围垦总面积 23.06%。

【在建围垦工程防台度汛准备工作】 2018 年 3 月对瓯飞一期、岱山双剑涂、平阳西湾北片等全省在建重点围垦工程的汛前准备、安全生产、工程质量、工程建设情况进行检查。5 月，对大小鱼山围填海工程开展安全生产专项督查，对发现的问题，下发督查意见，并要求做好工程度汛预案报批和备案。5 月下旬，召开省重点围垦工程防汛形势分析会，对在建重点围垦工程的防汛防台形势、应对措施等进行梳理分析，对工程度汛、安全生产和标准化管理等工作进行部署，并在浙江水利网上公布 24 个全省在建重点围垦工程项目 2018 年安全度汛责任人名单，接受社会监督。继续按照“每周更新、通信畅通、落实责任、上报方式”等要求，实行重点围垦工程防汛值班人员动态更新，高标准、精细化做好全省围垦防汛管理工作。认真做好中央环保督察和国家海洋督察整改配合工作。

【低丘红壤治理建设】 2018年5月召开全省低丘红壤治理建设开发现场交流会，对2018年度治理开发工作提出具体要求，并提前布置2019年和2019—2021年3年滚动计划申报工作。要求各地抓紧制定并修改完善低丘红壤项目建设配套管理办法。加强项目建设督查，继续开展第三方低丘红壤项目建设监督检查。2018年，低丘红壤治理开发完成756 hm^2。

（殷国庆）

水库除险加固

【概况】 截至2018年底，139座水库已按规定程序全部完成大坝安全鉴定，鉴定结论均为三类坝；129座水库主体工程开工建设，占92.8%，其中111座主体工程已基本完工，102座水库已完成批复建设内容并通过完工验收；全年水库除险加固开工195座，完工120座，完成投资73 244万元。

【小型水库除险加固】 2017年5月4日，水利部、国家发展改革委、财政部联合印发《加快灾后水利薄弱环节建设实施方案》（水规计〔2017〕182号，以下简称《实施方案》），浙江省共有139座小型病险水库除险加固项目列入《实施方案》（原为140座，岱山县东沙大岙水库由于注册登记未经备案，从《实施方案》中剔除），总库容7 183万 m^3，总投资约10.1亿元，涉及9个设区市的30个县（市、区）。其中，纳入中央财政补助136座，省级及以下筹资实施3座。项目分年度计划实施，其中2016年16座，2017年66座，2018年35座，2019年22座。

截至2018年底，139座水库已按规定程序全部完成大坝安全鉴定，鉴定结论均为三类坝；139座水库按规定审批权限全部完成初步设计审查及批复；129座水库主体工程开工建设，占92.8%，其中111座主体工程已基本完工（2017年水利部下达计划完成数为28座，2018年下达计划完成数38座），占79.9%；102座水库已完成批复建设内容并通过完工验收，占73.4%。由地方自筹的3座水库全部开工建设，且已完成主体工程并通过完工验收。139座小型病险水库除险加固项目共下达资金55 733万元，占总投资的55.2%，其中中央财政水利发展资金分2批共下达9 830万元，2017年下达6 900万元，2018年下达2 930万元，其余为省级及以下财政配套资金，下达资金已全部到位并分解到项目。项目已累计完成投资68 898万元，占总投资的68.2%，其中136座中央补助项目已完成投资67 792万元，3座地方自筹项目已完成投资1 106万元。项目资金下达及到位及时，投资与工程进度基本一致。各市小型病险水库建设项目名单见表1。

表 1　各行政分区小型病险水库建设项目名单

序号	地区	县（市、区）	座数	名单
1	杭州市	富阳区	11	永安山[1]、花塘坞[1]、大垅[1]、直坞[1]、黄金坞[1]、东坑坞（自筹）[1]、大坞[1]、西坞、姚宵坞、大坞垅、许家[1]
		建德市	17	杨梅山[1]、黄金坞[1]、泉塘[1]、石塘[1]、牙坑、西湾坑、上坞[1]、后垅塘[1]、吴山坑、石鼓、九里坑、公曹、三楂坞、大塘坞[1]、长毛坞[1]、苏塘[1]、平塘（自筹）[1]
		临安区	13	鱼坑[1]、大柴山湾[1]、生牛坞[1]、寺坞[1]、直坞[1]、龙头口[1]、西坞[1]、黄毛坞、石壁、大鹏坞、平天岭[1]、上阳、高峰
		淳安县	8	龙姚[1]、庙岭坞[1]、吉家坞[1]、红旗、镜坑源、邵坑坞[1]、越古源、胡家[1]
2	温州市	平阳县	4	渔塘[1]、草池[1]、大同垟[1]、苍南[1]
3	湖州市	安吉县	2	石坞岭、潘村
4	绍兴市	嵊州市	3	东风[1]、里湾[1]、下八亩
		新昌县	3	莒山[1]、里坞山[1]、杨树坑
		诸暨市	3	坑坞[1]、寺后[1]、大白虎[1]
5	金华市	金东区	2	铁堰[1]、五巨塘[1]
		兰溪市	8	荷花塘[1]、澡塘[1]、杨保塘[1]、跃进[1]、潘家垅[1]、上畈[1]、清水塘、小西湖
		婺城区	2	跃进[1]、成功塘[1]
		义乌市	1	大拔春[1]
		武义县	7	上青塘[1]、林大塘[1]、定坑[1]、南塘[1]、郭清塘[1]、水垅[1]、长塘[1]
6	衢州市	衢江区	9	三源（自筹）[1]、黄坞[1]、黄鸭垅[1]、田后垅[1]、里塘坞[1]、童家山[1]、破塘坞二号[1]、里坞垅[1]、眠塘[1]
		江山市	3	花园垄[1]、茹菇塘[1]、达山蓬[1]
		常山县	3	塘北[1]、牛塘[1]、九坞岭[1]
		柯城区	3	洞头寺[1]、箬溪垅、小坑[1]
		龙游县	2	石塘[1]、上山塘[1]
		开化县	1	际头山[1]
7	舟山市	定海区	8	大支[1]、晶星[1]、涨茨、唐家岙、水江洋[1]、龙王堂、红卫、东岙弄
		市本级	2	小田湾、庙跟
		普陀区	5	客浦[1]、上龙山[1]、潭弄、蚂蝗坑、田公岙
		嵊泗县	1	宫山[1]

续表

序号	地区	县（市、区）	座数	名单
8	台州市	仙居县	3	里加山[1]、长家坑、金塘坑[1]
		玉环县	2	双庙[1]、小闾[1]
		临海县	2	哈龙岙[1]、坦岙[1]
		天台县	3	莲花[1]、龙山顶[1]、朱树湾[1]
		三门县	4	大明寺[1]、高湾[1]、跃进[1]、佳岙[1]
9	丽水市	缙云县	3	洪坑岭[1]、岗里山、羊角弄[1]
		云和县	1	金竹垄[1]
合计			139	

注：表中上标“1”的项目为截至2018年底已完成主体工程建设并已完工验收的项目，共计102座。“自筹”指省级及以下自筹资金项目，共计3座。

【病险水库除险加固】 2017年12月，省水利厅印发《关于下达2018年水库海塘除险加固建设计划的通知》（浙水管〔2017〕45号），将全省101座水库列入2018年全省病险水库除险加固建设计划。2018年病险水库除险加固项目195座（含中央补助小型项目，下同），其中历年续建病险水库除险加固项目84座。2018年初，省政府下达病险水库除险加固项目考核任务目标100座。截至2018年底，经省治水办考核，全年水库除险加固开工195座，完工120座，完成投资73 244万元，其中杭州19座，温州6座，湖州8座，绍兴17座，金华25座，舟山9座，衢州19座，台州8座，丽水9座，超额完成省政府对水利厅的考核目标（100座），完成率120%。2018年全省新增病险水库除险加固建设项目名单见表2。全省水库除险加固项目完工名单见表3。

表2　2018年全省新增病险水库除险加固建设项目名单

单位：座

县市区		水库名称	小计
一、杭州市			14
1	富阳区	东坑坞、西坞、许家	3
2	淳安县	红旗、镜坑源、越古源、胡家、邵坑坞、联合	6
3	建德市	后垅塘、上坞	2
4	临安区	大口山、平天岭、松毛坞	3
二、温州市			3
5	平阳县	草池、苍南、大同垟	3

续表

县市区		水库名称	小计
三、湖州市			6
6	吴兴区	石山岭	1
7	德清县	长林坞	1
8	长兴县	东风岕	1
9	安吉县	大坞、回车、石门坎	3
四、绍兴市			11
10	柯桥区	大岙	1
11	上虞区	甘山岭、东风	2
12	诸暨市	洪店、大坞、上游	3
13	新昌县	西桥弄、青山庵、里桥、大坞山、蒋沃岩	5
五、金华市			13
14	婺城区	章坑	1
15	兰溪市	三角石宕、樟八坞	2
16	东阳市	西坑沿、悬岩坑	2
17	义乌市	羊马岭、红旗	2
18	永康市	赤岩塘、下里塘、西栈里、大坑	4
19	武义县	后周垅、万垅	2
六、衢州市			15
20	柯城区	横垅、箬溪垅	2
21	衢江区	工农兵、茨塘垅、徐大塘、南塘垅、吸力塘、黄坡垅	6
22	龙游县	张山坞、老虎洞、蛇塘垄、石夹口	4
23	常山县	长厅岭、东坑、大坞	3
七、舟山市			7
24	市本级	合兴、龙沙庵	2
25	定海区	水江洋	1
26	岱山县	大田弄、枫树长坑、东沙大岙	3
27	嵊泗县	小关岙	1
八、台州市			1
28	玉环市	垟岭	1

续表

县市区		水库名称	小计
九、丽水市			3
29	庆元县	侧平洋	1
30	松阳县	桐溪、毛弄	2
全省合计			**73**

表3　2018年全省水库除险加固项目完工名单

序号	设区市	县（市、区）	完成情况	
			通过验收 / 座	完工水库名录
1	杭州市	小 计	19	
		富阳区	4	直坞、东坑坞、许家、大坞
		临安区	6	西坞、寺坞、龙头口、大口山、平天岭松毛坞
		建德市	3	黄金坞、石塘、泉塘
		淳安县	6	红旗、镜坑源、越古源、胡家、邵坑坞联合
2	温州市	小 计	6	
		龙湾区	1	丰台
		瑞安市	1	十八亩
		乐清市	1	淡溪
		平阳县	3	草池、苍南、大硐垟
3	湖州市	小 计	8	
		吴兴区	1	利山
		德清县	1	长林坞
		长兴县	1	东风岕
		安吉县	5	草荡、潘村、大坞、回车、石门坎
4	绍兴市	小 计	17	
		柯桥区	1	大岙
		上虞区	1	甘山岭
		嵊州市	4	七〇、下八亩、东风、里湾
		新昌县	6	毛竹园、石缸、莒山、白岩弄、里坞山杨树坑
		诸暨市	5	寺后、大白虎、坑坞、洪店、上游

续表

序号	设区市	县（市、区）	完成情况	
			通过验收 / 座	完工水库名录
5	金华市	小 计	25	
		金东区	2	羊垅、塔石塘
		婺城区	2	跃进、成功塘
		兰溪市	6	芝堰、跃进、上畈、杨保塘、三角石宕樟八坞
		武义县	5	上青塘、林大塘、郭清塘、南塘、定坑
		永康市	4	赤岩塘、下里塘、西栈里、大坑
		义乌市	3	后山坞、羊马岭、红旗
		东阳市	1	西坑沿
		浦江县	2	深山、里存
6	舟山市	小 计	9	
		市本级	2	城北、展茅平地
		普陀区	2	客浦、上龙山
		岱山县	4	洛沙湾、冷坑、大田弄、枫树长坑
		嵊泗县	1	宫山
7	台州市	小 计	8	
		黄岩区	2	黄杜岙、沈岙
		临海市	1	清井坑
		玉环市	2	双庙、垟岭
		天台县	1	朱树湾
		仙居县	1	里加山
		三门县	1	大明寺
8	衢州市	小 计	19	
		柯城区	3	小坑、横垅、箬溪垅
		衢江区	5	里坞垅、西方章、黄家坞、吸力塘、黄坡垅
		常山县	5	上西弄、官塘、九坞岭、五里塘、长厅
		江山市	1	茹菇塘
		开化县	1	际头山
		龙游县	4	高塘表、石塘、下一村塘、石夹口

续表

序号	设区市	县（市、区）	完成情况	
			通过验收 / 座	完工水库名录
9	丽水市	小 计	9	
		市本级	1	胡村
		莲都区	3	高溪、棺材潭、樟树源
		缙云县	1	羊角弄
		龙泉市	2	大赛一级、竹垟
		景宁县	1	企岩
		松阳县	1	毛弄
全省合计			**120**	

（柳　卓）

海塘加固建设

【概况】　2017 年 12 月，省水利厅印发《关于下达 2018 年水库海塘除险加固建设计划的通知》（浙水管〔2017〕45 号），将全省 23.9 km 海塘、22 座沿塘水闸列入 2018 年全省海塘及沿塘水闸除险加固建设计划。2018 年全省共有 22 条海塘（沿塘水闸）进行加固建设，建设总长 79 km，批复总投资 43.3 亿元。

【建设情况】　截至 2018 年底，共完成海塘加固 30 km，沿塘水闸（泵站）加固 20 座，共完成投资 12.2 亿元。其中杭州市完成海塘 12.7 km；宁波市完成海塘 2.2 km；温州市完成海塘 4.1 km，水闸 4 座；嘉兴市完成海塘 7 km；舟山市完成海塘 4 km，水闸 13 座；台州市完成水闸 3 座。2018 年全省海塘建设情况见表 4，海塘及沿塘闸站加固完成情况见表 5。

表 4　2018 年全省海塘建设情况

设区市	县（市、区）		项目名称	计划完成时间
嘉兴市	小计		9.45 km 海塘	
	1	平湖市	平湖市白沙湾至水口标准海塘加固工程	2019 年
舟山市	小计		4.13 km 海塘、19 座水闸、5 座泵站	
	2	定海区	舟山市定海区干览锡杖塘配套加固工程	2019 年
	3	定海区	舟山市定海区金塘沥港海塘配套加固工程	2018 年
	4	定海区	舟山市定海区金塘北部围垦东侧海塘配套加固工程	2019 年
	5	定海区	舟山市定海区岑港街道老塘配套加固工程一期	2018 年
	6	定海区	舟山市定海区盐仓盐河大塘配套加固工程	2019 年
	7	普陀区	舟山市普陀区沈家门街道登步竹山 2 号水闸改建工程	2018 年
	8	普陀区	舟山市普陀区东港街道塘头北塘加固工程	2019 年
	9	普陀区	舟山市普陀区沈家门街道登步蛏子港水闸改建工程	2018 年
	10	普陀区	舟山市普陀区六横镇佛渡大小北岙海塘加固工程	2018 年
	11	普陀区	舟山市普陀区六横镇佛渡豁蛋岙海塘加固工程	2019 年
	12	普陀区	舟山市普陀区六横镇大脉坑水闸改建工程	2018 年
	13	普陀区	舟山市普陀区蚂蚁岛三八海塘 1 号水闸改建工程	2018 年
	14	普陀区	舟山市普陀区沈家门城防海塘墩头闸站建设工程	2019 年
	15	普陀区	舟山市普陀区沈家门街道登步冯家 2 号水闸改建工程	2018 年
	16	岱山县	岱山县衢山镇冷峙海塘加固工程	2018 年
	17	岱山县	岱山县岱西镇后岸闸改造工程	2018 年
	18	嵊泗县	嵊泗县前进海塘除险加固工程	2019 年
台州市	小计		10.34 km 海塘、水闸 3 座	
	19	三门县	三门县沙柳街道旗门南塘闸加固工程	2018 年
	20	三门县	三门县沙柳街道旗杆崖水闸除险加固工程	2018 年
	21	三门县	三门县沿海平原扩排防潮一期工程——六敖北塘提升改造工程	2019 年
	22	玉环市	玉环市解放南闸改造工程	2018 年
全省合计			**23.92 km 海塘、22 座闸站**	

表 5　2018 年全省海塘及沿塘闸站加固完成项目

序号	设区市	县市区	海塘		沿塘水闸	
			完工数 / km	名单	座数	名单
1	杭州市	萧山区	12.71	萧山围垦北线（四～外六工段、外十～二十工段）标准塘工程		
2	宁波市	奉化区	2.18	桐照、栖凤标准海塘建设工程		
3	温州市	乐清市	4.12	清江南岸标准海塘加固工程		
4		瑞安市			4	董田、莘塍、里学、乔里
5	嘉兴市	平湖市	7.00	平湖市白沙湾至水口标准海塘加固工程		
6	舟山市	市本级	1.21	新城万丈塘东段提升改造工程（体育路——渔港桥）海堤第一标段	1	茶山浦
7		定海区	1.00	定海区环南盘峙大、小长礁塘除险加固工程	7	小沙新塘闸站、永安海塘闸站一期、沥港海塘配套加固、金塘北部围垦东侧海塘配套加固、大小长礁塘 1 号、2 号、3 号涵闸
8		普陀区	0.18	青浜南岙海塘加固工程		
9			1.30	沈家门城市防洪（渔港桥至墩头码头）一期工程	4	蛏子港水闸、竹山 2 号水闸、三八海塘 1 号水闸、冯家 2 号水闸
10			0.31	沈家门街道蚂蚁后岙海塘		
11		岱山县		/	1	后岸闸
12	台州市	温岭市		/	1	寨北闸
13		玉环市		/	1	解放南闸
14		三门县		/	1	南塘闸
	合计		**30.01**		**20**	

（柳　卓）

河道建设

【概况】　2018 年，浙江省重点围绕钱塘江流域、瓯江流域、飞云江流域、鳌江流域等进行干堤加固建设，列入“百项千亿”项目干堤加固项目完成投资 59.45 亿元，完成堤防加固 111 km。治理中小河流 700 km，清淤 8 072 万 m^3。

【河道综合治理】 2018年全省计划河道综合治理500 km，全年累计完成治理700 km，完成率140%，完成投资37.8亿元。

【河湖库塘清淤】 2018年全省河湖库塘计划清淤7 000万 m^3，全年累计完成清淤8 072万 m^3，完成率115%。余杭、德清等10个县（市、区）开展轮疏机制建设。

【五江固堤工程建设】 2018年计划投资55.94亿元，加固堤岸100 km，全年累计完成投资59.45亿元，完成率106%，完成堤岸加固111 km（含钱塘江河口海塘4.4 km），完成率111%。

【平阳县南湖分洪工程】 南湖分洪工程进洞口位于平阳县水头镇蒲潭垟，出洞口位于平阳县南湖乡普美村，工程概算总投资19.67亿元，涉及占地约8.65 hm^2（129.78亩），主要工程含分洪闸、退洪闸各2座，每座2孔×8 m，2条各14 m宽隧洞，单洞洞线长6.7 km，设计分洪流量820 m^3/s。工程分为抢险应急工程和主体工程2部分实施，其中应急工程由2条各150 m长分洪隧洞及其配套出口退洪闸等组成，工程概算投资1.56亿元，已于2018年12月27日开工建设。

【鹿城区戍浦江河道（藤桥至河口段）整治工程】 工程位于温州市鹿城轻工产业园区。主要任务是以防洪为主，兼顾排涝、改善内河航运和水生态环境。整治河道7.8 km，新建堤（岸）17.31 km，途径下庄、藤桥镇区、垟岸、方隆、坎上、外垟等行政村镇。工程共划分4个标段施工，其中I标段施工已于2018年4月进行完工验收，其余标段因政策处理等原因，进度相对滞后，正启动方案调整。工程总投资9.1亿元，已累计完成10.05亿元。

【扩排工程建设】 2018年，按照“强排成网”思路，浙江省继续实施杭嘉湖、萧绍、宁波、台州沿海、温州沿海等五大平原共35项扩排工程，进一步完善主要沿海平原网络化强排布局，提高区域外排能力。2018年扩排项目完成年度投资86.03亿元，完成年度目标的99.3%。其中列入国家172项节水供水重大水利工程共11项，已累计完成投资196.78亿元，完成率为92.0%，本年度完成15.93亿元，完成年度目标的107.0%。

【扩大杭嘉湖南排工程（杭州三堡排涝工程）】 该工程已于2017年度完成竣工验收，工程总投资10.863亿元。

【扩大杭嘉湖南排工程（杭州八堡排涝泵站工程）】 工程等别为I等，泵站设计排水流量200 m^3/s，选用5台50 m^3/s泵组（其中1台备用），总装机为18 MW，主要建筑物包括上游引河、月雅河节制闸、进水池、泵房、出水池、排水箱涵、挡潮排水闸和管理用房等。工程于2018年10月开始施工，进行泵站基坑开挖等工程，截至2018年底，完成投资2.07亿元。

【扩大杭嘉湖南排工程（嘉兴部分）】

该工程嘉兴部分主要建设内容为长山河排水泵站、南台头排水泵站、长山河延伸拓浚工程（嘉兴段）、长水塘整治工程、洛塘河整治工程，以及南台头闸前干河防冲加固工程等，工程总投资 45.43 亿元。截至 2018 年底，已累计完成投资 38.11 亿元，河道工程完成整治河道 66 km，疏浚河道 65 km，完成堤防 72 km。桥梁工程调整已建 30 座，在建 25 座。长山河排水泵站工程完成进度 91.2%，南台头排水泵站工程完成进度 87%。

【扩大杭嘉湖南排工程（德清部分）】

该工程德清部分主要建设内容为河道拓浚整治 46 km，拆建桥梁 19 座等，工程总投资 10.08 亿元。截至 2018 年底，已累计完成投资 10.08 亿元。水利部分主体工程基本完工，共完成河道拓浚整治 46.4 km，建设桥梁工程共 20 座桥。

【苕溪清水入湖河道整治工程（余杭段）】

该工程是国家 172 项节水供水重大水利工程，位于杭州市余杭区境内东苕溪沿线，涉及余杭、中泰 2 个街道和瓶窑镇的 6 个村。工程任务是通过苕溪流域主要河道的水环境改善和河道整治工程，减少入太湖的污染负荷，改善太湖和苕溪流域的水环境状况，提高区域防洪能力。余杭区段涉及苕溪清水入湖河道整治工程的 3 个子项目，一是位于东苕溪瓶窑段左岸的东苕溪羊山湾段整治工程，二是位于南苕溪中泰街道和余杭街道段的汪家埠——余杭镇河道生态保护工程，三是北湖水生态湿地建设工程。涉及整治河道总长 10.18 km。工程占地范围内的沿河居民及污染企业搬迁，搬迁居民 1 087 人、企（事）业单位 14 家；北湖水生态治理项目建设 204.5 万 m^2，建筑物主要涉及橡胶坝 1 座、穿堤涵闸 1 座及交通便桥 10 座。工程总投资 6.15 亿元，截至 2018 年底，已累计完成投资 10.03 亿元，工程已完工，正在准备验收工作。

【苕溪清水入湖河道整治工程（湖州市区段）】 该工程是国家 172 项节水供水重大水利工程，位于湖州市境内，为苕溪清水入湖河道整治工程的一部分，涉及西苕溪干流湖州市区段和导流港湖州市区段两条河道，包括上述 2 条河道的水环境改善和河道整治 2 部分。主要有导流港河道清淤 28.27 km；拓浚西苕溪干流河道长 9.42 km，退建两岸堤防 17.98 km，拆建节制闸 6 座和泵站 3 座；导流西岸加高加固堤防长 12.78 km，新建护岸 20.84 km，拆建节制闸 3 座、泵站 3 座和闸站 4 座；导流东大堤涉及加固护岸长 20 km。建设总工期 48 个月。总投资为 10.31 亿元。截至 2018 年底，工程已完工，已累计完成投资 10.51 亿元，累计完成率 102%，正在准备验收工作。

【苕溪清水入湖河道整治工程（安吉段）】

该工程是国家 172 项节水供水重大水利工程，位于安吉县境内，包括西苕溪干流安吉段和浑泥港河道的水环境改善及整治工程。整治河道总长 54.34 km，西苕溪干流安吉段整治长度 45.75 km，其中，新建护岸合计长 42.03 km、加固护岸 4.76 km、加高加固堤防 66.11 km、新建防汛通道 69.69 km。拆建水闸 10 座、泵站 1 座。水环境改善工程主要包括工程占地范围内的沿河军民及污染企业搬迁，涉及拆迁人口 3 568 人，影响个体工商户及各类企事业单位 63 家。总投资 18.56 亿元，工期 3 年。2018 年完成投资 8 177 万元，累计完成投资 17.45 亿元，累计完成率为 94%，2018 年主要开展堤防加固、防汛通道等剩余工作。截至 2018 年底，工程已基本完工，正在准备验收工作。

【苕溪清水入湖河道整治工程（德清段）】

该工程是国家 172 项节水供水重大水利工程，位于德清县境内，是苕溪清水入湖河道整治工程的重要组成部分，涉及东苕溪干流和支流阜溪 2 条河道。本工程由东苕溪德清段河道整治和水环境改善工程组成。河道整治工程共加固加高堤防 39.09 km、新建护岸工程 39.09 km、新建防汛道路 39.09 km，拆建沿岸水闸 8 座、泵站 14 座；导流东大堤（德清大桥——洪东湾）生态修复长 12.6 km。水环境改善工程主要包括：工程占地范围内的沿河居民及污染企业进行搬迁，涉及居民 15 人、企事业单位 4 家；河道清淤 13 km。总工期 42 个月，总投资 6.22 亿元。截至 2018 年底，工程累计完成投资 6.22 亿元，累计完成率 100%，工程已基本完工，正在准备验收工作。

【苕溪清水入湖河道整治工程（长兴段）】

该工程是国家 172 项节水供水重大水利工程，位于安吉县境内，包括西苕溪整治、杨家浦港整治、长兴港整治和桥梁建设。主要建设内容包括整治河道长度 61.18 km，加高加固及新建堤防 113.13 km；涉及桥梁 46 座（新建 1 座，拆除新建 19 座、移位新建 2 座、保留利用 16 座、拆而不建 8 座）；拆建泵站 27 座、节制闸 25 座。工程建设征地共涉及 11 个乡镇（街道、园区）45 个行政村。工程拆迁涉及农村居民 1 243 户 2 889 人，房屋 21.35 万 m^2；征地范围内涉及各类土地 326.32 hm^2，其中集体土地 305.9 hm^2，国有土地 20.42 hm^2；临时用地面积 511.33 hm^2，均为耕地；工程拆迁企（事）业房屋 6.46 万 m^2，涉及企（事）业单位 117 家。工程总投资 28.94 亿元，其中工程投资 16.30 亿元，政策处理投资 12.64 亿元，工程总工期 4 年。2018 年完成投资 2.69 亿元，累计完成投资 28.94 亿元，累计完成率 100%，2018 年主要进行 38 km 堤防加固及水闸泵站建设任务。截至 2018 年底，完成堤防建设 38 km，泵、闸 33 座；在建堤防 71.7 km，其中 64.1 km 堤防主体工程已完工，7.6 km 堤防主体工程正在施工。

（殷国庆）

农村水利建设

【概况】 2018 年，以山塘和圩区综合整治作为补齐山区和杭嘉湖平原防洪排涝短板的主要抓手，着力提升农村水利安全度汛能力；根据省长袁家军“实施农民饮用水达标提标专项行动，确保百姓饮水安全”等指示精神，联合省财政厅等5厅委印发《浙江省农民饮用水达标提标专项行动实施方案》，开始实施“农村饮用水达标提标行动”；开展灌区节水配套改造和技术研究，不断完善农田灌溉体系，全省农田灌溉水有效利用系数达到0.597；以高效节水灌溉“四个百万工程”、中央财政小型农田水利项目等为抓手，继续推广高效节水灌溉技术，水利部督导组充分肯定浙江省高效节水灌溉工作。

【农田水利基本建设】 农田水利是实施乡村振兴战略的重要内容和支撑，也是水利建设中的一块短板。11月，浙江省召开冬春农田水利基本建设电视电话会议，对冬春农田水利基本建设作部署。针对当前农田水利的突出短板，加大农田灌溉工程建设力度，深入推进高效节水灌溉“四个百万工程”、大中型灌区节水配套改造、杭嘉湖平原圩区综合整治、小型泵站标准化改造等项目建设，继续实施大中型灌区节水配套改造等项目，统筹解决好农田灌溉“最后一公里”问题。全年整治山塘558座、圩区2.13万hm^2、中型灌区4个，新增高效节水灌溉面积3.01万hm^2。在深化改革方面，以农业水价综合改革为“牛鼻子”，推进单体性农田水利设施产权制度改革，完善基层水利服务体系和农民用水合作组织建设。

【小农水建设】 2018年，全省（不含宁波市）共开展30个中央财政小型农田水利项目县，渠系配套改造350.12 km，新建高效节水灌溉工程面积1.08万hm^2。开展山塘综合整治，30个中央小农水项目县综合整治山塘246座，45个省级小农水项目县综合整治山塘200座。

【高效节水工程建设】 2018年，依托中央财政小型农田水利项目县、省水利发展专项资金面上项目高效节水灌溉，深入推进高效节水灌溉“四个百万工程”建设，全省新增高效节水灌溉面积3.01万hm^2。编制完成《浙江省2018年高效节水灌溉工程建设方案》，将年度任务落实分解到41个县（市、区）、57个项目。强化监督检查，建立健全在建项目信息系统填报和标绘工作。强化资金整合，联合省发展改革委等4部门印发《关于推进农田管道灌溉工程建设的意见》，大力实施明渠改暗管建设，推行灌溉管道化。组织开展全国高效节水灌溉示范县申报，推广德清县基于MPIS一体化智能泵站高效节水灌溉示范等2个农业产业技术创新与推广计划项目。水利部督导组充分肯定浙江省高效节水灌溉工作。

【圩区建设】 继续加强杭嘉湖圩区整治工程项目建设，共整治圩区项目34个，整治圩区面积2.13万hm^2。落实维修养护资金3 077万元，实施圩区标准化维修养护面积3.07万hm^2，涉及4个县（市、区）23个项目。

【山塘综合整治】 坚持将山塘综合整治作为补齐山区防洪短板的主要抓手，全年整治山塘558座，超年度目标12%。根据山塘安全管理办法和综合整治技术导则，加快开展山塘信息清查和注册登记工作，对山塘进行分类界定和统计，并将结果予以公布。据统计全省共有山塘30 455座。突出做好山塘安全检查，及时印发通知部署安全度汛和泄洪应急处置等工作，切实提高山塘安全运行能力。

【大中型灌区节水配套改造】 全省立项实施中型灌区节水配套改造项目4个，总投资13 304.15万元。其中：湖州市德清县雷甸灌区和金华市安地灌区为续建项目，计划总投资分别为3 360.33万元和2 988.6万元；新建嘉兴市海宁市上塘河灌区（二期）项目和衢州市常山县芙蓉水库灌区项目计划总投资分别为3 480.16万元和3 475.06万元。继续深入推进全省农田灌溉水有效利用系数测算分析和灌溉试验工作，全省农田灌溉水有效利用系数达到0.597。全省灌溉计量设施自动化率提高到35%以上，开展20项系数测算分析专题研究。灌溉试验方面首次开展不同水稻品种需水量差异研究，为绘制南方地区水稻需水量等值线图提供有力的数据支撑；截至2018年底，经济新作用水定额观测累计70余种，基本覆盖浙江省主要的高耗水、高收益的作物品种。

（贯　怡）

【农村饮用水达标提标】 2018年，省、市、县三级水利部门全面开展城乡供水安全保障情况大调查，梳理形成全省农村饮用水达标提标任务清单。省政府办公厅印发实施《浙江省农村饮用水达标提标行动计划（2018—2020年）》，召开农村饮用水达标提标行动动员会，省长袁家军出席并作动员讲话。省水利厅成立农村饮用水达标提标专项行动领导小组，设立工作专班集中力量推进达标提标建设。按照“坚持城乡同质饮水、落实县级统管责任”的要求，大力推进农村供水工程高起点规划、高标准建设、高水平管理，各有关县（市、区）完成规划和行动方案编制，全年完成农村饮用水投资19.9亿元，完成涉及农村147.3万人的饮用水达标提标建设任务，到2018年底农村饮用水达标人口覆盖率达到79%，有力推动农村居民“有水喝”向“喝好水”的转变。新华社、《中国水利报》《浙江日报》等十余家媒体大力宣传淳安县姜家镇农村饮用水管理体制改革经验。

（姚凯华）

农村水电建设

【概况】 截至2018年底，全省建成农村水电站3 125座，装机410万kW，完成生态修复（含退出）农村水电站19座。2018年，浙江省以农村水电增效扩容改造、生态水电示范区建设和全球环境基金“中国小水电增效扩容改造增值”项目为重点，着力推进农村水电建设。继续实施农村水电增效扩容改造，全年完成改造电站 99 座。

【生态水电示范区建设】 2018 年浙江省完成生态修复（含退出）农村水电站 19 座，建成生态水电示范区 9 个，包括临安区昌北溪流域生态水电示范区，缙云县好溪盘溪支流生态水电示范区，遂昌县十四都源、湖山源生态水电示范区，景宁县北溪生态水电示范区。项目实施后新建生态堰坝 36 座，建设亲水性护岸、防洪堤 4.5 km，修复减脱水河段 80 km，完成投资 6 000 万元。

【农村水电增效扩容改造】 2018 年，浙江省继续实施农村水电增效扩容改造，全年完成改造电站 99 座。3 月 30 日，省水利厅以《关于调整浙江省农村水电增效扩容改造项目备案的函》（浙水函〔2018〕169 号）对农村水电增效扩容改造项目进行调整，调出 28 个并补充 16 个增效扩容改造项目。调整后，浙江省纳入“十三五”增效扩容改造实施方案的河流共有 145 条，电站 212 座，河流生态改造项目 153 项，总投资 9.7 亿元，申请中央奖励资金 2.4 亿元。

2018 年 5 月，省水利厅开展可再生能源发展专项资金 2017 年度绩效自评工作，并将自评报告（浙水函〔2018〕286 号）报送省财政厅，“十三五”农村水电增效扩容改造项目进展顺利，总体符合预期。8 月 9 日，省财政厅和省水利厅联合下发浙财建〔2018〕93 号文，下达中央资金 6 423 万元。11 月 13 日，省水利厅在杭州市举办农村水电增效扩容改造项目管理培训班，进一步明确项目建设管理、财务管理、绩效评价等有关政策和收尾工作安排。2018 年增效扩容改造工作纳入本年度浙江省“五水共治”（河长制）工作考核。

【全球环境基金“中国小水电增效扩容改造增值”项目】 2018 年，缙云县盘溪梯级水电站、衢江区清水潭水电站实施全球环境基金（GEF）赠款项目。2018 年 2 月，缙云盘溪、衢江清水潭水电站完成项目合同签订，合同要求各项目每半年提交《项目进度报告》。2018 年 5 月，国际小水电中心印发《GEF 项目试点电站下泄流量在线监控装置有关要求》等文件，根据文件要求进行整改。

缙云县盘溪梯级电站 GEF 增值改造主要建设内容包括：流量监测设施安装、拦水坝及护岸修复与新建、项目区内景观绿化建设、滩地栈道修建、站内宿舍楼修缮、污水系统修建安装一体化设备等。项目于 2018 年 12 月 18 日正式开工建设。

衢江区清水潭水电站 GEF 增值改造主要建设内容有：坝区生态放水管改造、坝区增设视频监控、坝区进水口清淤及拦污栅改造、坝区至电站厂房脱水段整治、电站厂房环境提升等工作。项目于 2018 年 9 月完成招标，10 月 8 日开始施工。

（王晓飞）

“三百一争”专项督导（“千人万项”蹲点指导服务）

【概况】 为深入开展省委“大学习大调研大抓落实”活动，按照省政府扩大有效投资、保持高质量发展好势头的要求，聚焦水利投资、聚焦重要工程、聚焦滞后项目，狠抓水利投资和工程建设，省水利厅组织开展“三百一争”专项督导活动。设立督导专班，“千人万项”蹲点指导服务专家作为专班的专家服务组，对列入督导项目库的项目每月开展一次现场督查。通过深入水利项目一线调查研究、实地督查、解决困难，2018年实现年度中央投资计划、全省水利投资、“百项千亿”工程投资“三个百分百”完成和省政府提出的年度投资增长10%以上的“三百一争”目标。

【建立工作机制】 省水利厅制定《2018年浙江省水利建设“三百一争”专项督导实施方案》和《2018年“千人万项”蹲点指导服务水利重点工作方案》，部署全省水利建设“三百一争”专项督导活动和“千人万项”蹲点指导服务活动。建立“一名领导、一个处室、一个专班、一项一人、一项一策”的工作机制，省水利厅领导班子分市联系督导，设立“一对一”服务地市的督导专班11个，全省共计落实1 521名水利系统干部和专家指导服务1 445项重点水利工程，带动面上10 685个水利项目。负责督查中央水利投资项目、全省水利投资执行、“百项千亿”工程进展，每月深入工程一线调研，分析制约因素，帮助地方出谋划策解决难题；负责“百项千亿”专项督查，调研分析“百项千亿”推进存在的主要问题，提出有关意见和建议，形成督查报告报省政府；参与省级防汛督查、水库明查暗访等督查检查工作，督促地方做好防汛准备，确保水库安全运行；参与水利工程标准化管理创建省级抽查任务和“回头看”工作，督促工程标准化管理长效、落地。组织开展省级服务专家培训，编制服务手册，努力提升服务能力和水平。

【组成督导专班】 组织落实责任，每个督导专班均由1名厅领导、1名组长和若干名干部或专家组成，其中：厅领导全面负责联系市的指导服务工作；组长由处室主要负责人担任，负责组织开展指导服务；专家按“一项一人”落实。实行“一月一通报”“一月一会商”“一月一督导”制，省水利厅每月初对全省“百项千亿”进展情况进行通报，月中组织召开全省水利投资计划执行月度会商视频会，编制月度督查方案，月底前对列入督导项目库的项目开展一次现场督导，责任处室、市水利局、专家分别将指导服务的开展情况、新发现的问题及原有问题的跟踪整改情况等填报至信息管理系统。对滞后项目建库立号，动态调整，需要市县解决事项，蹲点服务专家直接督促指导市县尽快解决；需省级协调解决事项，责任处室及时汇总，积极帮助市县加强与省发展改革委、省财政厅、省自然资源厅等省级部门的沟通，进展正常后再销号。

【“三百一争”年度目标完成情况】 2018年，通过“三百一争”专项督导和“千人万项”蹲点指导服务，实现年度中央投资计划、全省水利投资、“百项千亿”工程投资“三个百分百”完成和省政府提出的年度投资增长10%以上的“三百一争”目标。全省累计投入专家干部5.6万人次、8.9万人日现场督导服务，共发现407个问题，解决347个，解决率85%，全省蹲点服务发现并解决问题情况见表6；存在进度滞后的重大水利工程由52项减少至8项；全省水利投资计划执行存在滞后的县（市、区）由28个减少至14个；中央投资计划执行存在滞后的45个县（市、区）全部完成年度计划。

表6　2018年全省蹲点服务发现并解决问题情况

各市	发现问题数/个	解决问题数/个	解决率/%
杭州	27	27	100
宁波	6	6	100
温州	78	55	71
湖州	11	10	91
嘉兴	60	56	93
绍兴	41	41	100
金华	15	15	100
衢州	33	27	82
舟山	29	29	100
台州	50	26	52
丽水	57	55	96
合计	**407**	**347**	**85**

全年完成水利投资563.6亿元，全省平均完成率112.7%，连续4年突破500亿元，各市水利年度投资完成率见图1。“百项千亿”完成投资233.3亿元，占年度计划的101.4%，各市“百项千亿”年度投资完成率见图2；计划新开工项目15个，实际新开工项目18个。中央下达浙江省2018年投资计划44.6亿元，其中中央资金13.6亿元；全年完成投资44.4亿元，完成中央资金13.6亿元。完成2 620个水利工程标准化管理创建，全省282个运行管理平台与省级监管平台实现数据互通，7 600个工程纳入平台统一监管，标准化管理经验在全国水利工作会议上作介绍。

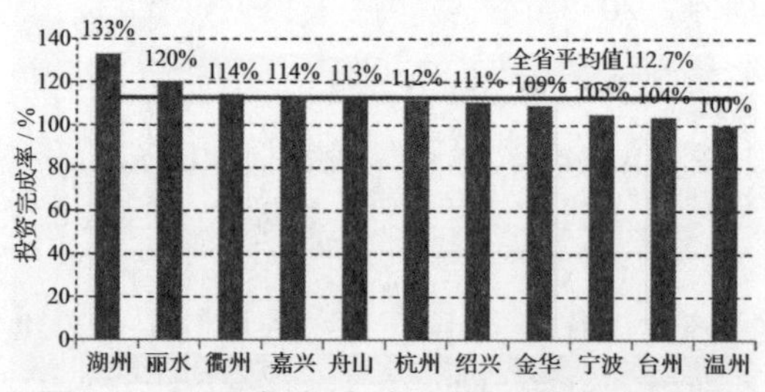

图1　2018年各市水利建设投资完成率

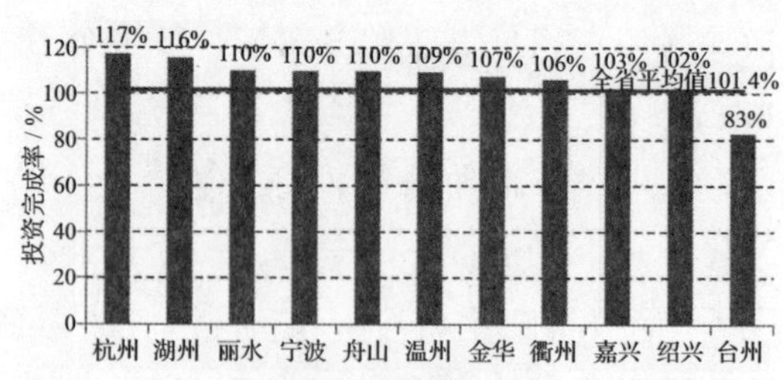

图2　2018各市“百项千亿”防洪排涝工程投资完成率

（陈　刚）

水 利 管 理

Water Conservancy Management

111 ～ 144 页

规划计划

【概况】 2018年，按照省政府扩大有效投资、保持高质量发展的要求，围绕全省“四大建设”和乡村振兴水利需求，推动各项水利工作取得新进展。各级水利部门紧紧围绕年度目标任务，紧扣“三百一争”专项督导要求，全面加强规划管理、加快重大项目前期、加速投资计划执行，狠抓“百项千亿防洪排涝工程”，扎扎实实推进水利规划计划工作。

【流域防洪规划编制】 2018年，完成钱塘江、瓯江、浦阳江流域防洪规划，已上报省政府。完成杭嘉湖地区防洪能力调查，编制《杭嘉湖区域防洪规划》及《钱塘江河口治理规划》。

【水利发展“十三五”规划中期评估】

2018年，完成浙江省水利发展“十三五”规划中期评估，通过省人大常务委员会会议审议，与省发展改革委联合组织审查并印发《关于调整浙江省水利发展“十三五”规划的通知》；完成《全国水利改革发展“十三五”规划》涉及浙江省部分评估并上报水利部（见表1）。

【重要专项规划编制及指导】 开展东苕溪流域上南湖非常滞洪区调整研究，编制《东苕溪中上游滞洪区调整专项规划》，已经省政府办公厅复函批准同意。为保障杭州城西科创大走廊建设，编制《杭州城西科创大走廊防洪排涝规划》，规划已经杭州市政府批准同意。编制《浙江省省级空间规划（水利部分）》《浙江省重大水利项目建设规划（2018—2022年）》等专项规划，开展《钱塘江河口水资源配置规划》评估工作。

【《浙江省防汛抗旱水利提升工程实施方案》编制】 根据党中央、国务院关于完善防汛抗旱工程体系的有关要求，编制《浙江省防汛抗旱水利提升工程实施方案》。统筹考虑浙江省大湾区、大花园、大都市区建设和乡村振兴战略新需求，提出大湾区、大花园、大都市区建设行动计划和省乡村振兴战略规划的水利任务。

表1　2018年规划编制工作进展情况

序号	规划名称	规划进展情况
一	专业规划	
1	钱塘江流域防洪规划	已上报省政府
2	瓯江流域防洪规划	已上报省政府
3	浦阳江流域防洪规划	已上报省政府
4	杭嘉湖区域防洪规划	正在组织编制相关专题
二	专项规划	
5	浙江省水利发展“十三五”规划中期评估	已与省发展改革委联合印发

【重大水利项目前期】 2018年，加快推进“百项千亿防洪排涝工程”、其他重大水利工程前期工作，可行性研究批复8项，出具项目建议书审查意见4项，可行性研究审查意见8项。“百项千亿防洪排涝工程”，全年完成可行性研究批复7项，出具项目建议书审查意见4项，可行性研究审查意见6项。“百项千亿防洪排涝工程”前期完成情况见表2。其他重大水利工程，全年完成可行性研究批复1项，出具可行性研究审查意见2项。其他重大水利工程前期完成情况见表3。

表2 “百项千亿防洪排涝工程”前期完成情况

序号	项目名称	地市	前期工作阶段	总投资/亿元	审查意见（上报文件）	批复文号
1	乐清市乐柳虹平原排涝一期工程	温州	可研已批	16.44	温水政函〔2016〕96号	浙发改农经〔2018〕382号
2	太嘉河及杭嘉湖地区环湖河道整治后续工程	湖州	可研已批	12.20	浙水函〔2017〕324号	浙发改农经〔2018〕383号
3	宁波市奉化区葛岙水库工程	宁波	可研已批	54.92	—	甬发改审批〔2018〕361号
4	苍南县鳌江南港流域江西垟平原排涝工程（苍南一期）	温州	可研已批	8.90	温水政函〔2018〕9号	浙发改农经〔2018〕480号
5	青田县瓯江治理二期工程	丽水	可研已批	1.68	浙水函〔2018〕212号	浙发改农经〔2018〕482号
6	瑞安市温瑞平原南部排涝（一期）工程	温州	可研已批	3.14	温水政函〔2018〕10号	浙发改农经〔2018〕483号
7	建德市新安江、兰江治理二期工程	杭州	可研已批	3.26	浙水函〔2017〕162号	浙发改农经〔2018〕507号
8	好溪水利枢纽流岸水库工程	金华	可研	10.16	浙水函〔2018〕171号	—
9	台州市椒江治理工程（天台始丰溪段）	台州	可研	13.45	浙水函〔2018〕262号	—
10	杭州市西湖区铜鉴湖防洪排涝调蓄工程	杭州	可研	14.44	浙水函〔2018〕324号	—
11	温州市温瑞平原西片排涝工程（仙湖调蓄工程）	温州	可研	15.01	温水政函〔2018〕53号	—
12	扩大杭嘉湖南排南台头排涝后续工程	嘉兴	项建	23.00	浙水函〔2018〕462号	—
13	温州市鹿城区戍浦江河道（藤桥至河口段）整治工程	温州	可研	14.73	浙水函〔2018〕517号	—
14	平阳县南湖分洪工程	温州	项建	18.80	浙水函〔2018〕730号	—
15	杭州市富阳区北支江综合整治工程	杭州	项建	33.10	浙水函〔2018〕732号	—
合计	**15项**			**243.23**		

表 3　其他重大水利工程前期完成情况

序号	项目名称	地市	前期工作阶段	总投资 / 亿元	审查意见（上报文件）	批复文号
1	缙云县潜明水库引水工程	丽水	可研已批	5.48	浙水函〔2018〕280 号	浙发改农经〔2018〕536 号
2	云和县龙泉溪治理二期工程	丽水	可研已批	0.87	浙水函〔2018〕685 号	
合计	**2 项**			**6.35**		

【重点项目简介】 2018 年，规划重点项目 3 项。太嘉河及杭嘉湖地区环湖河道整治后续工程，工程总投资 12.20 亿元；扩大杭嘉湖南排南台头排涝后续工程，工程总投资 23.00 亿元；宁波市奉化区葛岙水库工程，工程静态总投资 54.92 亿元。

【太嘉河及杭嘉湖地区环湖河道整治后续工程】 工程任务以增强南太湖水体环流，促进杭嘉湖平原河网水体流动，改善太湖和杭嘉湖平原水环境，提高区域水资源优化配置能力，完善区域防洪排涝格局为主，兼顾航运等综合利用。工程主要建设内容为：北横塘、南横塘、练市塘等 3 条东西向河道总长约 65.7 km 的综合整治及沿线配套设施建设。工程总投资 12.20 亿元。

【扩大杭嘉湖南排南台头排涝后续工程】

工程任务以防洪排涝为主，兼顾改善水环境。该工程主要建设内容包括：①骨干河道整治工程。整治河道 89.9 km，新建堤防 1.7 km，加固堤防 34.4 km，整治护岸 106.0 km，清淤疏浚 70.6 万 m^3。②调蓄工程。新开 7 处调蓄湖，总容积达 151 万 m^3。③强排入海工程。新建白洋河北、白洋河南 2 座强排入海排涝泵站，新增排涝能力 37.6 m^3/s。④配套工程。工程总投资 23.0 亿元。

【宁波市奉化区葛岙水库工程】 工程任务以防洪为主，结合供水、灌溉、生态等综合利用。水库总库容 4 095 万 m^3，正常蓄水位 62.0 m，相应库容 2 844 万 m^3，兴利库容 2 736 万 m^3。主副坝为混凝土重力坝，主坝长 343 m，最大坝高 47.5 m；副坝长 212 m，最大坝高 37.5 m。工程静态总投资 54.92 亿元。

【百项千亿防洪排涝重大项目调整】 为加强对百项千亿防洪排涝等重大水利项目建设工作的组织领导和统筹协调，经省政府同意，建立推进百项千亿防洪排涝等重大水利项目建设工作联席会议制度，联席会议办公室设在省水利厅。2018 年 10 月 30 日，联席会议召开第一次会议，审议通过“百项千亿防洪排涝工程”项目库进行调整、分类强化管理的建议。将“百项千亿防洪排涝工程”项目库分建设和储备 2 类。建设类主要是不存在重大制约因素、2018 年与 2019 年可以开工的项目；储备类主要是目前暂时存在重大制约因素、需要做深做细前期工作、积极争取项目早日开工。调整一批防洪排涝重大项目。将新增实施22项中的14项作为建设类项目（见表4，其中2项作为“百项千亿防洪排涝工程”项目子项）；但近期确难立即开工建设的现有13项（见表5）和新增实施22项中的另外8项（见表4）作为储备类项目。调整后，“百项千亿防洪排涝工程”建设类项目为115项（含交通水利共享4项），总投资2 485亿元；储备类项目有21项，总投资399亿元。

表4 新增纳入“百项千亿防洪排涝工程”项目

序号	设区市	县（市、区）	项目名称	总投资/亿元
合 计（22项）				**455.0**
一、作为建设类的项目（14项）				316.0
1	温州	平阳	平阳县水头南湖分洪工程	19.0
2	杭州	西湖	杭州市西湖区铜鉴湖防洪排涝调蓄工程	14.4
3	台州	三门	三门县海塘加固工程	17.0
4	台州	市本级	台州市循环经济产业集聚区海塘提升工程	28.9
5	台州	仙居	仙居县永安溪综合治理与生态修复二期工程	14.7
6	台州	玉环	玉环市漩门湾拓浚排涝工程	12.5
7	温州	永嘉	永嘉县楠溪江河口大闸枢纽工程	31.5
8	杭州	富阳	杭州市富阳区北支江综合整治工程	28.0
9	嘉兴	海盐	扩大杭嘉湖南排南台头排涝后续工程	21.6
10	杭州	市本级	扩大杭嘉湖南排后续西部通道工程	40.0
11	杭州	市本级	东苕溪防洪后续西险大塘达标加固工程	32.0
12	衢州	柯城	衢州市柯城区寺桥水库工程	26.0
*	台州	天台	台州市椒江治理工程（天台始丰溪段）	15.3
*	温州	瓯海	温州市温瑞平原西片排涝工程（仙湖调蓄工程）	14.6
二、作为储备类的项目（8项）				140
1	杭州	临安	杭州市临安区里畈水库加高扩容工程	15.0
2	杭州	富阳	杭州市富阳区南北渠分洪隧洞工程	18.0
3	湖州	南浔	杭嘉湖北排通道后续工程（南浔段）	40.0
4	嘉兴	海宁	扩大杭嘉湖南排后续东部通道工程（麻泾港整治工程）	10.0
5	嘉兴	市本级	扩大杭嘉湖南排后续东部通道工程（骨干河道整治工程）	8.6
6	绍兴	市本级	绍兴市新三江闸排涝配套河道拓浚工程（镜湖片）	12.5
7	金华	浦江	浦江县双溪水库工程	16.4
8	舟山	市本级	舟山市海塘加固工程	19.0

注：标*为原“百项千亿防洪排涝工程”项目子项。

表5 原“百项千亿防洪排涝工程”调整为储备类项目

序号	设区市	县（市、区）	项目名称	总投资 / 亿元
调为储备类项目（13 项）				**260.0**
1	杭州	萧山	杭州市萧山区蜀山片外排工程	17.2
2	温州	瑞安	瑞安市飞云江治理二期工程	12.4
3	温州	鹿城	温州市鹿城区瓯江治理二期工程	4.7
4	嘉兴	嘉善	嘉兴中心河拓浚及河湖连通工程	34.7
5	嘉兴	市本级	太浦河后续工程（浙江段）	15.0
6	金华	永康、磐安	磐安县虬里水库工程	5.6
7	台州	市本级	台州市七条河拓浚工程	17.7
8	台州	市本级	台州市金清港强排工程	18.1
9	台州	路桥	台州市路桥区青龙浦排涝工程	21.0
10	台州	黄岩	台州市黄岩区北排工程	35.8
11	台州	黄岩	台州市永宁江闸强排工程	14.3
12	台州	温岭	温岭市九龙汇调蓄工程	22.0
13	温州	永嘉	南岸水库工程	41.4

【省级及以上专项资金计划】 2018 年，全省共争取省级及以上资金 95.7 亿元。

中央资金。2018 年全省共争取中央资金 13.6 亿元（不含宁波市 1.03 亿元）。其中中央预算内投资安排 1.19 亿元，占 8.8%，主要用于独流入海河流治理、大中型水库水闸加固；中央财政专项安排 12.45 亿元，占 91.5%，主要用于高效节水等农田水利建设、中小河流治理及重点县、小型水库除险加固、江河湖库水系连通、水土流失治理、山洪灾害防治、水利工程设施标准化维修养护、水电增效扩容、水资源节约保护等。中央下达浙江省 2018 年投资计划 44.6 亿元，完成投资 44.4 亿元，完成率 99.6%，完成中央资金 13.6 亿元、完成率 100 %。

省级资金。2018 年全省安排省级资金 81.0 亿元（含治太奖励），其中安排重大水利项目 52.2 亿元，重点用于百项千亿防洪排涝项目（44.3 亿元，占比 84.9%）；用于面上水利建设和管理任务 28.5 亿元，主要是海塘干堤加固、水库加固、圩区整治、农村饮水安全提升、水土流失治理、小水电站生态治理、河道综合整治等项目；用于滩涂围垦 0.3 亿元。

【投资完成情况】 2018 年，全省水利建设计划完成投资 500 亿元，全省水利建设完成投资 563.6 亿元。全省各市投资完成情况见图 1。

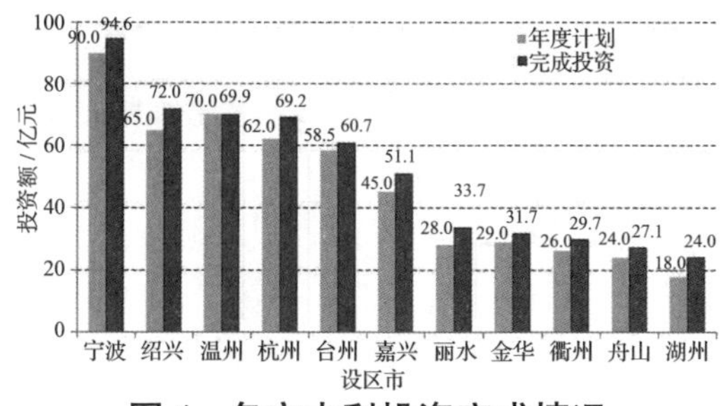

图 1 各市水利投资完成情况

【投融资改革】 2018 年，争取国家开发银行、农业银行等 5 家政策性银行、商业银行发放水利贷款 60.2 亿元。全省年度新签约 13 个 PPP 项目，引入社会资本 84.7 亿元，其中 9 项已列入财政部或国家发展改革委 PPP 项目库。全省 6 个水利投融资改革试点工作有序推进。

【水利综合统计】 中央水利建设统计月报。按时编报中央水利建设投资月报，跟踪掌握各地中央投资水利建设项目的投资计划落实、配套资金安排、项目建设进度等，督促各地更好的完成中央水利投资建设任务。

全省水利统计月报。2018 年共编制全省水利建设统计月报 11 期，并按时发布至省水利厅官网；编印 11 期“百项千亿防洪排涝工程”进展情况通报，及时发送到各有关市、县（市、区）政府、水利局等单位；重点组织各地与统计局水利管理业投资进行对接。

水利统计年报。完成 2017 年《水利综合年报》《水利建设投资统计年报》《水利服务业统计年报》等统计报表工作，编印《浙江水利统计资料（2017）》。

【部门项目支出预算】 印发加强部门项目支出预算管理的通知，进一步规范省水利厅部门项目支出预算工作。加强部门预算项目立项管理，组织召开 2019 年部门项目支出预算评审会，对预算申报项目进行评审打分和排序。

【对口扶贫】 及时学习传达国家和省委省政府关于扶贫和援疆援藏等要求，从规划、项目、资金、技术等各方面组织做好相关工作。根据省委办公厅、省政府办公厅《关于做好新一轮扶贫结对帮扶工作的通知》（浙委办发〔2018〕63 号）的相关要求，省水利厅负责开化县洪村村的结对帮扶工作。同时，作为团组长单位，牵头开化团组的结对帮扶工作。及时组织新一轮扶贫成员单位前往开化开展对接工作，研究落实精准帮扶政策和措施。

（姜美琴）

建设管理

【概况】 2018 年，依法开展水利建设企业资质审查工作，加大水利建设市场培育力度，促进市场健康有序发展；维护对水利工程建设领域市场秩序，严厉打击水利工程建设领域各类违法违规行为。省、市、县三级水行政主管部门均成立安全生产领导小组，落实各级安全生产责任制，开展各类专项行动整治各类安全隐患，及安全巡查与“双随机”检查。2017 年省水利厅在省安委会组织的安全生产监管考核中获得优秀。5—10月，省水利厅共派出37批次稽察组，对50个重点水利工程进行现场稽察与指导服务，发现问题87个，提出指导服务意见建议347条。

【监理企业资质审核】 2018年度共受理杭州建义建设工程有限公司等28家企业申报水利工程建设监理资质的材料，其中申报水利工程施工监理甲级2家、乙级10家、丙级12家；水土保持施工监理甲级、乙级、丙级各1家；环境保护不定级1家。省水利厅水利建设企业资质审查委员会按照《水利工程建设监理单位资质管理办法》，对申报单位的材料进行认真审查和核实，主要人员重点核实监理工程师证书、高级工程师证书的真实性、监理合同及劳动合同的真实性、监理工程师的社保缴纳情况、是否行政事业编制人员挂靠、申报人员是否有证书注册在其他单位等；重要的省内监理业绩均已发函至地市核实。经审查和公示，同意宁波亿川工程管理有限公司等12家企业申报的水利工程建设监理资质。

【水利质量检测资质审核】 2018年，共受理12家单位共35项申请水利建设工程质量检测乙级资质申报及延续材料（其中检验检测资质联合审批2家企业6项资质）。省水利厅严格按照《水利工程质量检测管理规定》要求进行审查和核实。经审查，同意台州市灵江工程质量检测有限公司等9家企业17项的乙级资质申请，并核发资质证书。

【水利施工企业资质审核】 2018年度共受理省住房和城乡建设厅移交的浙江长兴荣欣建设工程有限公司等52家水利水电施工总承包贰级资质申报材料（其中资质升级3家，资质重组、分立49家），按照《建筑业企业资质管理规定》的要求，对资质升级的企业工程业绩等进行审查，对资质重组、分立的企业，则按照《住房城乡建设部关于建设工程企业发生重组、合并、分立等情况资质核定有关问题的通知》（建市〔2014〕79号）要求，按照简化流程办理。经审查，不同意3家企业资质升级申请，同意49家企业资质重组、分立申请，并向省住房和城乡建设厅反馈审核意见。

【水利建设市场监管】 加强对水利建设市场主体的监管，规范市场秩序，2018年通过“浙江省水利建设市场信息平台”共通报处理各类违规行为14起，涉及企业34家，人员5人。严格实行不良行为记录查询制度，2018年度共受理省重点水利建设工程项目建设市场主体不良行为记录查询46次，出具不良行为查询结果告知函46份。

【信用体系建设】 及时向省信用办报送全省水利建设市场主体信息及信用信息，2018年共向省信用办报送失信信息2条。

（殷国庆）

【安全监督综合管理】 截至2018年底，省、市、县三级水行政主管部门均成立安全生产领导小组，其中设立专门安全监督机构的8个，合署办公（挂牌）机构16个，明确专职安全管理员的24个，明确兼职安全管理员的50个，其他1个。全省从事安监工作人数195人。

【安全生产会议】 3月16日，省水利厅党组召开会议，听取厅安委办关于2017年度水利安全生产考核情况汇报。

3月23日，省水利厅召开2018年厅系统安全生产工作会议，会议传达2018年全国水利安全监督工作会议和全省安全生产电视电话会议精神；通报表彰2017年度安全生产目标管理责任制考核优秀单位。浙江同济科技职业学院、省水利水电勘测设计院和省水利河口研究院3家单位分别作交流发言，厅直属有关单位负责人分别与厅领导签订《2018年度安全生产目标管理责任书》。

12月12—13日，省水利厅安全生产委员会办公室组织召开安全生产考核等工作座谈会，全省11个地市水利局安全生产监管部门负责人和具体工作人员参加会议，会上交流安全生产、扫黑除恶专项斗争、“浙江无欠薪”活动3项工作主要做法与成效，以及下一步工作思路。省水利水电技术咨询中心代表省水利厅对11个地市水利局2018年安全生产工作进行考核评分。

【落实各级安全生产责任制】 各级水利部门制定各项制度，明确水利安全生产责任，逐级、逐岗、逐人签订安全生产责任状，确保安全生产责任落实工作规范化。年中对责任落实情况进行检查，年末进行安全生产责任制考核。

【各类专项整治活动】 根据水利部、省委省政府、省安委会统一部署，组织开展汛前防汛安全检查、汛期水利安全生产大检查、水利工程建设施工安全专项治理行动、水库安全检查与鉴定、农村山塘安全度汛、继续开展危险化学品安全专项整治、电气火灾综合治理三年治理行动等大检查及专项活动，排查和整治各类安全隐患。

【安全巡查与“双随机”检查】 印发《浙江省水利厅办公室关于开展全省水利工程安全巡查的通知》，2018年6—12月，分3个阶段开展巡查工作。对国家172项重大水利工程名录中浙江项目进行全覆盖监督检查，对省水利厅监管的重点在建水利工程巡查不少于30%，对市县监管的面上在建项目与水利运行工程进行重点抽查。2018年巡查全省11个地市和部分厅直属单位，检查在建工程43个，运行工程18个。11月，组织开展安全生产“双随机”检查，随机抽查7家省内二级水利施工企业安全生产状况，督促企业落实安全管理机构和人员，加强安全培训和持证上岗等。

【安全生产宣传教育培训】 认真组织开展“安全生产月”活动，印发《关于开展2018年全省水利系统“安全生产月”活动的通知》《全省水利系统安全生产宣传教育“七进”活动方案》；组织对省内水利施工和监理企业法人、省外进浙江水利施工与监理企业授权代理人进行安全生产培训 6 期，培训 1 100 余人；组织开展省内二级、三级水利施工企业 3 类人员的安全考核，其中考核通过 3 235 人；组织全省水利系统干部职工参加全国水利安全生产知识网络竞赛、征文、摄影比赛和微视频征集等活动。在 2018 年安全生产宣传教育活动中，省水利厅获全国水利安全生产知识网络竞赛“优秀组织奖”。

【水利安全事故】 2018 年全省水利行业发生 1 起安全生产事故，死亡 1 人。事故经过：2018 年 8 月 5 日 15 时许，杭州市第二水源千岛湖配水工程施工 6 标（建德境内）钦堂段凉坑坞下游主洞，在进行钢筋绑扎作业过程中，因施工人员在电焊机停用时擅自开启而发生一起触电事故，造成 1 名作业人员死亡。

【安全生产考核】 省安委会考核省水利厅安全生产监管工作。2 月 23 日，省安全生产委员会通报 2017 年度安全生产目标管理责任制考核结果，全省 14 个列入省政府安全考核的省级部门中，省水利厅等 6 个部门考核等次评为优秀，这是省水利厅连续 3 年在安全生产目标管理责任制考核中获得优秀。

安全生产责任制考核。12 月 3 日，印发《浙江省水利厅办公室关于开展 2018 年度安全生产目标管理责任制考核工作的通知》，组织完成对 11 个市级水行政主管部门和 11 家签订安全生产责任的厅直属单位进行考核工作。

（郑明平）

【水利工程稽察】 2018 年 5 — 10 月，省水利厅共派出 37 批次稽察组，对 50 个重点水利工程进行现场稽察与指导服务。稽察组通过查阅资料、查看工程现场、听取汇报、开展座谈等形式，对工程的前期与设计、建设管理、计划下达与执行、资金使用与管理、工程质量和安全进行全方位稽察，发现问题 87 个，提出指导服务意见建议 347 条。对稽察发现的问题，省水利厅下发整改意见通知要求限时整改，有效规范项目建设，保障工程顺利实施。稽察项目涵盖水源工程、区域防洪排涝骨干工程、主要江河堤防加固工程等 12 种项目类型，工程总投资约 357 亿元。其中，重大项目 30 个，面上项目 20 个。指导服务项目 28 个，其中施工准备开工的“百项千亿防洪排涝工程”项目 5 个，工程已完工迟迟未竣工验收项目 14 个，全过程动态管理平台建设项目 9 个。总体上，稽察项目前期审批程序较完整，设计深度基本满足工程建设需要；项目法人责任制、招标投标制、建设监理制、合同管理等都基本得到落实；计划下达与执行基本规范；会计基础工作较规范，资金筹措与到位基本满足工程建设需要，资金使用与管理基本规范；项目质量与安全管理体系基本健全，政府质量与安全监督到位，总体情况较好。2018 年度浙江省在建水利工程稽查项目名单见表 6。

表 6　2018 年度浙江省在建水利工程稽查项目名单

序号	名称
在建项目	
1	乐清市大荆溪流域综合治理工程
2	定海区舟山群岛水系综合治理工程
3	普陀区舵岙河水系综合治理工程
4	淳安县武强溪流域综合治理工程
5	南浔区跳家山圩区整治工程
6	萧山区浦阳江治理工程
7	舟山市大陆引水三期工程（大沙调蓄水库）
8	长兴县泗安水库除险加固工程
9	绍兴市上虞区虞北平原滨江河——沥北河整治工程
10	丽水市莲都区碧湖灌区节水配套改造项目
11	永康市太平水库灌区节水配套改造项目
12	东阳市南江流域综合治理工程
13	金华市梅溪流域综合治理工程
14	诸暨市浦阳江治理二期工程
15	诸暨市高湖蓄滞洪区改造工程
16	温州市乌牛溪（永乐河）治理工程
17	海盐县东段围涂标准海塘一期工程
18	平阳县鳌江标准堤（钱仓、东江段）加固工程
19	绍兴市柯桥区瓜渚湖直江柯北段拓浚工程
20	龙游县灵山港流域综合治理工程
21	龙泉市梅溪流域综合治理工程
22	云和县龙泉溪治理工程（石浦段）
施工准备开工项目	
23	温州市温瑞平原东片排涝工程（经开区）
24	温州市温瑞平原东片排涝工程（龙湾区）
25	温州市温瑞平原西片排涝工程（瓯海区）
26	温州市温瑞平原西片排涝工程（鹿城区）
27	温岭市南排工程
未竣工验收项目	
28	衢州市衢江区樟潭防洪工程
29	台州市黄岩区秀岭水库除险加固工程
30	缙云县大洋水库除险加固工程
31	丽水盆地易涝区防洪排涝好溪堰水系整治一阶段工程
32	永嘉县楠溪江供水工程
33	温州浅滩一期围涂工程
34	乌溪江引水工程灌区（金华片）2008 年度续建配套与节水配套改造项目
35	义乌市柏峰水库除险加固工程
36	乐清市乐虹平原防洪一期工程（虹桥片）
37	乐清市乐虹平原防洪一期工程（乐成片）
38	嵊州市曹娥江下岙兰墩头堤防加固工程
39	嵊州市剡源水库除险加固工程
40	桐庐县毕浦水电站工程
41	富阳区岩石岭水库除险加固工程
管理平台项目	
42	龙游县高坪桥水库工程
43	松阳县黄南水库工程
44	三门县东屏水库工程
45	萧山区蜀山片外排工程——大治河排涝闸站改建工程
46	诸暨市浦阳江治理二期工程
47	缙云县潜明水库一期工程
48	江山市碗窑水库加固改造工程
49	平阳鳌江干流治理水头段防洪工程
50	平湖市白沙湾至水口海塘加固工程

（叶　勇）

水资源管理

【概况】 2018年，浙江省认真落实最严格水资源管理制度，实行水资源消耗总量和强度“双控”行动，建立省、市、县三级水资源管理目标控制体系。按照《浙江省实行最严格水资源管理制度考核办法》和《浙江省“十三五”实行最严格水资源管理制度考核工作实施方案》，制定2018年度实行最严格水资源管理制度考核工作方案，完成省对11个设区市2017年度实行最严格水资源管理制度考核工作，在国务院对浙江省实行最严格水资源管理制度考核工作中取得优秀，名列全国第六。深化取水许可审批“放管服”改革，取水许可审批实现“最多跑一次”，规范建设项目水资源论证制度和取水许可管理；加强水功能区监督管理，推进全省入河排污口整改提升工作；继续推进水生态文明建设，全面完成国家级和省级水生态文明试点建设，全面开展县域节水型社会达标建设。

【最严格水资源管理考核】 2018年3月，省水资源管理和水土保持工作委员会办公室组织召开最严格水资源管理制度考核工作会议，研究部署年度考核工作。省考核工作组对设区市2017年度实行最严格水资源管理制度工作进行技术审核和现场核查，考核结果经省政府审定后正式通报各设区市政府。各设区市政府针对存在问题均制定整改方案，抓好落实。各设区市对所辖县（市、区）开展年度考核。根据浙江省实行最严格水资源管理考核办法和“十三五”工作实施方案，制定2018年度实行最严格水资源管理制度考核工作方案。经省政府同意，2018年4月省水利厅、省发展改革委、省经信委、省财政厅、省国土厅、省环保厅、省建设厅、省农业厅、省统计局9部门联合印发《关于印发2017年度实行最严格水资源管理制度考核结果的通知》，公布相关考核结果。全省11个设区市考核等级均为优秀。2018年9月，《水利部关于印发2017年度实行最严格水资源管理制度考核结果的函》，通报各省考核成绩，浙江省考核结果优秀，获中央财政水利发展资金补助5 000万元，用于水资源节约保护。2018年11月，省人力社保厅、省水利厅对全省水利系统2017年度实行最严格水资源管理制度的优秀单位和个人进行通报表扬。

【第三次全国水资源调查评价】 根据水利部的总体部署，2018年2月，省水利厅印发浙江省水资源调查评价技术方案；按照水利部、自然资源部的文件精神，第三次水资源调查评价工作仍由水利部门负责组织开展；到2018年底，参加并完成全国和流域机构的基础数据4次汇总，11月22日，省级水资源调查评价初步成果已通过省水利厅项目审查。

【水资源监管】 认真落实“最多跑一次”改革要求，将优质服务贯穿于强化监管的全过程。切实做好行政审批工作，加强日常服务和监管，制定印发《浙江省取水实时监控系统运行维护实施细则（试行）》，通过优化流程，全省取水许可已实现“跑零次”“不见面”即可办理。组织开展全省水资源管理2018专项行动，通过省、市、县三级联动，全省共排查出非法取水、取用水不规范等问题3 000余例。

【率先完成国家水资源监控能力二期项目建设】 完成335处灌区农业用水计量监测设施建设、设施率定、55个重点中型以上灌区农业用水量分析统计模型构建和水资源管理平台开发等4个分项完工验收，年度中央资金及地方配套资金执行率均为100%。完成灌区水资源监控子系统建设和监测数据接入，开发摄像图片自动识别功能，新增10个国家重要饮用水源地水质数据接入，完成40项功能模块和手机APP的开发。

【运行维护管理】 加强运维制度建设，印发《浙江省取水实时监控系统运行维护实施细则》，实现平台办理运维业务。规范监控管理，全年印发周报、月报60余期，通报各市、县在取用水管理方面存在的问题并督促整改；开发监控数据质量跟踪和纠错、系统预警、短信提醒等功能，发送预警短信8 300条。重视数据质量提升，组织开展取水户及监测点基础数据复核，完成图像和空间信息采集，录入信息10 770条。推进平台业务应用，实现取水计划管理、取用水专项检查等8项业务网上办理。截至2018年底，省水资源管理系统登记的取水许可证7 076本，取水监测点3 092个，年监测实际取水量72.46亿m^3，数据上报率、完整率和及时率分别为98.2%、96.2%、96.2%，居全国前列。2018年平台访问量60万次。

【取用水日常管理】 全面落实取水计划管理，专题召开省审批和太湖流域管理局委托管理取水户座谈会，制订2019年度取水计划方案并下达。编制《浙江省水平衡测试技术指南》并印发实施，完成浙江省纺织印染行业用水定额修订，启动造纸行业用水定额评估。组织做好用水总量统计和水资源管理年报等各项水资源统计工作。

【水资源利用改革创新】 组织开展区域水资源论证＋水耗标准管理改革试点，协同推进“亩均论英雄”和“标准地”改革。会同杭州市林水局指导杭州东苕溪流域水权制度改革试点，指导临安区开展山塘水库水资源使用权确权、价值评估、使用权流转等工作。

【取水许可管理】 继续深化“最多跑一次”改革，通过优化流程，取水许可实现“跑零次”“不见面”即可办理。2018年，全省各级水利部门共新增取水许可审批1 146件，全省发放取水许可证1 729本，其中新发1 154本，注销与吊销取水许可证883本。全省年终有效取水许可证保有量7 610本，许可取水总量2 158.19亿m^3，其中河道内2 679本，许可水量2 027.15亿m^3；河道外4 931本，许可水量131.04亿m^3。完成131个中型以上灌区农业取水许可发证工作。

【水资源费征收管理】 2018年，全省征收水资源费14.6亿元，其中省本级9 180万元。组织开展全省水资源费征收管理专项核查，对省审批重点取水户实现全覆盖，对检查发现的问题反馈地方整改落实。

【水资源管理专项行动】 2018 年 4 — 11 月，省水利厅组织开展全省水资源管理专项行动，重点开展非法取水专项整治、取用水日常监管、长效管理机制建立。通过中期调研及年底专项检查，指导各地规范取用水管理工作。

【计划用水管理】 2018 年，全省自备水源取水户实现取水计划全覆盖，共有 6 913 家自备水源取水户纳入取水计划管理工作，其中公共供水和企业自备取水户下达取水计划量 84.01 亿 m^3，实际取水量 67.14 亿 m^3。2018 年省审批 45 家取水户纳入取水计划管理，其中公共供水和企业自备取水户 40 家，下达取水计划量 35.42 亿 m^3，实际取水量 30.33 亿 m^3。

【水资源统一调度】 2018 年“引江济太”期间，开展环太湖浙江段水量水质同步监测、杭嘉湖南排工程换水期间水量水质同步监测、有关水利工程的联合调度、运行管理，落实“引江济太”配套资金 138 万元。2018 年，下达浙东引水调度指令 16 份，工程运行共 285 天，萧山枢纽引水 6.57 亿 m^3，比 2017 年增加 28.9%，引水末端宁波地区受水达 5.60 亿 m^3，比 2017 年增加 24.5%。

【节水型社会建设】 会同省发展改革委组织编制并印发《浙江省节水型社会建设规划纲要（2018 — 2022 年）》，2018 年共有 24 个县（市、区）完成国家县域节水型社会达标验收。全面推进第二、第三批县域节水型社会达标建设，其中第二批节水型社会建设县（市、区）完成中期评估。

【节水型载体创建】 2018 年，省水利厅、省节约用水办公室联合省经信委、省建设厅、省机关事务局推进节水载体建设，创建命名“省级节水型企业”416 家、“省级节水型灌区（灌片、园区）”46 个和“省级公共机构节水型单位”37 家，其中省级机关节水型单位创建率提升至 96% 以上。

【农业节水技术改造】 2018 年，全省完成渠系配套改造 1 652.18 km，新建高效节水灌溉工程面积 3.0 万 hm^2，年新增节水能力 0.82 亿 m^3，农田灌溉水有效利用系数从 2017 年的 0.592 提高到 0.597。

【用水定额修编】 2018 年，开展以造纸及纸制品业的用水定额修编工作，共计收集 170 家造纸企业的 448 个产品用水单耗值，经分析后完成《浙江省用（取）水定额（2015 年）》中造纸及纸制品业相关产品类别及定额值的评估工作。

【水生态文明建设】 2018 年，全省继续加快推进水生态文明建设，宁波、温州、湖州、嘉兴、衢州、丽水等 6 个国家级和安吉、浦江、仙居等 3 个省级水生态文明建设试点创建工作全部完成。温州、嘉兴、衢州、丽水等 4 个国家级水生态文明城市试点均顺利通过验收，其中衢州市通过水利部、省政府的联合验收，温州市、嘉兴市、丽水市通过省政府组织的验收。仙居县也完成省级试点验收。

【水功能区监管】 组织做好全省江河湖泊重要水功能区水质监测，对240个国家重要水功能区实现监测全覆盖，全省水功能区水质达标率提升至94.1%，完成16个全国重要饮用水水源地安全保障达标建设评估工作。完成浙江省水功能区（2015版）纳污能力和限制排污总量修订。实行水功能区通报制度，对2017年最严格水资源管理制度考核中水质评价不达标的水功能区进行通报，要求各地采取切实措施提高水功能区水质达标率。配合省环保厅按照技术规范要求，科学优化调整个别水功能区水环境功能区划分方案。2018年10月，根据浙江省机构改革方案，省水利厅编制水功能区划的职责划转至省生态环境厅。

【入河排污口监督管理】 2018年，按照国家推动长江经济发展领导小组办公室的统一部署，推进全省入河排污口整改提升工作。省水利厅联合省生态环境厅印发《关于进一步做好入河排污口整改提升相关工作的通知》，组织开展全省入河排污口基础信息和管理现状的全面复核工作。省水利厅等相关部门梳理制定《浙江省长江经济带入河排污口整改提升工作清单》和《各设区市长江经济带入河排污口整改任务清单》，明确工作任务和分工。2018年10月，根据浙江省机构改革方案，完成入河排污口设置管理的移交工作。

【饮用水水源地管理】 结合日常监管和水源地自评估情况，完成浙江省2017年度16个全国重要饮用水水源地安全保障达标建设评估工作。印发《关于开展重要饮用水水源地安全保障达标评估工作的通知》，实施县级以上饮用水安全保障达标建设，建立安全保障达标评估制度。省生态环境厅会同省水利厅印发《浙江省集中式饮用水水源地环境保护专项行动方案》，对县级以上集中式饮用水水源地开展环境保护专项行动，截至2018年底，182个环境问题全面完成整改。

【地下水管理】 严格实行地下水禁限采区管理。印发《关于做好2018年浙江省国家地下水监测系统运行维护和地下水水质监测工作的通知》，组织开展国家地下水监测运行维护和地下水水质监测工作，加强监测质量管理。

（沈仁英）

水土保持

【概况】 2018年，各级水行政主管部门共审批生产建设项目水土保持方案报告书1 868个。各级水行政主管部门完成水土保持设施验收报备共计921个，其中省级验收报备13个，市级验收报备125个，县级验收报备783个。全省完成水土流失治理面积454.54 km^2。

【水土流失综合治理】 2018年，组织制定《水土流失综合治理技术规范》，并经省质量技术监督局批准发布，成为全国为数不多的省级地方标准；组织编制《浙江省生产建设项目水土流失防治调查工作导则》；全省完成水土流失治理面积454.54 km^2。年均减少土壤流失量13.66万t。2018年国家水土保持重点工程全部按期完成，在水利部组织的明察暗访中，浙江省是全国仅有的2个未发整改单的省份之一，2019年获财政部、水利部增加补助资金3 667万元。

【水土保持监督管理】 2018年，各级水行政主管部门共审批生产建设项目水土保持方案报告书1 868个，其中省级审批29个，市级审批297个，县级审批1 542个。各级水行政主管部门开展监督检查9 781次，检查项目6 170个。各级水行政主管部门共完成生产建设项目水土保持设施验收报备共计921个，其中省级水行政主管部门完成水土保持设施验收报备13个；市级水行政主管部门完成水土保持设施验收报备125个，县级水行政主管部门完成水土保持设施验收报备783个。

【水土保持监测】 2018年，浙江省认真组织开展水土流失动态监测，通过遥感影像解译及实地调查分析，全面准确地分析全省和市、县水土流失面积和强度，加快推进监测站网优化布局与建设管理。印发《浙江省水土流失动态监测规划》，明确今后5年浙江省水土保持监测的总体目标和主要任务。扎实开展生产建设项目水土保持监督性监测。组织绍兴、舟山2市开展生产建设项目"天地一体化"监管。完成国家水土保持重点工程"图斑精细化"管理任务。做好生产建设项目水土保持监督管理数据的整理、录入和检查工作。加大水土流失样地调查力度，野外调查单元增加到232个，为国家水土保持规划实施评估和水土保持目标责任制考核提供依据。开展生产建设项目监督性监测，抽查全省有代表性的37个项目，规范水土保持监测工作。编制《全省生产建设项目水土保持监测季报》，涉及各类建设项目376个，为各级水利部门开展监督检查提供依据。开展水土保持重点工程治理成效监测评价，在水利部专家考评时得到高度评价。浙江省典型水土保持监测点名录见表7。

【水土保持信息化】 组织做好全省水土保持信息化工作，将全省2015年来各级批复的8 239个生产建设项目水保方案录入国家

表7 浙江省典型水土保持监测点名录

序号	监测点名称	监测点类型	所属三级区	所属行政区	主要监测指标
1	安吉县山湖塘综合观测场	综合观测场	浙皖低山丘陵生态维护水质维护区	安吉县	降雨、径流、泥沙、土壤含水率、植被覆盖、水位、流量
2	丽水市石牛坡面径流场	坡面径流场	浙西南山地保土生态维护区	丽水市本级	降雨、径流、泥沙、土壤含水率、植被覆盖
3	建德市更楼水文观测站	利用水文站	浙皖低山丘陵生态维护水质维护区	建德市	降雨、水位、流量、泥沙
4	嵊州市北漳坡面径流场	坡面径流场	浙赣低山丘陵人居环境维护保土区	嵊州市	降雨、径流、泥沙、土壤含水率、植被覆盖

续表

序号	监测点名称	监测点类型	所属三级区	所属行政区	主要监测指标
5	兰溪市上华坡面径流场	坡面径流场	浙赣低山丘陵人居环境维护保土区	兰溪市	降雨、径流、泥沙、土壤含水率
6	永康市花街坡面径流场	坡面径流场	浙赣低山丘陵人居环境维护保土区	永康市	降雨、径流、泥沙、土壤含水率
7	常山县天马坡面径流场	坡面径流场	浙赣低山丘陵人居环境维护保土区	常山县	降雨、径流、泥沙、植被覆盖
8	宁海县西溪水库坡面径流场	坡面径流场	浙东低山岛屿水质维护人居环境维护区	宁海县	气象（降雨和温度）、植被覆盖度、土壤含水率、径流泥沙
9	天台县天希塘坡面径流场	坡面径流场	浙西南山地保土生态维护区	天台县	降雨、径流、泥沙、土壤含水率
10	苍南县昌禅溪小流域控制站	小流域控制站	浙东低山岛屿水质维护人居环境维护区	苍南县	降雨、水位、泥沙、土壤含水率
11	永嘉县石柱小流域控制站	小流域控制站	浙西南山地保土生态维护区	永嘉县	降雨、水位、泥沙、土壤含水率、植被覆盖
12	余姚市梁辉坡面径流场	坡面径流场	浙东低山岛屿水质维护人居环境维护区	余姚市	降雨、径流、泥沙、土壤含水率
13	临海市白水洋水文观测站	利用水文站	浙东低山岛屿水质维护人居环境维护区	临海市	降雨、水位、流量、泥沙
14	临安区桥东村水文观测站	利用水文站	浙皖低山丘陵生态维护水质维护区	临安区	降雨、水位、流量、泥沙

水土保持监督管理系统，其中省本级680个，在水利部组织专家考评中获小组第一名。

【重要水土保持事件】 2018年，出台制定《关于进一步推进区域水土保持评价的指导意见》；在全国范围内率先开展水土保持监测站标准化管理创建工作；同时推动水土保持国策宣传进党校。

【创新区域水土保持评价】 2018年11月27日，制定《关于进一步推进区域水土保持评价的指导意见》，创新区域水土保持评价标准、简化建设项目水土保持方案审批，提升区域水土保持方案审批效能，规范区域水土保持管理工作。

【水土保持监测站标准化管理创建】 在全国范围内率先开展水土保持监测站标准化管理创建工作。研究制定《浙江省水土保持监测站管理规程》《浙江省水土保持监测站管理手册（试行）》和《浙江省水土保持监测站标准化管理验收办法（试行）》，指导水土保持监测站开展标准化管理。目前，浙江省水土保持监测站圆满完成年度标准化创建任务。

【水土保持国策宣传教育进党校】 浙江省大力推动水土保持国策宣传教育进党校活动。2018年，水土保持宣教活动相继进入衢州、湖州、丽水、台州、杭州等市委党校，抓住水土保持宣传教育的关键少数，通过“抓领导”，实现“领导抓”。持续抓好水土保持宣传教育载体建设。常山县水土保持科技示范园区基本建成，德清县省级水利示范区水土保持示范园启动建设，浙江生态文明干部学院生态文明展示馆陈列了水土保持宣传内容。

【国家水土保持生态文明工程】 经省水利厅初审和推荐，杭州三堡排涝站成功申报国家生产建设项目水土保持生态文明工程。

（徐靖钧）

水利科技

【概况】 2018年，浙江水利科技工作进一步推进“放管服”改革，完善科研管理机制、抓好科技项目管理、推进成果的推广应用和集成示范、组织做好“送科技下乡”活动、积极开展国际合作与交流，促进水利科技创新。

【科技项目管理】 组织完成2018年省水利厅科技计划项目立项工作，共有125个项目立项，其中重大项目6项、重点项目31项、一般项目88项（见表8）。积极争取省、部级科研项目，舟山市水利勘测设计院的“海岛地区地下水库储水技术研究与应用示范”列入2018年水利部技术示范项目，获得国拨经费40万元。列入国家自然基金项目4项（见表9）。全年完成厅级项目验收33项、项目结题16项、登记科研项目成果43项。

表8 2018年度浙江省水利厅科技项目计划统计表

研究领域	项目名称	计划类别	承担单位	项目负责人
（一）防灾减灾	小流域洪水预报关键技术及预警机制研究	重大	浙江同川工程咨询有限公司	邵学强
	甬江流域洪涝蓄滞空间建管关键制度设计研究	重大	宁波市水利发展研究中心	王　攀
	钱塘江九溪岸段缓解涌潮危害与保护潮景并举的方案研究	重点	杭州市闲林水库管理处	金建峰
	基于大数据的防汛要素动态管理关键性技术研究与应用	重点	浙江同川工程咨询有限公司	罗堂松
	复式海堤越浪数值模拟研究	重点	浙江省水利河口研究院	胡子俊
	浙江省沿海平原实时洪水预报关键技术研究	重点	浙江省水利水电勘测设计院	张晓波
	河床式梯级电站调度关键技术及洪水传播机理研究	重点	浙江省水利水电勘测设计院	马赞杰
	一体化泵闸技术在杭嘉湖圩区中的推广应用研究	重点	德清县水利建设发展有限公司	戴林军

续表

研究领域	项目名称	计划类别	承担单位	项目负责人
(二)水资源(水能资源)开发利用与节约保护	瓯江富自然功能协调流域建设关键技术及应用	重大	浙江水利水电学院	胡建永
	节水型精准灌溉技术与装备研发	重点	宁波市农村水利管理处	刘　天
	基于多村多水源的农村供水工程优化联调联供研究	重点	宁波市农村水利管理处	杨　军
	海岛地区洞库蓄水研究	重点	舟山市水利勘测设计院	肖异智
(三)水土保持、水生态与水环境保护	基于物联网的河道生态修复技术及示范	重点	乐清市信受农业发展公司	郑铮铠
	河口生态鱼道关键水力学特性研究	重点	浙江省水利河口研究院	周盛侄
	底栖动物群落对浙江典型水库水源地环境污染的响应	重点	浙江省水利河口研究院	叶小凡
	中国土壤侵蚀模型CSLE在浙江省的应用研究	重点	浙江省水利水电勘测设计院	彭庆卫
	垂直水循环一体式空箱生态湿地河道护岸的研发	重点	浙江同济科技职业学院	李振宇
	基于水量水质联合调控的温瑞平原中心片、西片调水引流方案研究	重点	浙江省水利水电勘测设计院	魏　婧
	美丽河湖建设技术体系及评价标准研究	重点	禹顺生态建设有限公司	霍　燚
	低压管灌区稻田减排精准灌溉技术研究与示范	重点	海宁市水利局	钱亚荣
	浙江省典型地区美丽河湖治理研究	重点	浙江省水利水电技术咨询中心	王卓林
(四)水利工程勘测、设计与施工	基于BM的泵站设计施工关键技术及应用研究	重大	浙江省水利水电勘测设计院	虞　鸿
	基于BM的水工隧洞三维设计关键技术研究	重点	浙江省水利水电勘测设计院	徐　超
	水闸新颖闸门——双控拍门技术	重点	浙江省钱塘江管理局勘测设计院	樊建苗
	大体积混凝土智能温控及防裂关键技术研究	重点	宁波市水利水电规划设计研究院	唐宏进
(五)滩涂资源保护、利用与河口治理	钱塘江标准海塘板粧护脚结构优化分析及加固技术研究	重点	绍兴市柯桥区塘闸管理处	夏潮军

续表

研究领域	项目名称	计划类别	承担单位	项目负责人
（六）信息技术与自动化	水利工程建设数字化监管平台研究与应用	重大	浙江省水利信息管理中心	骆小龙
	基于“物联网+”技术的水利工程质量检测管理的研究和应用	重大	浙江省水利水电工程质量与安全监督管理中心	黄黎明
	水资源监测大数据应用示范工程研究	重点	浙江省水利信息管理中心	姜小俊
	温州市水文资料在线整编系统	重点	浙江省温州市水文站	陈隆吉
	针对圩区闸泵站群的远程调度控制研究——以平湖农村圩区为例	重点	浙江省水利河口研究院	胡正松
	智慧水利能力中心平台关键技术研究及应用	重点	宁波市水利水电规划设计研究院	张卫国
	基于雷达测波技术的钱塘江涌潮潮位测量研究与应用	重点	浙江省钱塘江管理局嘉兴管理处	王建华
	浙江省水文信息化顶层架构研究	重点	浙江省水文局	何　青
（七）水利管理与其他	涉河管线水利技术规定	重点	浙江水利水电学院	郑月芳
	浙江省乡村振兴水利新路径研究与实践	重点	浙江省水利水电勘测设计院	王灵敏
	浙江省“三不”水电站评价标准研究	重点	浙江省水利发展规划研究中心	刘俊威

表 9　2018 年列入国家自然科学基金项目

项目名称	承担单位	行业领域
基于多 AUV 智群协同的三维水下传感网移动数据采集方法	浙江水利水电学院	河湖治理
海洋环境下高桩码头结构整体承载性能演化机理分析与分析方法研究	浙江水利水电学院	河湖治理
钱塘江涌潮多尺度时空演变及驱动机制研究	浙江省水利河口研究院	海岸工程
基于 SPH 方法的涌潮水动力与局部冲淤数值模拟研究	浙江省水利河口研究院	海岸工程

【水利科技获奖成果】 组织完成 2018 年度浙江省水利科技创新奖评选，评选出水利科技创新奖 20 项，其中特等奖 1 项，一等奖 3 项，二等奖 7 项，三等奖 9 项，2018 年度浙江省水利科技创新奖奖励项目 20 项（见表 10）。由省水利河口研究院为第一完成单位的“西湖生态引水系统构建的成套技术与工程示范”和由浙江水

利水电学院为第一完成单位的“海堤半灌混凝土砌石护面结构关键技术与应用”2个项目获得2018年度浙江省科学技术进步奖三等奖。由浙江省水利水电工程质量与安全监督管理中心等单位承担的“基于大数据思维的水利工程质量监督研究与实践”获2018年度大禹水利科学技术奖三等奖。

表10　2018年度浙江省水利科技创新奖奖励项目名单

序号	项目名称	获奖单位	获奖人员	获奖等级
1	强潮河口桥梁工程与水沙相互作用及监测防护关键技术	浙江省水利河口研究院、浙江省河海测绘院	曾剑、韩海骞、潘存鸿、史永忠、杨元平、潘冬子、陈刚、李最森、熊绍隆、杨火其、魏荣灏、谢东风、唐远彬	特等奖
2	基于大数据思维的水利工程质量监督研究与实践	浙江省水利水电工程质量与安全监督管理中心、浙江省水利河口研究院、杭州定川信息技术有限公司	黄黎明、余春勇、严云杰、徐庆华、吴阳锋、宋立松、吴凌翔、张晔、李瑞星、吴晓翔、金棋武、章佳妮、赵礼	一等奖
3	西湖生态引水系统构建的成套技术与工程示范	浙江省水利河口研究院、杭州市西湖水域管理处	尤爱菊、吴芝瑛、滑磊、陈琳、金倩楠、徐海波、饶利华、滕晖、杨俊、朱军政、徐骏、张沈阳、姚思鹏	一等奖
4	海堤半灌混凝土砌石护面结构关键技术与应用	浙江水利水电学院、温州市瓯飞经济开发投资有限公司、河海大学、浙江省正邦水电建设有限公司	高健、叶舟、陈国平、金海胜、邹冰、陈振华、赵海涛、臧振涛、徐国梁、金锦强、张鲁刚、孟艳秋、杨东	一等奖
5	超深厚软基孤岛式双排钢板桩围堰设计施工关键技术研究	浙江省水利水电勘测设计院	胡能永、徐轶康、郑国兵、吴留伟、彭银生、陈舟、袁文喜、吴蕾、沈贵华	二等奖
6	宁波市沿海风暴潮精细化预报预警技术研究及应用	宁波市水文站、河海大学	金秋、陈望春、徐琦良、周宏杰、李文杰、陈小健、陈永平、谭亚、夏达忠	二等奖
7	大型斜式轴流泵装置水力性能预估及其结构动力学分析	杭州市南排工程建设管理处、上海大学	潘志军、金国栋、陈红勋、张浩、朱兵、何勇、张睿、张飞珍	二等奖
8	瓯江中上游水资源优化配置战略研究	浙江水利水电学院、浙江省水利河口研究院、浙江省水利水电勘测设计院、河海大学、丽水市水利局	胡建永、郑建根、叶舟、唐德善、王士武、王霞、张映辉、康瑛、许继良	二等奖
9	浙东引水工程运行管理系统研究与应用	浙江省浙东引水管理局、浙江省水利河口研究院	陈信解、宋立松、胡敏杰、钱红昇、孙蕾蕾、严云杰、俞铁铭、高小娅、周洪申	二等奖
10	浙江省平原区主要作物耐淹标准及耐涝风险评价研究	浙江省水利河口研究院	卢成、郑世宗、温进化、叶碎高、黄万勇、胡荣祥、邱昕恺、肖万川	二等奖

续表

序号	项目名称	获奖单位	获奖人员	获奖等级
11	浙江省沿海平原防洪排涝关键技术研究	浙江省水利水电勘测设计院	张晓波、郑雄伟、张真奇、汪宝罗、周芬、王灵敏、王文杰、陈竽舟、章宏伟	二等奖
12	滨海吹填土大规模加固技术研究	浙江省水利河口研究院	张超杰、魏海云、郑君、姜建芳、吴雄伟、俞炯奇、史燕南、汤明礼、翁浩轩	三等奖
13	浙江省大型河网生态调水关键技术及案例研究	浙江省水利河口研究院	郑建根、尤爱菊、徐海波、傅雷、金倩楠、彭振华、吴剑峰、胡可可、刘一衡	三等奖
14	山区性河流生态流量计算方法研究	浙江省水利水电勘测设计院	陈昌军、郑雄伟、陈志刚、仇茂龙、陈序、李世锋、张卫飞、李少卿、陈奕	三等奖
15	多终端跨平台区域“河长制”智慧管理云平台软件	宁波弘泰水利信息科技有限公司	朱孟业、严文武、余丽华、邹长国、杨宇、周华、方小平、朱天红、鲁翼	三等奖
16	基于GIS技术的洪水风险动态管理平台研究与应用	浙江省水利水电勘测设计院、浙江大禹信息技术有限公司、浙江省人民政府防汛防台抗旱指挥部办公室、浙江省水文局	郑雄伟、郭磊、舒全英、孟洁、胡尧文、李军、陈斌、金新芽、朱灿	三等奖
17	水电开发影响下河流生境序列变化及生物多样性保育机制研究	中国电建集团华东勘测设计研究院有限公司	盛晟、郭靖、白福青、杨彦龙、施家月、陆俊宇、韩善锐	三等奖
18	基于水文水动力学模型的太平溪流域洪水风险研究	安吉县水利局	祝敏、许忠东、崔梁萍、王萱、程平、李晓英、胡凯、丁盛、方园皓	三等奖
19	钱塘江灌区灌溉水利用系数测算方法及管理体系	杭州市农村水利管理总站、杭州市萧山区水政监察大队、浙江水利水电学院	杨志祥、叶利伟、诸狄奇、何晓锋、楼淑君、段永刚、何文学	三等奖
20	土壤墒情自动测报系统建设与作物干旱墒情预警指标研究	杭州市水文水资源监测总站、浙江省水文局、河海大学、浙江大学	孙映宏、孟健、姬战生、李国强、王玉明、徐正浩、王卫平、刘林海	三等奖

【水利论文发表】 2018年共发表科技论文510篇，其中国际期刊论文67篇，科学引文索引（Science Citation Index，SCI）、工程索引（The Engineering Index，EI）收录论文88篇，国际会议论文33篇；出版专著、译著9部；专利授权139项，其中发明专利39项，软件著作权121项。

【水利科技推广】 根据省政协“六送下乡”和省政协委员“走进基层、走进群众”活动月的总体部署，通过实地走访和充分沟通，了解龙游县和常山县“科技下乡”需求，细化工作方案，做好科技下乡服务。2018年5月，省水利厅厅长马林云和副厅长杨炯分别率相关处室与单位到龙游县和常山县开展“送科技下乡”活动，取得较好反响，活动得到当地广大干部群众一致好评和省政协的充分肯定。

针对以往科技成果推广和应用中存在的项目“多、小、散”、示范效应不显著等问题，创新科技成果应用和推广模式，突出“技术集成示范”的原则，充分利用省级有限的补助资金，带动地方上对科技成果推广应用的积极性。2018 年遴选德清县、平湖市、舟山市和定海区 4 个地方作为科技成果应用和推广的项目示范试点，应用双向潜水贯流泵、高强度塑钢板桩等 12 项技术（产品），总投资约 5 700 万元，其中省级补助 1 000 万元，带动地方配套投入约 4 700 万元。对示范项目的实施实行全过程指导和服务，充分发挥应用技术的示范引领作用。

【水利标准制定】 组织开展浙江省《堤防工程管理规程》《水利工程标识牌设置规范》《小型水库管理规程》《海塘工程管理规程》《泵站运行管理规程》和《农村供水工程运行管理规程》等地方标准编制工作。完成《大中型水库管理规程》《大中型水闸运行管理规程》和《水土流失综合治理技术规范》制订发布。

（陶　洁）

水利工程综合管理

【概况】 2018 年，对 50 个水管单位年度考核情况进行抽查，3 家单位通过水利部国家水管单位考核验收，2 家单位通过省水利厅省级水管单位验收。3 处水利风景区被评为国家水利风景区，全省累计 36 个国家水利风景区，位居全国前列。

【水利工程管理考核及水管单位创建】 按照新修订的《浙江省水利工程管理考核办法》组织开展水利工程管理考核工作，在水管单位自查和设区市考核的基础上，组织对大中型水库、设计防潮（洪）标准为 50 年一遇及以上的海塘、大中型沿塘水闸工程共 50 个管理单位年度考核情况进行抽查。同时，慈溪市郑徐水库管理处、温州市泽雅水库管理站、省钱塘江管理局嘉兴管理处等 3 家通过水利部国家水管单位考核验收，临海市牛头山水库管理局、杭州市南排工程建设管理处等 2 家通过省水利厅省级水管单位验收。

【水利风景区建设与管理】 围绕维护水工程、保护水资源、改善水环境、修复水生态、弘扬水文化和发展水经济，各地开展水利风景区创建。金华磐安浙中大峡谷、衢州开化马金溪、嘉兴海盐鱼鳞海塘等3处水利风景区创建为国家水利风景区。全省累计创建 36 个国家水利风景区，位居全国前列。

【水利工程管理体制改革】 指导各地进一步理顺管理体制，落实水库海塘管护主体和管理人员，并按照“集约化、专业化、物业化”要求，积极推行“以大带小”“小小联合”“以点带面”“分片统筹”等管理模式。

（傅克登）

水库工程管理

【概况】 2018年，把确保水库安全度汛作为重中之重，组织开展水库大坝安全隐患大排查、安全度汛专项行动、明查暗访、运行管理督查和垃圾围坝整治等活动。以安全度汛专项行动和标准化管理创建为抓手，扎实做好各项工作，牢牢守住安全底线。

【落实防汛责任制】 2018年汛前，各地逐库检查落实政府、水行政主管部门、工程主管部门和管理单位责任人，并按照管理权限予以公布，明确岗位职责，建立责任追究制度。5月13日，省防指、省水利厅召开全省水库安全度汛工作紧急视频会议，迅速传达贯彻中央、省领导有关水库安全管理工作的指示和国家防总、水利部水库安全度汛工作会议精神，并按照水利部要求在5月底前落实每座水库的政府行政责任人、技术责任人、巡查责任人共6 945人，由县、市、省三级水行政主管部门主要负责人签字背书。同时，还对列入2018年建设计划的水库海塘除险加固项目，公布政府、主管部门和建设单位的责任人。

【大坝注册登记】 根据水利部办公厅《关于抓紧完成已建水库大坝注册登记工作的通知》（办建管函〔2018〕324号）要求，积极组织各有关市、县（市、区）对照梳理排查本行政区域内已投入运行但未注册水库大坝的名录，督促指导做好注册登记工作。截至12月底，按照水利部要求全面完成水库大坝补充登记和注销登记工作。全省共梳理出100座水库大坝需新增（调入）登记，其中中型3座（临安青山殿水库、诸暨永宁水库、莲都黄村水库）、小（1）型13座、小（2）型84座；22座因水库降等、报废或经认定应调整为河床式电站、湖泊管理等原因需注销（调出）水库大坝，其中中型3座，小（1）型2座、小（2）型17座。

【大坝安全鉴定】 省水利厅将水库大坝安全鉴定（技术认定）工作纳入工作考核，督促各地提高对该项工作的重视程度，不断加大资金投入，切实执行好水库大坝安全鉴定制度。2018年全省共完成294座水库大坝的安全鉴定，其中省级完成陈蔡、白溪等2座大型水库的安全鉴定。2018年6月，省水利厅办公室转发水利部办公厅关于进一步做好水库大坝安全鉴定工作的通知（浙水办管〔2018〕11号），督促各地认真开展水库安全鉴定工作，并按季度及时将鉴定完成情况报送水利部。

【水库控制运用管理】 2018年汛前，省水利厅会同省防指办及时核准批复34座大型水库及安华水库的控制运用计划。各地严格执行经批准的控制运用计划，及时跟踪掌握水库蓄水情况，科学指导水库运行调度，严禁水库擅自超汛限水位运行和擅自放水。对台州市长潭、桐庐大坑等水库未按批准的控制运用计划执行的管理单位及主管部门予以通报批评，并责令改正。

【水库安全度汛专项行动】 按照国家防总、水利部决策部署，把确保水库安全度汛作为重中之重，组织开展水库安全度汛专项行动，并专门制定《浙江省 2018 年水库安全度汛专项行动方案》，明确强化机构人员经费保障，完善监测预报预警，加强控制运用调度，完善安全应急预案，抓紧隐患排查整改，推进固坝强库治理，开展库区综合整治，加快标准化管理创建等 8 方面措施。同时，制定省级督查工作方案，对水库安全度汛工作实行每月 1 次的定期督查。6 — 9 月，省级督查共对 10 个设区市 70 个县（市、区）的 235 座水库安全度汛进行暗访督查。

【垃圾围坝排查整治】 按照水利部垃圾围坝整治工作总体要求，组织各地对所有水库进行排查，全面掌握水库垃圾围坝和水域保洁情况，发现垃圾立即组织清除，杜绝发生垃圾围坝现象，并建立垃圾围坝整治月报制度。对检查中发现坝前较多漂浮物、水葫芦等现象，均及时进行清理。

【水库运行管理督查】 主汛前，依托“千人万项”蹲点指导服务专家组，对 10 个市 26 个县（市、区）80 座小型水库进行明查暗访，并会同省防指办开展以水库安全度汛为主要内容的防汛专项督查。委托专业机构对 27 座大型和 6 座中型水库运行管理进行专项督查，其中将 5 座大型水库纳入“双随机”抽查。同时，配合水利部做好 4 座水库运行管理督查和 5 座小型水库专项稽察。

【水库安全隐患问题整改】 针对水库安全隐患大排查和安全度汛专项督查发现的 1 635 个问题，落实专人督促各地认真抓好整改，并实行清单式管理和销号制度。2018 年共转发水利部通报文件 29 个，印发省级督查通报文件 7 个，对水库存在的突出问题由水库总站负责人带队到现场核实并督促指导整改。截至 2018 年底，1 389 个问题已整改到位，整改率达 85%，未整改到位的主要为需要实施除险加固的二类、三类坝水库。

【水库确权划界】 继续加快推进水库工程确权划界工作，在省政府批复 21 座大型水库管理与保护范围划定方案的基础上，加快推进余下 13 座大型水库和跨设区市安华水库的管理与保护范围划定方案编制工作，启动新安江、富春江、湖南镇、紧水滩和滩坑等 5 座大型电站水库库区的管理与保护范围划定工作，完成陈蔡、下岸及赋石 3 座水库的省级审核意见。同时，梳理近年来全省水利工程划界工作进展及成果，向水利部运行管理司报送《浙江省水利工程管理与保护范围划定工作进展情况的函》。

【水库除险加固常态化若干问题调研】

2018 年，组织对水库安全鉴定及病险水库摸排，基本掌握全省水库安全鉴定完成率及病险率。完成《浙江省小型水库险险加固评估报告》《浙江省小型水库病险问题审核报告》和《水库除险加固常态化若干问题调研报告》。

【水库标准化管理创建】 按照省政府办公厅《关于全面推行水利工程标准化管理的意见》，坚持不懈地推进水库标准化管理。《大中型水库管理规程》作为省级地方标准在全国率先颁布实施，《小型水库管理规程》已通过专家审查，待省市场监管局通过颁布。督促指导各地加快标准化创建，认真做好验收工作。全省有 1 193 座水库通过标准化管理验收。

【涉库涉塘违法违规事件调查】 组织对 2017 年涉库涉塘违法违规事件排查“回头看”，现场督查天台县孟岸水库光伏电站、温州市珊溪水库泰顺县南浦溪景区、丽水市滩坑水库景宁县汇龙游艇俱乐部等项目侵占水库事件，督促责任单位落实整改。汇编 6 起典型事件资料，完成《全省涉库涉塘违法违规事项调查报告》。

【水库协同管理工作平台开发应用】 组织开发大中型水库协同管理工作平台，并已部署至省政府云平台。6 月 8 日，举办全省大中型水库协同管理平台应用部署视频培训会，对有关市、县（市、区）水行政主管部门、大中型水库管理单位负责人和相关工作人员共计 1 272 人进行培训。水库协同管理工作平台已在水库大坝隐患大排查、水库“三个人三方案”落实和汛期水库控制运用监管等工作中得到较好应用，基本实现省、市、县三级水行政主管部门和水库管理单位协同管理。

【水库管理人员业务培训】 11 月 8 — 9 日，采取现场与视频相结合的方式，组织全省各级水行政主管部门和部分水库管理单位等相关人员共计 1 500 多人参加全省水库管理培训班，进一步增强水库管理人员履职能力，提高水库管理水平。

（傅克登）

海塘工程管理

【概况】 2018 年，督促落实海塘安全管理责任制，坚持不懈地推进海塘标准化管理，确保海塘工程安全运行。共完成 39 km 海塘、18 座沿塘水闸的安全鉴定，完成《浙江省沿海海塘防御台风能力调研报告》。

【安全管理责任制】 2018 年汛前，督促各地逐塘检查落实政府责任人、水行政主管部门责任人、工程主管部门责任人、管理单位责任人。按照海塘安全监管分级负责制的要求，督促各级水行政主管部门全面履行监管职责，加强监督检查与指导督促海塘主管部门和管理单位认真做好巡查、检查、观测、维护等工作，确保工程正常运行。

【海塘及沿塘水闸安全鉴定】 将海塘安全鉴定工作纳入工作考核，督促各地提高对该项工作的重视程度，不断加大资金投入，切实执行好海塘安全鉴定制度。2018 年共完成 39 km 海塘、18 座沿塘水闸的安全鉴定。

【海塘及沿塘水闸监督管理】 委托专业单位对11条海塘及4座沿塘大中型水闸进行专项督查，对督查发现的问题，下达整改通知书，跟踪落实整改。

【沿海海塘防御能力评估】 组织沿海有关市、县（市、区）对浙东海塘防潮能力现状进行调查，基本摸清标准海塘沉降、塘顶高程、设防标准及闭合情况等，提出海塘加固提升方案，完成《浙江省沿海海塘防御台风能力调研报告》。

【人大建议和政协提案办理】 提出《关于加强标准海塘管理的建议》《关于沿海重要城市加强抵御超强台风能力的建议》2个主办件的答复意见和12个会办件的会办意见。

【海塘及沿塘水闸标准化管理创建】 按照省政府办公厅《关于全面推行水利工程标准化管理的意见》，坚持不懈地推进海塘标准化管理。《海塘工程管理规程》已通过专家审查，待省市场监管局通过颁布。督促指导各地加快标准化创建，做好验收工作。全省有119条海塘、38座沿塘水闸通过标准化管理验收。

【海塘管理人员业务培训】 11月28—30日，组织有关市、县（市、区）水行政主管部门和部分海塘管理单位等相关人员共计130余人参加全省海塘管理培训班，进一步增强海塘管理人员履职能力，提高海塘管理水平。

（傅克登）

河道工程管理

【概况】 2018年，将湖泊、水库统一纳入湖长制实施范围，全省落实湖长5 300名，实现湖泊、水库湖长全覆盖，累计完成河道管理范围划界1.44万km。全省排查“四乱”问题1 574个，整改1 274个。2018年共创建市级“美丽河湖”152条（个），评出省级“美丽河湖”30条（个）。

【河湖长制】 省委办公厅省政府办公厅印发《关于深化湖长制的实施意见》。在河长制总体框架下，将湖泊、水库统一纳入湖长制实施范围，全省落实湖长5 300名，实现湖泊、水库湖长全覆盖。省水利厅印发《2018年度曹娥江河长制工作计划》，组织落实流域省级河长巡河，督促指导曹娥江流域河长制工作。全省公布省、市、县三级河道1.9万km、288个湖泊名录。2018年计划完成河道管理范围划界1.1万km，累计完成1.44万km，完成率131%。

【河湖“清四乱”专项行动】 印发《浙江省河湖“清四乱”专项行动实施方案》，集中部署清理河湖“乱占、乱采、乱堆、乱建”。截至2018年底，全省排查“四乱”问题1 574个，整改1 274个，重要河湖共发现问题137个，已整改106个。开展“河湖采砂专项整治行动”和长江经济带固体废物排查。

【美丽河湖创建】 2018年启动美丽河湖创建工作，省水利厅印发《浙江省美丽河湖建设实施方案（2018—2022年）》《关于加强美丽河湖建设的指导意见》和《浙江省“美丽河湖”评定管理办法》等文件，2018年全省计划创建美丽河湖100条(个)。共创建市级“美丽河湖”152条（个），评出省级“美丽河湖”30条（个）。

【推进标准化管理】 2018年堤闸工程标准化管理创建258个，其中堤防230段，大中型水闸28座，截至2018年底，堤闸工程标准化管理创建完成268个，完成率104%，其中堤防工程完成232段，完成率101%；河道水闸工程完成36座，完成率129%。《大中型水闸运行管理规程》已通过地方标准批准并发布实施，《堤防工程管理规程》已通过地方标准审评待批准。省钱塘江管理局嘉兴管理处通过水利部水利工程管理单位考核验收。

【钱塘江流域管理】 《钱塘江河口治理规划》初稿和《钱塘江海塘海宁段堤脚加固工程初步设计》评审已完成。世界首个涌潮保护技术规定——《钱塘江河口涌潮影响评价技术规定》试行。

（胡 玲、李梅凤）

农村水利工程管理

【概况】 2018年，是浙江省农业水价综合改革全面铺开之年，全省11个市、84个县（市、区）制定出台改革方案，并经政府批复实施，全省超年度计划完成改革面积。开展大型灌区续建配套与节水改造项目自查自纠和中型灌区节水配套改造项目监督检查，为保证各地实施圩区项目的建设标准、建设规模等，组织开展圩区项目合规性审查，共计完成平湖市丰荡圩区等7个拟在2019年开工项目。要求各地切实加强山塘安全度汛工作，做好山塘信息清查与注册登记工作。组织修订山塘、大中型灌区、农村供水工程、泵站、圩区等5类工程的验收标准，印发实施《浙江省水利工程标准化管理验收办法》。

【灌区管理】 开展大型灌区续建配套与节水改造项目自查自纠和中型灌区节水配套改造项目监督检查，并发函督办检查中发现的建设进度缓慢等问题。梳理1998年以来的大型灌区续建配套节水改造项目实施情况，做好已建项目竣工验收和年度实施计划批复备案工作。积极开展现代化灌区改造规划编制、灌区生态建设专题调研等工作，为今后大中型灌区的提标升级做好谋划与准备。继续开展灌溉技术研究，表彰农田灌溉水有效利用系数测算分析工作2017年度优秀地区，并对2018年工作进行部署和监督检查。继续开展灌溉试验计划，加快推进农业节水灌溉技术创新和推广应用，在全国率先组织遂昌县规模化节水灌溉增效示范项目竣工验收。认真做好有螺区的环改灭螺等水利血防工作。

【圩区管理】 加强指导圩区安全度汛。全面摸排圩区现状情况，摸清和掌握杭嘉湖圩区工程现状及薄弱点，针对性开展圩区安全度汛工作。在主汛期前组织各地进行圩区安全检查，系统排查工程状况、消除安全隐患，保证圩区发挥效能；汛期台风、强降雨期间，及时掌握重点区域圩区水雨情和圩区工程运行情况，确保圩区安全高效运行。系统开展圩区项目合规性审查。为保证各地实施圩区项目的建设标准、建设规模等内容符合《浙江省杭嘉湖圩区整治规划》（浙水农〔2010〕47号），组织开展圩区项目合规性审查，共计完成平湖市丰荡圩区等7个拟在2019年开工项目。继续落实圩区运行管理维养资金。省财政厅、省水利厅以《浙江省财政厅 浙江省水利厅关于提前下达2018年第一批中央财政水利发展资金的通知》（浙财农〔2017〕112号），下达水利工程维修养护（即圩区工程维修养护）补助资金3 077万元，要求各地切实加强资金使用管理、规范项目管理、确保及时完成工作任务。

【山塘管理】 2018年2月12日，印发《浙江省水利厅办公室关于做好山塘安全度汛工作的通知》（浙水办农〔2018〕5号），要求各地切实加强山塘安全度汛工作，做好山塘信息登记及更新，确保山塘汛期安全运行。4月23日，印发《浙江省水利厅办公室关于加快山塘信息清查与注册登记工作的通知》（浙水办农〔2018〕9号），要求各地加快山塘信息清查与注册登记工作，并进一步明确工作要求。9月12日，印发《浙江省水利厅关于印发山塘信息清查与注册登记工作结果的通知》（浙水农〔2018〕30号），公布山塘信息清查与注册登记工作成果，据注册登记，全省共有坝高5.00 m以上的山塘18 095座，另经统计调查，全省共有坝高2.50～4.99 m的“低坝山塘”12 360座。

【农村水利标准化管理】 组织修订山塘、大中型灌区、农村供水工程、泵站、圩区等5类工程的验收标准，印发实施《浙江省水利工程标准化管理验收办法》。DB33/T 2083 — 2017《浙江省山塘运行管理规程》已经浙江省质量技术监督局批准发布，全面开展《浙江省泵站运行管理规程》《浙江省农村供水工程运行管理规程》上升地方标准工作。调整水利工程标准化管理工程名录（2016 — 2020年）为2 416处，其中，山塘1 477个、大中型泵站115座、灌区48个、农村供水707个、圩区69个。全省农村水利工程标准化管理创建共计验收765处，其中泵站15座、灌区9处、山塘491座、农村供水工程226个、圩区24处，超年度计划（648处）18%。举办大中型泵站、大中型灌区、圩区工程、农村供水工程标准化管理培训班6期，663人参加培训。对湖州等7个市、长兴等15个县（市、区）开展对各地农水工程标准化创建工作进行督促与指导。严格依标做好大型灌区、大型泵站工程标准化管理的省级验收工作，并做好负责市的抽查复核工作。

（贾　怡）

【农业水价综合改革】 根据浙江省实际，明确全省改革面积119.8万hm^2，年度计划实施改革面积18.4万hm^2，实际完成改革面积 27.5 万 hm^2，超年度计划的 49%。2018 年是浙江省农业水价综合改革全面铺开之年，重点任务是夯实基础、构建体系、建立机制、制定方案、试点推进。全省成立省、市、县三级改革领导机构，水利、财政、农业、物价等部门建立改革绩效评价等工作机制。全省 11 个市、84 个县（市、区）制定出台改革方案，并经政府批复实施，财政、水利等部门相继出台县级农业水价综合改革精准补贴和节水奖励、管护制度等基本制度和管理办法，农业水价综合改革机制进一步完善。84 个县（市、区）均开展农业水价综合改革试点，其中平湖、德清、浦江、龙湾、嵊泗、洞头等 6 个县（市、区）2018 年基本完成改革任务。

【农业水价综合改革措施】 加强改革工作部署，认真学习贯彻全省全面深化改革大会和全国农业水价综合改革座谈会精神，围绕 2020 年基本完成改革任务的总目标，全面部署 2018 年农业水价综合改革工作。成立由省水利厅主要领导任组长的农业水价综合改革工作领导小组，明确省级领导小组成员单位职责分工，建立办公室联席会议制度，努力形成改革合力。召开省级改革领导小组办公室会议和各市、试点县改革座谈会，举办 2 期农业水价综合改革专题培训班，进一步统一思想，坚定不移推进农业水价综合改革。完善省级配套政策，制定《县级农业水价综合改革实施方案编制大纲（试行）》，指导各县开展县级实施方案编制。水利、财政、农业、国土、物价 5 厅局联合印发《关于贯彻落实浙江省农业水价综合改革总体实施方案的通知》，将浙江省农业水价综合改革具体要求进一步细化，并制定《浙江省农业水价综合改革工作绩效评价办法（试行）》。根据国家部委的最新要求，制定《转发国家四部委关于加大力度推进农业水价综合改革工作的通知》，对全省加大力度推进改革提出 8 项措施。加强改革指导，联合省财政厅、省物价局等部门，组织对江山、浦江等 5 县（市、区）农业水价综合改革第一批试点地方进行评估，总结试点实践，加快完善推广，印发 11 个县（市、区）改革典型经验，加强示范引领。组织开展农业水价综合改革实施方案抽查，完成 25 个县级方案审查和意见反馈。组织开展县级农业水价综合改革绩效评价，督促各县结合实际，补足短板，为推进全面改革奠定基础。做好国家发展改革委等部委绩效评价自评等工作，经国家发展改革委等有关部委现场抽查复核，浙江省获 2017 年度农业水价综合改革绩效评价优秀等次。

（朱新峰）

【能力建设】 2018 年，专题学习贯彻中央农村工作会议和全国水利厅局长会议精神，围绕乡村振兴战略，认真研究农村水利具体措施，起草《打造秀水家园 服务乡村振兴——浙江省农村水利提升行动方案（2018—2022）》《浙江省水利厅关于小型农田水利工程建设推行“先建后补”管理的意见》。按照省水利厅“看优势、找短板、谋发展”大调研部署，深入各地调研，形成《高水平提升农村饮水安全调研报告》。制定《浙江省农村水利局提高工作效率实施细则（试行）》，建立微信和钉钉工作机制，要求全局干部职工增强会议议事质量，做好会议决定落实，加快公文处理速度，提高调研出差效率。

（贾　怡）

农村水电管理

【概况】 2018年，农村水电积极开展绿色小水电创建，着力弥补农村水电生态"短板"；加强水电站标准化管理，不断提升水电站管理水平；扎实抓好行业安全监管，保障行业安全生产。

【制定绿色小水电创建工作方案】 根据水利部要求，对全省单站装机容量1万kW以上、国家重点生态功能区范围内1 000 kW以上、中央财政资金支持过的电站进行调查统计，并制定全省绿色小水电创建方案，提出2018—2020年总目标和年度工作目标，明确重点工作任务，通过梳理存在问题，提出建立长效机制等工作措施。丽水、金华、温州等市制定了2018—2020三年工作计划。

【绿色小水电站创建宣传】 根据《水利部关于开展绿色小水电站创建工作的通知》（水电〔2017〕220号）、《水利部办公厅关于做好2018年绿色小水电站创建有关工作的通知》（办电移函〔2018〕333号）等通知要求，在全省范围内进行宣传发动，拍摄浙江省绿色小水电创建宣传片。2018年6月中旬，组织召开全省水电处长、水电科长培训班，就绿色水电站评价标准释义、创建证明资料编制、绿色水电评价管理系统使用等作详细讲解，同时再次部署全省绿色小水电创建工作，取得较好培训效果。

【绿色水电创建技术指导与审核初验】

组织专家到水电站实地开展绿色水电创建指导服务，帮助解决生态流量下泄设施安装、生态流量计算确定、技术自检等难题，做到"一站一策"，确保绿色水电站创建工作落到实处。要求水电站通过绿色水电管理信息系统进行网上注册并逐级申报，按照绿色水电评审标准，严格把关，积极组织开展省级初验及专家现场检查等工作，重点落实下游生态流量保障情况。2018年，全省32座水电站通过省级初验和公示，报水利部最终审定。

【1 000 kW以上水电站标准化复评工作】

修订标准，明确要求。根据2013年制定的《浙江省农村水电站安全生产标准化达标评级实施办法》要求，2018年开展农村水电站标准化第二次评级工作。借鉴全省水利工程标准化工作经验，编制《浙江省农村水电站安全生产标准化评审标准》（2018年4月修订），重点强化制度管理和持续改进相关内容，突出明确工作职责、"两票三制"等程序化操作管理要求。编制《浙江省农村水电站管理手册编制要求》，并将管理手册编制情况作为标准化复评时的重点事项。

分级复评，完成任务。2018年4月下发文件《浙江省水利厅办公室关于开展1 000 kW以上农村水电站标准化复评工作的通知》（浙水办电〔2018〕1号），部署开展2018年度复评工作，复评对象为2015年8月底前农村水电站安全生产标准化达标的二级、三级水电站。根据分级复评要求，逐站进行现场复评并编写评审报告，全年完成省级复评共35座，各市县完成复评106座，合计完成水电站复评141座。

【1 000 kW以上水电站标准化初评扫尾工作】 2018年，新增2座需省级评审的水电站，分别是龙游县红船豆水电站（4×5 000 kW）、衢江区安仁铺水电站（4×4 000 kW）。2018年8月，2座水电站均顺利通过评审。由于前期增效扩容项目建设，推迟至2018年开展标准化创建的水电站，已完成7座标准化评审，还有1座已申请标准化一级评审，由水利部负责审定。2018年共完成9座1 000 kW以上水电站标准化评审。

【水电站标准化抽查复核】 根据水利部《农村水电站安全生产标准化达标评级实施办法》（水电〔2013〕379号）、《浙江省人民政府办公厅关于全面推行水利工程标准化管理的意见》（浙政办发〔2016〕4号）规定，农村水电站需开展安全生产标准化达标建设并建立长效机制，实现行业可持续发展。按照DB33T/ 2008 — 2016《农村水电站管理规范》要求，对全省已达标且未纳入2018年复评的水电站按照10%比例（约50座）开展标准化管理情况抽查复核工作，督促水电站依标管理。

【1 000 kW以下水电站安全生产标准化工作】 2018年4月，在广泛征求各相关单位意见后，出台《浙江省水利厅关于印发<浙江省1 000 kW以下农村水电站安全生产标准化评审标准>（试行）的通知》（浙水电〔2018〕1号），指导各地开展1 000 kW以下农村水电站安全生产标准化建设，2018年共完成20座水电站创建工作。

【电站防汛安全责任落实】 按照浙江省农村水电站防汛安全管理办法，对省内配套大中型水库的水电站进行统计审核，于2018年4月15日在《浙江日报》上公布167座水电站防汛安全行政责任人、管理责任人和直接责任人。为落实防汛责任，做好水电站安全度汛打下良好基础。

【安全生产大检查】 全面贯彻“安全第一，预防为主，综合治理”的方针，加强领导，明确责任，省、市、县分别成立检查小组，制定实施方案，进行多次不定期的安全生产现场检查。

【老电站安全检测】 完成金华、衢州2市90座25年以上农村水电站安全检测工作，检测完成并经审核后将检测成果、发现的问题向有关县（市、区）水行政主管部门和电站业主进行反馈，督促各地及时完成整改。

【农村水电从业人员培训】 着力提升水电站运行人员技能水平和管理水平，按照"五统一"（统一教材、统一课件、统一师资、统一考核、统一发证）要求，分期分批开展培训，2018年，全省共完成培训462人。

（王晓飞）

依 法 行 政

Lawful Administration

145 ～ 152 页

政策法规

【概况】 2018年，开展《浙江省水域保护办法》立法调研，并起草上报省政府。申报《浙江省节约用水与水资源管理条例》列入2019年省人大立法计划。组织开展涉水法规规章规范性文件7轮专项清理。制定省水利厅规范性文件9个。

【开展《浙江省水域保护办法》修订】 围绕顺应推进国家生态文明建设和"放管服""最多跑一次"改革要求，衔接河长制规定，开展《浙江省建设项目占用水域管理办法》修订立法调研和《浙江省水域保护办法》初稿的起草。送审稿经省水利厅党组会议审议后上报省政府，待省政府常务会议审议通过后实施。

【申报立法项目】 研究并申报《浙江省节约用水与水资源管理条例》列入2019年省人大的立法计划，并主动向省人大法委、省农委和省司法厅汇报，阐明条例修订的必要性、拟解决的主要问题、解决问题的思路方案、起草调研进度安排等。

【完善法律顾问制度】 制定印发《浙江省水利厅法律顾问和公职律师管理制度》（浙水办法〔2018〕3号）。2018年11月组织省水利厅机关各处（室、局）、总站、中心对2018年法律顾问履职情况进行书面评价，共19家单位参与评价，其中16家评价优秀，3家评价称职，没有不称职的评价。

【完善行政败诉案件分析整改制度】 贯彻落实《浙江省人民政府关于印发政府"两强三提高"建设行动计划（2018—2022年）的通知》（浙政发〔2018〕16号），制定印发《浙江省水利厅行政败诉案件分析整改规定》（浙水办法〔2018〕4号），强化行政败诉案件分析整改，提高依法行政水平。

【推进公益诉讼】 与省检察院合作在水利领域推进公益诉讼，联合印发《关于加强水利领域公益诉讼工作协作的意见》，建立日常信息交换、重大情况通报、案件线索移送、专业支持等机制。

【行政复议】 2018年，受理行政复议案2件。

施国再因省水利厅对其《查处申请书》未作回复不服，向水利部提起行政复议。2018年4月25日，水利部作出行政复议决定（水复议驳〔2018〕3号），驳回申请人行政复议申请。

浙江省正邦水电建设有限公司不服台州市椒江区水利局、台州市水利局作出的《关于台州市椒江区十二塘围垦工程一体化PPP项目招标投诉的处理决定》，于2018年1月17日向省水利厅申请行政复议。省水利厅按规定移交省复议局办理并做好配合工作。省复议局依法驳回申请人的复议申请。

【合法性审查和备案】 按照《浙江省行政规范性文件管理办法》要求，对《浙江省水利厅贯彻<水利部关于加强事中事后监管规范生产建设项目水土保持设施自主验收的通知>的实施意见》等15个省水利厅规范性文件进行合法性审查并出具意见，9个文件取得统一编号并已印发（见表1）。完成省水利厅党组规范性文件备案7件。

表1　2018年省水利厅制（修）定规范性文件目录

序号	文件名称	文号	统一编号
1	浙江省水利厅贯彻《水利部关于加强事中事后监管规范生产建设项目水土保持设施自主验收的通知》的实施意见	浙水保〔2017〕5号	ZJSP18—2018—0001
2	浙江省水利厅关于试行重大水利建设项目全过程动态管理平台的通知	浙水建〔2018〕3号	ZJSP18—2018—0002
3	浙江省水利厅关于印发《浙江省“美丽河湖”评定管理办法》的通知	浙水河〔2018〕15号	ZJSP18—2018—0003
4	浙江省水利厅关于加强美丽河湖建设的指导意见	浙水河〔2018〕14号	ZJSP18—2018—0004
5	浙江省水利厅关于开展区域水资源论证＋水耗标准管理试点工作的通知	浙水保〔2018〕27号	ZJSP18—2018—0005
6	浙江省水利厅关于印发《浙江省水行政主管部门随机抽查事项清单》的通知	浙水政〔2018〕6号	ZJSP18—2018—0006
7	浙江省水利厅　浙江省人力资源和社会保障厅关于印发《浙江省水利专业工程师、高级工程师职务任职资格评价条件》的通知	浙水人〔2018〕33号	ZJSP18—2018—0007
8	浙江省水利厅关于明确浙江省河湖“清四乱”专项行动问题认定及清理整治标准的通知	浙水河〔2018〕29号	ZJSP18—2018—0008
9	浙江省水利厅关于印发《浙江省水行政处罚裁量基准》的通知	浙水政〔2018〕10号	ZJSP18—2018—0009

【规范性文件清理】　按照省人大和省司法厅要求，围绕公共信用管理、产权保护、排除限制竞争、证明事项、“最多跑一次”改革、生态环境保护、民营经济发展等，对省水利厅印发的规范性文件进行7轮专项清理。清理后，现行有效的规范性文件共102件。同时，对省政府涉水规范性文件进行清理，废止1件，宣布失效4件，修改4件，继续有效19件，清理意见及时上报省政府。

【政策研究和课题调研】　学习贯彻习近平总书记关于治水的重要论述精神。按照省水利厅党组部署，在全国率先部署并印发学习贯彻工作方案，汇编学习手册，及时总结宣传全省水利系统的学习贯彻情况，对标全国水利先进指标，研究浙江省的水利高质量发展思路和举措。

开展“看优势、找短板、谋发展”大调研。按照省委“大学习大调研大抓落实”活动部署，2018年完成《以“立、改、并、废”为抓手 补齐浙江省水法规体系建设短板调研报告》，汇编省水利厅和各市水利部门调研报告。总结全厅大调研活动的情况，完成《学指示、谋新篇、显担当 深入开展水利“大学习大调研大抓落实”活动》上报省委办公厅。

重点课题调研。根据省水利厅和省政府研究室要求，每位厅领导牵头开展一项重点课题调研，完成2018年度重点课题研究核心成果，上报省政府研究室。

（黄 臻）

水政监察

【概况】 2018年，省水利厅不断深化“最多跑一次”水利改革，落实河湖执法工作，全面推进“无违建”河道创建，开展普法宣传教育，顺利完成各项工作任务。

【无违建河道创建】 以全面深化落实河长制为契机，继续开展“无违建河道”创建工作，深入推进全省涉水“三改一拆”工作。印发2018年无违建河道创建计划，确定2018年度创建任务的省、市级河道具体名录，在2017年实现省级、70%市级河道基本无违建基础上，对其余30%市级河道和30%县（市、区）级河道开展基本无违建创建工作，全省列入2018年度创建名录河道总长约5 980 km。采用无人机航拍的方式，按照年度任务河道总长25%比例对浙江省48条河道进行航拍巡查抽查，累计抽查巡查河道1 113.6 km，发现疑似违法建筑609处。2018年6月在温州市龙湾区组织召开“无违建河道”现场推进会，观摩现场、交流经验，总结情况、部署工作。11月底，全省基本完成年度创建任务，列入年度创建名录河道管理范围内拆除涉水违法建筑1 055处，拆除面积35.28万m^2。以重点行动带动面上拆违工作，全省共拆除各类涉水违建163.32万m^2。

【河湖执法检查活动】 2018年6月25日印发《关于进一步做好河湖执法工作的通知》（浙水政〔2018〕4号），出台《浙江省河湖执法工作方案（2018—2020）》。8月，根据水利部河湖执法督查相关要求，印发《关于开展2018年度河湖执法督查的通知》（浙水办政〔2018〕10号），组织开展督导工作。9月，组成5个督查组赴全省11个设区市本级及22个县（市、区）开展河湖执法情况省级督查。据不完全统计，此次河湖执法活动全省水行政执法部门共出动执法人员3.7万人次，出动车辆1.1万次，船只2 806次，巡查河道累计14.6万km，巡查水域累计2.8万m^2，查处水事违法案件244件，其中，河湖案175件，水工程案6件，水资源案19件，水土保持案7件，水利建设管理案34件，共计罚款499.84万元，没收违法所得33万元。

【水事纠纷调处】 2018年4月23日转发《水利部关于组织开展水事矛盾纠纷排查化解活动的通知》，组织开展水事矛盾纠纷排查，坚持预防为主、预防与调处相结合的工作方针，以省际、市际、县际重点水事矛盾敏感地区为排查重点，掌握基本情况，切实加强对省际、市际、县际水事活动的巡查和监督。依法办理相关信访事项，全年流转信访事项74件，办结信访复核事项1件。

【“双随机”监管】 动态调整“一单两库”，根据权力清单动态调整成果和监督检查事项工作开展具体实际，及时调整随机抽查事项清单，于2018年7月23日印发修订后的《浙江省水行政主管部门随机抽查事项清单》，实现监督检查类权力事项随机抽查监管全覆盖的要求。及时完成浙江省“双随机”抽查管理系统的应用工作，2018年6月11日，组织召开浙江省“双随机”抽查管理系统应用视频培训会，全省水利系统于6月底前如期完成相关数据入库工作。修订完善检查标准化文书，制定2018年度“双随机一公开”年度工作计划。全面实施“双随机一公开”抽查工作，根据年度工作计划，及时实施省水利厅本级4个抽查工作任务，并及时公开抽查结果。

【普法宣传】 2018年3月22日，在台州市仙居县开展浙江省首届亲水节暨“世界水日”活动，322名亲水志愿者参与亲水毅行并公益捐步，浙江省亲水大使、前中国泳坛名将吴鹏在仙居县第四小学为学生们上节水公开课。全省各地同时开展百堂节水公开课，制作发放世界水日主题宣传海报4万余份。制定年度水利普法依法治理工作要点，明确年度普法工作的重点和主要内容，深入推进水利系统干部职工学法用法，组织开展全省水法律法规学习考试，以考促学、以学促知、以知促做，全省参加考试共12 685人（其中省级3 707人，市、县8 978人），平均合格率99.4%。深入学习宣传和贯彻实施《中华人民共和国宪法》，组织宪法学习会，邀请专家为全体干部职工讲解新宪法相关知识，征订宪法学习资料400余份，推动形成学法尊法守法用法的法治氛围。根据水利部普法办要求组织开展以宪法为主题的学习考试，省水利系统共10 228人参考，被水利部普法办表彰为优秀组织单位。

（黄　臻）

水利改革

【概况】 2018年，省水利厅持续深入推进“最多跑一次”水利改革，主动适应“互联网+政务服务”的工作方式，不断提高网上办理比例，实现所有事项100%网上办理。省级涉水审批缩短至5.7个工作日，较承诺时间提速46%。

【“最多跑一次”水利改革】 制定印发省水利厅“最多跑一次”改革实施小组工作规则，实行分类签报、定期通报、专题会议、动态调整等制度，及时总结经验、查摆问题，共商下阶段工作重点。省水利厅领导带队分赴11个设区市开展现场指导，充分听取意见，提高认识、统一思想，加大推进力度。对照省政府部门绩效考评细则，逐项分解工作任务，明确责任处室和人员，逐一排定时间节点。主动适应“互联网+政务服务”的工作方式，不断提高网上办理比例，实现所有事项100%网上办理。组织制定“无差别全科受理”水利培训教材，修订完善水行政许可监督检查规范，梳理制定水利系统行政执法监管清单，开展批文标准化研究，有序推进行政审批制度改革，动态调整水行政执法清单，及时开展省、市、县三级办事事项统一管控。根据法规和职能调整情况梳理调整行政处罚事项，由原138项调整为130项，并以此为基础形成全省水利部门监管清单。加快完善水利数据仓建设，开展3轮次数据共享需求梳理，形成数据提供责任清单，推进数据共享改造。

【区域涉水评价试点】 围绕加快推进企业投资项目开工前审批“最多跑一次”“最多100天”的要求，加强指导推行区域水资源论证、区域水土保持、区域防洪评价，重点帮助湖州市、苍南县等地厘清开展思路，明确入园标准，简化涉水审批程序，推动一般企业投资项目开工前审批“最多100天”，提高企业获得感。组织召开全省水利系统“最多跑一次”改革现场推进会、水行政许可培训班，采用专家讲座、现场答疑和交流研讨相结合的方式，大力推介试点成功经验，交流研讨审批具体问题，共同提高水行政审批能力。舟山、台州、宁波、丽水、金华等市，以及永康、诸暨等24个县（市、区）先后出台区域评价实施方案，基本覆盖全省域。及时提炼形成省级指导意见，出台《进一步推进区域水土保持评价的指导意见》，在9个园区先行开展区域水资源论证＋水耗标准管理试点。

【完善“一件事”办理机制】 印发《涉水建设项目行政许可“一件事”办理规则》。规划阶段主动对接了解需求，立项阶段提前介入主动服务，审批阶段落实专人盯办加强协调无缝衔接，大大缩短办结时间，省级涉水审批缩短至5.7个工作日，较承诺时间提速46%；明显提升项目单位主动申报意识，全年主动申报省级涉水项目达80项，较2017年增长100%，涉及投资规模达4 222亿元，有力助推“大花园”“大通道”建设。

【年度水利改革】 研究制定《2018年浙江水利改革主要任务及职责分工》，明确年度9方面19项水利主要改革任务。参加省政府首次开展的改革创新项目绩效考评，材料申报和现场陈述综合成绩在36个部门项目中列第7名。首次组织开展全省2018年底水利改革10大典型经验评选工作，收到地方经验84个，整理完成《全省水利改革创新2018年度典型经验材料汇编》，综合确定年度10大典型经验。

【调研总结基层改革经验】 调研温州市创新堤防灾害风险防控，以年度防汛抗旱应急经费为保费补助资金，向保险公司投保，力求“小灾年份充分使用财政预算资金、不浪费，大灾年份获取大额理赔资金、补不足”的改革做法，并积极做好改革经验总结和推广。调研金华市盘活水利资产创新改革，整合水利资产，推进水务改革。调研仙居县盘活水利资产创新改革，探索“水利工程推动水利经济，水利经济反哺水利工程”良性循环机制。

【全面深化改革】 根据省领导批示，研究《关于支持海南全面深化改革开放的指导意见》，提出浙江水利对标海南全面深化改革开放工作措施。完成水利部组织的深化水利改革重点任务落实情况自查，并报送自查报告。按照省委改革办要求，完成《浙江省水利厅关于报送水利领域改革有关情况的函》等材料。根据改革专项小组要求，完成《关于完善产权保护制度依法保护产权工作情况报告》。

（黄　臻）

能 力 建 设

Capacity Building

153 ～ 178 页

党建与精神文明

【概况】 2018年，省水利厅厅系统各级党组织和广大党员认真学习贯彻习近平新时代中国特色社会主义思想和党的十九大、省十四次党代会及历次全会精神，突出政治建设首要位置，狠抓基层党建工作，扎实推进党支部标准化建设，深化推进全面从严治党巡察，进一步夯实基层党建基础，不断推动全面从严治党纵深发展。

【政治思想建设】 省水利厅党组把政治建设摆在首位，强化“头雁”作用，组织厅党组理论中心组学习（扩大）会17次，先后学习党的十九大和十九届二中、三中全会精神，省委十四届三次全会精神，省纪委十四届二次、三次全会精神，深入学习习近平总书记关于治水的重要论述和新修订的宪法、监察法、纪律处分条例、党支部工作条例等精神，形成书面学习交流材料20多篇。按照省委“大学习大调研大抓落实”部署，组织开展“学指示、谋新篇、显担当”专题学习教育活动，“读原著、强党性、促改革”读书活动，“遵守六项纪律”专题警示教育月活动等，推动学习教育制度化常态化。加强党对意识形态工作领导，制订《省水利厅党组意识形态重点工作和分工计划》，定期研判意识形态和涉水舆情工作。《省水利厅系统党员干部思想状况调查报告》获得2018年度全国水利系统思想政治工作课题研究成果一等奖。

【基层组织建设】 优化基层党组织设置，推进浙江水利水电学院、浙江同济科技职业学院、中国水利博物馆、省水利河口研究院、省钱塘江管理局等单位所属党组织调整工作。强化先进示范引领，开展2016 — 2017年度省水利厅系统先进基层党组织、先进纪检监察组织和优秀共产党员、优秀党务工作者、优秀纪检监察工作者评选表彰活动，23个党组织被评为先进基层党组织，3个组织（部门）被评为先进纪检监察组织，67位同志被评为优秀共产党员，16位同志被评为优秀党务工作者，6位同志被评为优秀纪检监察工作者。做好省直机关“两优一先”推荐工作，4个党组织被评为省直机关先进基层党组织，4位同志被评为省直机关优秀共产党员，2位同志被评为省直机关优秀党务工作者。规范党员教育与管理，认真贯彻落实《中国共产党党员发展工作细则》，2018年省水利厅系统党员新发展党员334名。完善党员管理信息化平台，实现网上办理党员组织关系接转325名。做好2013年以来党费收缴使用和管理情况自查工作。出台《浙江省水利厅基层党组织党建活动经费管理办法》，开展形式多样的党建活动。

【党支部标准化建设】 牢固树立“党的一切工作到支部”鲜明导向，围绕“政治、思想、组织、作风、纪律、制度”六大建设，扎实推进党支部标准化2.0版建设，2018年省水利厅系统党支部标准化达标率为97.1%，圆满完成“三年行动计划”，党支部建设整体质量持续提升。加强理论课题研究，《党支部标准化指标体系研究与实践》论文获得水利部思想政治工作课题研究成果二等奖。

【党风廉政建设】 开展清廉机关建设，以实施“五大行动”为抓手，推动制度机制成熟定型、权力运行规范有序、清廉文化深入人心。认真做好政治生态状况评估工作，扎实推进省水利厅系统政治生态建设。开展遵守“六项纪律”警示教育月活动，编印全省水利系统和省水利厅系统违纪违法案例警示录和“六大纪律”61条表现等多份学习材料，坚持以案说法、对标自查，问题导向、互帮互查，整改落实、承诺履诺，取得良好成效。完成第一轮全面从严治党巡察，开展对省水利厅办公室、浙东引水局等10家单位（处室）巡察，连续3年对省水利厅直属单位（处室）巡察“全覆盖”（除浙江水利水电学院、中国水利博物馆分别接受省委巡视和水利部巡视之外），帮助被巡查单位发现和解决一些问题隐患。开展失职渎职风险大排查，每位干部职工对照岗位职责和工作规程，梳理可能出现的失职渎职风险，制定针对性防范措施和整改办法，切实增强防范风险意识，建立防范机制。

【精神文明建设】 省钱塘江管理局、省水利科技推广与发展中心、金华市沙畈水库管理处3家单位获第八届全国水利文明单位。吴纹达团员被评为省级优秀团员。开展党员干部春节回乡调研活动，形成优秀调研报告30余篇。先后组织参加2018年度“最美浙江人·浙江骄傲”人物、省直机关第五届道德模范、“中国水利人”“全国工人先锋号”“五一劳动奖章”“全国巾帼文明岗”等评选活动，以及浙江省思想政治工作成绩突出单位评选、第七届“浙江省宣传思想文化工作创新奖”评选、“水工程与水文化有机融合案例”评审。组织作品参加水利改革发展辉煌40年主题美术书法摄影作品展。

【群团及统战工作】 深化“一加一行动计划”活动，组织文体活动兴趣小组10个。举办羽毛球比赛、第十一届“钱塘江杯”乒乓球比赛、首届趣味运动会。组织做好困难党员建档、省部级以上劳模电子归档工作，做好慰问省部级及以上劳模并组织体检。开展“新时代大学习·跟着总书记读好书”主题团日活动、“发现最美90后 争做新时代弄潮儿”主题实践活动。开展“我们的亲水课”志愿服务活动，以“上一堂节水课、做一次亲水互动”为主题，组织45个小分队开展亲水课程。组织参加“亲青恋”系列联谊交流活动、走基层义务植树活动。组织红十字应急救护讲座1次、应急救护培训2期，150余人取得红十字救护员证。做好民主党派基层组织和民主党派成员基本情况统计。做好20位工委统战部重点联系的省直机关无党派人士认定登记工作。做好省水利厅系统侨情、港澳同胞眷属情况调查工作。做好省知识界人士联谊会第三届理事会人选推荐工作。

（郭明图）

组织人事

【概况】 2018年，根据省委办公厅、省政府办公厅文件精神，省水利厅行政编制由96名调整为105名，设厅长1名，副厅长4名，总工程师1名，处级领导职数36名，处室由11个调整为13个，新设议事协调机构6个。根据省改革办文件精神，省水利厅划出4项职责。省委、省政府任免省水利厅干部6名。试用期满考核后正式任职处级干部7名；主任科员及以下职务人员任免9名。省委组织部安排市县上挂干部2名、下派干部2名，厅党组下派干部14名。安置军队转业干部5名。组织水利专业工程师、高级工程师资格评价业务考试和资格初定、评审。初定81人具有中级专业技术职务资格，98人通过工程师资格评审，245人通过高级工程师资格评审。实施万人培训工程，围绕“美丽河湖”“农村饮用水达标提标”等重点水利工作，开展教育培训13 705人次。发放浙江省水利行业继续教育证3 237张，继续教育登记卡10 576张。

【机构编制】 2018年，根据省委办公厅、省政府办公厅印发的《浙江省水利厅职能配置、内设机构和人员编制规定》（厅字〔2018〕78号）文件精神，省水利厅行政编制由96名调整为105名，设厅长1名，副厅长4名，总工程师1名，处级领导职数36名（14正22副，含机关党委专职副书记1名）。处室由11个调整为13个，设办公室、政策法规处（执法指导处）、规划计划处、水资源管理处（省节约用水办公室）、建设处、运行管理处、河湖管理处、农村水利水电与水土保持处、监督处、科技处、水旱灾害防御处、财务审计处、人事教育处，直属机关党委按有关规定设置。

根据省改革办印发的《省水利厅机构编制框架的函》（浙机改字〔2018〕46号），省水利厅划出4项职责：水资源调查和确权登记管理职责划转至省自然资源厅；编制水功能区划、排污口设置管理和流域水环境保护职责划转至省生态环境厅；农田水利建设项目管理职责划转至省农业农村厅；省政府防汛防台抗旱指挥部和省水利厅水旱灾害防治相关职责划转至省应急管理厅。厅属4家参公单位行政职能回归厅机关，4家参公单位整合为3家，其中省农村水利局与省河道管理总站整合更名为省河湖与农村水利管理中心；省水库管理总站更名为省水库管理中心；省钱塘江管理局更名为省钱塘江管理中心。厅属事业单位省水文局更名为省水文管理中心，省浙东引水管理局更名为省浙东引水管理中心。

2018年，新设议事协调机构6个，2个议事协调机构调整成员名单（见表1）。

表 1　机构调整及新成立情况

序号	机构名称（新成立或调整）	时间	文件名（文号）
1	成立农业水价综合改革工作领导小组	2月2日	浙江省水利厅关于成立农业水价综合改革工作领导小组通知（浙水人〔2018〕4号）
2	成立水库安全度汛专项行动领导小组	5月16日	浙江省水利厅关于成立水库安全度汛专项行动领导小组通知（浙水人〔2018〕18号）
3	调整“五水共治”工作领导小组办公室成员	8月31日	浙江省水利厅关于调整“五水共治”工作领导小组办公室成员的通知（浙水人〔2017〕37号）
4	成立农村饮用水达标提标专项行动领导小组	10月11日	浙江省水利厅关于成立农村饮用水达标提标专项行动领导小组通知（浙水人〔2018〕43号）
5	成立乡村振兴领导小组	10月12日	浙江省水利厅关于成立乡村振兴领导小组通知（浙水人〔2018〕44号）
6	成立深化机构改革导小组	10月24日	浙江省水利厅关于成立深化机构改革领导小组通知（浙水人〔2018〕46号）
7	调整《浙江通志》水利类卷编纂委员会及四卷编辑部成员	10月25日	浙江省水利厅关于调整《浙江通志》水利类卷编纂委员会及四卷编辑部成员的通知（浙水办发〔2018〕12号）
8	成立部门项目支出预算评审委员会	10月24日	浙江省水利厅关于成立部门项目支出预算评审委员会的通知（浙水人〔2018〕50号）

【干部任免】　2018年，省委、省政府任免省水利厅干部6名。试用期满考核后正式任职处级干部7名；主任科员及以下职务人员任免9名。省委组织部安排市县上挂干部2名、下派干部2名，厅党组下派干部14名。安置军队转业干部5名。

【厅领导任免】

2018年3月31日，省人大常委会决定任命马林云同志为浙江省水利厅厅长；4月23日，浙委干〔2018〕63号文通知，马林云同志任浙江省水利厅党组书记。

2018年3月21日、3月28日，浙委干〔2018〕63号、浙政干〔2018〕8号、浙组干任〔2018〕7号文通知，免去俞锡根同志的浙江省水利厅党组成员，浙江省水文局局长、党委书记、委员职务。

2018年9月3日，浙组干任〔2018〕21号文通知，免去葛平安同志的浙江省水利厅党组成员职务。

2018年9月3日、9月18日，浙委干〔2018〕152号、浙政干〔2018〕23号、浙组干任〔2018〕21号文通知，江海洋同志任浙江省水利厅党组成员，浙江省水文局党委委员、书记，浙江省水文局局长。

2018年9月18日，浙政干〔2018〕23号文通知，裘江海任浙江省水利厅副巡视员。

【其他省（部）管干部任免】 2018年9月14日，浙委干〔2018〕168号文通知，吴小英同志任浙江水利水电学院党委委员、副书记。

【厅管干部任免】

2018年1月28日，浙水党〔2018〕6号文通知，免去俞淑英的浙江省水利厅建设处（安全监督处）调研员职务。

2018年2月12日，浙水党〔2018〕8号文通知，免去周宝森同志的浙江省钱塘江管理局党委书记、委员职务。

2018年4月23日，浙水党〔2018〕17号文通知，经试用期考核，任命陈丽雅为中国水利博物馆副馆长；任命孙寒星为浙江省水利厅规划计划处副处长；任命王淑芳为浙江省水利厅财务审计处副处长；任命王建华为浙江省钱塘江管理局嘉兴管理处主任；任命许志良为浙江省钱塘江管理局宁绍管理处主任。

2018年4月23日，浙水党〔2018〕18号文通知，免去严甬同志的浙江省水文局副局长、党委委员职务；浙水人〔2018〕14号文通知，严甬职级确定为副局级。

2018年5月18日，浙水党〔2018〕24号文通知，免去黄仕勇的浙江省人民政府防汛防台抗旱指挥部办公室调研员职务。

2018年7月2日，浙水党〔2018〕29号文通知，戚斌斌任浙江省水库管理总站副主任（挂职1年）；王晶晶挂职浙江省水利厅全面推进河长制领导小组办公室工作（挂职1年）。

2018年7月2日，浙水党〔2018〕31号文通知，免去陈丽雅同志的中国水利博物馆党委委员、副馆长职务。

2018年7月26日，景人大常〔2018〕18号文通知，孙寒星为景宁畲族自治县人民政府副县长。

2018年8月3日，浙水党〔2018〕37号文通知，经试用期考核，任命蒋小卫为浙江省水利厅办公室副主任；任命夏益杰任浙江省水利厅政策法规处副处长。

2018年8月8日，浙水党〔2018〕38号文通知，免去梁建华的浙江省水利厅规划计划处调研员职务。

2018年9月5日，浙象人大〔2018〕31号文通知，穆锦斌为象山县人民政府副县长。

2018年12月7日，浙水人〔2018〕65号文通知，王新辉任浙江省水利厅调研员；王扬彬任浙江省农村水利局副调研员。

【职称工作】 2018年，组织水利专业工程师、高级工程师资格评价业务考试和资格初定、评审。初定81人具有中级专业技术职务资格，98人通过工程师资格评审，245人通过高级工程师资格评审。

3月1日，印发《浙江省水利厅办公室关于印发2018年度岗位教育培训和岗位资格考试计划的通知》（浙水办人〔2018〕2号）。

3月1日，印发《浙江省水利厅 浙江省人力资源和社会保障厅关于公布孟健等245人具有高级工程师职务任职资格的通知》（浙水人〔2018〕9 号），经省水利工程技术人员高级工程师资格评审委员会 2018 年 1 月 10 日评审通过，孟健等 245 人具有高级工程师职务任职资格。

6 月 5 日，印发《浙江省水利厅办公室关于做好 2018 年水利专业工程师、高级工程师资格评审工作的通知》（浙水办人〔2018〕4 号）。

6 月 7 日，印发《浙江省水利厅关于公布 2018 年浙江省水利专业高级工程师资格评价业务考试合格人员名单的通知》（浙水人〔2018〕26 号），全省共 490 人考试成绩合格。

7 月 21 日，印发《浙江省水利厅办公室关于开展第六届全国水利行业职业技能竞赛浙江地区集训选拔工作的通知》（浙水办人〔2018〕7 号）。

8 月 27 日，印发《浙江省水利厅浙江省人力资源和社会保障厅关于印发 < 浙江省水利专业工程师、高级工程师职务任职资格评价条件 > 的通知》（浙水人〔2018〕33 号）。

11 月 2 日，印发《浙江省水利厅关于公布陆佳华等 98 位同志具有工程师专业技术职务任职资格的通知》（浙水人〔2018〕51 号），经省水利厅工程技术人员中级职务任职资格评审委员会、省水利河口研究院工程技术人员中级职务任职资格评审委员会于 2018 年 10 月 10 日评审通过，陆佳华等 98 位同志具有工程师专业技术职务任职资格。

11 月 12 日，印发《浙江省水利厅关于确认李博通等 81 人具有中级专业技术职务任职资格的通知》（浙水人〔2018〕56 号），经考核合格，确认李博通等 81 人具有中级专业技术职务任职资格。

11 月 26 日，印发《关于 2019 年度申报正高级工程师人员兼职授课（讲座）有关工作的通知》（同教科〔2018〕120 号）。

水利人才队伍建设

【概况】　截至 2018 年底，全省水利系统从业人员 19 695 名。

学历层次。本科 7 498 人，占 38.1%，硕士研究生 2 279 人，占 11.6%，博士研究生 199 人，占 1%，大专及以上学历人员共 15 096 人，占 76.8%。

专业结构。大专及以上人员中，水利类专业占 33%，经济管理、法学、土建、农学、测绘等相关专业占 30.8%，其他如经济、法学、信息等专业占 36.2%。

技术职称。专业技术人员总量 13 469 人。其中，具有初级职称以上 9 243 人，占总量的 68.6%。高级职称 2 447 人，其中正高级 282 人，副高级 2 165 人；中级职称 3 728 人；初级职称 3 068 人。2018 年，副高及以上人数较 2017 年减少 66 人，降幅 2.6%。副高及以上专技人员中，46.1% 集中在省水利厅系统（其中正高 90.1% 在省水利厅系统）。全省水利系统各市专业技术人员技术职称结构见表 2。

表 2　全省水利系统各市专业技术人员技术职称结构

地市	专业技术人员总量 / 人	正高级		副高级		中级		初级		无职称		副高及以上比例 /%	副高及以上占比排名
		人数	比例 /%	人数	比例 /%	人数	比例 /%	人数	比例 /%	人数	比例 /%		
杭州	766	5	0.7	126	16.4	227	29.6	183	23.9	270	35.2	17.1	2
宁波	1 398	4	0.3	145	10.4	426	30.5	327	23.4	496	35.5	10.7	8
温州	1 492	5	0.3	155	10.4	343	23.0	502	33.6	487	32.6	10.7	8
嘉兴	706	1	0.1	140	19.8	300	42.5	210	29.7	67	9.5	20.0	1
湖州	553	1	0.2	67	12.1	154	27.8	119	21.5	212	38.3	12.3	6
绍兴	1 185	2	0.2	135	11.4	316	26.7	274	23.1	458	38.6	11.6	7
金华	1 541	4	0.3	237	15.4	393	25.5	462	30.0	445	28.9	15.6	3
衢州	510	3	0.6	44	8.6	108	21.2	119	23.3	236	46.3	9.2	10
舟山	194	0	0.0	28	14.4	55	28.4	45	23.2	71	36.6	14.4	4
台州	1 341	1	0.1	121	9.0	318	23.7	372	27.7	529	39.4	9.1	11
丽水	759	2	0.3	93	12.3	228	30.0	238	31.4	198	26.1	12.5	5
合 计		**28**		**1 291**		**2 868**		**2 851**		**3 469**			
全省水利系统职称结构 /%		**2.1**		**16.1**		**27.7**		**22.8**		**31.4**			

高层次人才。2018 年新增省部级以上荣誉称号的人员 7 人，其中浙江水利水电学院刘学应、省水文局胡永成等 2 人获国务院政府特殊津贴，全国水利技能大奖 2 人，全国水利技术能手 3 人。

高技能人才。浙江省水利厅获得第六届全国水利行业职业技能竞赛优秀组织奖，徐辉获竞赛个人第 7 名，钱晓良第 11 名，万志军第 16 名。

技能等级。技能工人总量 4 034 人。其中，具有初级工以上 3 101 人，占总量的 76.9%。高级技师 36 人，技师 862 人，高级工 1 259 人，中级工 597 人，初级工 347 人。技师及以上技能人员中，86.2% 集中在市县水利企事业单位。全省水利系统各市技能工人技能等级结构见表 3。

表 3　全省水利系统各市技能工人技能等级结构

地市	技能工人队伍总量 / 人		高级技师	技师	高级工	中级工	初级工	无等级	技师及以上比例 /%
杭州	225	人数	0	59	113	38	15	0	26.2
		比例 /%	0	26.2	50.2	16.9	6.7	0	
宁波	392	人数	7	95	150	30	49	61	26.0
		比例 /%	1.8	24.2	38.3	7.7	12.5	15.6	

续表

地市	技能工人队伍总量/人		高级技师	技师	高级工	中级工	初级工	无等级	技师及以上比例/%
温州	319	人数	0	23	46	42	25	183	7.2
		比例/%	0	7.2	14.4	13.2	7.8	57.4	
嘉兴	83	人数	1	8	34	27	13	0	10.8
		比例/%	1.2	9.6	41.0	32.5	15.7	0	
湖州	216	人数	3	51	95	24	10	33	25.0
		比例/%	1.4	23.6	44.0	11.1	4.6	15.3	
绍兴	474	人数	8	125	129	60	32	120	28.1
		比例/%	1.7	26.4	27.2	12.7	6.8	25.3	
金华	1 030	人数	4	219	268	173	97	269	21.7
		比例/%	0.4	21.3	26.0	16.8	9.4	26.1	
衢州	129	人数	0	27	20	11	33	38	20.9
		比例/%	0	20.9	15.5	8.5	25.6	29.5	
舟山	7	人数	0	3	2	1	1	0	42.9
		比例/%	0	42.9	28.6	14.3	14.3	0	
台州	636	人数	1	72	262	80	45	176	11.5
		比例/%	0.2	11.3	41.2	12.6	7.1	27.7	
丽水	380	人数	5	97	88	71	22	97	26.8
		比例/%	1.3	25.5	23.2	18.7	5.8	25.5	
合 计			**29**	**779**	**1 207**	**557**	**342**	**977**	
全省水利系统技能结构/%			**0.9**	**21.4**	**31.2**	**14.8**	**8.6**	**23.1**	

【教育培训】　2018年度共发放水利行业继续教育登记电子证书10 576人次，其中3 237人第一次获得水利行业继续教育登记证书。自2009年推行全省水利行业继续教育证规范化管理以来，已有44 647人、105 058人次获得全省水利行业继续教育登记证书，继续教育登记证书的发放数量首次突破10万大关，发放范围基本覆盖全省各水利专业。2018年各专业领域继续教育登记证书获证情况见表4。

表 4　各专业领域继续教育登记证书获证情况

专业领域	发放继续教育登记证书人次 / 人
防汛防台抗旱	362
水文	381
水库、海塘	210
河道（堤防、水闸）	778
农村水利	922
农村水电	120
水资源管理	522
水土保持	246
水政监察	827
水利工程建设	1 003
质量安全监督	761
财务审计	330
人事教育	2 055
水情宣传	119
其他	1 940
合 计	**10 576**

【院校教育】　2018 年，浙江水利水电学院有本科专业 25 个、专科专业 9 个，根据教育部阳光高考网发布信息，2018 年学校被评为全国“最满意大学浙江 TOP3”。浙江同济科技职业学院成功入选全国优质水利高职院校建设单位，水利工程、水利水电建筑工程、水利工程管理等 3 个专业全部立项开展全国优质水利专业建设。成立全国首家现代学徒制学院“大禹学院”，被教育部认定为第三批全国现代学徒制试点单位。

【浙江水利水电学院】　截至 2018 年 12 月，浙江水利水电学院有本科专业 25 个、专科专业 9 个，其中，水利工程、电气工程、测绘科学与技术、土木工程、机械工程和软件工程等 6 个学科为浙江省一流学科；有中外合作办学项目 2 个、省级优势专业 1 个、省级特色专业 7 个；院士工作站 1 个；中央财政资助实训基地 2 个、省级示范性实践教学基地 4 个；省级团队 3 个；全国模范教师 1 人、全国教育系统巾帼建功标兵 1 人、省“五一劳动奖章”1 人、省师德先进个人 2 人、省教育系统“三育人”先进个人 4 人；升本以来获国家级教学成果二等奖 1 项、省级教学成果奖 8 项，省部级科学技术奖二等奖 3 项、三等奖 1 项，省水利科技创新奖 14 项、省社科研究优秀成果奖 2 项。学校有全日制学生 9 400 人，其中本科生 6 317 人。2018 年招生 2 707 人，其中本科生 2 098 人。2018 届毕业生 2 376 名，截至 2018 年 8 月 31 日，初次就业率为 97.18%。根据教育部阳光高考网发布信息，2018 年学校被评为全国“最满意大学浙江 TOP3”。

【浙江同济科技职业学院】　成功入选全国优质水利高职院校建设单位，水利工程、水利水电建筑工程、水利工程管理等 3 个专业全部立项开展全国优质水利专业建设。成立全国首家现代学徒制学院“大禹学院”，实践“双主体”“双身份”的人才培养机制，被教育部认定为第三批全国现代学徒制试点单位。2018 年共录取新生 2 587 人，其中提前招生录取 352 人，单招单考录取 441 人，中外合作专业办学录取 48 人，“五年一贯制”合作招生录取 317 人。共有毕业生 2 025 人，就业人数 2 001 人，就业率为 98.81%。成人教育招生 675 人。2018 年引进新教师 26 人，其中专业技术人员 13 人，交流轮岗干部 17 名，选派挂职锻炼 4 名。加大名师打造力度，1 名教师入选全国水利职业学院专业带头人，14 名教师入选水利行业“双师型”教师，2 名教师在省高职高专院校访问工程师校企合作项目评审中获三等奖。

【老干部政策】 调整退休人员基本养老金。省人民政府办公厅文件关于调整机关事业单位工作人员基本工资标准和增加机关事业单位离休人员离休费有关问题的通知（浙政办发〔2018〕115 号）规定调整离休人员离休费。

调整机关事业单位工作人员死亡后遗属生活困难补助费等标准。按照省人力社会保障厅、省财政厅《关于调整机关事业单位工作人员死亡后遗属生活困难补助费等标准的通知》（浙人社发〔2018〕81 号）规定，调整相应补助费标准。

（赵　强）

财务管理

【概况】 2018 年，水利财务工作围绕水利中心工作，组织开展部门预算的编制与执行、内部审计、资产管理、内控建设、会计核算、财务管理、面上业务指导与服务，强化资金保障与资金监管，注重资金使用绩效。

【预算单位情况】 2018 年，省水利厅所属独立核算预算单位共 26 家，其中行政单位 3 家，参照公务员管理的事业单位 4 家，财政补助事业单位 17 家，经费自理事业单位 2 家。截至 2018 年底，省水利厅及所属预算单位职工 1 746 人，其中：在职职工 1 718 人，占 98.4%，离退休职工（不含工资归口社保管理退休人员）28 人，占 1.6%。

【省级部门预算】 2018 年，省水利厅部门收入调整预算数 158 999.72 万元，其中：财政拨款 85 576.97 万元；事业收入 14 731.71 万元；经营收入 8 672.44 万元；其他收入 22 447.89 万元；用事业基金弥补收支差额 294.24 万元；2017 年结转收入 27 276.47 万元。省水利厅 2018 年支出调整预算数 158 999.72 万元，其中：基本支出 66 681.96 万元，项目支出 83 394.51 万元，经营支出 8 923.25 万元。

【省级部门决算】 2018 年，省水利厅部门决算总收入 153 504.43 万元，其中：2018 年收入 126 695.61 万元，年初结转结余 26 563.33 万元，用事业基金弥补收支差额 245.50 万元；全年累计支出 153 504.43 万元，其中：2018 年支出 125 475.19 万元，结余分配 1 462.15 万元，年末结转结余 26 567.09 万元。

【收入情况】 2018 年，省水利厅部门决算收入合计 126 695.61 万元，其中：公共预算财政拨款 85 264.35 万元（政府性基金财政拨款 0 万元），上级补助收入 0 万元，事业收入 13 451.35 万元，经营收入 6 764.84 万元，其他收入 21 215.07 万元。比 2017 年部门决算收入减少 5 612.5 万元，下降幅度 4.24%。

【支出情况】 2018 年，省水利厅部门决算支出合计 125 475.19 万元，其中：基本支出 61 266.42 万元，项目支出 58 445.59 万元，经营支出 5 763.17 万元。比 2017 年部门决算支出减少 20 451.84 万元，下降幅度 14.02%。

基本支出 61 266.42 万元，占支出 48.83%，比 2017 年增加 3 102.81 万元，增长幅度 5.33%，其中：人员经费 43 037.79 万元，占基本支出 70.25%，比 2017 年增加 1 507.19 万元，增长幅度 3.63%；日常公用经费 18 228.63 万元，占基本支出 29.75%，比 2017 年增加 1 595.62 万元，增长幅度 9.59%。

项目支出 58 445.59 万元，占支出 46.58%，比 2017 年减少 23 672.92 万元，下降幅度 28.83%，其中：行政事业类项目支出 50 695.52 万元，占项目支出 86.74%，比 2017 年减少 18 728.87 万元，下降幅度 26.98%；基本建设类项目支出 7 750.06 万元，占项目支出 13.26%，比 2017 年减少 4 944.06 万元，下降幅度 38.95%。

经营支出 5 763.17 万元，占支出 4.59%，比 2017 年增加 118.26 万元，增长幅度 2.10%。

【年初结转结余】 2018 年初结转结余 26 563.33 万元，其中：基本支出结转 4 322.60 万元，项目支出结转结余 22 240.73 万元，经营结余 0 万元。

【结余分配】 2018 年末结余分配 1 462.15 万元，其中：交纳所得税 178.95 万元，提取职工福利基金 256.61 万元，转入事业基金 1 026.59 万元。

【年末结转结余】 2018 年末结转结余 26 567.09 万元，其中：基本支出结转 4 847.55 万元，项目支出结转结余 21 719.54 万元，经营结余 0 万元。

【资产、负债及净资产情况】 2018 年末，省水利厅直属行政事业单位资产总计 604 477.66 万元，较 2017 年 598 162.30 万元，增加 6 315.36 万元，增长幅度为 1.06%；负债总计 86 129.14 万元，较 2017 年 97 346.81 万元减少 11 217.67 万元，下降幅度为 11.52%；净资产总计 518 348.52 万元，较 2017 年 500 815.49 万元增加 17 533.03 万元，增长 3.50%。

【水利资金预算管理】 进一步优化预算支出结构，大力压缩一般性支出，从紧安排“四项经费”，保障重点支出，集中财力办大事；继续深化预算管理改革，强化项目绩效管理，夯实预算编制基础，提高执行效率，2018 年度一般公共预算执行率达 94.9%，在省级预算部门中排名前列，取得省财政绩效管理综合考评第五名的优异成绩。

【水利国有资产管理】 全面启用资产云管理平台，加快推进国有资产管理数字化转型，提高国有资产配置和使用绩效；贯彻落实省委、省政府关于深化国有企业改革的决策部署，积极推动所属企业清理规范、提质增效、转型发展；加强资产日常监管，进行2017年度企业国有资产统计及报表编制，完成企业国有资产管理情况专项报告，获省国资委通报表扬。

【内部审计】 组织实施直属单位财务收支审计、绩效工资、经济责任审计等内部审计项目50个；开展“小金库”专项检查与银行账户清理；配合审计署驻太原特派办对长江经济带生态环境保护审计、审计署驻上海特派办对浙江省2018年贯彻落实国家重大政策措施落实情况审计和浙江省审计厅实施的2017年省级预算执行审计延伸审计工作；推行国家审计与内部审计协同机制，积极开展审计协同机制试点，制定《水利厅系统审计协同机制试点工作方案》《浙江省水利厅厅管领导干部经济责任审计办法》。

【公款竞争性存储】 修订出台《浙江省水利厅行政事业单位公款竞争性存放管理办法》，组织省水利厅机关和厅属单位完成公款竞争性存放3.81亿元。

【水利基建财务管理】 完成省级天台县黄龙水库工程、三门县佃石水库工程、长兴县合溪水库工程3个重点水利工程，德清县对河口水库除险加固工程、英公水库除险加固工程、嵊州市南山水库除险加固工程、天台县里石门水库除险加固工程、天台县里石门水库除险加固工程、义乌市长堰水库除险加固工程、义乌市长堰水库除险加固工程、武义县清溪口水库除险加固工程、东阳市南江水库加固改造工程8个水库验收项目，浙江省水资源监测中心改造工程、钱塘江河口涌潮观测站工程、浙江省防汛抗旱指挥系统二期工程、遂昌县大溪坝、蟠龙水电站工程、台州市金清新闸一期工程除险加固工程6个建设验收项目，海盐县黄沙坞治江围垦工程、岱山县南扫箕围垦工程、台州市三山涂围垦工程、舟山市钓梁围垦工程、温州市龙湾区天城围垦工程、台州市椒江区十一塘围垦工程6个围垦验收项目的竣工财务决算审查；对省水利厅财务集中管理平台基建核算体系进行优化，实现概算与合同执行数据的实时动态查询以及竣工财务决算的自动提取。

【水利资金监管】 对杭州市、嘉兴市、湖州市、舟山市本级及下辖共27个市县开展2017年度面上水利专项资金核查，涉及资金108 023.30万元。

【会计核算与财务管理】 做好省水利厅本级、厅直属机关党委、省围垦局等12家单位的会计核算与财务管理工作；推进新政府会计制度改革，积极开展财务云平台的架构设计、数据测试、系统修正等工作。

【水利财务能力建设】 修编印发《浙江省水利基本建设财务管理指导手册》《浙

江省水利基层单位内控工作指导手册》《常用水利财务管理工作手册》《全员学法用法案例批注本——面上水利建设项目管理分册》；开展基本建设财务管理、内控建设、个人所得税改革、省级部门预算编制、政府财务报告编制、政府会计制度改革、资产云系统操作等各类专题培训。

（陈　黎）

合作交流

【概况】　2018年，省水利学会深入学习贯彻习近平新时代中国特色社会主义思想，积极践行“节水优先、空间均衡、系统治理、两手发力”新时代治水方针，围绕浙江省“综合减灾、水资源保障、百项千亿、美丽河湖、农村水利提升、精准管水、改革创新”等主题，举办学术年会，专题技术交流会，组织参与国际国内学术交流和培训，开展水利科技成果评价等活动，并不断探索学会服务会员、服务经济社会、服务科技创新的各项举措。

【举办2018年学术年会】　省水利学会联合省水利信息管理中心、省水利科技推广与发展中心，在中国电建集团华东勘测设计研究院有限公司、中国水利水电第十二工程局有限公司、省水利水电勘测设计院、省水利河口研究院、省水利水电技术咨询中心和华为技术有限公司的共同协办下，组织召开以“智慧水利——创新与引领”为主题的学术年会。11月18—20日，年会在余杭临平召开，省水利厅党组书记、厅长马林云出席会议并讲话；厅党组成员、副厅长、学会理事长李锐主持会议；水利部科技推广中心主任武文相，中国水利学会综合组织部主任张淑华，省科学技术协会党组成员、副主席姜长才及余杭区政府领导参会并致辞。省内外水利信息化领域的专家学者、兄弟学会代表、技术成果持有单位代表以及全省水利科技工作者近500人参加会议。会议表彰2018年度浙江省水利科技创新奖和2018年学术年会征文优秀论文。中国工程院院士、国家海洋局第二海洋研究所研究员潘德炉，中国科学院院士、武汉大学水安全研究院院长夏军2位专家分别作主旨报告；华东勘测设计研究院、中国水利水电第十二工程局、阿里云计算、华为科技等企事业单位作科研成果报告或典型交流；来自省内外的30余家企事业单位参展水利新技术成果。会议围绕浙江省水利中心工作，引导广大水利科技工作者关注水利热点难点问题，为参会代表提供一次开拓视野、碰撞思想、分享经验的零距离交流机会。

【PVC－O新型管材应用技术交流会】

为促进新产品应用、推广和交流，提升双向拉伸PVC－O新型管材在农田水利工程中的应用，4月11日，学会联合海宁市水利局、河北万方欧勒塑料管业有限公司在海宁市召开“PVC－O新型管材应用技术交流会”，省农村水利局、嘉兴、湖州、宁波等市、县（市、区）水利部门和设计、施工等单位的50余名代表参会。为PVC－O新型管材推广应用搭建交流平台，有利于促进新技术的推广应用，为加快推进浙江省小农水建设提供技术支持。

【美丽河湖建设研讨会】 为“高水平、高质量”推进浙江省美丽河湖建设，5月9日，联合省河道总站钱塘江管理局在杭州市召开“美丽河湖建设研讨会”，重点对由河道与水生态专委会（省河道总站钱管局）组织拟定的《浙江省水利厅关于加强美丽河湖建设的指导意见（征求意见稿）》（以下简称“《征求意见稿》”）进行研讨。涵盖河湖治理规划、防洪安全、水生态、水景观、水文化、信息化、标准化管理等领域的近20名水利专家参加研讨，为美丽河湖建设一系列技术导则、标准、规范等的制订、细化、落实献言献策，为《征求意见稿》提出指导性建议。

【召开土石坝隐患处理技术交流会】 为大力促进水利先进适用技术在山塘水库隐患处理中的应用，提升浙江省土石坝隐患探测和处理能力，保障山塘水库工程安全，7月26—27日，联合临安区水利水电局、临安区水利学会组织召开土石坝隐患处理技术交流会，来自省内外高校、省直属科研院所、部分市、县（市、区）水利部门和设计、施工以及技术持有企业等单位的120余名代表参会。会议邀请郑州大学、省水利水电勘测设计院、省水利河口研究院有关教授、专家以及9家相关技术持有单位，从技术需求对接、技术难题攻关、科技成果展示等方面入手，介绍土石坝防渗先进经验和适用技术，为各地土石坝防渗工作搭建良好的学习和交流平台。

【召开水利新技术成果交流会】 为更好地服务地方基层水利，搭建水利科技成果供需桥梁，9月11—12日，联合宁波市水利学会在宁波组织召开水利新技术成果交流会。来自南京水利科学研究院、淮河水利委员会、浙江大学、河海大学、省水利厅、各市、县（市、区）水利部门、设计院及技术持有单位的300余名代表参加会议。会议特邀南京水利科学研究院、浙江大学、省水利河口研究院的专家学者作专题报告，同时设立“水利工程新技术新材料新工艺”“美丽河湖建设新技术”“宁波市区域防洪科技沙龙”3个专题分会场及技术（产品）展示专区，各技术持有单位、参会专家、基层水利代表针对展示的技术（产品）进行相互交流，并对技术应用现状问题和对未来的展望进行热烈探讨。省水利厅党组成员、副厅长、学会理事长李锐出席会议并讲话，对会议的组织形式和学会工作给予充分的肯定。

【学术交流和培训】 6月27日，水文化专委会承办水利部水文化建设专家研讨会在浙江水利水电学院举行，来自中国水利科学研究院、中国水利水电出版社、海河水利委员会、绍兴市鉴湖研究会及有关省市水利部门的30余位领导、专家学者齐聚一堂，围绕开展水文化理论研究的发展方向和基本思路、提升水工程文化和河湖文化的内涵品位、加强水利遗产保护和利用、加强水文化教育传播的载体建设，进行热烈的研讨；11月19日，河口海岸与泥沙专委会联合省河口海岸重点实验室邀请国内知名学者在省水利河口研究院举办流域水循环、河口海岸沙滩防护、海岸水库等方面的学术报告会；工程造价专委会联合省农水局开展农业水价综合改革成本测算和维修养护定额培训，联合省水利厅计划处开展投资年报编制培训；防汛抗旱减灾专委会结合省防指办工作，开展面向基层水利防汛抗旱减灾宣传培训，全年总计约9.7万人次。

【国际国内各类学术交流活动】 组织会员参加“2018（第六届）中国水利信息化技术论坛”“水利遥感、智慧水利与河长制高峰论坛”“中国水利学会调水专业委员会第一届青年论坛”“2018智慧灌溉与高效节水高峰论坛”“2018中国水博览会暨第十三届中国水务高峰论坛”、中国水利学术年会及各专委会年会等学术交流活动，聆听专家教授的学术报告与讲座，开阔视野、开拓思维、提高创新能力。河口海岸与泥沙专委会派员参加8月19—23日在法国举办的“第六届河口海岸国际会议（ICEC－2018）”并在会上作“钱塘江河口咸潮入侵特性及其模拟”“海平面上升对钱塘江河口涌潮的水流的影响”报告交流，进一步拓展会员参与国际交流的途径，也推动浙江水利走向世界。

【省水利科技创新奖的评审】 做好水利科技创新奖的评奖，有利于活跃创新氛围，增强创新活力，2018年省水利科技创新奖由省水利厅转入省水利学会设奖，经过前期办法修订和完善，2018年共接受评审项目申请50余项，经过项目形式审查和专家组专业评审等系列工作程序后，于2月28日召开评审委员会评审会议，来自浙江大学、浙江工业大学、水利部及省水利厅直属单位等共17名专家组成评审委员会，评审出2018年度省水利科技创新奖获奖项目20项，其中特等奖1项、一等奖3项、二等奖7项及三等奖9项。经推荐参评，其中2项获得省部级奖。

【水利科技成果评价】 1—12月，省水利学会根据《浙江省水利科技成果评价试点工作实施方案》，接受技术成果持有单位委托，组织召开水利科技成果评价会议，邀请行业专家分别对“海堤半灌混凝土砌石护面结构关键技术与应用”“基于大数据思维的水利工程质量监督研究与实践”“浙东引水工程运行管理系统研究与应用”“瓯江中上游水资源优化配置战略研究”等4个项目开展科技成果评价；12月，分别组织专家对“泵站大体积混凝土温控研究及应用”“水文特征和参数空间变化分析关键技术”等2个项目进行科技成果评价，并及时向委托单位提交成果评价报告，保障其能够顺利进行科技成果登记及申报科技奖项。

【科普宣传】 3月22日，省水利学会秘书处联合古荡湾社区在翠苑二区社区文化小广场开展迎接第26届“世界水日”、第31届“中国水周”科普宣传进社区活动，通过展板介绍、主题签名以及现场科普的方式向社区居民展示水资源保护的意义，宣传生活中各种节水小方法，呼吁社区居民节水、护水、惜水从我做起。科普专委会和推广专委会以“世界水日”和“中国水周”为载体，通过亲水志愿者进校园，进社区，与萧山团区委、萧山农机水利局、江山团市委、松阳团县委、古荡湾街道等合作，开展“百名志愿者、百名小朋友、百米长画卷”亲水活动发放节水手册，普及节水知识，宣传国家节水政策，开展水质环境监测等科普宣传系列活动。

【配合省科协办好第四期“博物课堂”活动】 10月27—28日，40多位来自全省各地的大小朋友走进水乡绍兴，参观绍兴科技馆、浙东运河以及大禹陵，省水利学会推荐的省水文局教授级高级工程师刘光裕、绍兴市水利局调研员邱志荣和其他2位受邀专家学者，就水的生成、保护与利用，水的自然属性与社会属性，水与人的关系等问题同大家进行介绍和交流。

【2018年学术年会论文评奖】 4月，公开发布征集论文通知，至截止日共征得论文33篇；8月，联合《浙江水利科技》编辑部开展论文初审，筛选出优秀论文19篇；10月，经专家综合评审，评出一等奖1篇、二等奖3篇、三等奖5篇、鼓励奖10篇，并在学术年会上进行表彰。

【召开理事会和常务理事会】 1月，省水利学会以通信会议形式召开十届四次理事会，审议通过学会法定代表人的变更，理事会理事、专委会主任（副主任）的调整，以及《浙江省水利科技创新奖奖励办法》等制度的颁布实施；因部分理事单位根据领导干部兼职有关规定要求，提出调整理事（常务理事）和专委会主任（副主任）人员，学会于10月召开十届四次常务理事会，审议通过相关人员的调整，并审议通过50名个人会员和4个单位会员的入会申请。目前学会第十届理事会共有理事43人，其中常务理事27人；个人会员2 319名，单位会员114个，设18个专业委员会。

【参加中国水利学会2018年学会分支机构和地方水利学会秘书长工作座谈会】

注重与中国水利学会、各兄弟省水利学会以及市级水利学会之间的沟通与交流，积极参与工作座谈，吸取优秀经验，从而提升管理水平。省水利学会副理事长兼秘书长王杏会于5月17—18日参加中国水利学会2018年学会分支机构和地方水利学会秘书长工作座谈会，并作题为“优服务、搭平台、建智库——全面提升服务水利中心工作能力”的典型发言。座谈会上，中国水利学会对优秀分支机构和地方水利学会进行表彰，学会荣获“2017年度优秀省级水利学会”称号。

【开发会员管理系统】 面对新时期，网络媒体逐渐变成主流媒体的现状，省水利学会通过2018年初正式上线的网站，整合资源，面向省内外，特别是省内水利科技工作者搭建信息互通的交流平台，以提升学会服务效率，拓宽服务会员手段。重视会员的信息管理，加强对个人会员和单位会员各项信息进行登记存档，为拓宽会员申请网上渠道，组织开发“会员管理系统”，利用信息化手段管理会员各项信息，方便更新、查阅、统计和管理。因工作变动等原因，2018年初对《地方水利技术的应用与实践》《浙江水利水电》等刊物的编辑委员会、编辑部成员进行调整，同期对刊物的编辑、出版、审定等各项程序进行规范，以便更好地为会员服务。

（裴　瑶）

政务工作

【概述】　2018年以来，省水利厅政务工作紧紧围绕中心、服务大局，积极主动、认真履职，不断推动政务、事务和服务规范化、常态化和长效化，切实保障厅机关工作高效运转，较好地完成各项任务。

【服务大局】　紧紧围绕省委、省政府重大战略部署和省水利厅党组主要决策安排，牢固树立精品意识，抓好文稿起草工作。全年共起草各类综合性文稿素材100多件，累计60余万字。同时，充分利用“电子文稿资料库”，做到动态更新，及时共享，交流学习。围绕领导关注的热点难点问题，不断加大信息采集、整编、报送力度。全年共向省委办公厅、省政府办公厅和水利部办公厅报送政务信息81条，编发16期《参阅件》，省领导对多条信息作批示。围绕省政府办公厅2018年初新出台的部门绩效考核办法，认真研究和全面对比新旧考核办法差异，及时分解重点工作责任，抓好考核分解落实，想方设法集合全厅力量，在新的考核机制下争取主动。同时，加强与省政府督查室的联系沟通，确保考核不丢分。

【协调督办】　按照即时登记、定时催办、销号管理要求，强化对省委省政府重点工作、省水利厅年度重点工作清单以及领导批示进行及时任务分解和跟踪督办。全年共办理省部领导批示276件，人大建议和政协提案72件，其中主办件24件，政协第31号《关于进一步保障我省河湖适宜生态流量的建议》被确定为2018年省政协重点提案件。所有建议提案办结率和满意率均达到100%。

【政务公开】　改版浙江水利门户网站，增强政务信息公开和网上服务功能。围绕水利中心工作和社会公众关切，不断推进水行政决策、执行、管理、服务、结果公开水平。认真处理群众来信来访来电以及网上信访，有效运用“浙江省统一政务咨询投诉举报平台”，切实维护群众合法权益。对全年708件信访件进行及时办理、转送，办结率100%，未产生新的积案。健全信息公开制度，制定《浙江省水利厅2018年政务公开工作要点》《浙江省水利厅政府信息依申请公开制度》等规章制度。实现协同办公系统线上一键办理。全年在省政府信息公开网上主动公开各类信息 1 130 余条，依申请公开信息 9 条。

【政务服务】 建设省市县三级公文交换平台，实现全省水利系统文件收发“零上门”，全年登记收文 3 972 件。严格审核，严控发文数量，其中以省水利厅名义发文较 2017 年减少 6.34%。进一步落实保密责任和制度，全面开展厅机关保密自查自评工作，全年机要保密工作无发现失密、泄密现象。扎实推进数字档案数据库建设，全年录入档案 5.2 万余卷，文件近 4.7 万件，完成数据总量共计 890 GB。其中，新增档案 750 卷，文件 4 126 件；历年积存文件整理 3 778 件；完成纸质档案数字化扫描 25.8 万页。认真做好全省水利工作会议（农饮水达标提标行动会议）、全省市级水利局长会议、厅务会议、厅机关职工大会、厅长办公会议、厅党组会议等重要会议的会前筹备、会中服务、会后落实等工作。组织编发党组纪要 13 件，《厅长办公会议纪要》14 期。

（柳贤武）

水利宣传

【概况】 2018 年，水利宣传工作坚持围绕中心、服务大局，精心策划组织宣传活动，在《浙江日报》《中国水利报》等媒体上刊发水利新闻稿件 500 余篇（条），浙江水利网站编发信息近 3 000 篇，举办首届浙江省亲水节并获中国青年志愿服务项目大赛节水护水类金奖。加密舆情监测、加强舆情正面引导，为水利改革发展营造良好的舆论氛围。

【媒体宣传】 围绕重大节点性事件，专题策划“八八战略”15 周年、纪念改革开放 40 周年等重大主题宣传，集中推出一批高质量主题报道，在社会上引起良好反响。围绕全省水利中心工作，在主流媒体策划“农村饮用水达标提标”“百项千亿防洪排涝工程”“浙江河湖长制”等专题，联合浙江电视台拍摄“浙里乡村喝好水”——浙江农民饮用水达标提标行动宣传片。组织、接待 200 余人次中央和省级媒体采访浙江省水利重点工作。在“世界水日”期间，30 余家省内外媒体参加活动，“腾讯 · 大浙网”等 4 家网络媒体平台开设直播。策划“行走浙水间”—— 纪念改革开放 40 周年媒体采风活动，邀请省内外 20 余家媒体记者走近水库、海塘、城防、水闸等水利工程。邀请知名节目主持人小强拍摄“防汛防台三字经”公益宣传片，并在省级媒体平台上展播。在浙江新闻客户端推出浙东引水工程 H5，取得“10 万 +”点击量。

【水利优秀新闻作品评选】 省水利厅、省新闻工作协会联合开展 2017 年度浙江水利优秀新闻作品评选，分报刊、广播电视、新媒体 3 类，共评选出优秀获奖作品 23 篇。2017 年度浙江水利优秀新闻作品见表 5。

表5 2017年度浙江水利优秀新闻作品名单

报刊作品			
	标题	作者	媒体
一等奖	梅雨季雨势汹汹 浙江“一张网”“两幅图”助力洪水防御战	黄筱	新华社
	大数据助力我省防汛减灾	翁杰	浙江日报
二等奖	最多跑一次：浙江水行政审批跑出便民新速度	周妍	中国水利报
	三伏天去哪里体验25℃夏天？快收好这份颜值高游人少的水利风景区攻略吧	陈文龙	都市快报
	振兴乡村，水利大有作为	杨凌紫	农村信息报
	洞库蓄水 边远小岛抗旱保供水的创新实践	刘一乐	舟山日报
三等奖	西来的山水请右转 钱塘江在南边	汪玲、徐志刚	杭州日报
	水利部门查处一件重大违法倾倒淤泥案	边城雨	宁波晚报
	从“最脏村”到“月亮村” 平阳水口村靠治水“翻盘”	谢宾祥	温州都市报
	浦阳江生态廊道：美不胜收的田园诗山水画	章馨予、钱增、洪建坚	金华日报
	水清岸绿人宜居——看我市如何全市域构建“水上台州”	潘春燕	台州日报
	龙泉市大力推进农田水利改革	蔡麒麟	处州晚报
广播电视作品			
	标题	作者	媒体
一等奖	省防指将防汛应急响应提升为Ⅲ级 车俊袁家军唐一军对防汛工作作出批示	吕博	浙江卫视
二等奖	撸起袖子干水利：温州鳌江10 km防洪堤已建成2020年全面竣工	章飞、金俊、张晟	浙江公共新闻频道
	让百姓受益的“百项千亿防洪排涝”工程	袁奇翔	浙江之声
三等奖	浙江全面推行“湖长制” 绍兴杭州已先期试点	夏学民、邵大望、余斌	浙江卫视
	水润南太湖	李旭峰、沈晓金、刘静华、马宜翔	湖州广播电视台
	台州市区将打造都市区国家级水利风景区	郑伟标	台州广播电视台
	洋博士跨越千里来治“水”	黄沙鸥	温州广播电视台FM93.8频率
新媒体作品			
	标题	作者	媒体
一等奖	今年浙江水利重点治理的主要河流，经过你家门口吗？	汤鑫鑫	浙江发布
二等奖	暴雨黄色预警！台风“卡努”来袭，浙江沿海海面有9～10级大风，狂风暴雨统统在路上	杨柳、郑莹欢、冯晨希	浙江在线官方微信、微博
三等奖	台州的这条河以最高分斩获全国“最美家乡河”	一舟	台州发布
	跟着河长去巡河走进乐清：白慎河东斜段的美丽治水故事	叶双莲	温州网

【网站信息】 浙江水利网站编发各类信息3 000余篇，推出“三百一争”“创新之举”“抓落实 见真章”“弄潮40年”等10余个专题。“浙江水利”微信公众号推送230多篇原创稿件，组织省级“美丽河湖”评选、“浙江水利改革创新年度典型经验评选”等网络投票活动，粉丝量突破20万人，在全国水利政务新媒体大会上作经验交流发言。中国水利报记者站完成重大文稿的采写，全年发表稿件逾120篇。

【舆情监测】 全年编发舆情监测报告98期，防汛防台等特殊时期舆情专报5期。编制水利舆情分析报告2期。相关单位对监测和发现的负面或敏感舆情，及时做好处置引导工作，全年水利舆情比较平稳。

【新闻发布】 在防汛防台期间，围绕社会公众关心的水雨情和台风信息等热点问题，及时向媒体发布动态信息。按照汛情发展情况，组织召开11次新闻通气会，通报浙江省水雨情和防汛防台工作动态，主动回应社会关切，起到舆论正面引导作用。

【水情教育】 在仙居县永安溪畔举办首届浙江省亲水节暨“3·22世界水日”主题活动，“线上线下”七大主题活动。活动邀请到世界游泳冠军吴鹏担任亲水大使并为小学生授课，近50万网友观看视频直播。朋友圈公益广告覆盖全省260多万微信用户，《浙广早新闻》公益广告覆盖全省70多个地方广播电台，中国水周微信答题吸引2万人次参加，“一秒钟可以节约多少水”H5小游戏24小时点击量突破“10万+”。“首届浙江省亲水节”获第四届中国青年志愿服务项目大赛节水护水类金奖，为全国5个水利宣传教育类金奖项目之一，“让节水成为习惯——浙江省百堂节水公开课”项目获大赛铜奖。

【宣传能力建设】 健全工作机制，建立编辑“跑线”制度，对记者实行条线划分，加强与各地各单位的紧密联系。优化宣传考核指标，定期通报信息录用情况，提升地方开展水利宣传的积极性。联合省记协开展全省水利好新闻评选活动，调动媒体记者宣传水利的积极性。注重工作总体谋划，2018年初制订《2018年全省水利宣传工作要点》《2018年宣传中心主要工作任务》。制订《网站信息采编与审核工作规程》《网站要闻稿件采编审核要点对照表》，加强信息采编审核规范化，进一步提升稿件质量。开展水利宣传能力建设大调研，选派工作人员到省委网信办学习锻炼，积极参加上级单位组织的各类培训，举办中国水利报浙江站特约记者座谈会、水利宣传工作座谈会和全省水利宣传业务培训班，努力提升水利宣传人员业务素质和能力。

【年鉴史志编撰工作】 组织抓好《浙江水利年鉴2018》《中国水利年鉴2018》浙江部分、《浙江年鉴2018》水利部分等编纂工作。《浙江通志》水利卷编纂围绕“精品佳志”目标，坚持质量，狠抓进度；《钱塘江专志》顺利通过终审；《水利志》《运河专志》通过初审；《海塘专志》正在准备初审工作。

（郭友平）

水利信息化

【概况】 2018年，对全省大型水利工程工业和控制系统底数和基本情况进行摸底调查，编制《2018年度浙江省水利网信发展报告》《浙江省水利数据资源管理暂行规定》，编制完成《浙江省水利专网整合总体建设方案》，完成浙江水利网站改版迁移，水利公文交换平台建设，政务钉钉全面推广应用，完成智慧水利和水利信息资源整合共享大调研，水利"一张图"建成并投入应用。

【水利行业网信发展调查】 全省水利行业网信现状进一步摸清。2018年9—11月，对省、市、县三级水行政主管部门中所涉及的信息化机构、人员、资金、制度、设备、机房、系统、数据、线路等要素进行全面调查，所获数据进行登记造册和图表化统计分析，编制《2018年度浙江省水利网信发展报告》。

【水利行业网络安全等级保护】 2018年5月，省水利厅与省公安厅联合发文《关于做好全省水利行业重要信息系统信息安全等级保护工作的通知》（浙水信〔2018〕1号），梳理系统底数、鉴定安全等级、核查关键信息基础设施、落实责任部门和责任人员，推进系统等级测评和安全整改。截至2018年底，全省117家水行政主管部门开展信息系统摸底排查，上报汇总信息系统261个。

【水利防汛视频会商系统运行管理规程】

2018年9月，面向省、市、县三级水利部门下发《浙江省水利防汛视频会商系统运行管理规程》（浙水信〔2018〕2号），规范全省水利防汛视频会商系统操作和管理，保障系统稳定、高效运行。

【规范水利数据资源管理】 编制面向省本级的《浙江省水利数据资源管理暂行规定》，规范水利数据资源的生产、汇交、管理、使用等环节，落实"一数一源一责"的维护更新机制。编制完成《浙江省水利专网整合总体建设方案》，2019年正式组织实施。

【大型水利工程工控系统安全调查】 2018年7月，根据《水利部办公厅关于开展2018年水利行业网络安全检查的通知》要求，组织全省各级水利部门和水利工程管理单位梳理水库、水电站、水闸、泵站等4类大型水利工程工业控制系统底数和系统基本情况，分析存在的安全隐患和薄弱环节，加强大型水利工程工业控制系统网络安全管理，梳理汇总全省大型水利工程工业控制系统75个。

【省水利厅本级网站安全管理】 省水利厅本级17个网站全部签订信息安全承诺书，每月常态化开展安全监测，出台《浙江省水利厅办公室关于进一步加强网站管理的通知》（浙水办信〔2018〕5号），下发网站安全漏洞通报10份，全年所有网站无安全事故发生。

【省水利厅系统网络安全宣传】 2018年9月，组织开展省水利厅系统网络安全宣传周活动，印发网络安全宣传材料290多册，举办网络安全培训班2次，开展网络安全应急演练，并通过网站、微信等渠道宣传网络安全知识，增强省水利厅系统全体干部职工对网络安全工作的参与意识和责任意识。

【水利核心业务逐步明晰】 根据省政府数字化转型工作要求和省水利厅主要领导具体指示，结合机构改革，开展水利核心业务梳理，初步确定6大核心业务——水资源保障、河湖库保护、水灾害防御、水事务监管、水发展规划、水政务协同等。

【水利工程建设全过程动态管理平台】 完成施工、监理、设计等单位工作管理和省级监管等功能模块开发，达到年度目标。截至2018年12月27日，平台在线监管18个重大水利工程项目，监管资金达236亿元。

【浙江水利网站改版迁移】 新版网站按照《浙江省人民政府办公厅关于进一步加强政府网站管理的通知》（浙政办发〔2017〕115号）要求，基于省政府集约化管理平台建设。网站整合原有数据11.6万条，并与省政府信息公开平台融合。2018年10月，网站进行内部测试运行，2019年1月1日正式上线。

【水利公文交换平台】 建立省水利厅与各市县水利局间的非涉密公文网上双向交换通道，依托浙江省电子印章体系，完成电子印章应用对接，实现跨层级跨部门的“办文”数据共享。2018年12月10日，平台完成全省部署并投入运行，全省132家单位纳入其中，20天累计交换公文190余件。

【水资源监测大数据示范工程】 基本完成并实现大数据技术与水资源业务初步融合，利用互联网、大数据技术，对水资源监控数据和水利工程标准化管理数据进行梳理与整合，初步建立水资源大数据体系，构建水资源大数据应用框架，并分别以象山和宁波2个区域作为试点，完成水资源和防汛2个示范工程应用，总结水资源监测大数据的分析方法，实现水资源大数据分析成果的可视化展示。

【数据汇聚更新平台】 基本完成平台建设，初步建立水利工程基础数据汇聚更新通道。通过完善浙江省水利数据资源目录，探索水利数据汇聚更新服务机制，初步建立数据规范体系，并搭建水利数据汇聚更新服务平台，为全省水利基础数据的统一汇聚更新服务提供支撑，为水利信息化资源整合奠定基础。

【智慧水利和水利信息资源整合共享大调研】 2018年初，围绕水利信息资源整合共享、智慧水利建设等水利信息化工作，赴黄委、淮委、江苏、上海、宁夏以及省内金华、舟山、绍兴、嘉兴等市开展大调研。2018年6月，召开省水利厅机关及直属单位智慧水利工作座谈会，基本摸清省内外水利信息资源整合共享工作的现状，分析全省水利信息资源和应用系统的现状。11月20日，邀请水利部网信办、水利部信息中心领导和相关专家对《智慧水利顶层设计（初稿）》进行咨询。编制《浙江省水利信息资源整合共享对策研究》报告，提出全省水利信息资源整合共享的对策措施。

【“最多跑一次”非高频事项数据共享整合改造】 在2017年完成1个高频事项改造基础上，2018年对21个非高频事项进行数据梳理和共享改造，纸质资料格式化整编成657个数据项，共享获取数据178项。“建设市场信息平台开户”事项已落户“浙里办”APP，实现水利部门掌上办事零突破。

【水利数据仓年度建设工作】 2018年，按照省大数据发展管理局的数据仓建设规范和要求，建设水利数据仓，支撑“最多跑一次”和政府数字化转型数据共享，已建立48张表，入库142万条数据，向省公共数据平台的归集量达79万条，数据调用服务4万多次。

【水利数字化转型工作】 全力配合政府数字化转型重大项目建设，落实省政府3次数字化转型专题会议要求，做好与省水利厅相关的7个数字化转型重大项目（基层治理四平台、浙江省欠薪联合预警系统、国土空间基础信息平台、生态环境协同管理系统、工程建设项目全流程审批管理系统、危险化学品风险防控系统、公共信用管理平台）协同工作。截至2018年12月27日，省生态环境厅等4家单位向省水利厅提出数据需求26项材料（172个数据项），全部需求数据收集并导入水利数据仓，最终归集到省公共数据平台。

【水利“一张图”建成并投入应用】 全省1～8级9 450条河流水系和64 000多个水利工程整合上图，建立水利行业统一、权威、标准的电子地图。目前，地图已为国家防汛二期、山塘、圩区、河湖管理等提供服务。

【政务钉钉全面推广应用】 截至2018年底，省水利厅本级注册用户504人，激活率100%，常态化工作群108个，日均活跃率65%，日均消息发送1 396条；水利系统通信录用户10 862人；“汛情信息”“台风路径”等公共应用资源整合集成。

【重大活动期厅本级网站安全运行】 2018年重大会议和活动期间，做好浙江水利门户网站和重要应用系统的“日排班、零报告、在线监测”工作，网站和重要应用系统安全运行零事故。省水利厅获2018年度省网络与信息安全信息通报先进单位。

【主要业务应用系统运行正常】 2018年，全面排查省水利厅机关250多台非涉密联网计算机的信息安全，无涉密文件误存放和泄密事件发生；“浙江水利”网站发布新闻 6 200 多篇，访问量 5 400 万次；协同办公系统发文 2 333 件，收文 4 042 件，车辆调度 826 次，会议室预约 815 次；信息门户用户数 1 701 人，日均在线约 540 人，发送即时消息约 73 万余条，文件传输 16 万余次，短信发送 3.8 万余条；台风系统年访问总量突破 2.7 亿次，最高日访问量破 3 100 万次。

【视频会商双网双备运行稳定】 2018 年，保障会议 319 场，其中水利部和省政府重要会商会议 76 场；在 2018 年连续防御台风期间，防汛视频会商等各系统运行保障到位，无一故障；政府统建的视联网已基本覆盖全省县级以上水利部门，2018 年通过视联网召开全省水利系统会议 3 场，并在 5 月底丽水市举办的浙江省防汛抢险应急演练中实战应用。

（邱　雁）

地 方 水 利

Local Conservancy

179 ～ 228 页

杭州市

【单位简介】 杭州市林业水利局（以下简称杭州市林水局）是贯彻落实党中央、国务院、省委省政府和杭州市委市政府关于林业、水利工作方针政策和决策部署的政府工作部门。主要职责：保护和合理开发森林、湿地和陆生野生动植物资源，优化配置林业资源，促进林业可持续发展；加强全市湿地保护的组织协调和监督指导等职责。组织指导林业改革和农村林业发展，依法维护农民经营林业合法权益等职责。水资源的节约、保护和合理配置，促进水资源的可持续利用；加强农田水利等水利基础设施建设；加强水政监察和水行政执法；加强防汛防台抗旱和水利突发公共事件应急管理，减轻水旱灾害损失等职责。局内设8个职能处室和1个直属行政机构（杭州市森林公安局）。局系统直属事业单位12家，其中参照公务员管理事业单位2家。

【综述】 2018年，杭州市水利系统以习近平新时代中国特色社会主义思想为指引，积极践行“节水优先、空间均衡、系统治理、两手发力”治水方针，认真贯彻落实中央、省、市决策部署，加快治水兴水，深化改革发展，全面完成年度各项任务。全年完成水利建设投资69.2亿元，占年度投资计划62亿元的111.6%，其中“百项千亿防洪排涝工程”完成投资21.1亿元，占年度计划投资17.8亿元的118.5%。市本级获全省剿灭劣V类水突出贡献集体荣誉称号；杭州三堡排涝工程获中国水利工程优质（大禹）奖，闲林水库工程获浙江省民生最具获得感十大工程称号。

【雨情水情】 2018年，全市平均降水量1 675.8 mm，较多年平均降水量偏多7.9%。按行政分区，市区1 694.6 mm、萧山1 713.4 mm、余杭1 757.1 mm、富阳1 663.7 mm、临安1 666.4 mm、桐庐1 602.3 mm、建德1 470.8 mm、淳安1 780.4 mm。

梅汛期：杭州市6月20日入梅，7月9日出梅，入梅比常年偏晚，出梅接近常年，梅雨期19天。梅汛期全市平均梅雨量255.9 mm，与往年基本持平，其中：余杭290.0 mm、临安288.8 mm、富阳281.7 mm、萧山277.5 mm、杭州城区267.7 mm、淳安255.5 mm、桐庐228.5 mm、建德170.5 mm。全市单站最大降雨量富阳万市彭家村站681.0 mm。

台汛期，受“玛莉亚”“安比”“云雀”“摩羯”“温比亚”“山竹”6个台风外围影响，但对杭州市风雨影响不大。

2018年，全市总体汛情较为平稳，除南苕溪、上塘河、萧绍平原部分站点短时间超警戒水位外，全市主要江河水位均在警戒水位以下。3座大型水库、7座中型水库最高水位短时间超汛限水位，富春江水库和分水江水库最大下泄流量分别为3 010 m^3/s、606 m^3/s，均为近10年最小下泄流量。年末18座大中型水库总蓄水量为147.52亿 m^3，比2017年末总蓄水量增加13.57亿 m^3。其中大型水库总蓄水量为145.17亿m^3，中型水库总蓄水量为2.35亿m^3。

【防汛防台】 2018年，杭州市林水局开展隐患排查整改、专题会议部署、防汛实战演练、部队现场踏勘、会商推演研判等措施和活动，高标准严要求做好防汛各项准备工作，有效应对梅汛期暴雨洪水和台汛期“玛莉亚”“安比”“云雀”“摩羯”“温比亚”“山竹”6个台风影响，实现全年安全平稳度汛。

【汛前防汛隐患排查】 2018年，杭州市林水局组织开展汛前防汛安全隐患大排查，全市出动1万余人次，检查防洪堤4 634 km、水库637座、1万m^3以上山塘3 349座，对发现的68个隐患和薄弱点在主汛期前全部整改到位。汛中开展水库安全专项督查，局领导带队赴区县市督查指导，全市共计派出检查组50个、参加检查人数6 700人次。通过排查建立病险隐患水库名录库、小型水库控运计划监管库、山塘隐患名录库，对各类名录库进行动态管理，对各类问题分类处理，落实整改措施。

【防汛防台实战演练】 2018年4月27日，杭州市防汛防台抗旱指挥部在建德组织开展杭州历史上最大规模的防汛防台实战演练，以2017年“6·25”兰江洪水防御为背景设置演练科目，组织各级防指及驻杭部队官兵约250人参演，既检验防汛抢险队伍，又提高应急处置能力。全市各地共计开展防汛演练21场次，参与演练人员1 602人，参与观摩人员1 658人。

【汛情应对处置】 2018年，梅汛期局地强降雨多发频发，入梅首日遭遇城区局地强降雨，6月29日至7月7日连续9天出现局地雷暴天气，全年降雨强度1小时雨量超过30 mm的有1 260站次，发出降雨预警单841份，比常年偏多近20%。台汛期遭遇“玛莉亚”“安比”“云雀”“摩羯”“温比亚”“山竹”6个台风影响，出梅后短短1个月左右连续防御5次台风，平均每周防御1次台风。全年共启动防汛Ⅳ级应急响应5次。经过全市上下共同努力，实现“不死人、少伤人、少损失”的总目标。

【水利规划计划】 2018年，在取得《杭州城西科创大走廊水利专项规划》批复的基础上，杭州市林水局结合新一轮城市总体规划修编和“拥江发展”战略，《杭州市城市防洪排涝规划》完成阶段性成果；会同余杭区组织编制《东苕溪中上游滞洪区调整专项规划》，并取得省政府批复，有效保障之江实验室顺利建设；完成《杭州市水利发展“十三五”规划》《杭州市钱塘江河口水资源需水研究》《杭州市钱塘江干流堤塘岸线结构研究》等3个课题，做好“拥江发展”战略的水利要素保障。

【水利工程建设】 2018年，杭州市下达水利项目中央资金8 655万元，加快推进以防洪排涝工程为重点的水利基础设施建设。钱塘江等重要堤塘加固工程加紧建设，其中萧围北线、浦阳江二期、建德新安江兰江一期工程基本完成，桐庐段三期工程开工建设；城区排涝体系建设进一步完善，八堡排水泵站工程、大江东片外排东湖防洪调蓄湖工程、临安双溪口水库开工建设，投资额、新开工数量均超年度计划，完成江河干堤加固 25 km。杭州市高质量开展重大项目前期工作，2018 年 3 月八堡排水工程初步设计获省发展改革委批复，10 月 24 日工程正式开工建设；积极申报杭州城西南排通道工程、西险大塘达标加固工程、西湖区铜鉴湖防洪调蓄湖工程、富阳区北支江综合整治工程、南北渠分洪隧洞工程、临安里畈水库扩容工程等 6 项工程作为“百项千亿”防洪排涝增补工程，新增数量位居全省第一。加快推进农田水利基本建设，新增高效节水灌溉面积 0.27 万 hm^2、改善灌溉面积 0.3 万 hm^2，农田灌溉水有效利用系数提高到 0.600；完成山塘整治 92 座、水库除险加固 19 座，25.2 万人农村饮水安全巩固提升。

【水利工程标准化管理】 扎实推进水利工程标准化管理，完成水利工程标准化创建 390 项，超额完成年度 340 项创建的目标任务，完成率 115%，标准化创建省级抽查复核通过率 100%。逐个工程落实管理单位、划定工程管理范围和保护范围、编制管理操作手册和制度手册、接入管理平台信息化监管，实现工程管理制度化、专业化、信息化，工程面貌得到较大提升。完成水土流失综合治理面积 61.38 km^2，超额完成 60 km^2 的年度任务，完成率 102.3%。

【水资源管理】 2018 年，杭州市认真落实最严格水资源管理制度，有效推动水资源消耗总量和强度双控制，杭州市用水总量 32.47 亿 m^3、万元工业增加值用水量 22.0 m^3（现价）、万元 GDP 用水量 24.0 m^3（现价），分别同比下降 3.0%、11.9%、9.5%；35 个国家重点水功能区水质达标率 100%。着力推进县域节水型社会建设，余杭区顺利通过国家级县域节水型社会达标创建省级初验；深入推进载体建设，全市共创建节水型灌区 5 个、节水型企业 99 家、节水型居民小区 106 个。

【美丽河湖创建】 2018 年，杭州市围绕“乡村振兴”“拥江发展”战略，通过强塘固堤建设、农村河道综合整治、河湖库塘清淤、河湖标准化管理，努力打造覆盖杭州全域的“一轴双带十湖千溪”美丽河湖画卷。全市完成农村河道综合整治 239.85 km、河湖库塘清淤 762 万 m^3、河道管理范围划界 1 645 km，新增水域面积 0.3 km^2；完成市级“美丽河湖”评选 39 条（个），其中东河、丁兰片区河道、昌南溪（河桥段）、枫林港获评省级美丽河湖；完成《杭州市美丽河湖建设实施方案（2018 — 2022 年）》和“杭州市美丽河湖建设总体布局图”，以“唐诗链钱塘、江南忆西湖、惬意栖山水、时代弄潮儿”为建设目标，至 2022 年计划建成精品美丽河湖 200 条（个）；制定出台《杭州市美丽河湖评定管理办法》，明确《杭州市美丽河湖评价标准（试行）》；出版《杭州美丽河湖》图书，通过介绍河湖治理历程、历史文化、人文古韵等，剖析和展望杭州河湖建设，多层面、全方位的展现杭州河湖的美丽。

【依法行政】 2018年，杭州市林水局扎实开展立法调研工作，《杭州市山塘安全运行管理条例（草案）》申报列入2019年杭州市人大立法建议项目，向市人大常委会主任会议专题汇报《杭州市第二水源千岛湖配水供水工程管理条例》实施情况。严肃查处涉水违法行为，全市出动巡查人员3 857人次，巡查河道24 286 km、水域面积11 609 km^2，查处各类水事违法行为186件，其中立案查处34件，拆除各类涉水违建227处、50 637 m^2，创建“无违建河道”145条、长1 066 km。依法履行行政审批职能，杭州市本级受理水利行政许可46件，其中开发建设项目水土保持方案审批33件、涉河涉堤建设项目审批4件、取水许可6件、占用水域1件、初步设计2件。开展抽查监管，开展取用水监督管理、防汛汛前检查、大中型水利工程管理考核、千岛湖配水工程质监等“双随机”抽查监管，现场检查20家企业，检查对象、结果公示实现100%全覆盖。

【水利改革】 2018年，杭州市林业水利局公布“最多跑一次”事项33项（含子项），实现率100%，全部事项接入“一窗受理”平台；梳理投资项目审批事项9项，实现“100%网上申报、100%网上审批、100%批文回传”；全市范围内推行水土保持余方处置实行承诺制，由建设单位先行余方处置承诺，主管部门同步审批，解决100多个项目施工前落实消纳场地的困难。农村水权制度改革试点取得重大突破。建立完备齐全的农村水权交易体系，开展调查确权，进行价格评估，搭建交易平台，出台交易办法，率先核发22座集体经济所有山塘的水资源使用权证，实现2宗水资源使用权的转让交易，为全省农村集体经济水资源使用权交易提供样板，相关试点经验在全市推广。全面推进农业水价改革试点，全年完成2.46万 hm^2 农业水价综合改革面积，2018年度全省农业水价改革工作绩效综合评定为优秀，排名全省第一。

【水利科技成果】 2018年，杭州市林水局在水利工程的建设和管理中积极申报水利科技创新项目，推广应用水利科技成果。制定发布《农村饮用水工程提升规范》和《农田灌溉水有效利用系数测算管理规范》，成为杭州市地方标准；计算机软件著作《杭州市水功能区水质采样监管平台》和《杭州市水文资料在线整编系统》获得国家版权局授权；发明专利《水文采集装置》获国家知识产权局授权；《钱塘江灌区灌溉水利用系数测算方法及管理体系》获2018年度浙江省水利科技创新奖三等奖。

（裘　靓）

宁波市

【单位简介】 宁波市水利局是根据《中共浙江省委办公厅 浙江省人民政府办公厅关于印发〈宁波市人民政府机构改革方案〉的通知》所设立的，主管宁波全市水利工作的市政府工作部门。设7个内设处室（办公室、组织人事处、计划财务处、建设与管理处（安全监督处）、水政处（行政审批处）、市人民政府防汛抗旱指挥部办公室、水资源与水土保持处）和直属机关党委。直属事业单位10个，共有正式在编人员210人。主要职责：贯彻执行国家、省有关水利的法律、法规、规章和方针、政策，受委托起草有关水行政管理的地方性法规、规章草案；负责水利设施、水域及其岸线的管理和保护；负责水旱灾害防治工作；负责水土保持工作；负责节约用水工作；组织、指导水政监察和水行政执法。指导农村水利工作；开展水利科技、教育和队伍建设和监督市级水利资金和直属单位国有资产的运行管理。主要有市治水办、市水环办、市水利工程标准化办等综合协调机构。宁波市下辖10个区县（市），除海曙区、江北区设置为农林水利局、镇海区设置为农业局外，其余7个都独立设置水利局，市级功能区也分别设立水利机构。

【综述】 2018年，宁波市完成水利投资100.5亿元，完成年度计划的101%，水利投资继续保持全省第一。《宁波水利十三五规划》顺利完成中期评估，并研究提出下阶段规划实施对策措施。推进防洪排涝“2020行动计划”，全年完成投资61.5亿元，占年度计划的102.5%。部署实施《关于贯彻落实乡村振兴战略加快推进农村水利现代化三年行动计划》，着力推进节水稳农、活水美农、优水惠农、工程安水、改革兴水、智慧强水六大专项行动，全市共完成农村河道整治123.2 km，新增旱涝保收面积0.47万hm^2，实施生态小流域治理60 km，完成山塘分类治理100座。河湖长制创新打造升级版，全年共完成河道管理范围划界1 482 km，创建无违建河道561 km，完成河湖库塘清淤909万m^3，新增河湖岸边绿化246 km，完成水土流失治理面积25 km^2，合作共建“河海大学宁波河湖长培训中心”并挂牌授课。水美乡村建设成效明显，全年共完成村庄水环境整治项目36个，第三批镇乡水环境7个项目已基本完工。共创建小浃江、大东江等市级美丽河湖15条（个），宁波市鄞州区后塘河五乡段、北仑区小浃江、高新区大东江获评省级美丽河湖。甬新闸泵站工程、北仑区梅山水道抗超强台风渔业避风锚地工程（北堤）和甬江防洪工程东江、剡江奉化段堤防整治工程（东江水系整治和生态治理工程）3项工程获得2017—2018年度中国水利工程优质（大禹）奖。印洪碶强排泵站工程荣获省“钱江杯”优质工程奖。

【雨情水情】 2018年全市面平均降水量1 603 mm，比2017年多0.4%，比多年平均值多5.7%。汛期雨量1 090 mm，虽比常年偏多6%，却是2012年以来的最小值。梅汛期雨量468 mm，比常年偏少3%，台汛期雨量622 mm，比常年偏多15%。时间分布上，4月、6月、10月明显偏少，5月、8月明显偏多，其余月份接近常年。从降雨空间，总体呈现北多南少的格局。区域分布上，最大降雨量江北（1 244 mm），最小降雨量象山（837 mm）。与常年比较，南部的宁海、象山比常年偏少10%～20%，江北、慈溪比常年偏多30%～40%，鄞州、镇海、北仑偏多10%～20%，其他地区与常年持平。2018年的梅雨，以局部雷阵雨为主。入梅日为6月20日，比常年晚7天，为2004年以来入梅最迟的年份；7月9日出梅，梅雨期为19天，比常年偏短；梅雨量213 mm，比多年平均偏少15%，为2010年以来的最小值。汛期遭受6个台风影响，其中台风“摩羯”影响期间，降雨相对较大，全市面雨量42 mm，最大慈溪61 mm，最小江北、镇海、象山均为33 mm。最大单点宁海里大陈93 mm。

2018年由于单场次降雨较小，河网水位总体较为平稳，各代表站最高洪水位为自2012年以来的最小值。水库蓄水量长期低于历史同期。32座大中型水库和5座主要供水水库蓄水量均比常年偏少，尤其5座主要大型供水水库入汛、出汛时分别偏少22%、17%。汛期，白溪、西溪、上张、溪口、力洋5座水库的蓄水量创供水历史低水位。其中白溪水库最低水位119.81 m，蓄水量为2 956万m^3，而常年同期蓄水量约为9 000万m^3。象山县5座中型供水水库蓄水量较常年严重偏少，最低蓄水量1 000万m^3左右（6月23日），为常年蓄水量的28%。汛期，姚江大闸排水140次，排水量11.57亿m^3。台风“摩羯”影响期间恰逢农历7月初天文大潮，沿海沿江各潮位站均出现汛期最高潮位。其中宁波站最高潮位2.94 m，列历史第6位；镇海站最高潮位3.00 m，列历史第5位。

由于春季降雨偏少超过30%，加上梅雨和台风雨呈北多南少，象山、宁海和奉化南部地区水库蓄水持续偏少，导致宁波市区东线、象山和宁海东部等区域出现供水紧张。至“9·16”暴雨后，大中型水库的蓄水量有一定回升，但仍比常年偏少。

2018年虽然台风影响次数多、时段集中，但影响程度较轻。汛情主要发生在2018年9月16—17日强降雨期间，受对流云团影响，全市面雨量116 mm，象山大目涂站最大1小时雨量142 mm，重现期接近100年，刷新宁波市有水文记录以来的最大值；3小时雨量190 mm，重现期超过50年。期间，大中型水库共增蓄8 300万m^3，6座大型水库共增蓄3 000万m^3。全市主要河网共有20个站超警戒水位，主要分布在余姚、慈溪、江北平原；其中西坞站略超保证水位。受“9·16”强暴雨影响，象山、北仑、鄞州等地共有27个乡镇7 320人受灾，直接经济损失8 552万元。其中农作物受灾面积0.17万hm^2、水产养殖受损面积0.12万hm^2、农林牧渔业直接经济损失3 774万元，工交运输业直接经济损失 2 681 万元；水利设施直接经济损失 1 400 万元。2018 年全市没有人员因洪涝台灾害伤亡。

【防汛防台抗旱】 2018 年，宁波市遭受台风“安比”“云雀”“温比亚”“摩羯”“康妮”“玛莉亚”影响，次数多、时段集中，但影响程度较轻，个数与历史年最高记录持平。汛期雨量 1 090 mm，较常年偏多 6%，但降雨时空分配不均，区域和水库蓄水不均衡矛盾突出。汛期内平原河网最高洪水位相对较低，为 2012 年以来的最小值。32 座大中型水库蓄水位长期低于多年平均值，白溪等 5 座大中型水库的水位创历史新低。南部地区出现明显的少雨枯水，但未因旱受灾。

坚持以“不死人、少伤人、少损失”为最高目标，紧紧围绕“两个坚持、三个转变”防灾减灾新理念，超常动员部署，突出避险管控，有序梯度提前撤离和转移各类危险区域人员近 10 万人次。全市无一人因洪涝台风死亡，灾害损失为近 10 年最小。组织举行宁波市“防汛防台 2018”实战演练（获宁波市应急演练案例评比一等奖），开展“宁波市山洪短历时预报预警平台”建设，全面应用洪水风险图建设成果，推动灾害风险监测预报预警能力不断提升。面对象山、宁海出现的局部旱情，超常调度抗旱供水，先后组织 7 次应急会商，精细化安排水源调度，从白溪水库持续应急向象山调水 850 万 m^3，努力保障人民群众生产生活用水需要。

【水利工程建设】 2018 年，宁波市完成水利投资 100.5 亿元，其中重点工程完成投资 73.6 亿元，面上工程完成投资 26.9 亿元。全市完成水利工程标准化管理创建 342 个，超额完成省级考核任务。全面开展“四位一体”水利工程管理成效机制建设，完成 50% 区县（市）的水利工程标准化管理长效机制省级评估。郑徐水库顺利通过国家级水管单位验收，目前宁波市完成创建的水库数量达到 8 座，占全国创建总数的 13%，受到水利部表扬。

【两江流域洪涝治理“6+1”工程】

2018 年完成投资 30 亿元，为年度计划的 103%。葛岙水库大坝主体工程 10 月 29 日开工建设，提前 2 个月实现大坝主体开工的目标。姚江上游余姚西分工程导流兼临时航道开通，瑶街弄调控枢纽主体在建。姚江二通道（慈江）工程慈江、化子、澥浦三座闸泵（总体强排能力 500 m^3/s）主体基本完成，完成堤防加高 18 km。余姚扩大北排工程陶家路二期完成主体，三期在建，青山港及奖嘉隆江河道可行性研究审批中。余姚城区包围工程已基本完成城区近 40 km 堤防加固，侯青江闸泵工程实现通水。

【沿江闸泵等分洪排涝工程建设】 海曙风棚碶闸泵工程基本完工，鄞州庙堰碶、江北孔浦闸均顺利完成年度投资目标，北仑下三山泵站提前完成水下部分施工。海曙五江口闸泵及上游配套河道工程、国家高新区大东江水系整治工程、镇海新泓口闸外移工程、江北大河整治工程等项目完成年度目标，海曙鄞江堤防工程、东钱湖北排工程、慈溪市中部三塘横江拓疏工程（陆中湾至水云浦）等项目受政策处理、资金等因素影响进度有所滞后。

【堤防及河道工程建设】 甬江防洪工程剡江奉化段堤防整治全线完工，该工程包括整治河道长 9.5 km，新建堤防 13.2 km，新建、扩建水闸 7 座，拆除重建桥梁 4 座，共分 7 个标段实施，工程总投资为 10.36 亿元。宁海东部沿海防洪排涝工程上塘闸、李家闸完成破堤施工，一干线、岳井片启动河道整治工作；宁海县五市溪治理二期工程累计堤防完成 82% 工程量；象山县中心城区防洪排涝工程东大河改造工程河道主体工程全面推进。

【水源及引调水工程】 钦寸水库至亭下水库输水隧洞于 9 月成功试通水，已具备向宁波市提供优质水库水的条件；横溪水库至东钱湖水厂引水隧洞已全线贯通；宁海县西林水库扩容工程通过一期蓄水验收。钦寸水库、宁波市水库群联网联调（西线）一期工程基本完工，杭州湾引水工程顺利开工建设，横溪水库至东钱湖水厂引水工程进一步加快建设进度，建塘江两侧围涂及慈西水库工程因环保督察停滞整改。

【围垦工程】 因环保督查，2018 年上半年项目均处于停工整改状态，下半年通过努力，宁海县西店新城围填海项目重新开工，完成投资 4 亿元。

【水资源管理】 最严格水资源管理制度进一步落实，梳理制订宁波市水资源管理和水土保持工作委员会、委员会办公室和成员单位职责；在浙江省对宁波市 2018 年度实行最严格水资源管理制度考核工作中名列第三名，获优秀考核等级，组织完成对 10 个区县（市）实行最严格水资源管理制度考核。研究制定宁波市大耗水工业与服务业标准和名录，推进水平衡测试和节水型企业创建，余姚市、象山县通过国家节水型社会达标建设的省级验收。组织开展水资源调查评价和水资源管理专项行动，强化依法治水管水要求。加强取水许可管理，全市共下达 455 家取水户年度取水计划。会同宁波市经信委、宁波市城管局制订全市大耗水工业与服务业标准和名录，全市共 136 家。余姚、象山两地完成省级节水型社会建设任务。全年累计完成高效节水灌溉面积 0.23 万 hm^2。

【引水调水配水】 境外曹娥江引水入境水量超过 3.1 亿 m^3 设计水平，充分满足余姚和慈溪两地工农业用水和环境用水需求。全年共实施环境调水 4 亿 m^3，进一步改善河道水体环境。同时，基本编制完成《宁波市区河网（三江片）环境配水专项规划》，完善市区河网环境调水的调度管理方案。

【水源地保护治理】 皎口水库复合生态湿地（二期）完成竣工验收，新一轮用水城区与供水库区挂钩结对累计到位资金 3 165 万元。

【“世界水日·中国水周”活动】 3月21日上午，由宁波市水利局主办，东钱湖旅游度假区管委会承办，市总工会、团市委、市妇联、市“五水共治”办公室、市城市供节水办协办的第26届世界水日、第31届中国水周主题宣传活动在东钱湖畔举行。此次活动的主题是“珍爱河湖水，共建节水型社会”。活动为“人水和谐”主题漫画、“水之恋”电视诗歌会优胜者颁奖，诗歌一等奖获得者现场进行主题朗诵表演，市水利志愿者代表宣读“珍爱水资源、停水两小时”倡议书。现场领导、嘉宾、志愿者共同参与开展保护东钱湖、增殖放流、以鱼养水活动。

【水利改革】 深入推进“最多跑一次”改革，试点开展“区域水资源论证＋水耗标准”管理工作，所有水利行政审批事项均已实现“最多跑一次”，并全面实现企业投资项目网上审批3个100%。探索建立“一件事”办理机制，实现水利审批“最多批一次”。进一步规范水利建设市场，联合发布《宁波市水利水电工程投标资格审查办法和招标评标办法（试行）》，并研究制定宁波市水利设计和监理企业信用动态评价标准，完善施工企业信用动态评价标准。完成市、县级河道划分公布工作，划定市级河道18条、县级河道172条。《宁波市河道管理条例》修订已通过宁波市政府常务会议审议并报送市人大。宁海、鄞州、象山等地均开展以乡镇为单位的小型水利工程物业化管理试点，北仑区通过全国首批河湖管护体制机制创新试点验收。探索建立水利工程第三方担保制度，为100多家在宁波市注册的施工企业释放现金流3亿元，减负2 000多万元，其创新做法被列入《浙江地方水利改革创新2018年度十大经典经验》。

【水利科技成果】 2018年，召开首次全市水利系统科技创新争投推进会，加强政策引导和支持，积极培育发展水利高新技术企业。有1项科技成果获省科技进步奖三等奖，2项科技成果分别获省水利科技创新奖二等奖、三等奖。9月中旬，与省水利学会联合举行水利新技术成果交流会，参会涉水企业48家，为加快推进宁波市水利领域科技进步及产业发展创造条件。

（吕 琼、王 颖）

温州市

【单位简介】 温州市水利局是温州市政府主管全市水行政和水利行业的职能部门，承担贯彻执行《中华人民共和国水法》《中华人民共和国水土保持法》和《中华人民共和国防洪法》等法律、法规，研究、制定全市水利工作方针、政策和规划，并负责组织实施和监督检查的职责；负责全市标准海塘、城市防洪、海涂围垦、水库水电站、河道治理等水利水电围垦工程的建设管理工作，主管全市水资源、水土保持、水政执法、防汛防旱、水文监测、乡镇供水、农村小水电以及水利水电围垦工程的勘测设计、招投标、质量监督和施工监理等行业管理工作。温州市水利局内设机构：办公室、规划计划处、行政审批处（挂政策法规处牌子）、水资源与运行管理处(挂市节约用水办公室牌子)、建设处（挂监督处牌子）、人事处。

【综述】 2018年，温州水利继续保持良好发展态势，全市完成水利投资84亿元，占年度投资计划的117%；3个“百项千亿防洪排涝”项目可行性研究获省发展改革委批复，重点水利工程加快推进；农村饮水工程完成提升人口32.9万人。省水利综合考核12项量化指标全部位列全省前三，其中6项指标位列第一，考核总分第一。水利“最多跑一次”改革、水利工程标准化管理、“无违建河道”创建等4个省级现场会在温州市召开，一批先进经验向全国和全省推广。成功创成全国水生态文明城市。

【水资源】 2018年，全市水资源总量为128.47亿m^3（其中：地表水资源量为126.39亿m^3，地下水资源量为2.08亿m^3），产水系数为0.57，产水模数为109.02万m^3/km^2。地表年径流深为1 072.58 mm，折合水量126.39亿m^3，比多年平均偏少1.66%，比2017年增加22.71%。地下水资源总量为26.90亿m^3，扣除地表水与地下水重复计算量24.82亿m^3，地下水资源量为2.08亿m^3。2018年，全市人均拥有水资源量为1 391.5 m^3。人均拥有水资源量高于全市人均水平的有泰顺县、文成县、永嘉县。全市建有大型水库1座，中型水库19座。2018年大中型水库年末蓄水总量为12.26亿m^3，比2017年增加0.96亿m^3，其中珊溪水库比2017年蓄水量增加0.32亿m^3。

【防汛防台】 2018年，温州水利局积极做好各项防汛备汛工作：3.4万名基层防汛责任人全部安装防汛管理APP；组织开展防汛防台安全大检查、水库安全度汛暗访专项行动，安全隐患全部完成整改；组织对5 792个村、居、城市社区的防汛防台形势图进行全面梳理更新；加强防汛业务培训，共培训134班次、24 436人；全市举办13场防汛抢险演练。从重、从严、从紧做好第8号台风“玛莉亚”防御工作，全市4.3万防汛责任人全部进岗到位，10万余名党员干部投身防台一线，转移各类危险区域人员27.1万人，实现“不死人、少伤人、少损失”的总目标。强力推行“堤防灾害保险”机制。在全省率先建立堤防灾害保险机制，投入906万元，为全市1 234 km堤防投保，解决事后补丁式被动应对、修复资金缺乏、拨付周期长、日常维管水平低等4大痛点。第8号“玛莉亚”台风过后，第一笔赔偿金实现3天快速理赔到位，为堤防修复争取到更多宝贵时间。

【重点水利工程建设】 着力抓好水利重点工程尤其是“百项千亿”项目这一重心，全力破解前期审批、要素保障和政策处理等难点，总体进度比2017年显著加快。完成水利投资84亿元，占年度投资计划的117%；其中“百项千亿”项目完成投资29.9亿元，完成率113%。着力破解“谋划盯引”难点，深入分析研究三大江防洪排涝短板及措施，通过一系列有效措施，在全市范围内谋划123个水利新项目，为下一步水利发展建设提供动能储备。着力破解“前期审批”难点，“百项千亿”项目前期工作取得突破性进展，平阳县瑞平平原排涝工程已开工建设，乐清市乐柳虹平原排涝工程一期、瑞安南部排涝一期、江西垟平原排涝一期可行性研究获省发展改革委审批，并开工建设；瓯海南湖调蓄工程可行性研究正在报批。着力破解“工程推进”难点，联合市纪委开展重点水利项目“蜗牛工程”破解行动，针对16个滞后水利重点项目的35个问题开展专项督查和“回头看”，取得良好效果，苍南湖前水闸、乐清沙港头水闸、文成飞云江治理二期等一批工程，分别解决征地、房屋拆迁等问题，工程得以加速推进；瓯江绕城高速至卧旗山段海塘、瑞安飞云江治理一期、文成飞云江治理二期3个“百项千亿”项目主体工程完工。与此同时，加快推进全市8项在建围垦（促淤）工程，面积1.46万 hm^2（21.89万亩），全年完成投资8.9亿元，完成率116.5%。

【农村饮水安全】 5月牵头成立市直部门调研组，赴各地开展大调研，在全省率先出台《全面实施农村饮水安全巩固提升三年行动计划》，重点实施单村工程标准化改造和平原城镇供水管网延伸工程，体制上实行城乡统一管理、统一水价、统一标准，3年计划总投资21.09亿元，超过过去15年农民饮用水工程投资总额（20.4亿元）。2018年完成提升人口32.9万人，完成率238.4%，均居全省第一。

【水患治理】 按照省委书记车俊8月底在温州市视察工作时提出的“到2020年底水头镇防洪要达到20年一遇标准，彻底把千年水患治理好”的重要指示精神，加强与平阳县、市直有关部门联系，科学谋划水头水患治理项目；积极与省水利厅、省发展改革委、省财政厅等有关单位做好对接，争取项目尽早落地，力争水头水患痛点问题早日得到解决。水头水患治理工程总投资43.29亿元，主要包括水头防洪工程、南湖分洪工程“两大关键工程”以及鳌江干流疏浚、水头平原河道排涝、水头小南片居民搬迁、带溪右岸闭合堤、显桥水闸除险加固“五大配套工程”。目前水头防洪工程进展顺利；南湖分洪工程项目建议书获批，应急工程如期实现开工。

【水生态文明建设】 深入贯彻落实“两山”理论，实施最严格水资源管理制度，严守三条红线，在全省2017年度省最严格水资源管理制度考核中再次获得优秀等次。围绕“三江两带一网多点”的总体布局，推进9大类120项工程建设，累计投资342.2亿元，成功创成全国水生态文明城市，为温州市新增一张“国字号”金名片。牵头“五水共治”和河长制工作，持续巩固提升城乡河网水质，为理顺体制，经温州市委、市政府研究决定，2018年6月将市治水办（河长办）职能划转到环保部门。

【水源保护工作】 不断加强珊溪水源保护，强化水土流失治理，打击违章乱点、违法捕捞，建立保水渔业“共享共管”机制，珊溪、赵山渡水库水质稳定保持在Ⅱ类以上。推进瓯江引水工程前期工作，拟投入58.2亿元，从瓯江（温州与青田交界处）引水，建设贯穿整个市区的引调水体系，以完善备用水源建设、改善温州城区水环境、提升防洪排涝能力。目前项目建议书已通过省水利厅、省发展改革委联合审查。

【河湖管理】 全面开展河湖“清四乱”专项行动，共排查出乱点363个，已完成整治销号319个，剩余正在加紧整治。制定出台《温州市美丽河湖建设实施方案（2018—2022年）》，大力推进美丽河湖创建，高质量创成3条省级、17条市级美丽河湖。继续开展河湖库塘清污（淤），完成清淤921万m^3，完成率122.8%。

【水利工程标准化管理】 全市8大类162个水利工程实行物业化管理，合同总额超过1 500万元，做法和经验得到水利部的充分肯定，水利部发展研究中心2次来温州市调研。继续推进水利全行业标准化管理，2018年以来共有325座（处）水利工程通过标准化管理验收（累计818座），完成率100%，位居全省第一。全省首创在平阳水头防洪工程试点打造“智慧工地”，实现工程施工全过程的信息化管理，全省现场会在温州市召开。12月5日，水利部副部长蒋旭光来温州市调研时表示“温州水利智慧工地的做法和经验走在全国前列，可借鉴、可复制、可推广”。

【“水库山塘”风险防范】 把水库山塘安全管理作为头等大事，温州市水利局领导班子带头开展水库安全度汛专项暗访检查，全市328座水库“三个责任人，三项重要措施”全部落实到位，抽查发现25项安全隐患全部整改完成。完成全市山塘信息清查与登记工作，对日常管理不到位、坝体渗漏、责任人无法联系等问题实行跟踪督办，确保按时完成整改。

【“涉水违法”风险防范】 深化涉河“三改一拆”和无“涉水违建”创建，全年拆除涉河违章10.2万m^2，全省“无违建河道”现场会在温州市召开。加强涉水项目批后监管，开展批后监管77次，对112个涉河项目进行督查。继续抓好采砂监管，开展专项巡查70余次，移交违规采砂案件4件；启动采砂规划修编工作，下一步将根据修编结果，对不符合开采要求的砂石开采区一律禁采。

【水利“最多跑一次”改革】 深入推进水利“最多跑一次”改革，积极探索涉河审批分类管理、复杂项目“多评合一”等改革新举措，得到省水利厅的充分肯定。7月4日，全省水利系统“最多跑一次”改革现场推进会在温州市召开。

【人才人事】 深入实施水利讲师团制度，更新充实讲师团师资力量，打通市县水利行业师资输送途径，切实解决基层师资力量“请不到”“出不去”的问题。组织制定2018年度干部职工教育培训计划，举办水利专业技术人员继续教育培训班3期，每期3天，受训人员达800余人次。一年来开展各类培训12次，参加学员达1 900余人次。这项制度已坚持4年，累计开展各类讲座60次，参加人员达7 000余人次，满足基层水利行业培训和解决实际问题需要，取得明显成效。实施“雏鹰计划”，探索实践年轻干部培养新模式获省市好评。立足实际，开展实施水利人才培养“雏鹰计划”，吹响水利年轻干部培养集结号。目前，61名雏鹰人才与53位导师结对帮带指导；首期雏鹰人才论坛顺利举办，共收到52篇交流材料，10名雏鹰人才作典型发言；3人参与治水等岗位实践锻炼；与温州科技职业学院签订框架协议，选派优秀雏鹰人才参加2019年春季教学实践活动；实施“百项千亿”等五大工程助力行动，号召年轻干部积极投身水利事业，立足岗位，甘于奉献，在各项重点工作、中心工作中都有雏鹰人才奋斗的身影。这项工作获得省水利厅人事处、市委组织部干部一处的肯定。

【党风廉政建设】　深入推进“两学一做”学习教育常态化制度化，全面学习贯彻党的十九大精神，以习近平新时代中国特色社会主义思想武装党员干部。坚持“预防为主”，通过警示教育活动、深化谈心谈话提醒等方式，切实提高廉洁自律意识、廉洁从政意识和拒腐防变能力；实施关键岗位重点防控，坚持抓早抓小，全力打造“清廉水利”。

（陈　晔）

湖州市

【单位简介】　湖州市水利局是湖州市政府主管水利工作的部门，主要职责有：拟定并监督实施水利规划，负责并监管水资源（含空中水、地表水、地下水）的开发利用和保护，指导、监督水旱灾害防治工作，监督、指导水利工程建设和水利设施、水域及其岸线的管理与保护，组织、指导水政监察和水行政执法，指导农村水利工作，指导、监督水土保持工作，按分工组织、指导节约用水工作，指导水文工作，开展水利科技等工作，指导、监督市级水利资金的使用管理和承办市委、市政府交办的其他事项等职责。局机关内设办公室、财务审计处、规划计划处、建设管理处（挂“安全监督处”牌子）和水政处（挂“行政审批管理处”牌子）5个职能处室。全局行政编制共14名，其中：局长1名，副局长3名，总工程师1名；科级领导职数7名。后勤服务人员编制1名。

【综述】　2018年，湖州水利系统深入贯彻党的十九大和省、市党代会精神，紧紧抓住省委、省政府建设“大花园、大湾区、大通道、大都市圈”和市委、市政府高质量赶超发展重大战略机遇，以“五水共治”“百项千亿防洪排涝工程”“三百一争”为主要抓手，开拓进取、真抓实干、攻坚克难，圆满完成全年各项目标任务，高水平通过水利部全国首批水生态文明试点城市验收、全国首批河湖管护体制机制创新试点验收，推进湖州水利实现高质量发展。

【雨情水情】 2018年，湖州市降水总量偏丰，局地强降雨显著，梅雨偏多、时程分散、入梅偏迟；台风密集、雨量偏小、影响较轻。湖州市平均降水量1 681.3 mm，比多年平均多20.2%，比2017年多347.2 mm。其中，4—9月全市平均降水量1 109.0 mm，占全年降水量的66.0%。降水量自东北向西南随地势增高而递增，年降水量变化范围为1 400～2 200 mm。2018年湖州市6月20日入梅，7月9日出梅，梅雨期19天，梅雨时程相对分散，平均梅雨量280.0 mm（含6月19日降雨），较常年梅雨量偏多22.8%，最大点雨量417.0 mm（安吉县仙龙水库）。2018年汛期，湖州市东苕溪、西苕溪未发生超警戒洪水，湖州东部平原河网在梅雨后期、台风期有4个阶段全线超警戒水位，最高水位接近保证水位。长兴县、安吉县、吴兴区、开发区发生局地洪涝。

【防汛防台】 2018年，受台风“拉尼娜”等因素影响，湖州市防汛形势相对复杂，梅雨不典型，局地短时强降雨频发，先后遭受7个台风不同程度的影响，水利部副部长魏山忠、省水利厅厅长马林云以及太湖流域管理局领导等来湖州市检查指导，市委书记马晓晖、市长钱三雄等市领导坐镇市防指，靠前指挥。湖州市水利部门准备充分，严密防范，平稳度过2018年汛期，有力保障湖州经济社会平稳发展。

以落实行政首长负责制为核心，逐条堤段、逐个工程落实防汛责任人1.57万人，落实各类防汛抢险队伍1 200余支、2.6万人。扎实做好物资储备，共储备袋类484万条、布膜类4.84万 m^2、桩木6 624 m^3、水泵2 723台套和防汛舟艇222艘等防汛物资。扎实做好工程度汛准备，制定在建重点工程度汛方案和抢险预案，修订重要水利工程控运计划。开展汛前大检查，共发现防汛隐患问题232处，在主汛前全部整改到位。

在巩固完善基层防汛防台体系长效管理的基础上，完成1.5万名基层责任人防汛管理APP正常使用，提升基层防汛水平。开展智慧防汛体系市级监控平台、西苕溪流域水位预报（AI）系统等智慧防汛建设，进一步提升湖州市防汛现代化水平。深入开展防汛宣传、培训和演练，不断提升广大防汛责任人的责任意识和履职能力，提升社会公众的防灾减灾意识和自防自救能力。

梅汛期间，对环湖大堤诸闸实施动态调度，阻拦太湖洪水倒侵，有力保障东部平原防洪安全。台风影响期间，科学调度11座大中型水库和东苕溪沿线、环太湖水闸，预先腾出承水空间。城市防洪工程、东部平原圩区全面排涝，合理控制河网水位，减少灾害损失。加强对病险水库山塘影响区、低洼易涝区、山洪和地质灾害易发区、薄弱堤段、险工险段、危旧房、航运船只和景区景点的动态检查，及时做好船只回港避风、游客人员转移工作，平稳度过梅、台汛期，实现“不死人、少伤人、少损失”的工作总目标。

【水利建设】 2018年，湖州市完成水利总投入26亿元，完成率达144%，其中，中央投资计划8.9亿元，完成率100%，提前实现“三百一争”目标，2次在全省水利投资视频会商会上作交流发言。

【“四大骨干工程”建成】 作为“172重大项目”的太湖治理“四大工程”全面建成，在多次防汛中发挥重要作用。截至12月底，2018年“四大骨干工程”完成投资3.9亿元，完成率100%，累计完成115亿元，概算投资全部完成。其中，苕溪清水入湖完成年度投资3.1亿元，完成率100%，主体工程全面建成，完成18个合同标段验收。扩大杭嘉湖南排工程完成年度投资0.8亿元，完成率100%，主体工程全面建成。太嘉河工程、环湖河道整治工程2018年底建成，共完成11个标段、2个专项验收工作，完成率100%。项目建成后，每年增加与太湖水量交换达3 000万m^3，大幅增加洪水调蓄空间和水环境容量。

【“四大后续前期”项目】 扎实推进太嘉河及环湖河道整治后续、苕溪清水入湖河道整治后续、环湖大堤（浙江段）后续和杭嘉湖北排后续4大项目前期，全力以赴加快项目实现开工。2018年，太嘉河及环湖河道整治后续已完成可行性研究批复，已提前开工建设；苕溪清水入湖河道整治后续（湖州开发区段）已完成可行性研究批复并动工建设，完成投资1.6亿元，完成率107%；苕溪清水入湖河道整治后续（市直管和三县段）可行性研究已报省发展改革委进入最终批复阶段；环湖大堤（浙江段）后续可行性研究已通过水利部技术审查；杭嘉湖北排后续新增列入省“百项千亿”项目库。前期进度走在全省前列，增加水利发展后劲。

【病险水库山塘存量“清零”行动】 全年完成水库除险加固开工20座，完工11座，山塘整治完工49座，完成率100%，病险率控制在5%以内。其中，6座大中型水库防洪效益得到提升，释放防洪库容近5 000万m^3。同时，积极开展水库山塘标准化创建，达标率达80%以上。多家省级媒体对湖州市水库山塘病险存量“清零”做法进行报道，得到副省长彭佳学批示肯定。

【农田基础设施建设】 围绕服务农业“两区”和农业现代化建设，以中央财政小型农田水利重点县为主要抓手，深入开展农田水利建设，全年共完成13 086.67 hm^2圩区整治，完成率109%；新增农村饮用水安全提升人口27.11万人，完成率100%；新增高效节水灌溉面积3 058.67 hm^2，完成率110%；完成小型泵站改造168座，完成率100%。扎实开展农业水价综合改革，以德清县、南浔区为试点，建立合理的水价形成机制和精准的政府补贴机制，在农业节水中充分发挥水价的杠杆作用，全省农业水价综合绩效评价优秀，此做法在全省交流。

【美丽河湖建设】 围绕“浙北诗画江南水乡”的总体定位，提出“清丽苕溪、魅力湖漾、古韵溇港、诗画水乡”的总目标，制订《湖州市美丽河湖建设五年实施方案》，打造一批美丽生态河道，选取基础较好的河道打造湖州美丽河湖样板。2018 年，已完成 7 条市级美丽河湖、2 条省级美丽河湖的创建任务。9 月 21 日，《中国水利报》专题报道湖州市高标准推进美丽河湖建设。借助世界灌溉工程遗产品牌，将太湖溇港打造为湖州特色美丽河道，做法得到副省长成岳冲的批示肯定。

【河道清淤保洁】 以中小河流治理重点县、重点中小河流治理为主要抓手，累计完成河道综合整治 195 km，完成率 133%；清淤 865 万 m^3，完成率 103%。为妥善处置淤泥，建立淤泥循环利用堆场处置淤泥，在省对市清淤现场检查考核中获得好评。加强河道管理，对湖州市所有河道（包括湖漾）进行网格划分，落实保洁主体和保洁经费，实现河道保洁全覆盖。另外，2018 年实施环城河、旄儿港清淤工程，完成清淤 105 万 m^3、投资 5 500 万元，有效改善湖州中心城区河道水环境状况。德清县实施“清水入城”工程，保障联合国世界地理信息大会的顺利召开。

【水库水源地保护】 严格开发建设项目水土保持监督管理，市本级全年审批水土保持方案 18 件，征收水土保持设施补偿费 950 万元。全年共实施水土流失综合治理 19.25 km^2。在老虎潭、合溪、对河口、赋石和凤凰等大中型供水水库，健全完善水库水源地保护生态补偿机制，落实专项资金，用于水源保护区内镇、村的水源保护考核奖励、生态保护项目补助及污染企业整治补偿。湖州市主要供水水库水质稳定保持在 I 类和 II 类水标准，县级以上集中式供水水源地水质达标率达 100%。在老虎潭水库水源地保护方面，完成 6 家企业、3 家农家乐关停拆除工作，开展德清县莫干山镇四合村农村生活污水改造工程和大陈小流域水生态修复工程建设，加快保护区内生态质量提升，原水水质达到 II 类以上。

【水资源管理】 全面推行“三条红线”考核，2018 年在省政府水资源管理考核中，连续第四年获得“优秀”。安吉县完成第二批节水型社会建设中期评估验收，吴兴区、南浔区完成第三批节水型社会建设年度任务，长兴县和德清县通过国家县域节水型社会达标建设验收。湖州市共完成水平衡测试企业 31 家、节水型企业 31 家、节水型灌区 1 个，节水型小区 5 个，节水型单位 74 家。

【水利工程标准化管理】 2018 年，43 个水利工程全面完成创建标准化工作，完成率 104%，管理养护面貌大幅提升，已全部通过省级标准化验收。完成环太湖沿线、导流东大堤沿线、西苕溪沿线、德清山区沿线和安吉精品库塘 5 条标准化示范带建设。评选确定 25 名标准化管理基层示范带头人，覆盖各层次管理人员。按照省水利厅要求，组织完成湖州市 190 项已创建标准化工程的“回头看”工作，覆盖范围超过 50%。各县区标准化管理运行管护长效机制已全面落实，已创建的标准化工程维修养护等经费得到足额保障。

【工程建设管理】 严格执行水利工程建设管理办法，不断强化水利工程重大项目的过程监管。坚持创新工程建设监管手段，灵活采用委托检测、移动监督APP等新型方式，开展水利工程质量大排查、大整治，实现质量监督突击检查常态化。完成竣工验收7项，一次验收合格率100%；完成2家湖州市水利工程安全文明标准化工地创建，并逐步向全市推开。2018年，湖州市水利工作无人员伤亡事故发生，无重大财产损失，获得市安委办考核优秀。

【“三评合一”改革成效明显】 实施水行政审批，推行涉水审批承诺制改革，缩短涉水审批时间至1天，减少中介服务费用5万～20万元。2018年，19个省级以上经济技术开发区（园区）、产业集聚区、特色小镇都完成区域洪水影响评价，已成交“标准地”64宗、228.67 hm^2。深入开展“三改一拆”“无违建县”创建活动，不断加大涉水违建的查处力度，拆除和清理码头、养殖棚等各类涉水违章建筑，创建无违建河道350 km。开展水资源管理专项整治行动，湖州市150家年取水量5万 m^3 以下取水户全部完成计量监控建设，实现取用水管理监控全覆盖。

【水利宣传教育】 全年在省部级主流媒体报道反映湖州水利工作的各类新闻信息43篇，在省水利厅网站、微信公众号发布信息76篇，重点宣传“三百一争、美丽河湖、病险水库山塘存量清零、涉水承诺制改革、治太40年”等水利工作，营造良好的舆论氛围。在第十届全国水利技能大赛中，湖州市水利局钱卫彬同志获第十届全国水利技术能手称号。加强水情教育，将水土保持讲课带进党校、走进企业、融入学校，湖州太湖溇港文化展示馆入选国家级水情教育基地。

【党建与党风廉政建设工作】 深入开展“不忘初心、牢记使命”主题教育活动，推动“两学一做”常态化、制度化，教育引导广大党员干部树牢“四个意识”，坚定“四个自信”，始终同以习近平同志为核心的党中央保持高度一致。深入开展“四新”主题实践，营造“比学赶超、争相发展”的干事氛围。以“市直机关党建示范单位”创建、支部规范化建设为载体，全面加强机关党建工作，大力弘扬献身、负责、求实的水利行业精神，党建文化氛围日趋浓厚。深入实施“廉政文化进机关”“廉政文化进工程”活动，营造浓厚的廉政文化氛围。平时，注重加强日常教育提醒，落实“党纪一刻钟、每日一案例、每周一讲堂、每季一主题”的常态化教育制度，运用水利网站、水利微信公众号、办公廊道宣传栏等平台深入学习新《监察法》和《纪律处分条例》，及时通报“四风”典型案例，教育党员干部牢牢守住廉政底线。

（朱 慧）

嘉兴市

【单位简介】 嘉兴市水利局（以下简称市水利局）和嘉兴市杭嘉湖南排工程管理局（以下简称市南排管理局）实行合署办公，实行2块牌子1套班子。机构主要职责有：贯彻执行《中华人民共和国水法》《中华人民共和国水土保持法》《中华人民共和国防洪法》等法律、法规，研究制订水利发展规划和有关政策；组织制订全市主要江河流域（区域）综合规划和有关专业规划，并组织和监督实施；研究起草有关水行政管理的规范性文件草案，经审议通过组织实施。负责水利科技、信息、教育和对外合作工作；指导全市水利队伍建设，制订行业人才培养规划；指导水利行业多种经营工作；监管局直属单位的水利国有资产。截至2018年底，市水利局内设机构5个：办公室、组织人事处、财务审计处、规划计划与建设处、水政水资源处（节水办、水保处、农村水利处）。市南排管理局（纯公益类）内设机构3个：基本建设处、工程管理处、综合经营处。另设局机关党委和驻局纪检监察组。局下属事业单位有13个：嘉兴市防汛防台抗旱指挥部办公室（参公）、嘉兴市水政监察支队（参公）、嘉兴市河道管理处（参公）、嘉兴市质量监督管理站（监督管理）、嘉兴市水文站（纯公益类）及嘉兴市杭嘉湖南排工程长山闸管理所、南台头闸管理所、盐官枢纽管理所、独山枢纽管理所（平湖河道管理站），嘉兴市杭嘉湖南排工程海盐河道管理站、海宁河道管理站、桐乡河道管理站和城郊河道管理站，共计4所4站（均为纯公益类）。市水利局属国有企业有2个：嘉兴市水利水电勘测设计研究院、嘉兴市水利工程建筑有限责任公司（均为事改企）。共有在职在编行政事业人员162人。

【综述】 2018年，嘉兴市水利工作深入贯彻落实《嘉兴市水利发展“十三五”规划》，以“强排固塘、城圩联防、调蓄并重、水美流畅”为基本思路，以17个年度重点工作方案为抓手，全年共完成投入54.89亿元，完成年度目标任务的122%。列入省“百项千亿防洪排涝工程”水利项目的嘉兴市北部湖荡整治与水系连通工程（嘉善片）已完成初步设计批复，海盐县东段围涂标准海塘二期工程已完成项目建设评审，平湖塘延伸拓浚工程、扩大杭嘉湖南排工程（嘉兴部分）、嘉兴市南排闸站除险加固工程、嘉兴北部湖荡整治及河湖连通工程（秀洲片、嘉善片）、平湖白沙湾至水口标准海塘工程、海盐县东段围涂标准海塘一期工程年度投资计划19.5亿元，共完成投资19.75亿元，完成率102.69%。全力应对12号台风“云雀”和22号台风“山竹”带来的强降雨，取得防汛防台全面胜利。全国水生态文明城市建设试点顺利通过终期验收，完成自然资源资产（水利部分）负债表编制工作。2018年获得嘉兴市人民政府“五型机关”考核一等奖。

【雨情水情】 2018年主要经历梅汛、短历时强降雨、12月持续降雨及第10号台风“安比”、第12号台风“云雀”、第14号台风“摩羯”、第18号台风“温比亚”和第22号台风“山竹”等多个台风影响，全年降水量1 678.5 mm，较多年平均偏多40.6%。汛期4—10月降水量为1 147.6 mm，占全年降水量的69.1%，较常年同期雨量值偏多33.3%。降水量的空间分布呈现西南部大东北部小的特点，降水量高值区出现在海宁市和桐乡市西部一带，低值区出现在嘉善县北部一带。2018年嘉兴市自6月20日入梅、7月9日出梅，呈现入梅晚、出梅正常，梅汛天数19天少于常年的特点。梅汛期共出现9次主要降水过程，以局部分散性阵雨雷雨天气为主，平均降水量230.7 mm，较常年偏多1.6%。

由于降雨及上游持续来水影响，2018年全市河网水位整体偏高，各站平均水位高于常年均值0.22~0.29 m，各站水位最大变幅为1.15~1.47 m。各地最高水位主要出现在8月3日台风“云雀”影响期间。其中嘉兴站最高水位2.36 m（“1985国家高程基准”，下同），位列历史第6位。各站最低水位出现在1月上旬或2月中旬，其中嘉兴站最低水位为0.82 m，出现日期为2月14日。

【防汛防台抗旱】 2018年汛期前，在各镇（街道）自查、县（市、区）普查的基础上，组织7个防汛检查工作组对全市各地汛前准备情况进行专项检查，对检查中发现的问题进行督办限期整改。修编《市级防汛防台抗旱应急预案》，调整市防汛指挥部组成成员，更新36个成员单位责任人信息。完成防汛高清视频会商系统（含1个主会场和9个分会场）更新改造，对嘉兴市防汛指挥数字会议系统及会场进行升级改造。全市范围更新完善各县（市、区）及72个镇级防汛指挥部成员和1 077个村级防汛防旱工作组人员，落实县级责任人291人、镇级责任人1 849人、村级责任人9 388人，在当地媒体上公布市、县基层防汛防台责任人。全面完成市防汛管理APP安装注册工作，开展全市防汛管理APP使用演练，熟练掌握防汛管理APP操作。全面开展村级防汛形势图动态更新。市、县防指组织防汛演练5次，参加演练人员达700多人次。全市县级以上防汛物资仓库面积达11 967 m^2，落实抢险队伍1 302个计21 464人。坚持“一个目标、三个不怕”的防汛防台理念，层层压实责任，强化监测预警，及时会商研判，累计启动防汛Ⅳ级应急响应11次、Ⅲ级应急响应8次，Ⅱ级应急响应3次；调度南排工程各闸站累计运行210天，排除涝水13.21亿m^3；城防工程累计运行14次，排水5 887.9万m^3。实现“不死人、少伤人、少损失”的总目标，有效提升防汛防台应急处置能力。

【嘉兴市域外配水工程（杭州方向）】

围绕嘉兴市委、市政府确定的与杭州基本同步喝上千岛湖水的目标，市域外配水工程（杭州方向）年内实现全线进场施工，计划完成投资13.4亿元，实际完成投资14.32亿元，为年度计划的106.8%。

【平湖塘延伸拓浚工程】 完成年度投资

2.53 亿元，占年度投资任务的 101.32%，累计完成投资 34.55 亿元，总体进度 96.77%。河道工程已基本完工，桥梁工程部分完工，预计 2019 年底完工见效。

【扩大杭嘉湖南排工程（嘉兴部分）】 完成年度投资 7.07 亿元，占年度投资任务的 101%，累计完成工程投资 38.11 亿元，总体进度 83.89%。河道工程处于扫尾阶段；桥梁工程全面铺开建设；两大泵站土建主体施工。

【嘉兴市南排闸站除险加固工程】 南台头闸维修加固工程完成竣工决算和审价，工程档案资料完成专项验收，通过环境影响评价专项验收，完成竣工验收各项准备工作。长山闸大修工程完成大修工程建设和投资任务并通过完工验收。盐官下河闸大修工程获市发展改革委批复，年内完成工程监理标、主设备招标、水工建筑及设备安装标、门机行车设备采购标等招标工作，完成投资 2 620 万元。

【农田水利建设】 2018 年，全市完成农田水利基本建设投资 31.88 亿元，建设高效节水灌溉面积 0.57 万 hm^2，新修加固堤防 84.06 km，渠道清淤 338.58 km，新增防渗渠道 573.14 km，新建小泵站 191 座，改造 167 座，新增旱涝保收面积 1.2 万 hm^2，整治圩区（低洼易涝区）0.95 万 hm^2，有效提高区域防洪排涝能力、改善生态环境，保障粮食生产安全。

【水环境综合治理】 全面开展水系连通工程和美丽河湖建设，《嘉兴市河道整治规划（暨嘉兴市水系连通与整治规划）》获市政府批复，启动实施水系连通及活水畅流工程。编制《嘉兴市美丽河湖建设实施方案》，全面实施“一心两带，四片八廊，百湖千漾”为总体布局的美丽河湖建设，共完成美丽河湖建设 80 条（个），其中完成省级下达建设任务 10 条（个）。同时，抓好河湖水环境综合整治，全市共完成河道综合整治 153.25 km、河湖清淤 1 218.54 万 m^3，分别占年度任务的 140% 和 106.9%。

【水行政综合执法】 2018 年，全市开展水政巡查 114 次、362 人次，巡查河道 391 条次，总长 1 317.3 km。列入年度整治创建的 54 条市、县级河道完成排查并认定违建点 236 个，违建面积 7.6 万 m^2，所有涉水违建点已全部拆除。全年共受理工程质量监督申请项目 25 个、项目划分审批 25 个，开展质监活动 53 次，受理招标监督 73 个标段。全面推进嘉兴市水利行业“无欠薪”专项行动。重启嘉兴市水利优质工程“南湖杯”评审。全年共受理新申报水利水电工程施工总承包三级企业 10 家次，通过 4 家，1 家在审；受理外地水利水电施工总承包企业分立或吸收合并至嘉兴共 7 家次，引进水利水电施工总承包贰级企业 4 家，水利水电施工总承包叁级企业 1 家。

【水资源管理】 完成实施最严格水资源管理制度考核工作，继续深化建设项目水资源论证工作。严格取用水监管，实现全市年取水 5 万 m^3 以上企业监控全覆盖，下达年度取水计划 5 亿 m^3，全市保有取用水监管许可证 928 本，许可水量 15.5 亿 m^3，计划用水管理得到有效控制。开展现存入河排污口审核登记工作，对依法保留的 40 个入河排污口的基本情况、管理制度落实情况和监测监控情况进行资料收集和信息汇总，实行“一口一档”管理和日常动态巡查。积极推进水生态文明城市试点建设，完成中期评估自查。

【水土保持管理】 全年共审批生产建设项目水土保持方案 11 件，生产建设项目水土保持方案验收备案 4 件。严格落实水土保持“三同时”制度，加大水土保持补偿费征收力度，确保应征尽征、及时足额到位，全市征收水土保持补偿费 613 万元。

【水利工程标准化管理】 按照“五年方案三年完成”的总体要求，提前谋划、尽早部署、强化协调，严格验收标准，2018 年顺利完成 42 个项目的标准化创建工作，年度任务完成率 117%，总体创建完成率 93.4%，名列全省第一。同时，坚持典型引路、抓好示范，充分发挥已创建标准化工程的示范引领作用，通过树立一批样板工程和典型工程，以点带面，在全市范围内探索建立水利工程标准化管理长效机制全覆盖，全市 5 个县（市）完成水利工程长效机制评估。依标管理成为习惯，同时深入推进水利信息化顶层设计，打破“信息孤岛”，以实现互联互通，提升综合信息化水平为目标，抓紧编制水利综合信息化建设实施方案，着力打造嘉兴“智慧水利”。

【深化“最多跑一次”改革】 19 项水利行政审批事项实现“无差别”全科受理和网上办理全覆盖，网上办结行政审批件 11 件，电子化归档率达到 100%。

【推进农业水价综合改革】 按照“一年试点、二年扩大、三年覆盖”的工作要求，5 县 2 区总体实施方案均已获批并实施。全年共完成改革面积 5.1 万 hm^2，完成率为 117.5%，其中，试点县（市）平湖、嘉善、海宁被省水利厅列入改革典型经验做法，印发各地学习借鉴，并在海宁召开全省农业水价综合改革推进会。

【深化河湖管理机制改革】 开展水域岸线划界确权，严格涉河项目审批，全年共完成新增水域面积 1.034 km^2，完成年度任务。推进水利投资多元化，推动重大水利项目投融资试点，引导更多的金融资本和社会资本投入水利工程建设管理，嘉兴市北部湖荡整治及河湖连通工程（秀洲片）、扩大杭嘉湖南排南台头排涝后续工程积极试点投融资新模式。

【党建工作】 落实党建工作责任制，全面开展机关党建督查工作，对海宁河道管理站、综合经营处和两大工程办公室等单位（处室）专项巡察 3 次、回头看 1 次。大力开展“五型标尖”党组织创建工作，50% 的支部积极申报“标尖”创建；组织开展纪念建党 97 周年系列活动，深入“微党课”巡讲活动，全局共计开展微党课巡讲40余节；重视党员发展工作，全局新增党支部1个，调整党员组织关系10余名，接收预备党员2名。全局共计110名（党员105位）干部职工分别编入4个联系村（社区）22个网格，共计上门走访4 000余户，收集各类意见建议341条，电视专题报道2次，各类动态信息推送11条。

（包潇玮）

绍兴市

【单位简介】 绍兴市水利局是绍兴市政府主管全市水利渔业工作部门。主要职责：贯彻实施水利法律、法规和水利方针政策，承担全市水行政监督管理和水利行业指导；负责全市水资源保护、开发利用和实施渔业渔政工作、水政监察和水行政执法工作；负责水旱灾害防治工作，承担市政府防汛防旱指挥部的日常工作。局内设机构6个，分别是办公室、规划计划处、建设安监处（挂小水电处牌子）、水政水资源处（挂渔业处牌子，行政审批服务处与其合署）、市人民政府防汛防旱指挥部办公室和曹娥江管理处。下属事业单位12个，分别是市水政渔业执法局、市防汛防旱应急保障中心、市水环境综合整治中心、市水库管理站、市河道管理站、市农村水利站、市水文站、市曹娥江引水工程管理处、市水产技术推广站、市水利水电工程质量安全监督站、市用水管理处和水利水电勘测设计中心。单位编制148名，其中公务员及参照公务员管理编制70名，事业编制78名。

【综述】 2018年，绍兴市大力推进水利建设，全年完成水利投资72亿元。持续推进水环境综合整治，完成全市清淤970万m^3，占年度计划129%。全面完成贺家池水环境治理工作，累计恢复水域面积133.33 hm^2。深入推进美丽河湖建设，编制《绍兴市“美丽河湖”实施方案（2018—2022年）》，率先在全省出台市级评定管理办法和评分标准，率先在全省完成年度12条“美丽河湖”创建任务。落实最严格水资源管理，获2017年度省对市考核优秀。严格推进水利工程标准化管理创建和验收，完成全市水利工程标准化管理验收327个，占年度计划137%。强化水利规划管理，完成“十三五”水利发展规划中期评估、《杭甬高速复线结合二线塘研究》和《绍兴核心区块防洪及河道整治规划》方案研究，《曹娥江流域综合规划修编（2008—2030）》由市政府正式批复，开展《绍兴市曹娥江流域防洪规划》（修编）前期。深化行政审批改革，明确“最多跑一次”事项44项，全部纳入窗口办理，调整权力清单，由原先266项增加到327项。

【雨情】 2018年汛期梅雨不典型，受多个台风影响，无明显灾害损失。4—9月全市平均降雨量989.9 mm，接近多年平均值。经过努力，实现安全度汛工作目标。

梅雨不典型。6月20日入梅，7月9日出梅，梅期19天（常年23天）。梅雨总体特点：一是入梅迟，比常年偏迟10天；二是梅雨量小，全市面雨量206 mm，为常年平均277 mm的74.4%；三是梅雨不典型，梅中有伏，共遭遇3轮梅雨过程，其中第三轮主要是分散性雷阵雨过程。

台风影响多。2018年，8号“玛莉亚”、10号“安比”、12号“云雀”、14号“摩羯”、18号“温比亚”等台风影响绍兴市，未造成明显灾害损失。

【防汛防台】 2018年汛期，全市557座水库共拦蓄洪水0.99亿m^3，减少农田受灾面积4.89万hm^2，减少受灾人口78.03万人，减少直接经济损失7.76亿元。梅雨强降雨及台风暴雨期间，市防指科学调度水利工程，按照“未涝先排、全力抢排”的原则，曹娥江大闸、绍兴平原新三江闸、马山闸和虞北平原新东进闸、2号闸等沿江排涝闸，均做到提前开闸预排和全力抢排，梅汛期曹娥江大闸累计预排3.68亿m^3，绍虞平原累计预排1.77亿m^3。台汛期间，曹娥江大闸累计预排4.79亿m^3，绍虞平原累计预排2.21亿m^3。由于主动防御，科学调度，有效降低“两江”干支流洪峰流量和水位，减轻下游防汛压力。

全市各地各部门按照“统一指挥、分级负责、属地管理”的原则，全面落实以行政首长负责制为核心的防汛防台抗旱责任制，全市落实防汛责任人2.5万余名。市防指在汛前公布538座小型水库、118名乡级基层防汛防台体系和77座农村水电站防汛责任人名单，接受社会监督。汛前隐患整治。2018年3月中旬起，市防指分6组开展汛前检查，对发现的232个重点隐患，开展分级分类督办，限期整改消除隐患。汛中，又5次组织防汛重点隐患再检查。全面落实水库安全度汛措施，召开专题会议，制定专项行动方案，对各类安全隐患和问题整治实行挂图作战、销号管理，确保557座水库的安全度汛。防汛物资储备。落实乡镇级以上防汛抢险队伍130支，抢险人员7 134人；储备防汛草包（麻袋、编织袋）318.64万条、橡皮艇165只、冲锋舟62艘、大流量应急移动排涝设备6台套，排涝能力达5 800 m^3/h等重大抢险物资。

深入开展以乡镇（街道）“七个有”（办事机构、应急预案、值班人员、值班记录、信息系统、抢险队伍、防汛物资）和行政村（社区）“八个一”（一张责任网格、一本预案、一套监测预警设备、一批避灾场所、一批防汛物资、一套宣传警示资料、一组警示牌、一次培训演练）为主要内容的基层防汛体系标准化建设，完成2 510个村（社区）防汛防台形势图修编，完成防汛管理APP安装，打通防汛防台责任制落实“最后一公里”，实现应急工作“痕迹化”管理。入汛后，加大对基层防汛责任人进岗履职情况的抽查督查力度，并对发现的问题进行通报整改，落实专人对1 400余名各类基层防汛防台责任人进行抽查。加强防汛防台群测群防能力建设，新昌、上虞、越城按时完成整体提升任务。

完成市、县、乡、村及工程管理单位1.12万名防汛责任人培训。修编《绍兴市防汛指挥长培训教材》。制作《以防为主、生命至上》的宣传视频、音频，以及H5新媒体产品，利用电视、广播、网站及微信公众号进行推广宣传；利用农村数字电影下乡活动，播放400场次防汛宣传片。加强防汛演练，提升抢险救援能力，2018年6月1日，举行2018年绍兴市暨柯桥区防汛抢险演练，共组织县级演练22次、乡级79次，4 310人次参演，5 135人次观摩，取得良好的效果。

按照“科学精准预测预报是为准确预测和预警灾害赢得时间、早做准备、科学抢险”的理念，开展防汛监测预报预警体系建设。完成水雨情WebGIS发布系统的升级，实时水雨情信息的采集频率从1小时1次缩短到5分钟1次。采用微信报汛，全市所有的报汛站实现省、市、县三级微信报汛。

【水利建设】 2018年，围绕建设现代化经济体系，推进以“双十”项目为重点的重大水利建设，不断完善水利基础设施网络。绍兴市完成各类水利建设投资80.5亿元，其中列入省级“百项千亿”重大水利项目完成投资41.7亿元。争取省级以上补助资金10.2亿元，列全省第四。

【水文测报能力建设】 加密监测站点，实现全市水雨情遥测站点覆盖全市县（市、区）、乡镇、村。加快实施水文测站“无人值守、有人看管”管理模式，共有36站次获批准变更。推行标准化管理，完成19个测站的标准化创建任务。推进移动基站和北斗卫星双通道建设，绍兴水位站和龙舌嘴水位站完成北斗遥测通信终端升级。编制完成《曹娥江洪水预报系统（嵊州——曹娥江大闸）方案前期编制研究项目》。

【河湖库塘清淤】 完成清淤960万m^3，占年度计划的128%，完成量和完成率均居全省前三。争取上级清淤以奖代补资金6 788万元，补助总金额为全省第一。

【农田水利建设】 新增旱涝保收农田1 437 hm^2，新增高效节水灌溉面积1 973 hm^2，改造灌区渠道386 km，整治库容1万~10万m^3的山塘100座。

【重大项目建设】 新三江闸排涝配套河道拓浚工程（越城片）完成总工程量的50%，柯桥瓜渚湖直江柯北段拓浚工程完成总工程量的97.9%，上虞区虞北平原滨江河——沥北河整治工程完成总工程量的90%，诸暨市浦阳江治理二期工程完成总工程量的40%，嵊州市湛头滞洪区改造工程基本完工，新昌县小流域综合治理工程完成总工程量的90.6%。全市病险水库除险加固任务完工16座、验收7座。完成山塘整治100座。

另完成一批重大项目建设前期工作：完成曹娥江综合整治工程可行性研究审查，送省发展改革委审批；开展新三江闸排涝配套河道拓浚工程（镜湖南片）、柯桥区南部防洪排涝等重大工程的前期设计；完成马山闸强排及配套河道治理工程PPP项目招标，上虞区虞北平原崧北河综合治理工程完成前期工作并开工建设。

【贺家池水环境综合治理】 按照“尽快恢复水面、连通水系、还湖于民”的要求，根据《绍兴市贺家池水环境综合治理规划调整》，市级相关部门、属地政府攻坚克难，合力推进贺家池综合整治，累计挖除堤坝约6 km，拆除各类建筑物约2万m^2，新建护岸2.5 km，绿化20余公顷等。至2018年9月，已恢复贺家池水域面积约133.33 hm^2，现有水域面积180余公顷，基本达到20世纪80年代初的水平。

【开展蹲点指导服务】 围绕水利管理业投资要同比增长10%的目标要求，制订“三百一争”实施方案，以“一项一策”为重点，通过实地调查研究发现工程推进过程中存在的薄弱环节和突出问题，全面推进水利工程建设。深入开展蹲点指导服务活动，主动帮助各地解决工程建设中遇到的难题。累计开展指导服务5 284人次和8 354人日，协调解决重大问题32个，解决率100%，有力推进面上重点水利建设。

【农村饮用水达标提标】 开展农村饮用水基本情况专项大调查，全面摸清农村饮用水存在的问题，提出农村饮用水达标提标任务清单。各地科学编制达标提标专项规划，成立专项行动领导小组，实行挂图作战。共实施66个农村饮用水达标提标工程，安装一户一表2.1万个，受益人口6.54万人。

【水环境监管执法大行动】 2018年累计组织巡查1 600次，组织夜间及节假日值班巡查280余次，查处渔业行政处罚案件452起、罚款69.11万元，水事违法案件44起、罚款70万元，清理地笼16 700只，收缴违规渔具3 034件，与公安机关联合查处移送涉渔刑事案件312起，涉案437人。重点开展禁渔期执法，针对不同水域和特定违法对象，实行错时执法、重点打击，加强夜间、清晨、休假日巡查，开展“夜间零点”行动、“黎明”行动，打击违法行为。依托渔政公安联合执法协作机制，整合执法力量，开展各层级渔政部门与公安机关的联合执法和市、县两级联合执法，案件查处率明显提高。

【“无违建河道”创建】 依托属地政府“三改一拆”和“河长制”工作平台，加强与公安、综合执法等部门沟通联系，结合水利工程标准化建设和河道综合整治，进一步提升拆违力度，累计拆除各类涉水违法建筑物、构筑物15.1万m^2，其中市级河道29条、285.7 km，县级河道累计摸排违建点53个、24 098 m^2，拆除违建点43个、22 809 m^2。联合绍兴市越城区农水局召集10家涉水企业开展“五不”承诺座谈会并签订承诺书，组织开展市区建筑泥浆专项检查活动，累计开展专项检查300余人次，立案查处违法排放泥浆（水）类案件4起，作出行政处罚4起，罚款10万元。

【水资源利用】 2018年，全市平均降水量1 559.7 mm，较多年平均降水量偏多6.6%，较2017年降水量偏多7.7%。全市地表水资源量为57.36亿m^3，地下水资源不重复计算量 2.46 亿 m^3，总水资源量 59.82 亿 m^3，较多年平均偏少 6.3%，较 2017 年偏少 3.6%。

2018 年，全市总用水量 18.093 5 亿 m^3，其中农田灌溉用水量 7.214 4 亿 m^3；林牧渔畜用水量 1.375 2 亿 m^3；工业用水量 4.554 8 亿 m^3；城镇公共用水量 1.888 2 亿 m^3；居民生活用水量 2.675 4 亿 m^3；生态环境用水量 0.385 5 亿 m^3。环境配水 3 亿 m^3。省重点考核水功能区水质达标率为 98.4%。

【水资源管理】 落实最严格水资源管理制度，“三条红线”控制指标体系覆盖到各区、县（市）。对全市 737 家取水户下达取水计划，实现取水计划全覆盖。辖区内年取水量 5 万 m^3 以上的企业全部安装实时监控，并委托专业技术单位进行日常运行维护；对全市 75 个地表水重点水功能区水质断面及 9 个地下水监测断面进行日常监测，并形成水质通报。2018 年，全市水资源费征收共计 1.3 亿元。

【节水型社会建设】 柯桥区通过国家县域节水型社会达标建设验收，上虞区、诸暨市顺利通过节水型社会中期评估，嵊州市、新昌县稳步推进节水型社会建设工作。全市共完成 92 家节水型企业创建，完成企业水平衡测试 80 家，企业清洁生产审核 84 家，节水型灌区 2 个，节水型单位 111 个，节水型居民小区 23 个，全面完成省下达的目标任务。

【水利工程标准化管理】 2018 年，完成水利工程标准化验收 327 个（座、处），其中大中型水库 5 座、小型水库 194 座、海塘水闸 1 座、河道水闸 10 座、堤防 25 条、泵站 1 座、山塘 64 座、农村饮用水工程 5 处、水文测站 20 座、灌区 2 个。越城区、柯桥区、诸暨市通过省级水利工程标准化管理长效机制考核评估。

【水利行业安全质量监管】 加大受监工程“项目法人质量管理体系、监理单位质量控制体系、施工单位质量保证体系以及设计单位现场服务体系”的监督检查力度，落实各方质量安全主体责任，实现项目法人质量委托检验率 100%。全面实行移动质监 APP 和质量“飞检”常态化，全年开展质量检查 354 次，出具意见书 265 份，落实问题整改 817 条。

【行政审批制度改革】 深化“最多跑一次”改革，按照事项“八统一”标准，梳理完成“最多跑一次”事项 44 项，其中涉水 33 项、涉渔 11 项，全部事项进入行政服务中心办理，服务窗口实施无差别一窗受理，其中“内陆渔船渔业活动许可”还在全市域内实行全城通办。成立市水利局工程建设项目审批制度改革试点领导小组，制定《市水利局工程建设项目审批制度改革试点方案》和《绍兴市水利工程建设项目审批系统流程图》，进一步缩减审批时间，实现水利工程建设项目审批简化、优化和标准化。

【农业水价综合改革】 开展农业水价综合改革工作，建立改革激励机制，政府层面出台市、县两级农业水价综合改革实施方案，明确改革总体要求和目标任务。成立市、县级改革领导小组，出台市、县级绩效评价办法。充分发挥诸暨市农业水价综合改革试点县的引领作用，总结典型改革经验，率先补齐改革落地短板，形成改革示范区，以点带面，逐步推开，共完成改革面积 1.24 万 hm^2。

【编制《绍兴市“美丽河湖”实施方案（2018—2022年）》】 编制完成《绍兴市“美丽河湖”实施方案（2018—2022年）》及《绍兴市“美丽河湖”创建总体规划图》。构建“两江十湖一城”现代水城格局，以古城环城河、鉴湖、浙东古运河为核心辐射，以曹娥江（浙东唐诗之路）为纽带，以历史文化为脉络，创建具有绍兴特色的“美丽河湖”。

【发布河长制湖长制工作规范市级地方标准】 2018年8月1号，绍兴市率先在全国发布《河长制工作规范》《湖长制工作规范》2项市级地方标准。

【获得荣誉】 2018年10月22日，省委省政府印发《关于表扬在全省剿灭劣V类水工作中作出突出贡献的集体和个人的通报》，绍兴市水利局获突出贡献集体奖。

2018年12月27日，省水利厅公布全省首届省级“美丽河湖”评选结果，绍兴市柯桥区大小坂河、上虞区曹娥江城区段、诸暨市黄檀溪赵家段、嵊州市曹娥江剡溪段等4条河湖上榜。

（俞 宏）

金华市

【单位简介】 金华市水利渔业局是金华市主管水利渔业工作的政府职能部门，内设办公室（财务审计处）、规划计划与建设处、行政审批处（法制与水政水资源处、市节约用水办公室）、安全监督与综合处，下属事业单位17家，企业1家。主要职责是贯彻执行水利、渔业法律法规；研究起草并组织实施水利、渔业规范性文件及有关政策；组织制订并监督实施全市水利、渔业产业发展规划、计划；统一管理和保护全市水资源、渔业资源和水利设施；负责全市水资源监测和调查评价、发布全市水资源公报及水质监测报告；组织、指导和监督全市节约用水，水功能区划、城镇供水和向饮水区等水域排污的监测控制工作；组织指导全市河道、水库、河口、滩涂和江堤等水域及岸线的管理和保护；负责全市水利、渔业基建项目规划、计划、建设施工、质量监督等工作；负责水利、渔业行政许可事项及制度的监督实施；负责水利、渔业规费征收、行政执法，协调处理并仲裁地域间、部门间的水事、渔事纠纷；组织、协调、监督、指导全市防汛防旱、水土保持工作；组织、指导全市水文工作，负责水文行业管理；组织协调农田水利基本建设和乡镇供水、人畜饮水等工作；负责全市水利、渔业科技、教育工作，指导全市水利、渔业队伍建设；制订水利、渔业行业经济调节措施、指导水利、渔业行业多种经营工作、研究并提出经济调节意见；承办省水利厅、省海洋与渔业局、市委、市政府交办的其他事项。

【综述】 2018年，金华市完成水利投资31.9亿元。其中，完成“百项千亿防洪排涝工程”投资3.75亿元。加快推进浙中生态廊道水利建设，全市完成水库除险加固主体工程25座、山塘整治86座、堤防加固50 km、河道综合整治58.4 km。全面推进农村水利建设，改善提升农村饮水安全条件人口13.5万人、完成新增高效节水灌溉面积0.19万hm^2、淡水水生生物增殖放流1.46亿尾、水产养殖生态化治理示范点创建16处。防汛防台期间，全市利用水雨情测报预警系统、农民信箱和广播、电视等媒体，向基层及社会公众发布预警短信100多万条次。水库拦洪削峰作用明显，水利工程防洪减灾效益5.8亿元。

【雨情水情】 2018年，全市累计平均降雨量1 423.9 mm，比常年同期1 512.9 mm偏少5.9%。总降雨量偏少，时间分布不均，其中1—3月份降雨量258.6 mm，比常年同期295.6 mm偏少12.5%；4—5月降雨量389.9 mm，比常年同期344.7 mm偏多13.1%；6月全市平均降雨量142.1 mm，比常年同期257.5 mm偏少44.8%；7—9月全市平均降雨量396.5 mm，比常年同期432.7 mm偏少8.4%；10—11月全市平均降雨量124.3 mm，比常年同期132.6 mm偏少6.3%；12月全市平均降雨量112.6 mm，比常年同期49.8 mm偏多126.1%。梅雨量比常年偏少40%。6月20日入梅，7月9日出梅，梅雨期19天，全市累计平均降雨量161.3 mm（常年同期梅雨量253 mm），面雨量最多的磐安县194.3 mm、最少的浦江县134.4 mm，单站雨量最大的沙畈门阵287.5 mm。梅雨期主要降水过程出现在6月20日，全市普降中到大雨，部分暴雨。6月29日至7月9日金华市多午后雷阵雨天气，部分地区出现短时强降水，强雷电和局地雷雨大风等天气。台风未造成灾害。2018年金华市先后防御台风“玛莉亚”“安比”“摩羯”“云雀”等，仅台风“摩羯”带来降雨，过程雨量全市平均48.3 mm，最大的磐安县92.6 mm，单站最大磐安县西岭站135.0 mm。台风影响期间全市共紧急转移人口713人，回港避风船只202艘，市防指启动Ⅳ级应急响应，台风“摩羯”未造成灾害损失。

据统计，全市利用水雨情测报预警系统、农民信箱和广播、电视等媒体，向基层及社会公众发布预警短信100多万条次。水库拦洪削峰作用明显，水利工程防洪减灾效益5.8亿元。

【防汛防台抗旱】 2018年，防汛防旱工作早计划早部署，坚持以人为本、科学防御，实现“不死人、少伤人、少损失”的总目标。市委、市政府高度重视防汛防旱工作，主要领导、分管领导多次调研指导防汛备汛工作，坐镇市防指研究部署防御工作。市防汛防旱指挥部随时连线各地，指导部署防汛防台抗旱工作。水利、防汛、气象、国土资源等防指成员单位领导24小时带班值班。2018年初，市防指及时下发

《2018 年防汛抗旱工作要点》，明确全年防汛工作任务；率先在全省 100% 完成防汛管理 APP 安装，并组织 70 多场次培训和测试演练；4 月 12 日，市防指在《金华日报》上公示水库、基层防汛责任人，接受社会监督；组织开展汛前防汛大检查，共投入人力 9 325 人次，全面检查水库山塘、堤防备汛情况，跟踪整改安全隐患 237 处；汛前转报、审批 29 座大中型水库和在建项目的度汛方案；落实防汛抢险物资和队伍；督促修复水毁设施 166 处，汛前水毁设施修复率 100%；积极组织参加防灾日、安全生产月等活动，宣传防汛防台抗旱科普知识，发放宣传资料；全市共组织各级防汛责任人培训 56 场次计 10 056 人，开展防汛宣传演练 10 场计 1 005 人次。

【水利建设】 2018 年，全市完成水利投资 31.9 亿元，全市共争取省以上资金 6.699 9 亿元，其中市区 1.760 3 亿元。全市完成市级“美丽河湖”创建 13 条（个），其中获评省级“美丽河湖”2 条（个）、山塘整治 86 座、开工建设“美丽城防”95.65 km（完工 50.18 km），整治山塘 86 座，完成河道管理与保护范围划界 1 178.8 km，完成河道综合整治 58.4 km，创建无违建河道 373.4 km，完成治理水土流失面积 38.92 km^2。完成水电站增效扩容项目 23 座，完成河湖库塘清淤 1 042 万 m^3。全面推进农村水利建设，新增改善灌溉面积 0.43 万 hm^2、完成农田渠道改造 429 km，改善提升农村饮水安全条件人口 13.5 万人。完成新增高效节水灌溉面积 0.19 万 hm^2、淡水水生生物增殖放流 1.45 亿尾、水产养殖生态化治理示范点创建 16 处。

省百项千亿防洪排涝重点工程中，金华江二期治理工程开工建设，兰溪市钱塘江堤防加固工程推进，永康市北部水库联网工程进入扫尾阶段。市本级东阳江左岸东关大桥至电大桥、安地水库灌区 2015 年农田水利工程、磐安县市岭下水库等 24 个工程项目通过竣工验收或阶段验收。市本级梅溪流域综合治理（干流部分）、通园溪流域综合治理工程等项目水利部分基本完成，进入收尾阶段。

【水利工程管理】 2018 年，新开工重大水利建设项目全部纳入“水利工程建设全过程动态管理平台”管理。已完成标准化验收的工程向监督服务平台报送动态数据完整准确。2018 年度金华市本级已验收工程向省监管平台报送标准化管理动态数据完整率 100%，数据准确性分析 100%。全市共完成 388 处水利工程标准化管理创建工作任务，按期完成水利标准化管理验收工程“回头看”检查共 420 处，市本级进行“回头看”检查 22 处工程。专门下发《水利工程标准化长效机制评估资料参考目录》，9 个县（市、区）都已完成评估资料整理汇总，上传至省标准化监管平台。建立健全安全生产责任制，落实安全生产规章制度，认真开展打非治违和安全生产大检查等专项活动，全年全市水利系统未发生亡人等安全生产事故。加大水利工程竣工验收力度。组织完成市本级东阳江左岸东关大桥至电大桥、安地水库灌区2015年农田水利工程、磐安县市岭下水库等24个工程项目竣工验收或阶段验收；印发实施《金华市美丽河湖建设实施方案（2018—2022年）》，组织美丽河湖创建和开展美丽河湖评选，评选出2018年度市级美丽河湖13条计73.8 km；完成第一批至第五批、第六批中的兰溪市中央财政小型农田水利重点县省级三年总体验收。

【水政执法】　2018年，以无违建河道创建、水资源专项整治为执法抓手，重拳出击，有效维护水事秩序。开展地下水整治工作。4月，启动开发区工业企业取用地下水整治工作，专项执法走访核实企业147家，动员企业自封33口，执法封堵106口地下取水井。5月9—11日，联合金华市开发区管委会组织执法人员40余名，对百事达石材市场107处地下井进行集中封堵，全面完成金华开发区范围企业非法取用地下水整治工作。组织开展饮用水源保护执法，对沙畈、金兰、安地、九峰4座水库开展日常巡查1 200余次，参与护水人员2 500余人次，收缴钓具183根，对利用抛竿在库区偷钓水库养殖鱼类进行治安处罚。组织开展跨区域渔业联合执法、“春潮2018”等渔业执法活动，检查养殖场907家，查获案件147起。开展无违建河道创建工作。2018年，金华市列入“无违建河道”创建的市级河段总长73.7 km，县级河道创建河段总长299.4 km。金华市把“无违建河道”创建工作列入镇（街道）责任工作考核内容；金华市水利局组织召开2次全市无违建河道创建工作推进会，4次县（市、区）联合执法督查，同时开展月度通报制度，每月统计各县（市、区）工作开展情况，通过市河长办进行通报。全年立案查处涉水违法案件20起，拆除涉水违章建筑物46处，拆除违法面积10 170 m^2，罚款52.97万元。联合金华市总工会组织开展全市水政执法技能竞赛，义乌市综合行政执法局、永康市水务局、永康市综合行政执法局获得前三名。金华代表队获2018年度全省水行政执法技能竞赛团体一等奖，蝉联冠军。

【水资源管理】　截至2018年底，全市共有有效取水许可证839本，其中年取水量5万 m^3 以上的取用水户安装实时监控点189个；2018年全市编制建设项目水资源论证报告书30本，水资源论证报告表92本。开展大中型灌区农业取水许可证发放工作。19个大中型灌区完成农业取水许可证发放工作。严格落实水资源有偿使用制度，全年征收水资源费10 727万元。开展全国节水型社会创新试点，成立浙江省金华市节水型社会创新试点工作领导小组，在义乌市召开试点启动大会。全面推进节水型社会建设，义乌市、永康市完成国家节水型社会建设省级验收，浦江县、兰溪市通过省级中期评估。积极推进节水型单位、企业和灌区的创建工作。2018年全市共有3个灌区通过省级节水型灌区验收，68家企业被命名为市级节水型企业，创建节水型公共机构210家，节水宣传教育基地5个。开展水资源管理专项整治行动，全市共查处违法违规取水户 1 235 家，其中关停无证取水户 1 145 家，补办取水许可证 43 家，限期整改 47 家。加强水功能区水质监测系统建设，对全市 83 个水功能区开展水质监测，每月编制《金华市重点水功能区水资源质量通报》，形成较为完善的水功能区动态监测系统。

【水利改革】 不断深化“最多跑一次”改革，列入指导目标的 43 项服务事项 100% 实现“最多跑一次”和网上办理，“最多跑一次”事项电子化归档 140 个，实现 100% 电子化归档；全面推进区域水土保持总体方案审批，市区 5 个工业园区和各县（市）重要园区全部完成水保方案审批；探索开展水资源论证、水土保持、防洪影响“三合一”水影响评价工作，制定印发《金华市“三合一”水影响评价改革指导意见（试行）》，指导永康市开展试点工作，发出全市首张物理整合的涉水批复。全面启动农业水价综合改革，制订印发《金华市农业水价综合改革实施意见》，完成各县（市、区）实施方案市级审查和县级政府审批工作，浦江县顺利通过省级试点评估，全市累计完成改革面积 3.55 万 hm^2，完成率 198.9%。积极推进水利投融资体制改革，配合完成市水务集团组建和涉水经营性资产摸底、厘清等工作。

【水利科技】 2018 年开始构建“金华防汛大脑”决策支持平台，是大数据分析、机器学习 / 人工智能算法技术在全国水利防汛行业的首次应用，是政府数字化转型创新示范试点项目，被列入 2018 年省水利科技计划项目。2018 年该项目第一阶段“金华防汛大脑 1.0”已完成验收，第二阶段已申报政府投资项目计划，可行性研究报告已编写完成。磐安县完成水利标准化运管平台、非开挖钻孔技术、BD 型一体化净水设备和 SZ 型一体化净水设备 3 项水利项目推广工作。

【行业发展】 加强水利专业队伍教育培训，组织开展水政执法、水文业务、水土保持、农村饮用水安全提升、美丽河湖创建、防汛业务等专业培训。2018 年全市水利系统新增高级工程师 21 人、工程师 106 人。根据 2018 年省水利人力资源信息管理系统金华市本级在职人员数为 583 人，与 2017 年相比，有 33 人发生人事变动，减少 14 人，新增 19 人（其中：12 人为市水利系统内转入），市本级实际新增 5 人。

【党建与党风廉政建设】 全面加强队伍建设，部署党支部标准化建设，深入开展“宣讲党的十九大精神书画摄影展”“支部书记讲党课”“新时代金华精神演讲比赛”等主题活动，全市水利系统有 3 名支部书记入选全省千名好支书。切实落实党风廉政建设主体责任，全面完成市委巡察反馈意见整改工作，修订完善规章制度 17 项；加快推进清廉水利建设，深入开展“三清理一规范”专项行动、“不担当不作为”专项整治行动，全力打造守规矩，讲奉献，有作为的水利铁军。

（毛米罗）

衢州市

【单位简介】 衢州市水利局（渔业局）内设6个职能处室，市人民政府防汛防旱指挥部办公室设于衢州市水利局。同时，设立行政审批处，派驻市行政服务中心。衢州市水利局下属事业单位9家，分别是衢州市水政与渔政执法支队、衢州市河道管理站、衢州市农村水利管理站、衢州市水利工程质量与安全监督站、衢州市水土保持监督管理站、衢州市信安湖管理处、浙江省防汛机动抢险总队衢州支队、衢州市水产技术推广站、衢州市水文勘测站。下属企业1家：衢州市水电发展总公司。归口管理事业单位2个，分别为衢州市乌引工程管理局和衢州市铜山源水库管理局。有正式在编人员79人。衢州市水利局主要职能是“贯彻实施水法律、法规和水利方针政策，承担全市水行政监督管理和水利行业指导；统一管理水资源（含空中水、地表水、地下水），负责水资源保护和保障水资源的合理开发利用，受委托研究起草相关规划、制定有关制度并组织实施，发布全市水资源公报；负责水旱灾害防治工作，组织、协调、监督、指导全市防汛防台抗旱工作；指导水利设施、水域及其岸线的管理与保护；组织、指导水政监察、水行政执法和渔业行政执法；指导农村水利工作；负责水土保持和节约用水工作；指导水文工作；负责全市渔业行业管理，开展水利、渔业科技和教育工作；承办市政府交办的其他事项。”此外，衢州市下辖6个县（市、区）均独立设置水利（渔业）局。

【综述】 2018年，衢州市水利局紧紧围绕省、市重点决策部署，盯紧盯牢防汛防旱安全，提速提质水利项目建设，抓实抓细美丽河湖创建，创新创优行业长效监管，统筹各类资源聚焦服务乡村振兴，各项工作扎实推进。顺利通过全国水生态文明城市建设试点验收，龙游县姜席堰成功跻身世界灌溉工程遗产名录，开化县马金溪获评国家水利风景区。扎实推进一批重点水利项目建设，切实加快城乡河道水环境综合整治。

【雨情旱情】 2018年，衢州市降雨量为1 739.2 mm，比多年平均年降雨量（1 818.8 mm）偏少79.6 mm，偏少4.4%。6月20日入梅，比常年晚（常年6月10日），7月9日出梅，比常年略偏早（常年7月10日），梅期19天，比常年偏少11天。梅雨期间出现2轮强降雨过程（6月19—20日、6月30日至7月1日），梅雨量226 mm，比多年平均（403.2 mm）偏少43.9%，面雨量最大为开化县371.9 mm。全年有5个台风影响衢州市，分别为第8号台风“玛莉亚”、第10号台风“安比”、第12号台风“云雀”、第14号台风“摩羯”和第18号台风“温比亚”。总体受台风影响不大，未造成较大损失。

梅汛期间受降雨影响，全市大中型水库蓄水总量有所增加，14座大中型水库蓄水率从入梅前的59.1%增加到64.1%，蓄水总量增加 1.25 亿 m^3。衢州水文站于 6 月 21 日 03 时 25 分出现洪峰水位 60.49 m（警戒水位 61.20 m），实测洪峰流量 2 290 m^3/s。

出梅后受副热带高压控制，出现持续晴热高温少雨天气，气温偏高，高温日数偏多，高温持续时间长。7 月 9 日至 10 月 15 日全市平均降水量 189.2 mm，较常年（340.3 mm）偏少 151.1 mm，偏少 44.4%，雨日 53 天，比常年同期（50.1 天）偏多 2.9 天。35℃以上高温日数 50 天，较常年（34.8 天）偏多 15.2 天，38℃以上高温日数 7 天，较常年（8.2 天）偏少 1.2 天。

由于汛期降水偏少且分布不均，2018 年衢州市旱情较往年偏重，截至 10 月 15 日湖南镇水库总来水量为 12.81 亿 m^3，相比于多年平均来水量偏少 22.2%，在有观测数据统计中排名倒数第三（仅次于 1979 年和 2004 年）。江山市、龙游县、开化县、常山县均出现不同程度旱情，灌溉用水短缺。龙游县 15 个乡镇（街道）受旱，特别是北部乡镇出现较为严重的旱情。江山市 11 个乡镇（街道）受旱，峡口水库库区降水量比常年同期偏少 50% 左右。开化县全县 60 个行政村出现饮水困难，10 个行政村饮用水水源地溪沟出现断流。据统计，旱情严重时，衢州市全市农田受旱面积约 0.64 万 hm^2（龙游县 0.12 万 hm^2、江山市 0.23 万 hm^2、常山县 0.10 万 hm^2、开化县 0.19 万 hm^2），饮水困难人口约 6 540 人（龙游县 1 125 人、开化县 5 415 人）。

【防旱工作】 针对旱情，衢州市防指、市水利局未雨绸缪、及早部署，积极主动加强各部门间会商协调，做好水利工程和水资源的调度管理。尚未入梅即与乌溪江水力发电厂进行协商，要求协调湖南镇水库控制发电流量，6 月 15 日至 7 月 15 日期间保留约 1 亿 m^3 库容，为衢州市出梅后供水安全提供有力保障。衢州市防指出梅前连续 4 次召开防旱抗旱工作会议，分析研判旱情，具体部署防旱抗旱工作，形成《湖南镇水库调度会商备忘录》，出梅后继续召集各部门会商，编制《乌溪江流域当前防旱形势分析及应对措施》。各级防指、水利部门统筹安排，做好水利工程和水资源的调度管理，抗旱工作有序完成。

【水利工程建设】 2018 年，全市完成水利投资 30 亿元，其中“百项千亿防洪排涝工程”投资 15.8 亿元。完成病险水库除险加固完工验收 19 座，干堤加固 20.9 km，河湖库塘清污（淤）305 万 m^2，河道综合整治 33.44 km，新增高效节水灌溉面积 2 700 hm^2，新增解决 11.83 万人饮水安全问题。

【水利体系现状】 全市水利设施较为完善，现有水库 467 座，其中大型水库 5 座，中型水库 9 座，总库容 34.83 亿 m^3，水库兴利库容 21 亿 m^3，设计年供水量 23.3 亿 m^3。现有江河堤防 543 km，已初步建立衢江、常山港、江山港、灵山港等重要地段的防洪体系，县级以上城市建成区基本形成防洪闭合圈。现有大中型灌区 18 个，灌溉面积 11.43 万 hm^2。另有国家水利风景区

5个。已初步形成集供水、防洪、灌溉、发电、旅游等多功能于一体的水利体系。

【水利工程管理】 根据省水利厅《全面推进水利工程标准化管理实施方案》要求，2018年衢州市及各县（市、区）通过明确管理名录、落实工程管理单位或责任主体、编制管理手册、操作手册及人员岗位事项对应表，划定管理和保护范围、工程形象面貌提升、标识标牌设置、信息化平台建设等措施，认真推进水利工程管理工作，全年完成234处水利工程标准化管理创建。

【水资源利用】 2018年，衢州市降水量1 739 mm，折合年降水总量153.667 5亿m^3，比2017年减少5.9%，比多年平均值少4.4%，属平水年份。降水量时空分布不均匀。全市年总水资源量80.638 2亿m^3，产水系数0.52，产水模数91.3万m^3/km^2。人均拥有水资源量为3 650 m^3。

全市14座大中型水库，年末总蓄水量为11.469 8亿m^3，比2017年末减少15.9%。全市总供水量11.651 4亿m^3，比2017年12.144 0亿m^3减少0.492 6亿m^3，其中地表水源供水量11.630 8亿m^3，占99.8%。全市平均水资源利用率为14.4%。全市总用水量11.651 4亿m^3，比2017年12.144 0亿m^3减少0.492 6亿m^3，其中农田灌溉用水6.192 7亿m^3，占总用水量的53.1%。人均年综合用水527 m^3，万元GDP用水量79 m^3，万元工业增加值用水61 m^3。全市总耗水6.437 4亿m^3，其中农田灌溉耗水3.842 1亿m^3，占总耗水的59.7%。全市退水量2.255 3亿t。全市江河水体水质整体情况良好。

【水生态文明城市建设】 2014年，衢州市作为源头、丰水地区的典型代表，被水利部列入全国第二批水生态文明城市建设试点。3年来衢州市围绕建设“浙江最具魅力新水乡”的目标任务，着力推进水安全、水环境、水生态、水文化和水管理“五大体系”建设，建成水生态文明工程142个，完善建立水生态管理制度27项，超额完成试点建设任务，形成水生态环境优越、水管理制度先进、水安全保障扎实、水节约意识深入人心的良好局面。2018年11月27日，衢州市通过部省联合评估验收，成为第二批首个通过验收的全国水生态文明城市。

【水政执法】 2018年，衢州市水政执法工作借助“五水共治”“四边三化”“三改一拆”的契机，充分发挥联动机制，严厉打击各类涉水违法行为，全年立案调查涉水违法案件69件，移送公安3件，收缴罚没款人民币227.61万元，有效地维护水利的正常秩序；涉水“三改一拆”行动以来，全市完成拆除涉水违章建筑274处，共计面积507 808.29 m^2；做好水法宣传工作，依托“世界水日、中国水周”活动，共张贴水政渔政法律宣传标语120余条、悬挂横幅25条、出动水政执法车（艇）巡回宣传52次、印发宣传材料1万余份、利用电视广播报刊宣传20余次。

【农业水价综合改革】 2018年，根据《浙江省水利厅等五部门关于贯彻落实〈浙江省农业水价综合改革总体实施方案〉的通知》和国家、省级关于开展农业水价改革的文件精神，衢州市成立市级农业水价综合改革领导小组，印发衢州市农业水价综合改革工作方案。为完善机制体制建设，出台农业水价节水奖励和精准补贴、农业水价形成、绩效考核等政策文件。根据衢州市农业水价综合改革工作绩效评价办法，强化绩效考核，2018年6个县（市、区）全部完成年度工作任务目标，计划改革面积0.96万hm^2，实际完成改革面积1.44万hm^2。

【水利科技】 2018年，衢州市各级水利部门坚持科技兴水，围绕乡村振兴，积极开展水利科技推广应用项目建设，共实施项目6个，主要包括农村饮用水供水增压技术、水库大坝渗漏隐患探测及定向处理技术、水库白蚁防治技术、基于B/S的闸群运行调度系统、浙江省水稻灌区节水减排关键技术研究与应用等水利科技推广应用项目和技术研究。

【行业发展】 2018年，按照《省发展改革委、省水利厅关于开展浙江省“十三五”规划中期评估工作的通知》的相关要求，衢州市水利局开展《衢州市水利发展“十三五”规划》（以下简称《规划》）中期评估工作，客观评价《规划》实施取得的成效，分析“十三五”前期水利发展面临的形势和存在的问题，提出“十三五”后期水利发展思路和对策措施，确保《规划》提出的目标任务顺利实施完成，并最终印发《衢州市水利发展“十三五”规划中期评估报告》。

（胡文佳）

舟山市

【单位简介】 舟山市水利局是主管全市水利工作的市政府工作部门。主要职责是，贯彻执行国家和省有关水利的法律、法规、规章和方针、政策，组织拟订新区（全市）水利发展、水资源开发利用、滩涂围垦规划和年度计划，研究拟订水资源管理和水行业管理的规范性文件，并组织实施；负责新区（全市）水资源开发利用和保护工作；负责新区（全市）水资源（含地表水、地下水）统一管理。负责新区（全市）水旱灾害防治工作；指导新区（全市）水利工程建设和水利设施、水域及其岸线的管理与保护。负责滩涂资源的保护和开发利用；负责新区（全市）水行政执法工作；指导新区（全市）农村水利工作。市水利局内设机构6个，分别为办公室、水政水资源处、规划建设处（海涂围垦管理处）、工程管理处、水务管理处（市节约用水办公室、浙东引水管理局舟山管理处）、行政许可服务处。下属市防汛防旱防台指挥部办公室、市水利围垦工程建设指挥中心（挂牌市水利围垦工程质量监督站和市水利围垦工程招标办公室）、市水文站、市水利信息管理中心、市水利勘测设计院等7家事业单位。

【综述】 2018年，舟山市水利系统围绕建设“四个舟山”、打好“五大会战”的战略部署，把握水量保障、水质提升两大主线，为全市经济社会发展提供水利支撑。全年累计完成水利工程投资27.2亿元，完成年度投资计划107%。防御10号“安比”、18号“温比亚”等6个台风，组织开展应急抢险救灾500余人次，转移人员11.1万人，未发生一起人员伤亡。深化节水型社会建设，4个县（区）通过省级节水型社会达标验收，成为全省首个全域完成县域节水型社会达标建设的地级市。实施渔农村居民饮用水安全提升工程，改造供水管网63.47 km，改善供水条件5.91万人。推进水利工程标准化管理，全年打造标准化管理示范工程25项，完成标准化创建验收147项。深化“无违建河道”创建，完成整治拆违37处计676 m^2，创建14条“无违建河道”。深化水利行业改革创新，梳理形成全市水利系统“最多跑一次”事项25项。

【防汛防台安全检查】 组织开展汛前、汛中检查等工作，对在检查中发现的问题，通过督查、督办、通报、复查等形式，限期消除薄弱环节，排除工程隐患。执行汛期24小时值班制度，汛情超过预警指标，即下发汛情通告单，做好防御准备。加强防汛会商系统、水情遥测设备、实时监控系统的日常管理维护，确保防汛防台期间可靠运行。

【基层防汛体系建设】 以全省基层防汛防台体系信息管理平台为基础，对各级防汛组织机构及责任人进行全面梳理与更新，同时更新村级防汛防台形势图。各县（区）、管委会组织对4 700余名防汛防台各类责任人开展防汛管理APP培训、安装和使用工作，于汛前完成安装任务，并在防汛防台期间投入使用。

【落实防汛防台抢险应急人员和物资储备】 市、县两级防汛部门及工程管理单位储备物资设备总价值达850余万元。市防指组建军地抗洪抢险救灾应急联动协防力量，配备冲锋舟、水泵等抢险装备，落实海上应急抢险拖轮30余艘。市防指成员单位和各县（区）、管委会分别组建抢险应急分队。

【防汛信息指挥系统建设】 按照“精干、统一、效能”原则，强化三防指挥系统及应急通信建设，实现全市水文、水利、气象信息实时共享。新增水文遥测站点32个，建成水库、河道、雨量遥测站点270余处。整合三防信息资源，设立623处监控视频点。

【防灾减灾基础工作】 完成全市重点区域基础信息统计汇总造册，修订《舟山市防汛防台抗旱应急预案》，联合普陀区防指在六横镇举办“2018年舟山市暨普陀区防汛防台应急抢险演练”。

【抗台救灾】 2018年，舟山市受第8号、第10号、第12号、第14号、第18号和第25号等6个台风影响，其中2个造成较大影响。提前落实全市近5 800余艘渔船回港避风，200余艘无动力船舶避风措施；强化海上应急救援力量配备，全市各重点海域布防应急救助拖轮27艘；做好宁波舟山港主通道工程、鱼山绿色石化基地等重点项目人员撤离及工程加固，海上作业船舶、现场施工人全部撤离；关闭涉海景区、渔农家乐和海上休闲游乐项目；全市37个地质灾害隐患点全部落实群防监测措施。按照“不死人、少伤人、少损失”总目标，把确保人民生命财产安全作为抗台的首要任务，妥善做好险情处置工作。台风期间，全市转移受威胁群众11.1万余人，开放避灾安置场所239个，集中安置转移群众6 600余人，实现“零伤亡”目标。

【舟山域外引水研究】 舟山域外引优质水研究项目纳入2018年省重大水利项目前期计划和市“三重”项目。完成《舟山域外引优质水研究初步方案》《舟山本岛水资源优化利用工程方案研究》《舟山中长期水资源供需平衡研究》等专题研究报告，提出舟山域外引优质水水量需求和初步引水方案。

【水利规划与评估】 完成《新城、海洋产业聚集区和普陀山朱家尖管委会片区水系防洪排涝规划的修编》。主持召开《舟山高新技术产业园二期和朱家尖流域防洪排涝水系修编规划》审查会，批复《高新技术产业园二期水系规划》。参与新城区域水系综合规划修编的商讨和评审，形成《新城区域水系综合规划（报批稿）》。根据省水利厅、市发展改革委有关要求，做好“十三五”社会发展规划水利发展指标任务的中期评估工作，形成中期评估报告，做好十三五规划中嵊泗大陆引水及部分围垦等重大水利项目实施进展的调整。

【水利建设计划】 2018年，落实省下达的年度水利投资计划24亿元，其中市本级5.4亿元，定海区2.8亿元，普陀区4.2亿元，岱山县11.2亿元，嵊泗县0.4亿元。对接做好浙江省加快水利基础设施网络建设行动计划（2018 — 2022年）舟山水利建设项目报送工作。

【“百项千亿”工程】 推进“百项千亿防洪排涝工程”——舟山群岛新区定海强排工程项目实施，工程期限2017 — 2021年，估算总投资123 227万元。工程主要实施内容：重要区域23座闸站加固改扩建；3个重点流域河道整治，总治理长度21.46 km；8座重要水库扩容整治，总扩容量144.31万 m^3。全年实施13座闸泵建设，3个重点流域河道整治前期工作，2座水库扩容整治工程建设，年度计划投资2.1亿元，实际完成年度投资2.3亿元，其中茶山浦海口水闸抗洪排涝强排系统工程等4个工程完成主体工程建设，新增强排流量84 m^3/s。

【防洪排涝工程】 全市计划完成“百项千亿防洪排涝工程”投资2.1亿元，实际完成投资2.3亿元，完成率110%。计划完成水利工程标准化创建86个，实际完成132个，完成率153%。创建完成河（湖）长制标准化管理试点县1个（定海区）。

【节水护水行动】 全市完成4个县区节水型社会达标建设，考评得分均在95分以上，达到国家级县域节水型社会达标建设得分要求。全市实际新建供水管网12.63 km，完成率105%；改造供水管网34.50 km，完成率115%；新增供水能力2 000 t/d。完成大型雨水利用示范工程2处，完成率100%；屋顶集雨等雨水收集系统177处，完成率101%；改造节水器具6 600套，完成率100%；改造“一户一表”6 000户，完成率100%。

【河湖生态修复行动】 全市计划完成“美丽河（湖）”建设4条，实际完成7条计39 km市级美丽河湖，完成率176%。并公布全市2018年度“美丽河湖”名单，其中4条计20 km河道申报省级美丽河湖，省水利厅进行现场省级复评并通过。河湖标准化管理试点完成县级河道名录公示，白泉美丽河库示范乡镇建设完成。对全市1 468处工程（其中：河道619条，山塘661座，池塘14座，水库174座）淤积情况全面摸排，各类水域淤积总量约1 200万m^3；确定“十三五”时期全市清淤总量750万m^3。是年，计划完成河湖库塘清淤120万m^3，实际完成136万m^3，完成率113%。计划完成河道管理范围划界130 km，实际完成130 km，完成率100%。

【水利工程标准化管理】 全市水利工程标准化管理创建任务607项。截至2018年底，完成标准化管理创建和验收529项，其中水库188座、1万m^3以上山塘36座、一线海塘180条、堤防河道74条、各类水闸20座、泵站等其他水利工程31项；统一建设水利工程运行管理平台。

【水利工程质量监督与管理】 2018年，办理质量监督手续16项，按照工程项目的规模和特点，分别编制工程监督计划，并组建工程监督项目组。组织开展质量监督与安全检查93次，检查工程质量、建设（监理）单位质量检查体系、施工单位质量保证体系、进度、资金、施工资料、安全等情况，抽检关键部位单元工程和重点隐蔽单元工程。全年发文103份并提出整改要求（包括67份质量监督检查意见和3份停工整顿通知）。组织对新开工的定海区金塘沥港海塘配套加固工程、普陀区东港街道塘头北塘加固工程、普陀至开化公路舟山朱家尖段公路工程支线I市政配套建设项目及朱家尖香莲河（一期）建设工程（水利部分）等15个工程进行质量监督并参加设计交底。审查小洋山围垦一期工程、舟山国家石油储备基地工程、舟山市定海区盐仓联勤海塘配套加固工程等12个工程施工质检资料，并出具工程质量监督报告。

【水利工程安全管理】 2018年，重点以水利工程专项方案为抓手，深化打非治违行动。以水利工程建设、水利工程运行为领域，对工程施工企业、安全隐患集中或已发生过事故的经营单位开展水利安全专项方案和打非治违工作。全年派出检查组

154人次，检查工程56个、企业23家，发出整改通知书10份。

【除险加固工程建设管理】　2018年，实施水库、海塘、水闸除险加固工程50项，总投资12.79亿元。其中：水库除险加固22座，投资3.02亿元；海塘除险加固13条，投资6.39亿元；水闸配套加固15座，投资3.38亿元。全年完成9座水库，4.003 km海塘，13座水闸的加固建设工程，超额完成省、市年度目标任务。

【河道治理工程建设管理】　推进河道治理工程，实施9个中小流域综合治理项目，完成投资1.80亿元，全年完成29.53 km河道综合整治，超额完成省水利厅下达的25 km河道治理任务。

【涉水项目监管与检查】　2018年，完成各类涉水涉塘审批13项，并对舟山市朱家尖ZJ－07－04A地块寺岙沙河临时改道、滨海大道临城段东段渔港桥拓宽工程涉水、大洞岙市政道路建设工程桥梁涉河、南海学校周边设施改造工程——西侧桥梁涉水4项涉水审批项目监督检查，催缴并收缴占用水域补偿费3笔。

【农田水利】　2011年始，全市实行第三批小型农田水利重点县，已完成6批小型农田水利重点县（项目县）及岱山县2018年度中央财政水利发展资金小型农田水利项目，累计完成总投资5亿余元，完成山塘综合整治185座，灌区泵站改造242.35 kW，新增防渗渠道96.7 km，完成土石方1 128.8万m^3，新增高效节水灌溉面积573.33 hm^2，新增渠道防渗面积3 800 hm^2。截至2018年底，全市累计完成农业水价综合改革4 346.67 hm^2，其中嵊泗县全部完成农业水价综合改革任务，面积26.67 hm^2。

【山塘清查整治和高效节水灌溉】　2018年，完成山塘清查工作，坝高5 m以上492座，其中坝高15 m以上10座，屋顶山塘226座。至2018年底，全市累计完成屋顶山塘整治190座，高坝山塘整治9座，山塘综合整治35座。完成高效节水灌溉面积1 286.67 hm^2，其中喷微灌面积1 153.33 hm^2。

【水土保持】　2018年，全市审查水土保持方案报告书、报告表110件，其中市本级60件。强化对水保监测定期报告制度落实情况和监测成果的核查，全市水保监测从2017年的25个项目增加到75个项目，其中市本级水保监测项目65个。落实水土保持“三同时”制度，全年检查宁波舟山港主通道（鱼山石化疏港公路）工程（富翅门大桥段）、329国道舟山段改建工程、百里滨海大道、新奥能源LNG加注站项目、大小鱼山4 000万t/a炼化一体化项目等180余项目次监督检查。

【洞库蓄水试点工作】　2018年，在马目洞库蓄水水质检验基础上，完成普陀东极青浜、嵊泗花鸟洞库蓄水试点建设，新增蓄水量5 000余立方米。实施拓库扩容工程，增加本地水库调蓄能力 108 万 m^3。

【农村供水】 按《浙江省农村饮用水达标提标行动计划（2018 — 2020 年）》要求，全市计划完成 2.4 亿元投资，解决 20.3 万渔民农民饮用水达标提标问题。至 2018 年底，解决 3.9 万渔民农民饮用水问题。完成对定海岑港涨茨、椗茨村和白泉大支村的联村并网工程，纳入舟山城乡供水一体化。舟山本岛实现城乡供水一体化，供水全部由市自来水有限公司负责。

【水利科技】 开展新区科技周开幕宣传活动，发放水利科技宣传手册 180 份，服务对象约 200 人次。做好洞库蓄水研究项目列入 2018 年省级水利科技项目的申报工作。配合做好国家海洋局到舟山开展海水淡化利用调研工作。

【水利建设市场管理】 开展地方政府规章、行政规范性文件清理，废止《舟山市水利施工和监理企业安全生产条件公示办法（暂行）》。出台《舟山市水利行业施工企业农民工工资支付保证金管理办法（试行）》，规范承接水利工程业务施工企业的农民工工资支付保证金缴纳、使用、退还工作，实行农民工工资支付保证金差异化缴存。

【水资源管理】 落实水资源管理“三条红线”，开展最严格水资源管理制度考核、水资源开发利用和节约保护等各项工作，成为全省第一个全域通过县域节水型社会创建的地级市。全市用水总量 1.620 9 亿 m^3、万元国内生产总值用水量 12.3 m^3、万元工业增加值用水量 18.8 m^3、重要水功能区水质达标率 71.4%。

【取用水监管】 规范水资源费征收并落实就地缴库制度，全年收缴水资源费 1 411.3 万元。结合水资源管理专项行动，规范全市取用水管理，查处非法取水 23 处。做好用水总量统计、《水资源公报》和《水资源管理年报》编制等工作。

【饮用水水源治理与水质监管】 截至 2018 年底，完成龙潭等 6 座水库“一库一策”治理和枫树等 7 座水库综合治理。组织开展舟山群岛新区饮用水水源地（含虹桥水库、小高亭水库及临城河水源）安全保障达标建设，逐步落实水量、水质、安全监控体系及管理体系达标建设 4 个方面 25 项措施，完成 2018 年度自评估工作。

【节水型社会建设】 完成 30 家企业的水平衡测试、创建 23 家节水型企业、199 个节水型公共机构、33 个节水型居民小区以及 4 个节水型宣传教育基地。

【水利行政许可审批改革】 开通政务服务事项网上办事功能，完成“最多跑一次”“浙江政务服务网”事项更新配置，实现企业和群众办事 100%“四星以上”服务，其中五星服务比例约 97.1%。2018 年，市本级办件量 246 件，其中“最多跑一次”事项办件量 146 件，跑零次办件量 42 件，网上申报 135 件（产业集聚区水保登记表 11 件未实现网上办理）。

【无违建河道创建】　通过对创建河道每月必巡，不定期排查，全市排查出违建点64处计3 417 m^2，违建点主要类型为畜禽养殖棚、农田管理房、杂物间等。通过属地“三改一拆”办、乡镇（街道），将违建点纳入县区年度“无违建县（区）”创建任务，完成所有违建点拆除工作，并建立基础工作台账。

【水法宣传与双随机抽查】　2018年，随机抽取执法人员122人次，对50个对象监督抽查，反馈问题和隐患，追踪督办，并将抽查情况向社会公布。开展水法宣传活动，悬挂横幅40余条，发放各类宣传册4 000余本，赠送纪念品5 000余份，运用户外电子屏及发送手机短信开展水利宣传工作。

（曹继党）

台州市

【单位简介】　台州市水利局是主管水行政的台州市人民政府组成部门，内设办公室、规划计划处、水政水资源处、建设围垦处、行政审批处等5个行政处室，下辖5个参公管理事业单位（市人民政府防汛防台抗旱指挥部办公室、市水政监察支队、市农村水利管理处、市河道管理处和市水土保持监督管理处）、1个行政管理类事业单位（市水利水电工程质量监督站）、5个公益类事业单位（市水电建设管理处、市水文站、市防汛抗旱物资管理中心、市长潭水库灌区建设管理处和市水利综合设施调控中心）、3个生产经营类事业单位（市小水电服务站、市水利水电勘测设计院、市水利水电建设工程处）。台州市水利局现有正式干部职工133人，其中：行政人员13人、事业人员120人（参公编制24人、事业编制96人）。其中，具备高级专业技术资格人员38人，占28%；具备中级专业技术资格人员44人，占33%；工勤技能人员中技师3人、高级工6人。具备研究生学历24人，占18%；具备大学学历96人，占72%。主要职能是“贯彻实施水法律、法规和水利方针政策，组织制定全市水利发展规划、滩涂围垦中长远规划、主要江河的流域（区域）综合规划和有关的专业规划，以及承担全市水行政监督管理和水利行业指导等工作”。目前，台州市9个县（市、区）除了路桥区机构设置为水利海洋渔业局、天台县机构设置为水利水电局外，其余7个都独立设置水利局。此外，台州湾循环经济产业集聚区设置建设局、台州经济开发区设置建设水利局承担区域内水行政监督管理等职能。

【综述】　2018年，台州市以建设水利“五大百亿”工程为主线，以实施“五大攻坚”行动为抓手，大干快上，提速创优，完成水利投资60.7亿元；连续13年实现防汛防台人员“零死亡”，连续11年实现水利工程安全生产人员“零死亡”；实施最严格水资源管理制度考核、水土保持工作目标责任制考核均排名全省第二；台州市被表彰为全省实行最严格水资源管理制度工作成绩突出集体、全省“五水共治”（河长制）工作“大禹鼎”优秀市县；台州市水利局被表彰为“千村示范、万村整治”和美丽浙江建设突出贡献集体、全省剿灭劣Ⅴ类水工作作出突出贡献集体；台州市水利局在全省水利工作综合考核和台州市委、市政府工作目标考核中均获得优秀等次，其中在全省水利工作综合考核中蝉联全省第一。

【雨情】 2018年台州市面降雨量1 588.6 mm，略少于常年，属平水年。空间上，与往年相比，2018年降雨量空间分布相对均匀，黄岩降雨量最多，面雨量1 901.7 mm，比常年略多，玉环雨量最少，面雨量1 422.7 mm，比常年略少。时间上，前期雨量少，汛前面降雨量263.5 mm，比常年少20%，导致水库蓄水量持续减少，入汛时全市14座大中型水库平均蓄水率50.7%，溪口水库、太湖水库、湖漫水库正常蓄水率仅20%左右，长潭水库正常蓄水率也仅有52.1%，温岭、玉环等地出现不同程度缺水。6月19日入梅，7月9日出梅，梅雨期20天，与常年（19天）相当，梅雨期全市面雨量236.8 mm，比常年多20%，梅雨期雨量偏多，但不典型。

【防汛防台抗旱】 2018年有8号台风“玛利亚”、10号台风“安比”、12号台风“云雀”、14号台风“摩羯”、18号台风“温比亚”、25号台风“康妮”6个台风影响台州市，其中第14号台风“摩羯”在台州温岭沿海登陆，此前温岭市连续12年未有台风登陆。2018年台州坚持防汛工程措施和非工程两手抓，不断夯实防汛基础，尤其全力组织转移群众，加强水库、堤防等安全巡查和管理，科学预泄、预排和拦蓄洪水，分阶段、分层次做好各项防范工作。防台期间，市防指共启动Ⅳ级响应6次、Ⅲ级4次、Ⅱ级2次，全市共转移危险区域人员29.31万人，大中型水库拦蓄雨洪资源2.81亿m^3，温黄平原河网排出涝水5.52亿m^3，2018年全市洪涝台风灾害直接经济损失仅1 845.9万元，且连续13年实现防台风人员“零死亡”。同时，科学调度，既抓住汛期降雨尽可能水库多蓄水，又合理调配灌溉用水和环境用水，其中在采取错峰供水、限时隔日供水、调整阶梯水价、限制高耗用水、实施人工增雨等措施基础上，保证温岭日供水量77%、玉环日供水量90%由长潭水库调度保障，有效缓解温岭、玉环供水紧张状况，没有发生一起用水纠纷。

【水利工程建设】 2018年台州市完成水利投资60.7亿元，其中重大水利工程建设完成投资48.76亿元。防洪治涝方面，东官河综合整治工程的河道拓浚完成3.2 km，安然湿地基本完工；洪家场浦排涝调蓄工程河道基本全线贯通；栅岭汪排涝调蓄工程的栅浦2号闸主体工程基本完工；临海大田平原排涝一期工程的隧洞二衬支护建设完成，河道建设完成10 km；温岭市南排工程的启动段完成500 m，张老桥隧洞完成440 m。水源保障方面，朱溪水库工程建设用地获国务院批复，导流洞全面贯通，完成导截流阶段的移民初验和截流验收技术审查，瑶岩洞口及长滩支洞洞口完成首爆；椒（灵）江建闸引水扩排配套工程开工建设；台州引水工程的15个隧洞工作面、25个沉井同步施工，东部水厂综合楼已结顶；台州南部湾区引水工程水厂业务楼基本完成结顶，9个隧洞工作面同步清表；方溪水库工程完成大坝截流自验工作，通过导（截）流阶段移民安置初验，准备大坝主体施工；盂溪水库大坝主体工程基本完工，进入施工扫尾阶段；东屏水库工程用地指标已经自然资源部部长会议通过，并上报国务院审批；佃石水库工程完成竣工验收。水生态治理方面，天台始丰溪综合治理一期工程基本完工；永安溪综合治理与生态修复工程完成10.66 km；完成河道综合整治60.3 km、河湖库塘清淤858.11万m^3；创建市级“美丽河湖”11条（个）、省级“美丽河湖”2条（个）；完成水土流失治理面积38.41 km^2；拆除涉水违建面积77 497 m^2，省级、市级和30%县级的河道实现“无违建”；2018中央及行业媒体走基层——“走近最美家乡河”采访启动活动在台州市仙居县永安溪畔举行。农村水利方面，完成病险水库除险加固8座、山塘综合整治36座和水闸加固3座；启动农村饮用水达标提标工程，改善农村饮用水条件29.17万人；深入实施高效节水灌溉工程，新增高效节水灌溉面积2 933.3 hm^2，小型泵站标准化改造49座；完成三门县第五批小农水重点县项目的总体验收和天台县2016年度中央补助高效节水灌溉项目、2017年中央财政水利发展资金小型农田水利项目的验收。

【工程管理】 台州市政府出台《台州市重大水利项目涉市政、交通等工程监督管理实施办法（试行）》，在全省率先实施重大水利项目分行业监管工作。出台《台州市农村饮用水建设管理办法》《台州市农村饮用水运行管理若干规定》《台州市县级农村饮用水资金管理指南》，规范农村饮用水达标提标工程建设和管理。开展346座水库基础信息调查工作，完成山塘清查1 566座，完成水库安全鉴定18座、海塘安全鉴定21 km、水闸安全鉴定9座；完成水利工程标准化创建260项，全市已有650项工程实现依标管理。规范农村水电站建设，完成天台茶园溪二级电站工程水库下闸蓄水验收和黄岩溪一级、四级电站启动验收；完成安全标准化水电站创建36座，黄岩富山一级水电站、仙居下岸水电站被水利部评定为2018年度绿色小水电站，临海牛头山水库水电站被水利部认定为农村水电站安全生产标准化一级单位。强化水利工程质量和安全生产监管，市本级开展现场质量监督活动62次，发现问题286个，发出质量监督文件（意见）32份，出具质量核定意见和质量监督报告17份；严格落实每季度质量“飞检”制度，共抽查（检）14项次，发质量监督通报3次；组织开展安全生产大检查3次，督促整改各类安全生产隐患24处，2018年全市水利工程未发生质量事故和重大安全责任事故。

【水资源管理】 实施最严格的水资源管理，严守水资源开发利用控制红线，开展水资源承载能力分析，严格核定许可水量，排查非法取水户445家，关停取缔非法取水企业283项，责令补办取水许可证155项，限期注销取水许可7项等，椒江绿色药都小镇、临海头门港经济开发区、温岭市上马工业区等3个园区完成“区域水资源论证+水耗标准”改革试点工作；严守水功能区限制纳污控制红线，出台椒（灵）江流域生态保护补偿方案，严格入河排污口审核登记，对86个水功能区监测断面实行“一旬一测”，县级以上集中式饮用水源水质达标率继续保持100%，全市水功能区水质达标率较2017年同比上升1.4%；严守用水效率控制红线，台州市政府印发《关于全面加强节约用水工作的通知》，发出《节约用水倡议书》，创建省级节水型灌区3家、市级节水型企业64家、县级节水型小区79个和节水型公共机构211家，椒江、黄岩、路桥、温岭、玉环和三门等6个县（市、区）通过国家县域节水型社会建设评估，临海市和仙居县通过节水型社会建设中期评估，首届浙江省亲水节暨3·22“世界水日”主题活动在台州市举行。2018年全市用水总量控制在17.34亿 m^3 以内，农田灌溉水有效利用系数提高到0.579，万元GDP用水量和万元工业增加值用水量比2017年（2015可比价）分别下降13%和17%。

【依法行政】 组织全市水政监察员业务知识更新培训、水政执法案卷评查等活动。2018年台州市本级共网上办理行政许可62件，其中水土保持49件、涉河涉堤12件、取水许可1件；依法加强水利招投标监督工作，完成水利项目招标备案75件，交易总额约6.2亿元，并查处串标案3起，对6家施工企业依法作出行政处罚。完成市、县级河道和湖泊河道名录公布，完成河道划界1 800 km，温岭市和三门县完成省级河湖标准化管理试点县创建任务，制定《三门县珠游溪水域岸线管理保护规划》，为全省首个水域岸线管理保护规划。开展河湖“清四乱”行动，整改乱占、乱采、乱堆、乱建等突出问题201个。严格落实水土保持“三同时”制度，全市共批复水土保持方案530项，其中市本级45项；开展水土保持监督检查954项，检查项目694个，自主验收备案38个；严格水土保持补偿费征收，2018年台州市本级共征收补偿费1 406万元，并对往年未征收项目进行梳理、催交。强化水法律法规宣传，媒体报道100余篇，发放和张贴宣传画（册）5万余张，推送和投放节水公益广告等30万人次。

【水利改革】 推进“最多跑一次”改革，明确“最多跑一次”涉水许可事项21个主项33个子项，涉水行政许可项目全部实现网上申报、网上审批，在全省率先出台《台州市区域性涉水审批“三合一”改革指导意见（试行）》，编制“区域水评”标准化技术要点，推进“区域水保”“标准地+承诺制”等涉水改革工作。推进市区水务一体化改革，出台《台州市区水务一体化改革实施意见》《台州市三区区内供水一体化改革指导意见》，9月18日台州市政府召开市区水务一体化改革动员会，市区水务一体改革正式启动实施。推进农业水价综合改革，台州市政府出台《台州市农业水价综合改革实施意见》等系列制度和文件，年度完成改革面积34 673.3 hm^2，在改革范围内配备量水标尺、超声波（电磁）流量计等设施200余套，按照“以电折水”方式进行计量。推进水利投融资机制创新改革，形成《台州市水利投融资研究报告》《台州市关于创新水利投融资机制增加水利投入的实施意见》等。

【水利科技】 推进水利“数字化”转型工作，依托“智慧水务”建设，形成涉及包括数十万条网格信息、动态监测、水利工程、河道断面、防汛要素及视频、航拍、全景图等种类齐全和内容丰富的“大数据”，其中建成高密度雨量、水位、流量等7 000多个物联网站点，实现村村有监测点、有防汛会商平台，建成的共享视频监控平台和水库山塘巡查定位平台、网格化洪水预报系统等，在防汛防台实战中充分应用。

【行业发展】 实施椒（灵）江建闸引水上升为全市重大战略，台州市委、市政府专门成立椒（灵）江建闸引水工作领导小组，台州市委书记陈奕君担任组长，并建立椒（灵）江建闸引水工作推进组专门协调开展工作。开展《台州市水资源综合规划》《台州市南片水资源配置规划》《台州市沿海海塘提标保护规划》等编制（修编），以及做好《台州“十三五”水利规划》中期评估，集聚区海塘提升、玉环漩门湾拓浚排涝、椒江治理（天台始丰溪段）、仙居永安溪综合治理与生态修复二期、三门海塘加固等5个项目（总投资95亿元）新增列入省“百项千亿防洪排涝工程”项目库。组织做好水利专业技术人才、技能人才参加各类在职培训和继续教育，组织水利干部到武汉大学进行集中学习培训，2018年全市新增水利专业技术高级职称20人、中级职称40人，1人获评“全国水利技术能手”。

（李欠林）

丽水市

【单位简介】 丽水市水利局内设7个处室：办公室、直属机关党委、规划计划处、建设管理处、水资源水保处、渔业渔政处、开发区分局。下属有9家事业单位，其中3家参照公务员管理事业单位：防汛办、水利监察支队、河道管理所；其他6家事业单位分别是：水利水电管理站、水利水电工程质量监督站、水产技术推广站、水文站、开发区水利服务站。全局行政编制15名，依照公务员管理编制22名，事业编制54名。丽水市纪委派驻水利局纪检组3人。现有干部职工86人，其中副高以上职称19人。丽水市水利局主要职能：保障水资源和渔业资源的合理开发利用；统一管理水资源（含空中水、地表水、地下水）、渔业资源；指导、监督水资源和渔业资源保护工作；负责水旱灾害的防治工作；组织、指导水政、渔政监察和水政、渔政执法，负责重大涉水、涉渔违法案件的查处，协调、指导水事纠纷和渔事纠纷的处理；依法行使渔政渔港监督管理、渔业船舶及船用产品的监督检验；指导水利设施、水域及其岸线的管理与保护；指导农村水利工作；负责水土保持工作；负责节约用水工作；指导水文工作；负责渔业行业管理；开展水利、渔业科技工作和队伍建设；指导、监督市级水利、渔业资金的管理；提出有关水利、渔业的价格、收费、信贷的建议；组织实施市本级水利规划、建设、管理和水资源保护工作。

【综述】 2018年，丽水市水利各项工作取得明显成效。防汛防台扎实有力，因灾损失为近15年来最低；水利安全生产未发生死亡事故，渔船安全生产事故实现“封零”。水行政与渔业行政管理持续加强，美丽河湖创建、绿色水电管理等创新工作不断推进。全市完成水利投资37亿元，25个重大水利建设项目全部完成年度任务，向上级争取补助资金9.4亿元；遂昌、缙云、庆元3个县获省级水利综合考核优秀；以总分第一的成绩获“全国水生态文明城市”称号；被命名为“中国娃娃鱼之乡”“中国生态溪鱼之乡”“中国田鱼之乡”“中国休闲垂钓之都”称号；获省剿灭劣V类水工作突出贡献集体等各种集体和个人荣誉共45项。

【雨情水情】 2018年全市年降水量为1 561.7 mm，比多年平均降水量偏少9.9%。汛前（1—3月），全市平均降雨量232.5 mm，与常年同期相比偏少32.3%。9个县（市、区）降雨量均比常年同期偏少，偏少幅度为24.3%～38.7%。汛前全市未出现大范围明显暴雨过程，全市主要江河水势平稳，均未出现超警戒洪水。

梅汛期（6月20日至7月9日）20天，入梅时间偏迟，全市平均过程雨量为133.4 mm，比常年梅雨量（273.5 mm）偏少51.2%，比2017年梅雨量（444 mm）偏少70.0%。市、县梅雨量最大前三名分别为青田县156 mm、遂昌县151.7 mm、缙云县151.4 mm，单站雨量最大前三名分别为景宁东塘341.5 mm、青田坑口水库324.5 mm、景宁桃源水库318 mm。梅雨量明显偏少，梅雨不典型，多以局地短历时雷雨或阵雨出现，且强降雨时空分布不均。

2018年影响丽水市台风偏少，8号台风“玛莉亚”、10号台风“安比”和14号台风“摩羯”对丽水市略有影响。其中，影响最明显的是台风“玛莉亚”，受其影响，7月11日01时至12日08时，全市面雨量36.8 mm，紧水滩流域面雨量12.7 mm，松阴溪靖居口以上流域面雨量19.9 mm，开潭以上流域面雨量25.9 mm。面雨量前三名分别为青田县102.7 mm、缙云县49.3 mm、景宁县47.4 mm，单站雨量最大前三名分别为青田县龙现站262.5 mm、小佐站197.0 mm、坑口水库站197.0 mm。受台风影响，水库蓄水量有所增加，全市主要江河控制站水位略有上涨，但均在警戒水位以下。

【水资源量】 2018年全市水资源总量为133.258 1亿 m^3，比多年平均偏少27.8%，比2017年偏少22.4%。产水系数全市平均0.49，产水模数为76.9万 m^3/km^2。人均年拥有水资源量为6 059.94 m^3（常住人口）。2018年全市总供水量6.903 1亿 m^3。其中地表水源供水量为6.901 4亿 m^3，占99.98%；地下水源供水量0.001 7亿 m^3，占0.02%。在地表水源供水量中，蓄水工程供水量为4.149 9亿 m^3，占60.13%，引水工程供水量为2.142 2亿 m^3，占31.04%；提水工程供水量为0.609 3亿 m^3，占8.83%。2018年全市总用水量6.903 1亿 m^3（不包括水电站发电等河道内用水）。其中农田灌溉用水量为4.321 0亿 m^3，占62.6%；林牧渔畜用水量0.179 1亿 m^3，占2.6%；两者合计占总用水量的65.2%。工业用水量0.926 4亿 m^3，占总用水量的13.4%；城乡居民生活用水量0.845 6亿 m^3，占12.2%；城镇公共用水量为0.528 7亿 m^3，占7.7%；生态环境用水量为0.102 3亿 m^3，占1.5%。莲都区用水量（1.312 8亿 m^3）最大，占全市用水量的19.0%；景宁县用水量（0.378 0亿 m^3）最小，占全市用水量的5.5%。全市总用水量中地下水为0.001 7亿 m^3，占0.02%。

【防汛防台防旱】 2018年，全市降水量1 561.7 mm，比同期多年平均降水量偏少9.9%。2018年，丽水市遭遇梅汛期二轮明显降水及台风“玛莉亚”“安比”“摩羯”等自然灾害的侵袭。丽水市防汛抗旱指挥中心根据丽水市委、市政府的统一部署，以“不死人、少伤人、少损失”为总目标，精心组织，周密部署，层层压实责任，夺取2018年防汛抗台工作的胜利。全市2个县23个乡（镇、街道）0.47万人受灾，直接经济损失0.11亿元，无人员伤亡，为近15年来灾情损失最少的年份。继续开展水利工程第三方巡检，262处隐患点，110处完成整改，152处落实管控措施。2018年丽水市防汛抗旱指挥中心共组织18次防汛责任人培训，共计2 759人次参加培训。各防汛储备中心防汛物资储备达5 900多万元。全面完成2.6万余名基层防汛责任人防汛APP的安装注册工作。

【水利工程建设】 滩坑引水工程、大溪提升改造先行工程、兰溪桥水库扩建工程等重大水利项目顺利开工，大溪提升改造先行工程（超级马拉松赛道）顺利贯通。截至2018年底，完成水利建设投资37亿元。列入省“百项千亿防洪排涝工程”水利项目共9个，2018年度计划投资14.9亿元，完成投资16.78亿元，占年度计划的126%。中央投资项目完成4.74亿元，其中完成中央投资2.2亿元，完成率分别为96%和100%。全市25个重大水利建设项目全部完成年度任务，项目建设实现历史性突破。全市完成河道划界752.32 km，河道综合整治85.27 km。完成《丽水水利十三五规划中期评估》《瓯江河川公园规划》的编制。组织开展浙西南大中型水库群专题研究，启动谋划建设浙西南水库群。

【农村水利基础建设】 2018年，共完成218个村20.8万农村人口农村饮用水安全巩固提升、水库除险加固9个、山塘整治45个；新增小型农田水利坡耕地高效节水、小型农田水利水稻区管道灌溉0.31万hm^2（4.64万亩）；完成400 hm^2（0.64万亩）低丘红壤建设；完成农业水价综合改革1.59万hm^2（23.81万亩），均超额完成年度任务。抽查复核通过率、标准管理长效机制县评估率均达100%。

【水利工程管理】　严格落实水利安全生产管理，全面加强水利工程质量监督，深入推进水利工程标准化管理创建。安全生产再次实现“封零”，全市在建重大水利项目未发生质量事故，未发生较大及以上安全事故。2018年，共有204处水利工程纳入标准化管理创建任务，其中“五水共治”考核任务数为204处：分别为中型水库8座、中型堤防18段、小型水库97座、小型堤防5段、山塘22座、水文测站20处、雨量站5座、农村供水工程18处、水电站9座、中型灌区1座、水保监测站1座。共投入标准化创建资金2 500多万元，完成标准化验收工程204处。

【水资源管理】　最严格水资源管理有序实施。最严格水资源管理考核体系进一步完善；全面完成重要水源地达标建设任务；规范取水许可审批和延续评估程序，2018年新批取水许可64户，续办177户，共征收水资源费6 500万元；扎实开展全市非法取水专项整治行动，关停拆除企业非法取水设施60家，责令办证130家；深入推进节水型社会建设，累计创建工业企业、公共机构、灌区、节水型小区等载体264个；完成水土流失治理面积58 km^2；水生态文明城市试点建设通过国家级验收。有效完成水资源开发前期调研，综合限量指标和健康因子及口感指标分析确定24个水资源点的开发方向。

水功能区水质达标率为100%，跨行政区域河流交接断面水质达标率、城镇供水水源水质达标率考核优秀。2018年度，丽水市实际用水总量6.903 1亿m^3，其中生活和工业用水量1.772 0亿m^3；农田灌溉水利用系数为0.578；万元工业增加值用水量19.3 m^3、万元国内生产总值用水量49.5 m^3，较2015年分别下降38.59%和29.11%。

【水政执法】　不断强化普法教育、法制宣传、政务公开、双随机工作。牵头开展《丽水市水生态保护条例》编制；在全省率先建成水政执法标准化市；开展无违建河道创建、水土保持、违法采砂整治、水源地保护、河道“清四乱”等5项专项执法行动，立案查处水政、渔政案件155件，移送公安机关案件51件。拆除违章建筑3.2万m^2，全面完成268 km省级河道和229 km河道的“无违建河道”创建任务。获“2018年水政行政执法全省优秀”。

【“美丽河湖”创建】　深入推进河湖长制工作，设置各级河湖长4 023人，实现“河长制”“湖长制”全覆盖，河长巡河率达98%，上报问题处理率100%。2018年2月6日，全国首个河长学院——浙江河长学院在丽水市举办首期培训班。创建无违建河道 1 075 km，实现县级河道 50% 基本实现无违建目标；完成 3 个河湖标准化管理试点县创建；河道综合整治 82 km、河湖库塘清淤 123 万 m^3、河道划界 752 km，均超额完成年度任务；创建市级美丽河湖 85 条，其中松阳松阴溪古市段、景宁鹤溪河城区段被评为省级“美丽河湖”，共覆盖 629 个村。完成 9 个市级水利风景区创建。新增河权改革 97 条（段）。

【国际绿色水电示范区创建】 在全国率先开展水电站生态流量分类核定与监测指导、水电产股权改革工作。2018 年，共完成 21 座水电站绿色认证电站，占全国报水利部认证电站总数的 10% 以上。创建省级生态水电示范区 9 个；水电产股权改革试点基本完成；遂昌县 20 座 1 000 kW 以下电站开展自动化改造、标准化管理试点工作；世界银行专家考察团、奥地利水电专家代表团先后到访丽水，调研绿色水电建设工作，有效提升丽水市知名度。

【水资源开发利用基础研究】 深化与清华大学长三角研究院合作，开展水资源开发利用的基础研究。综合限量指标和健康因子及口感指标分析确定 24 个水资源点的开发方向。如：限量指标特优适合做纯净水的水源有 9 个；限量指标优，无机物和矿物质含量低适合泡茶用水的水源 4 个；限量指标较优，并具有一定含量的健康因子和口感指标适合做天然饮用水的水源有 8 个；偏硅酸值满足标准限值（≥ 25 mg/L），适合做矿泉水的水源 3 个。为水资源开发利用奠定基础。

【深化“最多跑一次”改革】 实现丽水市政府提出的“最多跑一次”事项 100% 全覆盖、数据 100% 共享目标，水土保持方案审批法定时间由 12 个工作日提速至 2 个工作日，占用水域审批由 30 个工作日提速至 6 个工作日。2018 年，丽水市本级共完成水保、涉河、取水等审批项目 91 个。

【行业发展】 在全省率先全面启动“美丽河湖”创建工作，研究制定“美丽河湖”建设行动五年实施方案；在全国率先完成水文化遗产普查工作，全市共有水文化遗产 1 800 处。高质量完成全省大花园建设现场会瓯江绿道展示园的建设和布置，得到省、市领导及参会人员的高度肯定；成功承办“好山出好水、好水泡好茶、泡茶问丽水”专场推荐会，有效提高丽水优质水资源知名度；成功承办 2018 年浙江省暨丽水市防汛抢险演练，提升丽水市防汛抢险能力。获得省级荣誉的有：实施最严格水资源考核优秀、安全生产目标责任制考核优秀、剿灭劣 V 类水工作突出贡献集体、浙江省千万工程及美丽浙江建设突出贡献集体。

（刘 穹）

厅直属单位

Directly Affiliated Institutions

229 ～ 274 页

浙江省水文局

【单位简介】　浙江省水文局为浙江省水利厅管理的副厅级纯公益性事业单位，下设办公室、水情预报处、站网处、通信管理处、资料应用处、水质处（同时挂浙江省水资源监测中心牌子）等6个处（室）和之江（同时挂浙江省水文机动测验队牌子）、兰溪、分水江等3个直属水文站。核定编制数95人，截至2018年底，实有在编人员83人。主要承担对设区市、县（市、区）水文机构的工作指导和监督，统筹协调全省水文工作；负责水文水资源监测，水文站网建设和管理，对江河湖库和地下水的水量、水质组织监测，发布水文水资源信息和情报预报；承担全省水文事业发展规划的编制并组织实施；负责全省水文行业管理和业务指导。

【概况】　2018年，浙江省水文局认真贯彻落实浙江省委、省政府和省水利厅党组的决策部署，牢牢把握有利机遇，敢于担当，勇挑重担，扎实做好防汛防台、水资源监测评价、测站标准化管理、资料即时整编、遥测站点分级分类管理等水文各项工作，圆满完成年度各项目标任务。2018年，浙江省水文测验工作质量被水利部水文司评定为优秀，参编的2017年国家水文年鉴在全国终审被评为优秀。浙江省水文局被省水利厅、省人力资源与社会保障厅评为2017年度最严格水资源管理成绩突出集体。

【水情服务】　2018年，浙江省全年遭受9个台风影响，历史罕见；受多个台风和较强降雨影响，部分区域出现近100年一遇短历时强降雨，部分江河、沿海水位站出现20～50年一遇高水位。为做好防汛水文测报工作，汛前做好充分准备。按照省长袁家军提出“提高洪水预报精准度，延长预见期”的要求，与省气象局建立实时监测降雨和未来降雨预报成果信息共享机制，实现提前72小时预报未来洪水，延长预见期。开展东苕溪、浦阳江关键节点预报方案攻关研究，修订兰溪、瓶窑、诸暨等10站预报方案，为提高预报精准度作准备。组织全省水文部门开展水文测报汛前大检查；组织对全省水文自动测报系统例行维护，保持畅通；强化报汛管理，逐日检查、逐月通报省级重要站报汛情况；举办全省水文应急监测演练和突发小流域山洪水情应急演练，确保“测得到、报得出”。

【汛期做好预警预报】　汛期浙江省经受9个台风影响，特别是7月上旬至8月中旬近40天内，台风接踵而来，平均每8天就有1个台风影响浙江省。面对复杂汛情，省水文局坚持24小时值班制度，每日开展水情分析和日常化预报，为防汛调度决策提供技术支撑，为浙江省实现“不死人、少伤人、少损失”总目标作出应有贡献。台风期间，密切跟踪气象未来降雨形势和台风动向，提前3天开展沿海风暴潮预报、台风影响前期水情预报，预报工作得到副省长彭佳学2次当场表扬肯定。累计发送预警短信10万条、日常化预报543站次、台风滚动预报563站次、水情简报218期、最新水雨情229期，水情分析总结11期。台风“云雀”影响期间，提前12小时预报嘉兴水位将超保证水位，并预测最高水位为2.20～2.40 m，实测最高水位2.36 m，预报优秀迅速，为杭嘉湖区精准调度提供依据。与此同时，积极做好抗旱服务，当温岭、玉环等地区出现局部干旱时，及时开展旱情分析，向省防指报送抗旱水情分析材料22期。

【汛后总结提高服务水平】 汛期结束后，对水情服务情况进行总结，梳理新的服务需求和自身短板。针对机构改革后防汛管理工作新情况，对预报提前量、精准度、范围拓展和各项基础准备工作紧锣密鼓进行安排。印发《浙江省水情历史特征信息数据库表结构和标识符（试行）》，提高水文服务防汛的时效性。举办洪水预报讲座，组织洪水预报技术交流，完成省水利厅水利重点科技项目“基于云平台的分布式水情共享交换数据中心研究”等验收和鉴定工作，提高水情分析预报水平。

【完善水资源监测体系】 组织对全省790个水功能区进行常规监测工作，实现对240个国家重要水功能区、717个省对市考核重点水功能区全覆盖。对11个市开展国家、省考核重点水功能区的水质巡测比对，完成比对监测11批次。完成139个地下水站点监测2次，对33个地下水站点开展水化学监测1次。对20个典型供水水库及重要湖泊进行每月1次常规浮游植物监测，8月组织开展1次浮游植物普查监测。全年采集水样达10 000余份，取得水质检测参数20余万个。

【支撑最严格水资源管理考核】 成立支撑最严格考核工作小组，抽调精兵强将直接参与省水利厅最严格考核办公室，开展文件起草、考核管理等大量日常工作。省对市考核9项刚性指标中，用水总量、万元GDP用水量下降率等5项指标均由省水文局核算确定。为确保各项数据精确，水文局采取提高监测范围与频率、提高用水量校核精度、提高与各部门数据共享深度、提高编制时效等措施，为考核多争取2个月的主动期，数据代表性、方法科学性得到国家最严格考核工作组肯定，助力浙江省连续4年获得国务院“最严格水资源管理制度”考核优秀。

【支持水资源管理相关工作】 完成《浙江省水资源公报》《浙江省重点水功能区水资源质量通报》编制任务。提供水功能区水质监测数据、水资源评价相关数据材料，为“河（湖）长制”“长江入河排污口专项检查行动”、生态省考核、“水功能区纳污能力核定”“水资源承载能力核定”“26个相对欠发达县的发展实绩考核”“自然资源资产审计”“绿色发展指标体系”等工作提供技术支撑。

【推进第三次水资源调查评价工作】 完成水资源质量评价专题，制定地表水和地下水水质评价大纲，严格按照时间节点提交评价成果。省级水资源调查评价初步成果已通过省水利厅审查，浙江省第三次水资源调查评价工作得到水利部水规总院肯定。

【水文资料质量管理】 启动水文资料即时整编改革，组建专家库，实行省级专家包片到底、市级专家包站到底，采用在线审查、现场审查和集中审查等形式，顺利完成2017年1 057站和2018年1—11月水文资料审查，实现2年任务1年完成。完成全省186座大中型水库及杭嘉湖巡测资料复审验收、汇编刊印工作。

【服务“百项千亿”重大水利项目前期工作】 为钱塘江、杭嘉湖等区域防洪规划和重大水利项目提供水文资料分析成果。全年向设计科研单位提供9万余站年历史水文数据，有效支撑全省“百项千亿”重大水利项目前期基础工作。每月派出5名专家参加省水利厅金华组“三百一争”专项督导，面对面提供技术指导与服务。

【实现查阅水文资料“跑零次”】 积极贯彻落实“最多跑一次”改革工作，充分利用互联网技术，进一步优化服务流程，简化办理程序，供公众查阅、使用。2018年，全省水文资料查阅服务已实现“零上门、跑零次”，成为国内“领跑者”。水文资料整编工作在水利部组织的评比中获得优秀等次。

【信息化建设】 2018年，建成省水文局与省气象局之间专线网络传输线路，可提前72小时估报未来洪水情况，有效延长预见期；完成东苕溪余杭、瓶窑、浦阳江诸暨、湄池、钱塘江干流兰溪等5个关键节点预报方案的编制或修订，重新率定模型参数；开展全省洪水预报共用共享平台前期工作，完成“浙江省分布式预报动态集合分析评价云平台”的前期调研工作，印发《水情历史特征信息数据库标准》，完成“浙江省预报信息共享发布平台”一期试点工作。

【组建农村饮用水水质抽检专班】 充分利用省水文局水质实验室人才技术优势，专门成立由水文局领导和专业精干人员组成的农村饮用水水质抽检工作专班，统筹全省10个督查暗访组的水质抽检工作，并直接承担温州、台州等地区的督查暗访任务。

【制定水样抽检方案】 认真分析督查暗访工作具体要求与督查对象特点，拟定《浙江省农村饮用水达标提标行动暗访督查水样抽检方案》，对11个设区市84个县（市、区）已建成农饮水供水工程进行水质检测，重点对出厂水和末梢水的pH、氨氮等10项指标进行抽检，对水源地进行pH、氨氮等28项指标进行抽检。

【开展农村饮用水督查暗访行动】 在2018年12月省政府召开农村饮用水达标提标行动启动会当月，根据省水利厅统一部署，省水文局立即派出2个督查组，对台州市、温州市3个县21个末梢水和水源水进行督查暗访，现场出具检测成果63个，48小时内出具检测成果230个，完成《督查暗访报告》2份，《农饮水供水工程水质检测结果表》1份，用实实在在的数据为全省农村饮用水达标提标行动提供支撑。

【站网管理】　水文站网是一切水文工作的基础和前提。省水文局高度重视全省水文站网管理与保护工作，积极推广应用自动测报设备，提高水文测站的现代化水平。

【完成水文站标准化创建年度任务】　2018年是水文站标准化创建的第三年，全省完成184个水文站标准化创建，超年度计划23%。全省已累计完成水文站标准化创建674个，占全省总数的97%，5年任务3年基本完成。

【水文测验管理】　完成全省基本水文站能力提升工程方案编制，开展全省水文测验质量检查，对88个测站任务书进行审查修订。依法依规开展水文站管理，完成永康等7个水文站调整审批。加强水文监测环境保护，参与全省重大项目审查，对可能影响水文站测验工作的设计方案提出合理性建议。

【推广应用水文监测新技术】　优化调整监测方案，在15个水位站开展“有人看管、无人值守”工作，在温州埭头水文站开展蒸发、泥沙自动监测试点，并着手准备全省水文监测新技术新设备推介。

【全省遥测站点分级分类管理】　对2017年制订的全省水雨情监测站管理目录进行重新修订，站点从690余个增加到1 650多个，提高全省遥测站管理水平。

【队伍建设】　强化人才培养，加强干部队伍建设。完善干部培养、交流机制，组建党建领航等5大工作专班，加大省水文局跨处室人员交流力度。推荐2名职工到省水利厅机关和缙云县水利局挂职。严格落实处级及以上干部个人事项报告制度，按要求完成6名干部试用期满考核工作。开设“浙江水文大讲堂”，举办全省水文测验、情报预报等业务培训班8个，培训人员420多人次，导师制培养3人次。

【党建和党风廉政建设】　修订《中共浙江省水文局委员会工作规则》。加强精神文明建设，组织开展提炼新时代浙江水文精神活动，出台水文文化建设实施方案，深入挖掘基层水文工作涌现出来的先进典型人物和事件，讲好水文故事。制定《全面从严治党专项检查工作的实施意见》，对局各处室（直属站、公司）开展全面从严治党专项检查。开展“遵守六大纪律”警示教育月专项活动，开展廉政风险和失职渎职风险进行再排查，不断完善内控体系，制定和完善近10项内控制度，严格局机关内控管理，狠抓制度落实。

（张琳雅）

浙江水利水电学院

【单位简介】　浙江水利水电学院有下沙和江东2个校区，占地面积84.1万m^2。学校是浙江省政府和水利部共建院校，现有水利与环境工程学院、测绘与市政工程学院、建筑工程学院、电气工程学院、机械与汽车工程学院、经济与管理学院、信息工程与艺术设计学院、国际教育交流学院、继续教育学院、马克思主义学院10个教学院，基础教学部、体育与军事教育部、工训中心3个教学部（中心）。

【概况】 2018年，学校有教职员工704人，其中专任教师498人。全日制学生约9 400人，其中本科生6 317人。2018年招生2 707人，其中本科生2 098人。现有院士工作站1个，校级研究所2个，有水利工程等6个浙江省B类一流学科，25个本科专业、9个专科专业，其中1个省优势专业，6个省特色专业。全国模范教师1人，全国水利职教名师6人，浙江省优秀教师3人，省教学名师4人，省教坛新秀5人，省“151人才工程”人选15人。现有教学仪器设备总值1.5亿元，拥有印本图书81万余册，另有各种纸质期刊1 100余种。现有校内实验（实训）室44个，校外实习基地292个，其中，“计算机应用技术实训基地”和“先进制造实训基地”为中央财政资助的实训基地；“水利工程综合技能实训基地”“电力工程实训基地”“工商管理实验示范基地”和“软件外包研发与实训基地”等4个为省级示范性实践教学基地。2018年共有毕业生2 376人（本科毕业生752人），本科毕业生中有74名考取研究生，专科毕业生中有462名考取省内本科院校。2018年学校初次就业率为97.18%。

【领导班子调整】 2018年9月，省委决定吴小英同志任浙江水利水电学院党委委员、副书记。2018年12月，省委决定史永安同志任浙江水利水电学院党委委员、书记；华尔天同志任浙江水利水电学院党委委员、副书记、院长；严齐斌同志任浙江水利水电学院党委委员、副书记；赵玻同志任浙江水利水电学院党委委员、副院长。符宁平、叶舟、沈建华同志不再担任原职务。

【人才培养工作】 2018年，浙江水利水电学院进一步加强新形势下思政工作，落实“1+9”工作方案。3项实施载体“文化育人示范载体”“实践育人示范载体”“名师工作室”入围全省高校思想政治工作质量提升工程。积极筹备本科教学合格评估迎评工作，制定实施方案，成立评建领导小组。深入推行SWH－CDIO－E人才培养模式，加强教育教学改革建设。深化产教融合，建设教育部产学合作协同育人项目11个。开展中本一体化培养试点，2个专业列入首批试点专业。推进联合培养研究生，新增10名研究生入校学习。强化创新创业教育，学生参加各类学科技能竞赛获省级三等奖以上140余项。深化特色水教育，“以水育人 以文化人——特色水文化教育基地”入围全省高校思想政治工作质量提升工程文化育人示范载体。获评全国“三下乡”暑期社会实践优秀单位，“5+3”亲水科普课获第四届中国志愿服务项目大赛铜奖。加强招生就业，“本专结构”进一步优化，毕业生初次就业率为97.18%。

【教学科研】 2018年，浙江水利水电学院实施从“6+1”到“1+6”的一流学科建设工程，建设高水平创新研究团队，获评省高校高水平创新团队1个，新增5门省级精品在线开放课程。推进“三个基地”建设，完成对接工作及年度计划。新增5个教育部“产学合作协同育人项目”、2家企业学院。培育标志性科研成果，培育省级重点实验室，新增国家级项目5项，获省科学技术奖三等奖1项，省水利科技创新奖一等奖和二等奖项各1项。新增厅级及以上项目66项，省部级及以上项目23项。加快科技成果转化，20余项科技成果已经推向市场，4项专利成功转让，实现“零的突破”。

【人才队伍建设】 2018年，浙江水利水电学院出台《人才引进行动计划（2018—2020）》等文件。引进博士学位教师36人，博士后5人，质量层次实现新提升。引进高端高层次人才有新突破，四类、五类人才超过“升本”以来前4年的总和。柔性引进外国专家1名。继续实施“青年教师能力提升工程”和“名师培育工程”，建设“双师双能型”教师队伍，1人获得国务院特殊津贴。

【国际交流合作】 2018年，浙江水利水电学院完成7大类15个批次，38人（含2名学生）的出国（境）报批手续，批次多、类型多、人员多，其中包括5批18人次的在境外学习长达3个月及以上的教师访学团，出访包括南非、以色列、澳大利亚、新西兰、德国、美国、加拿大、韩国、荷兰、赞比亚等12个国家和地区。学校共接待4批次外宾，包括来自新西兰的2个访问团，来自哥斯达黎加阿玛特经贸大学的访问团，以及来自“一带一路”沿线国家的30多位水电、能源方面的政府官员等。2个中外合作办学项目——计算机和市场营销专业运行平稳，学校积极寻求新的合作伙伴，争取本科层次的中外合作办学项目申报。

【管理制度改革】 2018年，浙江水利水电学院以学校章程执行为龙头，制定修订制度30余项。大力落实“最多跑一次”改革，建成网上办事大厅。积极推进校园信息化建设，学校获评“浙江省高校网络信息化建设工作先进单位”。开展安全隐患排查整改29次，多渠道推进安全教育。加强财务预决算管理，预算执行率达97.32%。落实信息公开制度，广泛听取师生意见建议，全年处理、回复校长信箱70余件。不断改善办学条件，丰富图书资源，加大实验室建设投入，水利教育综合楼、第二实验实训楼顺利推进。后勤服务中心被浙江省教育工会评为2016—2018年浙江省“三育人”先进集体；后勤分工会被浙江省教育工会评为浙江省高校“模范职工小家”；被评为2016—2017年度浙江省高校无偿献血爱心集体。

【服务社会】 2018年，浙江水利水电学院与浙江省浙东引水管理局、武义县人民政府签署战略合作协议；与温州市鹿城区农林水利局、浙江水专工程建设监理有限公司签订产学研合作仪式；在仙居县淡竹乡设立乡村振兴人才培养中心，助力乡村人才培养；13个项目获首届浙江省乡村振兴创意大赛招标村立项。服务省委、省政府决策部署及省水利厅中心工作，在“美丽浙江”“大花园建设”“百项千亿防洪排涝工程”“河（湖）长制”等领域获得新成绩。全年签订横向科技合同100余项，合同金额超2 200万元，开展“千人万项”基层水利服务180余人次。加强浙江治水文化和重大现实问题研究，制作的《中华治水故事》动画片获中国文化艺术政府奖第三届动漫奖最佳作品奖。教师积极参与“千万工程”“剿劣”工作受省委省政府表彰。抓好行业继续教育和培训，扎实推进河（湖）长学院建设，完成培训7 000余人（含培训河长2 280人）。

【国家水情教育基地挂牌】 2018年3月22日，浙江水利水电学院举行第二十六届“世界水日”、第三十一届“中国水周”主题宣传活动启动仪式，吹响“节水，我们在行动”的号角，展现生态文明建设舞台上的“水院身影”。学校党委书记符宁平、副书记沈建华共同为国家水情教育基地揭牌，并为志愿者代表授旗。水文化与水资源经济研究所副所长蒋剑勇介绍“国家水情教育基地”建设的基本情况。

【承办中国水利学会首届调水技术青年论坛】 2018年4月20日，由中国水利学会调水委员会主办，浙江水利水电学院承办中国水利学会调水专业委员会第一届青年论坛召开。会议旨在交流调水工程规划、设计和运行调度方面的关键技术，促进跨流域工程科技进步，为青年科技工作者搭建学习和交流平台。来自水利部南水北调规划设计管理局、中国水利水电科学研究院、长江水利委员会长江科学院及清华大学、天津大学、武汉大学等全国40多家相关高校、科研院所的100余名专家学者与会。

【举办绿色水电与“一带一路”国际学术研讨会】 2018年9月7日，浙江水利水电学院与国际小水电中心联合主办、电气学院承办的绿色水电与“一带一路”国际学术研讨会举行。会议研讨保障水安全对于生态文明建设和维护国家安全的重大意义、新时代中国小水电绿色转型发展、“一带一路”沿线国家小水电发展前景、小水电生态影响评估与绿色发展等议题，并安排大坝检测室、模拟电厂等实验室参观学习。

【推出思政育人品牌栏目“校长下午茶”】

2018年12月19日，校思政育人品牌栏目“校长下午茶”上线。首期，校长华尔天与十余名青年学子零距离、面对面，品茗下午茶，论人生梦想。活动通过学校微信、易班、海报等线上线下提前发布，从近百名来自不同学院、专业和年级的学生中遴选近50余名观众参与。该活动是搭建校领导与学生交流互通平台的一个品牌活动，是学校向学生传播开放办学治校思想的一个窗口，也是落实“把学生放在心上，把心放在学生上”理念的一项载体。

【65周年校庆】 2018年10月27日，浙江水利水电学院校庆日，数百名校友从祖国各地返回母校，话感恩，叙情谊，谈发展，共同为学校65周年华诞庆生。《母校因你而绚丽》首发仪式隆重举行。校党委书记、教育基金会理事长符宁平，党委副书记、《母校因你而绚丽》主编沈建华，党委委员、副校长姜翰照，校友代表，《母校因你而绚丽》全体编委，二级学院及有关部门负责人，学生代表等近400人见证该书首发。

【召开第一次党代会动员大会】 2018年12月19日，中共浙江水利水电学院第一次代表大会动员大会召开。党委书记史永安从“统一思想、凝心聚力，充分认识党代会重要意义”“精心谋划、周密部署，努力提高党代会筹备质量”和“落实责任、维护稳定，积极营造党代会良好氛围”3方面作动员讲话。校长华尔天主持大会并简要介绍党代会有关情况和前期筹备工作。纪委书记李明部署强调第一次党代会换届纪律。按照计划，中共浙江水利水电学院第一次代表大会将于2019年1月16日正式召开。

【党建工作】 2018年，浙江水利水电学院系统推进“大学习大调研大抓落实”和“学习新思想 千万师生同上一堂课”等上级部署，打造“浙漾说”青年网络思政品牌等，多举措强化思想价值引领。坚持和完善党委领导下的校长负责制，新班子上任后，深入调研，积极谋划学校未来发展蓝图，积极推进应用示范院校创建。加强党风廉政建设，履行全面从严治党主体责任、落实党风廉政建设责任制。推进校内巡察，促进全面从严治党向基层延伸。制定《贯彻落实中央八项规定精神实施细则》，驰而不息纠“四风”。开展反面典型案例学习等专项活动，多举措深化廉政教育。开展失职渎职排查，强化审计整改问责，加强监督制约，健全风险防控长效机制。制定《全面推进“清廉水院”建设的实施意见》，开展“六大聚焦”行动、作风建设月等，助推“清廉水院”建设。支部标准化全达标，选优配强支部书记，33个支部书记符合“双带头人”标准或由部门负责人担任。严格党员发展，受到省委组织部好评。推进党建创新，提出“1+3+X”的党建工作模式，顺利完成二级党组织、党支部换届。“撰写红色周记 悟初心·提升党性修养十载行”党建项目获得首批全省高校党建特色品牌。制定《干部队伍建设2018—2023行动计划》，修订《中层干部年度考核办法》，加强干部培育，落实“学培双百行动”，组织干部接受红色教育，选派20名干部参加研修学习、16名干部挂职锻炼，落实后备干部“四高”成长助推行动。加强干部日常监督管理，严格因私因公出国（境）审批及个人事项报告等，对5名干部开展离任和任中审计。

（刘富强）

浙江同济科技职业学院

【单位简介】　浙江同济科技职业学院由浙江省水利厅举办，是一所从事高等职业教育的公办全日制普通高等院校。前身是1959年成立的浙江水电技工学校和1984年成立的浙江水利职工中等专业学校。2007年经浙江省人民政府批准正式更名为浙江同济科技职业学院，与浙江省水利水电干部学校合署办学，采取的是“一套班子、两块牌子”的形式。浙江同济科技职业学院由校本部（22.63 hm^2）、大江东校区（42.39 hm^2）、城北校区（1.57 hm^2）组成，总占地面积66.59 hm^2，总建筑面积17.68万 m^2。学院立足浙江，依托行业，以大土木类专业为主体，以水利水电、建筑艺术类专业为特色，相关专业协调发展，致力于培养生产、建设、管理一线需要的高素质技术技能人才。学院设有水利工程系、建筑工程系、机械与电气工程系、工程与经济管理系、艺术设计系、基础教学部等6个教学系（部），开设水利工程、建筑设计、工程造价等22个专业，并设有国家职业技能鉴定所、水利行业特有工种技能鉴定站，为行业培训考证服务。

浙江同济科技职业学院于2008年获“国家技能人才培育突出贡献奖”；2011年被评为全国水利职业教育先进集体；2014年高质量通过全国水利职业教育示范院校建设验收；2015年被评为全国文明单位；2016年被水利部确定为全国水利行业高技能人才培养基地；2018年被认定为全国优质水利高等职业院校建设单位、教育部现代学徒制试点单位。

【概况】　2018年，浙江同济科技职业学院坚持以习近平新时代中国特色社会主义思想为指导，以立德树人为根本，深入开展全国水利优质高职院校创建工作，深化内部管理体制机制改革，全面提升人才培养质量和服务行业能力，在专业建设、队伍建设、校企合作、社会服务等方面均取得突出成绩，办学水平显著提高，被省水利厅评为先进集体。

截至2018年底，浙江同济科技职业学院共有在校生6 700余人，教职工414人，其中专任教师261人（硕士及以上学位比例占74.72%，双师素质比例达83.91%）。教师中获得全国优秀教师、享受国务院特殊津贴专家、浙江省“151人才工程”、水利“325拔尖人才工程”等各类人才项目人员30余人；拥有教学科研仪器设备值7 000余万元，馆藏纸质图书和电子图书共计93万册；建有18个校内实训基地、356个联系紧密的校外实习基地。

【教学建设】　成功入选全国优质水利高职院校建设单位，水利工程、水利水电建筑工程、水利工程管理等3个专业全部立项开展全国优质水利专业建设。平稳完成专业布局调整，紧扣专业建设，按照服务产业（行业）一致、学科基础相近、教学资源共享的原则，重点对土木建筑大类的专业进行归属调整，形成5个教学系对应5大专业群的专业布局。制定出台《学院专业动态调整办法》，形成专业结构持续优化机制。加强省“十三五”优势特色专业的建设，推进年度建设任务保质保量完成。积极践行教学改革创新，提升信息化教学能力，26门院级精品在线课程完成建设并投入使用，25部校本特色教材建设有序推进。成立全国首家现代学徒制学院“大禹学院”，实践“双主体”“双身份”的人才培养机制，被教育部认定为第三批全国现代学徒制试点单位。

【招生、就业】 2018年，共录取新生2 587人，报到率为96.79%。完成提前招生录取352人，生源质量显著提升；五年制职业教育新增4所合作学校，录取803人；“五年一贯制”合作招生共录取317人。2018年，共有毕业生2 025人，就业人数2 001人，就业率为98.81%。创新创业取得新进展，16个创业项目入驻大学生创业园，其中一家入驻国家级众创空间——梦想小镇。

【学生管理】 全面落实“三全育人”要求，强化专业课程育人导向，推动“思政课程”向“课程思政”转变。加强学风建设和心理健康护航工作，完善“五位一体”的资助体系，重点做好新疆籍少数民族学生的学业及生活指导。在全国职业院校技能大赛、全国工程造价技能大赛等一类竞赛中共获得3项国家级奖项、10项省级一等奖及以上奖项。2017届毕业生人才培养质量排名居全省第7名，用人单位对2017届毕业生的综合素质满意度排名居全省第5名，排名大幅提升进入省内高职前列。

【科研与服务】 积极投身“河长制”“百项千亿防洪排涝工程建设”等水利重点工作，选派10名专家参与“千人万项”蹲点指导工作，承接水利类技术咨询、技术服务项目近20项。强化科研制度激励导向，出台《科研项目经费管理暂行办法》《科技成果转化管理办法（试行）》等系列制度。立项厅级以上科研项目46项，其中省部级以上3项，取得专利、软著15项。作为联合申报单位首次承担国家自然科学基金项目子项目。开展各类水利教育培训69期，培训人数7 251人次，技能鉴定人数600余人次，送教下基层培训学员2 000余人次。成立“浙江水利人才发展政策研究中心”，做好水利人才政策、培养及激励机制研究，开展全省水利行业高层次人才培养机制研究，完成《浙江省水利行业高层次人才培养调研报告》《加强浙江省水利技术技能人才建设的思路与对策》，协助撰写《省水利厅关于落实<浙江省贯彻<关于促进两岸经济文化交流合作的若干措施>的实施意见>的操作办法》等7项工作报告。成人教育工作取得新进展，在册学员1 900余人，设立河海大学浙江学习中心。承办全省水行政执法技能竞赛、慈溪市水利职业技能竞赛，完成“第六届全国水利行业职业技能竞赛”浙江地区集训选拔工作，1人获全国水利技能大奖、1人获全国水利技术能手称号，总成绩名列全国前茅，浙江获得优秀组织奖。

【队伍建设】 制定出台《关于加强新形势下干部队伍建设的实施意见》《推进干部能上能下实施细则》，修订完成《关于贯彻落实<党政领导干部职务任期暂行规定>等有关规定的实施意见》，提高干部人岗相适度，健全干部选拔任用长效机制。完成学院内设机构职能调整，启动绩效分配、岗位设置与聘用、教职工年度考核3项改革工作，提升管理效能，完善激励机制，激发内生活力。新录用教职工26人，修订《学院高层次人才引进管理办法》，加大引进力度。推进教师发展中心建设，组织教师参加培训300余人次，5名教师入选2018年度省高校访问工程师，2名教师在2017年省高校访问工程师校企合作项目评审中获三等奖。1名教师入选全国水利职业学院专业带头人，14名教师入选水利行业“双师型”教师。

【校企合作】 持续深化产教融合，与浙江江能建设有限公司联合举办共建的“浙江江能机电学院”及电力试验中心建成并投入使用；与浙江朗坤电力工程检测有限公司共建“朗坤电力班”；与微贷（杭州）金融信息服务有限公司共建“微贷金融班”；与杭州品茗安控信息技术股份有限公司共建“品茗BIM班”，合作模式不断创新，产教融合成效显著。出台《校企合作基地建设与管理办法》，遴选出浙江江能建设有限公司等5家紧密型校企合作企业。创建“张利明技能大师工作室”等3个技能大师工作室，启动校级产教融合示范基地建设。

【国际合作交流】 与日本技术士会栃木县支部签订技术交流备忘录，并开展多次技术合作交流。与美国贝茨学院联合举办的中美机电班第一届学生顺利毕业，与美国圣马丁大学的水利工程专业合作办学项目通过省教育厅评审，学院招收留学生资格成功获批。组织师生代表赴泰国博仁大学、美国圣马丁大学学习交流31人次，接待国（境）外来访师生团组共7批78人。

【校园文化】 坚持“扬伟人精神、创周邓班级”和“承大禹之志、传治水文化”2条主线，积极打造校园文化品牌，成功举办全国周恩来精神与大学生德育教育高校论坛、第十届“周恩来班”“邓颖超班”命名仪式暨学院“周恩来班”子网站开通仪式。“扬伟人精神、创‘周恩来’‘邓颖超’班伟人文化育人载体”成功入选省高校文化育人示范载体，成为学院校园文化建设及文化品牌培育的又一重要成果。开辟水利职教名师和教学新星网络空间，在官网、官微设立“微党课”“学习新思想 千万师生同上一堂课”“最美同科人”“校友故事”等专栏，建设网络文化宣教阵地，弘扬正能量。社会实践和志愿服务活动蓬勃开展，校史馆建设、“春华秋实”校友专访活动等稳步推进，学院影响力进一步扩大。

【综合管理】 全面深化依法治校，以学院章程为纲，开展制度梳理工作，废止制度22项，制修订制度39项，完善制度体系，加大制度宣传贯彻力度，加强制度执行刚性。强化民主监督管理，制定教代会提案管理办法，加大提案管理落实力度，切实做好职工疗休养、慰问补助等工作，积极构建和谐校园。理顺院属企业管理体制，优化股权结构，加大对院属企业监管力度。完成学生公寓扩建项目、2号教学楼、节水教育长廊建设任务，办学条件显著改善。落实智慧化校园建设实施方案，加大信息化基础设施建设投入，师生信息化条件大为改善。完成网站群建设、数据质量监测系统建设，网上办事大厅上线首批流程，提高管理效能。加快推进学院“最多跑一次”改革，制定实施方案，全面梳理服务师生办事事项。完成公车改革，出台公务车辆使用管理办法。制定项目预算管理等办法，推进项目库建设，提高预算管理水平。扎实开展医疗卫生、食品安全、防疫保健、交通保障、水电管理等工作，申请成为省医保定点医疗单位，以“最多报一次”承诺为抓手整合维修保障平台，提升服务师生质量。以平安校园建设为抓手推进校园安全工作，被评为“杭州市平安示范单位”。

【党风廉政建设】　坚持把党的政治建设摆在首位，切实加强政治理论学习，安排党委理论中心组学习会8次。开展“看优势、找短板、谋发展”大调研活动，完成调研报告29篇。把巡视作为推动学院发展的重要契机，全力配合做好省委第九巡视组对学院的专项巡视工作，按计划完成整改任务，建立党的建设、从严治党的长效机制，解决一些制约学院发展的难点问题，有效推动学院发展。修订《学院党委领导下的校长负责制实施办法》，完善党委、行政议事清单，提升党委谋大局、办大事能力。成立思政工作领导小组，建立健全党委统一领导、党政齐抓共管的思政工作体系，建立定期研究、部署学院思政教育工作机制。出台《意识形态工作责任制实施细则》，成立意识形态工作领导小组及宗教工作领导小组，切实加强舆情阵地管理。制定《全面从严治党主体责任清单》《贯彻落实中央八项规定实施办法》《关于全面推进“清廉同科”建设的实施意见》等党风廉政建设制度7项，开展“遵守六大纪律”警示教育月专项活动，通过开展风险点排查、党风廉政建设巡查、领导干部兼职专项督查等，落实主体责任，强化正风肃纪，形成刚性约束。完成基层党支部设置调整，推进党建与业务工作相结合，推动全院党支部完成标准化建设。水利系党总支“三心党建”品牌成功入选全省高校党建特色品牌。

（朱彩云）

中国水利博物馆

【单位简介】　中国水利博物馆（以下简称中国水博）是2004年7月经国务院批准，由中央机构编制委员会办公室批复设立的公益性事业单位，隶属水利部，由水利部和浙江省人民政府双重领导。核定事业编制24名，实有在编人员24人。中国水博主要职责：贯彻执行国家水利、文物和博物馆事业的方针、政策和法规，制定并实施中国水博管理制度和办法；负责文物征集、修复及各类藏品的保护和管理，负责展示策划、设计、布展和日常管理工作；负责观众的组织接待工作，开展科普宣传教育、对外交流合作，做好博物馆信息化建设；承担水文化遗产普查的有关具体工作，开展水文化遗产发掘、研究、鉴定和保护工作，建立名录体系和数据库；承担水文化遗产标准制订和分级评价有关具体工作；开展水利文物、水文化遗产和水利文献等相关咨询服务，承担相关科研项目，开展国内外学术活动；组织实施中国水博工程及配套设施建设工作；承办水利部、浙江省人民政府和浙江省水利厅交办的其他事项。中国水博内设办公室、财务处、展陈处、研究处、宣教处、设备处（筹）6个职能部门。

【概况】 2018年，中国水博着力搭建跨越古今中外、服务公众需求的超级连接，讲好水利故事，传承水利文化，共享水利文明。连接当代群英，开展口述访谈，与水利部离退休干部局联合开展“新中国水利群英文献访谈典藏工程”，对水利部原部长杨振怀等一批离退休老领导、权威专家、重大历史事件亲历者、非遗传承人等进行音视频访谈和资料征集。连接历史传承，深入遗产调查，组织对华中片区湖北、湖南、河南3省开展遗产调查和分类整理，发现各类水文化遗产点1 100余处（个）；对河南、湖北部分地区开展外业抽样核查。连接公众需求，拓展服务载体，积极搭建馆校合作交流平台，创新推出系列研学活动和主题巡展，举办《纪念改革开放四十年——我书水利新篇》系列临展和青少年书法大赛、水文化校园剧大赛等活动。连接全国联盟，实现资源共享，由中国水博发起成立的全国水利博物馆联盟目前已有36家成员单位，2018年全国水利博物馆联盟会议在安徽宿州市召开，水利部部长鄂竟平作重要批示。全年促成联盟馆际交流20余次、新设展览35个，推出教育活动300余场，出版水文化专著40余本，“大馆带小馆”“一馆一基地”协作格局初步形成。连接世界网络，共建水与人类命运共同体，在5月召开的全球水博物馆网络第二届国际会议上，中国水博首次提出共建“水与人类命运共同体”合作发展理念。后与英国国家河道博物馆、伊朗水利博物馆签署战略合作协议，迈出与全球水博物馆共建共享合作发展的重要一步。

【荣誉成果】 2018年，中国水利博物馆荣获中国水利工程优质（大禹）奖；被评为省级优秀社科普及基地；被列入浙江省首批中小学生研学实践教育基地；“水花朵朵开”志愿服务项目获第四届中国青年志愿服务项目大赛银奖。

【文献访谈】 2018年，重点开展“新中国水利群英文献访谈典藏工程”。该工程着眼于新中国水利工作者的文献、手稿、纪念物以及历史记忆，征集和整理宝贵的红色历史资源和精神财富，旨在弘扬水利精神，讲好水利故事。先后赴北京、甘肃、青海、西藏等地完成9批次、23人次的访谈摄录工作，抢救即将失传的工艺工法、治理方式和人文成果，累计筛选整理 4K 高清视频素材 270 段、520 GB。累计完成 16 位访谈对象的视频素材文字化整理，对 256 个时间节点列出文字大纲和时间轴标注，为推进后续展陈策划、纪录片脚本撰写工作打下良好基础。该工程在 2018 年全球水博物馆网络联盟年会和全国水博物馆联盟年会上得到高度评价。

【藏品管理】 2018 年，征购、受赠实物藏品 567 件（套）。藏品数据库系统完成上线运行，并在博物馆局域网范围内开放查询功能。该系统以藏品信息规范采集和电子化录入为抓手，落实库房全面盘点和排架，对原有错号、跳号的藏品重新编制分类号，藏品分类体系由原有 11 类调增至 17 类，每件藏品下设置 24 条具体信息，与最新行业标准实现对接。

【遗产调研】 2018 年，组织开展华中片区 3 个省水文化遗产调查，发现各类水文化遗产点 1 100 余处，累积遗产点 5 000 余处（个）。开展不可移动水文化遗产、非物质水文化遗产、水利遗产机构、水利线路遗产等 4 个门类的遗产点汇总，对河南、湖北部分地区进行外业调查。加强与非遗研究机构和传承人的联络，与豫、鄂等地专业单位，省级非遗传承人等建立联络机制，取得河流传说等非遗样本。开展中国水利博物馆发展战略研究，组织湖田水患与水利维持、古代水利人物和南方少数民族分水习俗等专题研究。

【古籍整理】 2018 年，继续对各类存世水利典籍进行排查和梳理，完成《河渠汇览》《防河奏议》2 种水利古籍的校点整理。继续实施有意类和无意类水文化史料选编及电子化工作，夯实后续研究工作基础。

【交流合作】 2018 年，举办全球水博物馆网络代表座谈会、馆校合作座谈会，展开深入交流合作。3 月，与中国三峡出版传媒集团签署战略合作协议，在《中国三峡》杂志开设水博讲堂专栏。5 月，受邀参加在荷兰举办的第二届全球水博物馆网络研讨会，馆长张志荣首倡共建“水与人类命运共同体”。国际博物馆日，与英国国家河道博物馆、伊朗水利博物馆签署战略合作协议，迈出与全球水博物馆共建“水与人类命运共同体”合作发展的重要一步。2018 年，全国水利博物馆联盟已有 36 家博物馆加盟，出版《全国水利博物馆联盟单位巡礼》一书，10 月，联盟年会在安徽宿州市召开，馆长、联盟主任张志荣提出“1+6”合作发展框架；馆长张志荣应邀出席由联合国教科文组织和武汉市人民政府共同举办的“大河对话”并发言。

【主题活动】 2018 年，开展“争做钱塘小专家”“苏东坡与西湖”“李冰与都江堰”“再现河姆渡”等十大主题研学活动 10 余场，近 500 人参与。开展“古代水力探秘”“蓝色水星球”等青少年水知识科普活动 20 余场，900 余人参加。开展水文化校园剧大赛、暑期青少年手工制作征集、小小讲解员培训等青少年综合素质培养活动，全省近千名中小学生参与其中。开展“带你走进水世界”“青少年水之旅”等青少年校外教育课程，约3 000名学生接受水教育。结合世界水日、国际博物馆日等重要节日，推出“水与健康”“水与人类文明”“古代水利器具”等主题巡展，巡展巡讲走进高校、中小学和社区广场等。联合浙江大学举办“水利记忆·水博印象”公益摄影活动。《中华治水故事》动画节假日循环展播，为前来博物馆参观的青少年和广大观众讲述中华水文化故事，传递中华传统治水理念。

【党风廉政建设】 2018年，中国水利博物馆党委以5个“坚持”为重要抓手，推动党风廉政建设工作水平。坚持用好水博讲堂教育平台，不断加强政治理论学习。充分依托水博讲堂，紧密联系工作实际，扎实开展党委理论学习中心组集中学习会，全年组织集中学习11次。坚持以“水博家文化”活动为载体，开展丰富多彩的党建教育活动。“七一”赴江西南昌、萍乡开展“追忆革命岁月，传承红色文化”系列活动；国庆之际，举办“书香水博”朗诵比赛暨理论业务知识竞赛；各支部开展“读原著、强党性、促改革”读书活动，撰写心得体会等，广大党员党性修养得到锤炼。坚持支部建在处室，大力推进党组织标准化规范化建设。坚持一切工作到支部的鲜明导向，专题召开党支部标准化建设工作推进会，集中学习新修订的支部标准化建设考评要求，坚持“融入日常、抓在平常、严在经常”。通过述职述廉、民主生活会、组织生活会等方式，总结经验、补齐短板。坚持突出水文化特色，狠抓廉政文化建设。发挥博物馆优势，全馆上下接受水文化和廉政文化教育熏陶。认真开展“遵守六大纪律”警示教育月专项活动，赴南郊监狱开展警示教育。重新梳理编制岗位失职渎职风险、廉政风险点及防控措施，开展廉政提醒谈话，把监督执纪各项工作做深做细做实。坚持以精品奉献人民，着力提升服务意识和服务水平。不断丰富馆内藏品，拓展文化惠民载体、突出文化兴水教育、加强国内国际交流，以水文化精品奉献人民、反哺社会。

（王玲玲）

浙江省水利水电勘测设计院

【单位简介】 浙江省水利水电勘测设计院（以下简称“设计院”）成立于1956年，是一家集水利水电工程咨询、勘测、设计、科研、工程监理、工程总承包等业务于一体的大型专业勘测设计单位，注册资本15 000万元，为省水利厅所属经费自理的生产经营类事业单位。

下设二级部门23个，其中职能部门7个，生产部门16个；下属全资或控股子公司5家，分支机构5家。在职人才队伍总量1 200余人，本科及以上学历人数占比75.5%，中级及以上职称人员占比55%。拥有国务院特殊津贴人才1人，水利部“5151”人才1人，省有突出贡献中青年专家1人，省勘察设计大师2人，省“151”

人才13人。

拥有各类资质（含评价证书）共计30项，其中持有《工程设计证书》水利行业、电力行业——水力发电专业、建筑行业建筑工程专业、《工程勘察证书》（综合类）、工程咨询单位信用评级等甲级资质证书11项；持有生产建设项目水土保持方案编制单位水平评价、水土保持监测单位水平评价5星证书2项；持有《工程设计证书》市政行业给水专业、环境工程水污染防治工程专项设计、风景园林工程设计专项等乙级资质证书12项；其他级别（或未定级）资质5项。

持续保持全国文明单位、高新技术企业、中国水利水电勘测设计协会信用等级AAA+，浙江省勘察设计行业诚信单位、院士工作站、博士后工作站等称号。

【概况】 2018年，保障“千人万项”服务工作和“三百一争”服务工作，突出保障好“百项千亿防洪排涝工程”勘测设计工作，积极投身水利标准化工作，按时保质完成各项重点规划和任务，全力支援防汛抢险工作。全年院审项目174项，质量考核优秀品率55.75%，优良品率100%。获厅级及以上科技进步奖9项，省部级以上勘测设计奖项25项（其中国家级2项）。完成水利部公益项目、省水利科技计划项目等验收12项；参与完成国际标准1项、行业标准2项，获专利和软件著作权27项。迭代完善了转企改制工作方案，并报送省水利厅。

【服务省水利厅中心工作】 保障好“千人万项”“三百一争”服务工作，全年派出专家共计23人600余次，服务全省23个重点项目，共提出80余条意见和建议，问题解决率近80%。

【保障“百项千亿防洪排涝工程”勘测设计工作】 先后完成或推进西湖区铜鉴湖治理、开化水库、永宁江强排及义乌双江湖治理等10余项重点项目前期工作，推进千岛湖引水、杭嘉湖治太项目、姚江上游“西排”工程等20余项重点项目的施工图设计。

【投身水利标准化工作】 配合省水利厅编制标准化管理长效考核评估办法，参与完成20个标准化管理示范县考核工作，先后派出技术人员在温州、嘉兴等多个地市开展标准化知识培训和服务。

【完成各项重点规划和任务】 完成钱塘江、瓯江、浦阳江三大流域防洪规划报告，编撰完成《浙江通志·水利志》第二章，积极服务省水利厅顶层规划，开展浙江省重大建设项目“十三五”规划中期评估（水利部分）、“百项千亿”实施方案基础支撑、浙江省农村饮用水达标提标规划等工作。

【投身防汛防台和其他急难任务】 在防御第8号台风“玛利亚”、第10号台风“安比”、第14号台风“摩羯”等工作中，第一时间组织技术骨干到省防指办值守，赶赴抗台一线，为防台工作提供强有力的技术支持。

【生产经营】 继续坚持“业务多元化，设计向总承包一体化，市场国际化”的业务发展战略，以业务拓展为抓手，持续有力推进转型发展。成功中标杭嘉湖南排八堡排水泵站、丽水市滩坑引水等多个工程总承包项目；重点推进澥浦闸站、风棚碶泵闸等标准化工地建设；稳步推进龙游高坪桥水库PPP项目建设，10月份大坝填筑全断面达到设计高程，顺利封顶。积极拓展省外和国外市场，新成立成都分院；成功签订斯里兰卡Yan Oya左岸渠道、马杜鲁河右岸渠道及柬埔寨达萨河灌溉防洪等项目合同。

【人才队伍】 完成2018年事业人员岗位和职称评审竞聘工作，37位专技人员岗位获得晋升。通过外派挂职、内部交流任职、第二期工商管理研修班等措施，不断提高干部队伍综合素质和能力，全院全年开展各类培训近6 000人次，使用教育经费300余万元。完成第二轮创新团队（32个）和第四轮“1123”人才（75位）聘期目标制订工作，强化团队建设的指导和考核要求。优化完成优秀项目经理（专业负责人）评选机制。新增1名河海大学基地研究生培养导师，新增1名博士后进站培养。

【技术质量】 持续开展“质量月”和“科技质量大讲堂”活动。以“防范风险，严控质量”为主题，组织典型案例分析、质量检查及剖析等活动，邀请有关专家学者，开展“隧洞控制爆破技术”等技术交流10余次。坚持三体系标准化管理，完成管理手册、程序文件等82个文件的修编，全面完成换版工作。加大监督检查力度，完成双溪口水库等18个项目的质量检查。加强重要质量记录归档管理，全年共归档成品报告2 741册，计算书1 724册，各类档案和图书规范4 249卷；全年院审项目174项，质量考核优秀品率55.75%，优良品率100%。

【科技创新】 三维协同设计取得新进展，在长山河泵站、姚江上游余姚西分项目等多个项目实现主要专业施工图出图，基本形成闸站项目三维协同设计技术路线和解决方案。深化科技创新管理，与院士工作站团队合作开展“城市湖泊（库）水环境系统治理关键技术及应用”等课题研究；完成水利部公益项目、省水利科技计划项目等验收12项；参与完成国际标准1项、行业标准2项，获专利和软件著作权27项。共获省部级以上勘测设计奖项25项（其中国家级2项），厅级及以上科技进步奖9项。

【信息化建设】 持续推进信息化建设，完成通用基础信息平台的建设，开展设计院综合管理平台的重构；完成采购监督管理、工作标准管理、员工异动等新增模块的建设，同时完成系统门户、信息发布等原有功能模块的重构。基于企业微信完成新版移动平台的构建，并基于其开展新版移动办公系统的重构工作。基于设计院微信公众号和企业微信开展“对外信息交互平台”的构建。继续加强硬件支撑系统建设，完成设计院虚拟化系统的软硬件升级和信息系统服务器采购更新。

【改企转制】 2018年，设计院与上级有关部门保持积极沟通和联系，密切关注《转企改制工作方案》批复进展，主动向省水利厅主管部门和省事改办汇报沟通，全力做好配合工作。组织各类会议20余场次，学习政策文件，广泛征求意见建议，深入研究符合设计院实际和发展需要的转企改制方案。根据省事改办关于推进设计院转企改制工作协调会纪要，对转企改制工作方案进行迭代完善，并报送省水利厅。

【安全生产】 全面贯彻落实安全生产目标责任制，新制定实施《安全生产检查管理办法》《安全生产考核管理办法》；大力开展安全大检查和专项检查工作，开展6次集中专项安全生产检查，检查重点项目76个。全年职工体检总人数1 190人，体检率94.65%。全院安全生产、综治维稳工作平稳有序，未发生较大及以上安全事故、维稳事件。

【文明创建】 巩固文明创建成果，推进企业文化建设。继续保持“全国文明单位”，积极履行社会责任，做好与辖区街道、社区的文明共建工作；开展“学雷锋”“世界水日”志愿服务活动；举办“我们的亲水课”“倾情援疆点亮微心愿”及“微视频”等活动，开展全国文明单位荣誉的系列报道。

【浙江省水利水电勘测设计协会】 2018年4月，召开协会一届四次理事会议。组织做好水资源论证资质证书、水文、水资源调查评价资质的申报，于11月开展水利资质申报解读培训会，共82名会员单位技术人员参加培训。为会员单位提供混凝土拱坝设计规范、碾压混凝土坝设计规范等多项最新标准及规范。

【浙江省水力发电工程学会】 2018年7月，浙江省水力发电工程学会秘书处挂靠单位正式变更为浙江省水利水电勘测设计院。11月15日，召开第七次会员代表大会，完成换届选举、章程修改等工作，省水利厅总工程师施俊跃当选为理事长。与省水利学会联合编辑出版发行《地方水利技术的应用与实践》论文集1辑（第28辑）、学会会刊《浙江水利水电》3期。

【荣誉与奖励】 2018年3月，姚江二通道（慈江）工程——澥浦闸站总承包项目部获得宁波市政府授予的“2017年度宁波市重点工程立功竞赛模范集体”称号；工程BIM技术研究中心《扩大杭嘉湖南排长山河泵站工程》获中国水利水电勘测设计协会首届BIM应用大赛三等奖，《斯里兰卡南部引调水工程》获水利工程综合应用优秀奖，《葛岙水库移民安置规划》获水利水电工程BIM单项应用优秀奖。4月，获杭州市上城区人民政府授予的“上城区文化创意产业重点企业”称号。5月，编制的《浙江省水土保持规划》获得第一届中国水土保持学会优秀设计奖一等奖。8月，温州市瓯飞一期围垦工程（北片）、浙江省新昌县钦寸水库工程、诸暨市永宁江水库工程土建标等3个项目获得水利部精神文明建设委员会授予的“2015—2016年度全国水利建设工程文明工地”称号。12月，被浙江省勘察设计协会认定为“2018年浙江省勘察设计行业企业文化建设优秀单位”；长兴县合溪水库工程、金华市九峰水库工程、扩大杭嘉湖南排杭州三堡排涝工程、萧山区钱塘江（七甲闸至五堡闸段）海塘加固及船闸工程等4个工程荣获中国水利工程优质（大禹）奖。

【党风廉政建设】 坚定不移地贯彻落实中央、省委和省水利厅党组关于党建和党风廉政建设的工作部署，扎实推进各项工作。强化基层党组织建设，夯实党建基础。高度重视并全面深化支部标准化建设，强化党支部的组织优势，在保障各项重点工作中，突出党员骨干应有的模范带头作用。落实全面从严治党主体责任，坚守“两条底线”。坚持党风廉政建设与生产业务工作“五同步”，通过制定部门和支部党风廉政建设主体责任清单，层层签订责任书，开展失职渎职风险再排查，修订防控措施一览表，进一步明确各级主体责任和监督责任。全年召开2次党风廉政分析会，深入开展“走访促勤廉”活动、“遵守六大纪律”警示教育月专项活动、廉政主题提醒谈话，编印《纪律手册》《廉政文化简报》等。

（徐必用）

浙江省水利河口研究院（省海洋规划设计研究院）

【单位简介】 浙江省水利河口研究院（以下简称“研究院”）成立于1957年，隶属于浙江省水利厅、浙江省科技厅，是一家从事水利与海洋行业应用基础研究、高新技术开发和技术服务的公益类科研院所。目前，研究院具有各类资质37项，主要从事河口海岸、防灾减灾、水资源水环境、农田水利、岩土工程、信息自动化、水工水力学、水土保持等研究及咨询等工作。开展水利工程、港口航道工程等规划、咨询、勘察、设计、监理、代建、造价等技术服务。承担工程安全监测与鉴定，河海地形测绘，海洋水文测验，防汛抢险技术支持等工作。承担浙江省水利工程质量仲裁检测，水电工程机电测试等技术服务。

下设9个科研部门、7个管理部门及浙江省河海测绘院、浙江广川工程咨询有限公司、杭州定川信息技术有限公司3家下属企事业单位。在册职工总数761人（不含劳务类人员），其中高级职称263人（含教授级高工63人），中级职称300人，具有大专及以上学历747人，其中硕士研究生343人，博士研究生42人。拥有政府特殊津贴人才3人，水利部“5151”人才3人，省“151”人才25人。

【概况】 2018年，在省水利厅党组的正确领导下，研究院紧紧围绕“七大行动目标”，坚持履行公益职责，全力支撑防汛抗旱，完成3次常规水下地形大测量和7项防汛预报。围绕水利中心工作，技术支撑“百项千亿”“千人万项”“三百一争”“美丽河湖”等专项任务，积极参与“水资源保障行动”，服务“农村水利提升”，技术支持“最多跑一次”改革。全年承担成果转化和技术服务项目共1 509项。顺利通过ISO9001体系换证评审，实现科研和科技服务成果产品合格率100%、优秀品率48.6%，顾客满意率达100%。

【深化改革】 2018年，全面推进改革试点工作，在战略布局、平台搭建、机制保障、理顺关系、活力激发等不同方面积极先行先试，重点建立以岗位管理为基础的人事管理制度，积极贯彻落实创新创业和人才发展政策，应用型研究与科技服务产业齐头并进的生态系统初具雏形，为单位可持续发展和下一步深化改革试点工作奠定坚实基础。

【人才队伍】 构建多层次的人才培养体系，针对新职工、技术骨干、学科带头人等不同层次人才需求，采用内训外培相结合的方式，提高人才团队综合素质。加大高层次人才培养力度，探索开展领军团队培养计划，有梯度推进专业团队建设。积极开展专家推荐工作，1人获水利部青年科技英才，1人获第十三届钱宁泥沙科学技术奖，1人获省“钱江人才计划”D类资助，1人入选江干区“百人计划”创新人才。依托博士后工作站和研究生联合培养基地，有2名博士后、9名研究生在站（基地）开展研究工作。

【科研成果】 2018年，全面完成年度重点科研任务，获各类科技奖项15项，其中，获得2018年度浙江省科技进步三等奖1项，水利部大禹奖三等奖1项，省水利科技创新奖特等奖1项、一等奖2项、二等奖3项、三等奖2项。参与编制国家标准1项、地方标准5项。授权知识产权61项，其中发明专利2项，实用新型专利23项。发表论文96篇，国内核心期刊26篇，外文期刊及国际会议发表论文34篇；SCI收录7篇，SSCI收录1篇，EI收录30篇，ISTP收录1篇，出版专著3部；4项技术入选2018年度浙江省水利新技术推广指导目录。

【经营开拓】 2018年，积极开展美丽河湖创建、河湖标准化、农业水价改革、生态海岸线修复等业务，承接EPC总承包项目，试水物业管理服务项目，探索第三方服务模式。针对研究院资质多、业务链长的特点，特别注重综合性项目的经营力度，全年共签订各类合同额6.39亿元，实现收款4.84亿元。

【成果转化】 2018年，修订研究院《促进科技成果转化管理办法》，开展成果转化项目170余项，新增转化合同额5 400余万元。

【服务防汛抗旱】 2018年，研究院为全省山洪灾害防治工作提供全力保障，重点参与东苕溪流域洪水调度辅助决策系统的研发。编制完成基层防汛防台体系建设与管理标准，开展防汛管理APP、山洪灾害防治、小型水利工程巡查等业务培训。参与2018年浙江省突发事件测绘应急保障演练。

【服务“三百一争”】 2018年，研究院选派34名专家，开展“千人万项”和“三百一争”督导工作，累计开展蹲点指导服务330人次，服务时间达900人日，做好防汛检查、明察暗访、安全检查、标准化督查等系列工作。

【参与水资源保障行动】 2018年，研究院承担并完成浙江省节水型社会建设规划纲要编制，为节水型社会提供“达省标”“创国标”的范本。技术支撑节水型载体创建工作，有序推进金华市国家节水型社会创新试点工作。全面支撑全省水功能区纳污能力核定和入河排污口管理工作。起草编制的浙江省2017年最严格水资源管理制度技术支撑报告，在全国评比中获得优秀。

【服务美丽河湖建设】 2018年，研究院积极助力河（湖）长制工作，协助编制《浙江省“五水共治”（河长制）碧水行动实施方案》、河长制工作标准化实施方案、全省河湖标准化管理实施方案和《浙江省河（湖）长设置规则》；组织编制一批河湖岸线保护利用规划和曹娥江、运河、太湖“一河一策”工作方案；实现河长制管理平台的“两对接、一升级”，开展河湖标准化——全省一张图的研发工作，并在嵊州、武义等市县推广应用。

【服务农村水利提升工作】 2018年，研究院承担浙江省大中型灌区节水配套改造项目的现场复核与技术指导工作。围绕高效节水“四个百万亩工程”，制订浙江省高效节水灌溉建设标准（试行），利用灌溉试验站网及省部共建高效节水工作站大力推广水肥一体化、自动化灌溉等新技术。参与制订小型泵站标准化改造技术要求，编制浙江省小型农田水利工程标准图集，提出农业“两区”农田水利建设标准。积极参与浙江省农村饮水达标提标行动，协助编制全省农饮水安全提升五年计划方案。

【服务“最多跑一次”】 2018年，研究院提出“区域水资源论证+水耗标准制度”技术解决方案，为水资源领域“最多跑一次”审批改革提供解决思路。技术服务农业水价综合改革，提出“一个原则、二个目标、二条主线、三项措施”的改革思路，提出“定额管理”“一把锄头管水”“精准补贴”等改革办法。推进“互联网+水利”创新发展思路，以舟山市为试点开展数据中心建设。

【期刊及年鉴史志编纂】 2018年完成6期《浙江水利科技》的编辑、出版、发行工作。承编《浙江水利年鉴2018》编纂、出版、发行任务，承编《浙江通志·水利志》第十一章《科技与教育》的编纂和统稿，以及《浙江通志·海塘专志》第一章至第六章的编纂和整卷（8章及卷前、卷后等）的统稿工作。

【省水利水电工程管理协会】 目前全省已有425家会员单位，2018年，开展2次合计约100余家会员单位的服务能力评价证书申报认证工作，开展各类工种培训8次、培训学员2 000余人次，通过走访调研，不断提升协会对水利水电工程物业化、标准化管理的服务质量。

【省水利工程检测协会】　由研究院发起，经省水利厅审核同意，报省民政厅批准，2018 年 6 月 28 日，省水利工程检测协会成立大会暨第一届会员代表大会在杭州召开，来自全省各地的 49 家会员单位、90 余位代表参加大会。研究院当选为第一届会长单位，副院长郑建根当选为会长。目前，协会已吸纳省内 40 余家检测单位为会员，共同致力于检测质量、收费标准等规范化、诚信化建设，促进行业规范有序发展。

【荣誉与奖励】　研究院获得省委省政府“‘千万工程’和美丽浙江建设突出贡献集体和个人”通报表扬，获得 2018 年度省水利厅直属单位工作目标责任制考核先进集体、江干区 2018 年度优秀骨干企业荣誉称号。院团委获得 2017 — 2018 年度厅级先进基层团组织。

【全面从严治党】　2018 年，组织开展党委理论学习中心组学习会议 6 次，引导教育广大干部职工在思想政治行动上与党中央保持高度一致。以党员教育为核心，组织开展“六大纪律”警示教育、井冈山红色教育、观看电影、七一主题日、朗读分享等党建活动，提高党员党性觉悟。签订党风廉政建设目标责任书，召开 2 次廉情分析会议，开展廉政专项检查及岗位失职渎职风险排查，持续完善惩防体系建设。

（孙杭明）

浙江省浙东引水管理局

【单位简介】　2012 年 6 月，浙江省机构编制委员会批复成立浙江省浙东引水管理局，为公益一类事业单位，机构规格相当于县处级，主要承担浙东引水工程的管理、调度、协调等相关工作。具体负责制订并实施浙东引水工程管理制度、技术标准和规程规范；负责统一引水调度，审核各具体工程的调度办法，编制旱情紧急情况下水量调度预案并监督实施；负责提出重要引水调水口调度计划和重要取水口取水计划建议，以及重要控制断面水质水量考核目标建议；负责浙东引水工程管理标准化、信息化建设；组织实施浙东引水工程重要引水调水口水量水质监控；负责浙东引水工程运行管理，以及与沿线市、县（市、区）和相关单位的协调工作；提出浙东引水管理和萧山枢纽工程维修养护年度经费安排的建议，负责萧山枢纽工程安全运行管理、维护、工程防汛等工作，指导浙东引水沿线工程运行管理和安全生产工作；承担全省水利工程运行管理相关技术性工作；实施浙东引水工程沿线水资源保护相关工作。

【概况】　浙东引水工程任务是引钱塘江水向萧绍宁平原及舟山地区提供生活、工业和农灌用水，并兼顾改善水环境。工程由萧山枢纽、曹娥江大闸枢纽、曹娥江至慈溪引水、曹娥江至宁波引水、舟山大陆引水二期和新昌钦寸水库等 6 大工程组成，跨越钱塘江流域、曹娥江流域、甬江流域和舟山本岛，引水干线总长294 km。工程设计多年平均引水量8.9亿m^3，总投资超117亿元，是浙江省有史以来跨流域最多、跨区域最广、引调水线路最长和投资最大的水资源战略配置的重大工程。萧山枢纽、曹娥江大闸枢纽、曹娥江至慈溪引水、舟山大陆引水二期、钦寸水库等5项工程已先后建成并发挥效益。曹娥江至宁波引水工程结合姚江上游西排工程一并建设，计划2019年底具备通水条件。

【工程建设】 姚江上游西排工程是省委省政府研究确定的姚江流域防洪排涝综合治理骨干工程和浙东引水工程重要组成部分，工程结合曹娥江至宁波引水工程实现引水功能，是浙江省水利发展“十三五”规划和“五水共治”重点推进项目。工程位于绍兴市上虞区境内，是以防洪排涝、引水为主，同时兼顾改善水环境等综合利用的大型水利枢纽工程和跨流域水资源配置工程。工程通过开辟姚江流域向曹娥江排洪的通道，提高上虞区四十里河沿岸的防洪排涝能力，并有效减轻姚江干流及余姚城区的防洪压力，同时结合浙东引水曹娥江至宁波引水工程，保障宁波、舟山等市水资源需求。工程设计排涝流量165 m^3/s，引水流量40 m^3/s，批复概算投资12.33亿元，于2016年11月18日三通一平等施工准备工程提速开工，主体工程2017年2月22日开工，计划2019年底具备通水条件。截至2018年12月31日，工程已累计完成投资6.55亿元。

【引水管理】 逐日分析引水条件，加强水雨情监测，分析引水需求，组织引水会商，全年累计会商50次，监督调度令执行情况，提高引水调度的科学性。根据《浙江省浙东引水管理暂行办法》《浙江省浙东引水管理考核办法（试行）》，组织开展沿线引水管理机构年度考核，通过考核使各管理机构管理更规范、程序更标准、引水更高效。

【沿线巡查】 开展沿线引水巡查16次，涉及萧山、绍兴、上虞、余姚、宁波等片区共上百条引水河道及近百个重要闸泵建筑物，为科学、精准引水打下基础。通过水量水质自动监测系统开展每日监测，现场人工流量监测6次，水质监测4次，及时发现问题并予以协调解决，确保引水调度指令有效执行。

【基础研究】 开展浙东引水水系调查和流向分析课题，完成浙东引水水系调查和流向分析“一张图”绘制。浙东引水工程骨干工程24个，重要工程70个；引水一级河道20条，二级河道42条。开展引水沿线重要河道断面淤积测量和分析，通过测量计算分析，得出2017年10月至2018年3月，监测河道在时间和空间上虽呈小幅度淤积态势，但未发现较大的淤积和冲刷处。

【萧山枢纽工程运行管理】 严格遵守《浙东引水萧山枢纽控制运用计划》；编制萧山枢纽工程危险源管理手册并予以明示；

拍摄萧山枢纽标准化运维操作视频；完成萧山枢纽引水能力分析报告及取水口水质净化 2 个研究课题；完成 3 号泵组维修、外江侧启闭机 12 扇闸门防腐、引水河道 600 m 护栏安装等相关工作。全年引水 259 天，闸（泵）安全运行 13 997 小时，其中泵引累计时间 6 875 台时，闸引累计时间 7 122 孔时，累计引水 6.57 亿 m^3。以“规范管理、科学调度、树立标杆”为目标，全面完成萧山枢纽提升改造工程，弥补工程缺陷，改善工程面貌。深化萧山枢纽标准化管理，修正改进运行管理平台和工作流程，不断完善标准化管理体系。开展萧山枢纽取水口水质净化研究和引水能力分析研究，进一步发挥萧山枢纽在助力“五水共治”“剿灭劣 V 类水”中的龙头作用，为浙江省大湾区建设奠定水资源基础保障。

【引水情况通报】　编印《浙东引水工程引水简报》共 11 期，通报引水最新进展及工程建设管理重大事项，对引水实施情况进行有益宣传，沿线各地对引水工作的重视与支持力度不断加强，引水效益社会认可度不断提高。

【引水成效】　贯彻落实《浙江省浙东引水管理暂行办法》，发挥引水综合效益，保障区域水资源。浙东引水工程 2018 年共引水 263 天，萧山枢纽工程累计引水 6.57 亿 m^3，三兴闸引水 5.4 亿 m^3，主要受水区慈溪市累计受水 3.58 亿 m^3。平原区河网水环境改善。浙东引水沿线 11 个交界段面水质优于 IV 类水天数占 82.2%（比 2017 年提高 1.8%），持续改善浙东地区水环境，最大限度发挥工程效益。

【队伍建设】　根据《党政领导干部选拔任用工作条例》和单位《中层干部选拔任用实施办法》等相关规定，组织开展 3 位中层干部的试用期满转正考核工作；根据单位《中层干部职务任期、交流和任职回避的规定》，免去 1 位距法定退休年龄不足 2 年的中层干部；申报推荐省教授级高工评委 1 人、省标准创新贡献奖评审专家 4 人；推荐评审高级工程师 1 人、工程师 1 人，初定助理工程师 1 名。组织中层及以上干部参加省水利厅组织的学习贯彻党的十九大精神及能力提升培训；组织开展包括公文与水利科技论文写作、水闸运行管理与操作培训、事关单位发展重点工作专题讲座等主题的职工培训；组织开展年度空岗竞评、竞聘工作。

【内部管理】　积极谋划单位事业长远发展目标和工作举措，紧紧围绕省委和省水利厅的决策部署，深入开展“看优势、补短板、谋发展”大调研，完成“服务美丽乡村，查找浙东引水短板”“水利工程建设中遇到的问题与对策”调研工作，针对性地提出对策建议，为浙东引水科学化管理奠定扎实基础。强执行，抓好工作落实，层层签订目标管理责任书，实行重点工作清单管理，强化内控管理，开展全员制度培训和制度执行情况专项检查。加强预算管理，加大预算执行监督力度，全年预算执行率 95.5%，在省水利厅系统名列前茅。强化红线意识，抓实安全生产管理，切实加强安全生产工作，扎实开展安全生产月活动，以姚江上游西排工程建设和萧山枢纽工程运行为重点，分别编制危险源防控手册，强化过程管理，对危险源和风险点进行全面排查，切实做好隐患的治理，全年安全生产无事故。强化廉政建设，完善风险防控机制，开展失职渎职风险点和廉政风险点的再排查，制定相应的防控措施，同时明确责任领导和责任人，做出廉政承诺。严格考核问责，制定详细的内控工作标准和考核标准，加强业务办理流程控制及业务内审控制工作。

【制度建设】 2018年，出台《职工事假管理补充规定》《安全生产委员会工作规则》《公务车辆管理规定》等3项管理规章。

【党建和党风廉政建设】 坚持把深入学习宣传贯彻习近平新时代中国特色社会主义思想和党的十九大精神作为首要政治任务，形成党委中心组带头学习，党支部集体学习和个人自学相结合的学习模式。坚持“两学一做”学习教育常态化制度化，积极开展经常性党性教育。党委书记带头讲党课，累计召开党委理论学习中心组学习会8次，交流研讨6次。

严格执行“党员管理十条红线”，认真做好党员民主评议、“两优一先”先进典型评选工作，单位监察室评选为省水利厅系统先进纪检监察组织，西排工程党支部被评为省水利厅系统和省工委先进基层党组织；基层党建工作持续扎实开展，在职党支部全部通过2018年度党支部标准化考核验收；规范党内组织生活，积极开展“不忘初心、牢记使命”系列主题党日活动，组织离退休、在职党员迎“七一”主题教育活动；做好党支部书记及支委培训、述职和民主评议党员等工作；抓好党委民主生活会，增强党的生机活力。

制定《2018年全面从严治党工作要点》《2018年全面从严治党主体责任清单》，修改完善并签订《2018年度党风廉政建设责任书》；组织召开党风廉政建设部署会、研究部署2018年党风廉政工作；召开年中和年底2次廉情分析研判会，坚持问题导向，强化执纪监督；根据新形势要求修订完善3项党委规章制度；认真组织开展遵守“六大纪律”警示教育月活动，根据活动要求及单位实际组织开展失职渎职、廉政风险点再排查，抓好源头防范；继续加强对姚江上游西排工程建设的监督检查，做好每月1次的日常监督检查工作，抓住西排工程基建、萧山枢纽项目采购及办公室设备采购、干部人事等重点部位，实施有效监督。

根据省水利厅党组的统一部署，2018年7月20日至8月2日，省水利厅全面从严治党巡察组对单位进行巡察。11月6日，巡察组反馈巡察意见，对党委落实全面从严治党主体责任情况进行总体评价，指出存在的问题，提出意见建议。党委高度重视，对存在的问题进行全面梳理和认真研究。并于11月16日召开巡察整改专题民主生活会，各党委委员对巡察反馈问题进行对照检查，在会上按要求开展批评和自我批评。会后，结合实际，对提出的问题制定37项整改措施，明确责任领导、责任部门和整改时限，形成整改方案初稿，认真开展巡察整改工作。

（王泽宇）

浙江省水利水电技术咨询中心

【单位简介】　浙江省水利水电技术咨询中心（以下简称“咨询中心”）是隶属于浙江省水利厅的公益二类事业单位。咨询中心主要职责是开展水利工程的规划、项目建议书、可行性研究报告、初步设计等编制与咨询评估，承担水利项目审批、工程建设管理的技术性工作，开展全省重点水利项目的咨询工作，参与重点水利项目的前期工作，从事水利工程施工图审查、社会稳定风险评估、防洪影响评价、水土保持方案编制以及水利工程项目管理、稽察、绩效评价等业务，为水利工程建设提供全程技术服务。

咨询中心现有在职职工304人，其中在编事业人员43人。咨询中心本级共有工作人员75人，具有大学本科以上学历72人，硕士及以上40人；专业技术人员中具有中级及以上职称48人，其中副高以上职称27人，正高级职称7人；平均年龄35.8岁。咨询中心有5家下属单位：浙江省水利水电建筑监理公司、浙江水利水电工程建设管理中心、浙江水利水电工程审价中心、浙江金川宾馆、浙江水电职业技能培训中心。

【概况】　2018年，是单位改革发展攻坚之年。在省水利厅党组的正确领导下，紧紧围绕全省水利中心工作，深入实施“强基固本、创新创业、追求卓越”发展战略，为加快实现当好省水利厅技术参谋和建设新型智库，创一流技术咨询单位的跨越式发展目标，全力推进“抢机遇、强基础、拓市场、抓服务、做精品、谋发展、促和谐”7大任务。聚焦“短板”、奋力赶超，以“培育核心竞争力”为抓手，着力提升人员素质和能力，着力提升技术质量和水平，在全体干部职工的共同努力下，实现生产经营质量和效益的新突破，全面完成年度工作目标和省水利厅布置的各项任务。

【改革创新】　制定并宣传贯彻五年事业发展纲要，深入分析内外部环境，制定并颁布五年事业发展纲要。通过宣讲、知识竞赛等多种形式对纲要和单位行政、技术质量、生产经营等3大制度体系进行宣传贯彻，全体干部职工的危机意识、责任意识、担当意识进一步增强，制度执行力得到切实提高。加强战略合作，拓展业务空间，经过认真谋划，与衢州市柯城区人民政府签订战略合作协议，建立长期、有效的合作机制，进一步拓展区域业务空间。

【技术服务】　强化生产计划管理工作力度。计划管理事关单位市场的诚信度，事关单位在业主心中的影响力，是补强技术能力和水平的有效途径。根据业态变化，制定《全过程（多阶段）咨询项目工作大纲编制规定》，强化全过程服务项目和编制类项目的事先策划。进一步提升计划管理的执行力度，建立项目进展内部通报机制，加强内部协作。业主满意度进一步提升，信誉度不断增强。

提升技术质量能力和水平。全体干部职工始终坚持“质量是单位生命”的理念。技术服务严格执行内控流程和质量体系，全年实现顾客回访23次。实现项目查看现场、技术讨论会“双全覆盖”，不断提高成果质量。开展规范计算书专项行动，进一步夯实技术成果基础。加强精品工程建设，实现目标管理。全年无顾客不良投诉，成果质量合格率100%，优良品率100%，顾客满意度评分为98.4分。获省及以上优秀咨询成果奖4个，其中二等奖2个。

全力做好全省水利建设的技术支撑。全年共完成重大水利项目咨询评估60余项、施工图审查30项以及完成水利工程项目稽察督查和管理考核等一大批项目。全力做好杭嘉湖区域防洪规划编制，省、市、县（市、区）太湖流域杭嘉湖地区防洪能力调查等重点项目。在干部职工的努力下，全力推进浙江省重大水利项目建设，切实履行省水利厅技术参谋的职责。

【生产经营】 大力巩固现有经营市场，围绕省水利厅中心工作，巩固技术咨询、管理考核、审价、监理等传统业务，全力做好对省水利厅技术服务，充分发挥技术参谋和新型智库的作用。积极拓展新的经营市场，充分发挥单位综合技术服务的业务优势，在浙江省重大水利工程建设中率先应用全过程工程咨询服务，积极开展编制类业务。实现经营领域和区域的新突破，业务范围和结构全面优化。全年签订合同额1.15亿元，经营收入8 200多万元。业务拓展、合同额、经营收入创历史新高，经营质量和效益显著提高。

【人才培育】 提升专业化建设水平。制定专业化建设提升方案，明确专业化建设目标。在编制类项目、技术咨询和施工图审查项目中实现专业化管理，完成各项生产任务能力显著提升。经过不懈努力，一批年青技术骨干茁壮成长，高质量完成一批重大项目，解决技术难题的自信心不断增强，人才结构和素质进一步提升。

提升创新团队建设水平。以“培育核心竞争力”为抓手，按照前瞻性、基础性和实用性等3个层次，组建2018年创新团队10个，实现各生产部门、单位全覆盖。开展2017年12个创新团队研究成果应用效果评估，研究成果在生产和管理中得到广泛应用。经过不懈努力，基本形成“以生产促进研究，以研究反哺生产”的良性互动机制，产研结合的人才培养目标基本实现。在关键技术上取得重大突破，既培养人才队伍又基本形成核心竞争力，提升单位影响力和拓展技术服务范围。

全面加强人才队伍建设。不断深化人才队伍建设，开展全方位技能培训，全年培训330人次。深入开展导师带徒工作，严格结对检查考核，评选年度优秀师徒3对。以此促进结对成效提升，加快人才成长。近2年累计考取注册咨询工程师等执业资格证书12人证。经过不懈努力，人才队伍不断壮大，一批年轻技术骨干队伍初步形成，为打造一支规模适度、专业配套、技术精湛的人才队伍奠定基础。

【安全生产】 制订年度安全生产工作要点，与各部门、单位签订年度安全生产责任书，全面落实各级责任；坚持安全生产月例会制度，检查督促相关工作完成情况；开展“安全生产月”活动，组织消防安全培训和保密培训，开展逃生演练，强化职工安全观念。加强安全检查，2018年未发生各类安全生产事故。

【文化建设】 编印宣传册，制订品牌文化策划方案，组织开展第二届“创一流”活动周，组织开展3批次职工疗休养。保持与退休职工的密切联系，继续做好退休同志服务工作。与桐庐县莪山畲族乡塘联村结对共建，努力服务乡村振兴战略。

【党建工作】 加强学习教育。以习近平新时代中国特色社会主义思想为指导，牢固树立“四个意识”，坚定“四个自信”，坚决做到“两个维护”，通过“读原著、学原文、悟原理”，不断增强学习的深度。全年集中学习8次，每次学习由1名党委委员领学并做主题发言，2名中层干部围绕学习主题紧密结合工作实际分享学习体会，在学习教育中不断提高政治觉悟，提升思想境界。

强化党建引领。始终绷紧讲政治这根弦，突出加强政治建设。党员领导干部充分发挥“头雁效应”，带头加强理论学习、带头加强作风建设，形成一级做给一级看、一级带着一级干的良好氛围。扎实推进党支部标准化建设的巩固和提升，加强支部标准化创建工作管理，做到支部活动记实“月月清”，推动党建工作和业务工作实现同频共振、互为促进。

落实全面从严治党。严格贯彻落实中央八项规定、省委“36条办法”精神，制订《全面从严治党工作要点》和《党风廉政建设主体责任清单》，修订完善党风廉政建设责任书，进一步明确和细化党风廉政建设责任。开展廉政风险和失职渎职风险再排查，完善防控措施。全面落实省水利厅党组关于开展“遵守六大纪律”警示教育月专项活动的相关要求，以反面典型为镜鉴，开展自查自纠，不断增强自我净化、自我完善、自我提高的能力。2018年没有违纪违法现象发生。

（江星洋）

浙江省水利科技推广与发展中心（省水利厅机关服务中心）

【单位简介】 浙江省水利科技推广与发展中心（省水利厅机关服务中心）（以下简称推广中心）为正处级公益二类事业单位，内设办公室、人事科、财务审计科、推广科（示范基地管理办公室）、发展科、交流合作科（水利学会秘书处办公室）、资产管理科等7个科室，下辖浙江钱江科技发展有限公司、浙江钱江物业管理有限公司、浙江省围垦造地开发公司、浙江省灌排开发公司等4家企业。有事业编制员工34名，事业退休人员13名，直属企业员工近200名，党员54名。

资产情况：①房产。钱江科技大厦（建筑面积为3.77万m^2，其中裙楼面积1.1万m^2）属推广中心；省围垦技术培训大楼（建筑面积为3 413 m^2，位于艮山西路汽车东站对面）属省水利厅机关服务中心。②土地。土地面积1 162.67 hm^2，其中推广中心名下873.33 hm^2，省围垦造地公司名下289.34 hm^2，分布在萧山、柯桥、上虞、慈溪、玉环、岱山等地。

【概况】 2018年，编制涵盖27项水利先进适用技术（产品）的推广目录。完成33项推广任务的跟踪指导服务和10项典型新技术的应用效果评估。举办"水利新技术成果交流会"和3场专项技术交流会。参加杭州组"三百一争"专项督导，全年下沉一线服务300余人日。安全生产工作保持平稳态势，未发生安全生产责任事故。

【水利科技推广】 开展先进适用技术（产品）征集、考察、评审工作，征集水利新技术（产品）90余项，考察和评审54项，45项编入省水利厅《2018年水利新技术新产品汇编》，27项列入《2018年度浙江省水利新技术推广指导目录》并由省水利厅发布。加强水利科技需求调研，赴6家基层水利部门(学会)、5个基层水利管理站、2所科研院校、18家技术持有企业、12处水利工程现场开展调研，形成《深化水利技术推广服务，助力"美丽乡村"建设》调研报告。开展水利科技动态跟踪，围绕小型水库隐患探测处理等热点领域编制《2018年度水利科技动态跟踪报告》。促进技术供给端和需求端对接，举办"水利新技术成果交流会"和"PVC－O新型管材应用技术交流会""美丽河湖建设研讨会""土石坝隐患处理技术交流会"3场专项技术交流会。完成33项推广任务的跟踪指导服务和10项典型新技术的应用效果评估。出台《浙江省水利新技术推广指导目录编制工作流程》。

【技术支撑与服务】 选派6名技术骨干参加杭州组"三百一争"专项督导，督促杭州市6个县（市、区）25个中央水利投资项目加快中央投资计划执行，跟踪指导6个"百项千亿"工程建设和前期工作，参与完成水利工程标准化管理创建省级"回头看"、年度防汛督查、水库海塘明查暗访等工作，2018年累计服务300余人日。承担2018年度全省水利工程标准管理抽查复核工作，完成全省20个县（市、区）70个水利工程的标准化管理创建省级抽查复核任务。承担全省农村水利工程标准化管理验收评估与指导工作，完成42个农村水利工程标准化管理创建验收评估与指导任务。承担浙江省水库型水源地生物监测技术研究——监测技术研究项目，完成全年监测任务与成果评价。完成2018年度全省防汛抢险水下机器人演练任务，多次携水下机器人等先进设备赴基层开展技术服务。

【省水利学会秘书处工作】 加强学会自身建设。在学会建立党的工作小组，组织召开十届四次理事会和常务理事会，完成理事、专委会人员调整，发展单位会员 4 家（现有 114 家）、个人会员 50 名（现有 2 319 名），开发上线省水利科技创新奖申报系统、专家库管理系统、会员库管理系统。加强学术交流：召开“智慧水利 —— 创新与引领”主题学术年会，来自省内外400余名水利科技工作者参会，2 位院士领衔的多位专家学者作报告。举办“美丽河湖建设研讨会”等 4 场学术交流会。加强同中国水利学会和省内外各级水利学会的交流。开展科普宣传。组织水利科普进社区、“百名志愿者、百名小朋友、百米长画卷”亲水活动和第四期“博物课堂”等科普系列活动，宣传普及节水知识和政策。加强智库建设：推进“专家库”建设，为承接政府转移职能、开展技术咨询与服务储备人才，组织专家评选出 2018 年度浙江省水利科技创新奖项目 20 项，完成 6 项科技成果评价。加强会员服务：组织会员参加“中国水利信息化技术论坛”等 6 场学术交流活动，免费为会员提供为期 3 个月知网资源查阅、下载服务。做好论文征集和学会刊物出版工作，评选年会优秀论文 19 篇，编辑出版《地方水利技术的应用与实践》第 28 辑、《浙江水利水电》3 期。组织 2018 年度大禹水利科学技术奖、省科协研究课题申报工作。2018 年省水利学会被中国水利学会评为“优秀省级水利学会”。

【厅机关后勤保障】 完成“玛利亚”等 8 次台风期间 24 小时后勤保障，会议服务 600 余场次。协助省水利厅办公室做好创建“国家级节约型公共机构示范单位”考核验收等工作。

【资产管理】 主动适应市场新变化，加大房屋招租力度，2018 年大厦房屋出租率达 90%，税后收入超 1 600 万元，较 2017 年有所增长，实现国有资产安全完整和保值增值目标。规范资产使用管理，开展土地使用方式调研，摸清现有土地情况，按照省水利厅党组决策要求开展新一轮土地使用方式申请。按规定开展土地、房屋等资产处置工作。履行国有资产出资人职责，加强直属企业监管，强化经营目标分类管理考核，直属企业效益总体呈现稳中向好的局面。

【安全生产】 严格落实安全生产责任，建设安全生产元素化管理平台，引进第三方专业机构参与安全生产服务。加强对钱江科技大厦、颐高数码广场等重点区域的安全检查与隐患整改。投入 200 余万元进行设施维修改造。开展逃生疏散应急实战演练，钱江科技大厦内 17 家单位 180 余人参加演练。开展大厦内消防设备联动测试演练。

【综合管理】 加强制度建设，完成历年规章制度汇编，出台《浙江省水利新技术推广指导目录编制工作流程》《直属单位经营管理目标考核办法》《车辆及公务交通费用使用管理办法（试行）》《出差伙食费执行办法》。加强人才队伍建设，完成 3 名新进人员和 1 名新提任干部试用期考核以及第二轮聘期考核、第三轮岗位聘任。开设“青年讲坛”，6名青年职工围绕主业主责交流经验、畅谈感悟。组织水利精神教育、国防教育等5场培训讲座，提升干部职工综合素质。加强精神文明建设，举办“雅言颂经典、奋进新时代”道德讲堂。

【党建和党风廉政建设】 加强政治理论学习，研究制定《2018年党委理论中心组学习意见》，组织8次理论学习中心组（扩大）集体学习，举办“读原著、强党性、促改革”“新时代大学习，跟着总书记读好书”读书活动。落实从严治党主体责任。以问题为导向，召开2次党风廉政建设情况分析会，分析研判廉政和失职渎职风险。完成100个岗位廉政和失职渎职风险再排查、防范措施再细化工作，形成全覆盖的责任链条。组织开展全面从严治党专项检查，对浙江钱江物业管理有限公司党支部近3年来全面从严治党情况进行专项检查，反馈整改意见并跟踪督促整改。加强党风廉政教育，组织2次廉政提醒谈话，开展“遵守六大纪律”警示教育月专项活动，每名干部职工看一遍案例警示录、学一遍“六大纪律”、作一次对照检查、过一次组织生活、签一份承诺书，组织70余名干部职工赴省法纪教育基地接受现场警示教育。加强重点领域和关键环节的监督，开展形式主义、官僚主义和办公用房超标、私设小金库、违规兼职取酬、违规购买房产、违规参与资金借贷等问题的自查自纠和整改落实，防止“四风”问题反弹回潮。

（袁　闻）

浙江省水利发展规划研究中心

【单位简介】 浙江省水利发展规划研究中心（以下简称“规划中心”）主要职责：开展全省水利发展改革重大问题的研究工作，编制水利战略规划；开展全省水利政策法规和体制机制研究；承担中长期发展规划、水利综合规划等研究工作，提出水利改革发展对策和建议、开展全省水资源综合规划、节约用水规划、水土保持规划、防洪排涝规划、水工程建设规划等水利专业和专项规划的研究工作；开展已批复水利规划的实施评估工作；组织开展国内外水利政策、法规、规划、专题成果等基础研究，整编相关信息；承担水利创新发展的对策研究；开展水利规划管理研究工作，提出对策和建议；提出各地水利规划阶段性成果的研究意见，提出各地各部门涉水相关规划的技术意见；承担省水利厅交办的其他工作。现有职工15人，其中副高以上职称6人，技术团队知识学历水平较高，大多数具有丰富的水利科研、规划设计经验。

已先后开展全省河口海岸滩涂治理管理规划、滩涂围垦规划、水中长期规划、灌溉发展总体规划，钱塘江、瓯江、鳌江、曹娥江、杭嘉湖地区水利等综合规划及舟山群岛新区水资源保护与开发利用规划等规划的技术管理工作，完成《浙江省资源水利战略发展研究》《浙江省沿海及海岛地区水资源保障对策研究》《舟山群岛新区水资源管理对策研究》《浙江省水利现代化指标体系》《浙江省水生态文明建设试点技术指导》《水库防洪调度保险制度研究》《浙江省水利工程标准化研究》《政府与社会资本合作建设运营重大水利工程风险识别与控制研究》《浙江省中小河流治理关键技术及评价研究》和《浙江省重要河湖健康评价》等专题研究，编制《浙江省 2013 — 2017 年水利发展思路报告》《浙江省水利发展规划（2013 — 2017）》和《浙江省水利现代化研究报告》等战略发展规划。近 2 年来，承担《浙江省水利发展“十三五”规划》及相关重要支撑专题研究，钱塘江、瓯江等流域防洪规划编制，浙江省主体功能区示范县河道生态需水评价与研究，地方水利发展改革动态跟踪研究，浙江省“强排成网”和“百河综治”规划等组织管理工作。

【概况】 2018 年，规划中心积极研究水利发展思路，围绕加强防灾减灾能力和长三角一体化发展上升为国家战略等新要求，深入分析浙江省水利改革发展面临的形势，水利现代化实现愿景、实施路径等，编制完成《浙江水利现代化建设纲要》。全力推进防洪规划编制，组织开展钱塘江、瓯江、浦阳江等三大流域防洪规划编制以及 10 项专题研究。深入温州、绍兴、台州、衢州和丽水等地调研水利工程建设存在的主要问题，积极寻求对策建议。积极做好规划指导服务，完成淳安县武强溪和嵊州市长乐江等 20 条中小河流综合治理规划技术复核工作。系统推进“美丽河湖”研究，研究制订“美丽河湖”评定工作方案和评分细则，完成省级“美丽河湖”技术评定。

【编制防洪规划】 2018 年是钱塘江、瓯江、浦阳江三大流域防洪规划编制的收官之年。规划中心以新时代治水方针为指引，将系统治理思想贯穿新一轮流域防洪规划编制全过程，加强规划社会管理功能。规划中心组织力量深入现场踏勘，开展相关技术问题研讨，征求协调各地各部门意见，修改完善规划成果等。钱塘江、瓯江、浦阳江流域防洪规划分别于 2018 年 5 月、6 月、10 月顺利通过省发展改革委和省水利厅组织的审查，并于 2018 年 12 月 13 日由省水利厅厅长办公会议审议通过。

【开展规划技术指导和协调】 认真分析研究浙江省有关各地城市建设、旅游度假区等重要规划和港口航道等重大基础设施项目，加强与有关各地的衔接协调，研究提出防洪减灾、水资源保障、水域保护、水生态环境和水土保持等方面技术意见 22 项。切实做好规划技术指导服务，认真组织开展中小河流综合治理规划复核工作，完成淳安县武强溪和嵊州市长乐江等 20 条中小河流综合治理规划技术复核工作，在完善规划成果的同时，积极指导有关地区规划实施。根据水利部、省发展改革委开展规划评估的工作要求，深入分析研究水利发展“十三五”规划实施情况，测算有关指标，协助做好水利发展“十三五”规划中期评估。

【发展研究】 以参阅报告为主要载体，扎实做好水利现代化、水利政策机制等水利创新发展研究工作，夯实技术能力，积极稳妥推进“美丽河湖”等基础研究。

【聚焦水利创新发展】 深入学习习近平总书记在中央财经委第三次会议和上海进博会上的讲话精神，按照省水利厅领导指示，围绕加强防灾减灾能力和长三角一体化国家战略等新要求，先后编制完成《关于提高我省水旱灾害防治能力的若干思考》和《关于长三角一体化水安全保障的建议》等参阅报告，为省水利厅领导决策提供参考。继续深化浙江水利现代化研究，编制完成《浙江水利现代化建设纲要》。协助起草完成《巩固和深化“五水共治”成果奋力推进浙江水利高质量发展》调研报告，完成“五水共治”跨区域综合治水分析研究和浙江省“三不”电站认定标准研究。

根据省水利厅党组“看优势、找短板、谋发展”大调研部署，全面动员、全员参与，深入温州、绍兴、台州、衢州和丽水等5市调研水利工程建设存在的主要问题及原因，结合开化县多规合一试点、诸暨市蓝线规划等经验，积极寻求对策建议，完成《加强顶层设计，破解水利建设用地要素制约》调研报告，同时完成《加强水利规划执行力对策研究》《浙东南典型中小河流综合治理规划与实践调研》《浙江省典型河道水生态现状和治理措施调研》等3项调研和浙江省“三不”电站认定标准研究、“五水共治”跨区域综合治水分析研究等专题研究。派出2名教授级高工积极参与“三百一争”专项督导，服务温州市温瑞平原西片排涝工程和温州市鹿城区瓯江绕城高速至卧旗山段海塘建设。

【重点推进基础研究】 深入研究全省“美丽河湖”建设布局和特色，认真梳理各市“美丽河湖”建设的资源禀赋、创建条件和存在问题等，指导各地编制“美丽河湖”实施方案；做好省级“美丽河湖”技术评定，研究制订“美丽河湖”评定工作方案和评分细则，针对性地开展典型地区“美丽河湖”创建情况调研，完成58条（个）省级“美丽河湖”技术评定；完成中小河流系统治理河流形态功能、评价指标体系等关键技术研究，基本编制完成中小河流治理关键技术及评价研究；认真组织完成淳安县武强溪和嵊州市长乐江等20条中小河流综合治理规划技术复核工作。

【专业委员会工作】 积极做好中国水利学会滩涂湿地保护与利用专业委员会（下文简称“滩涂专委会”）日常工作。深入研究《中国水利学会会议管理办法》《农村饮水安全评价准则》等管理制度和技术标准，提出相关建议意见；加强会员管理和动态发布专业信息；积极组织会员参加学术年会、中国水务高峰论坛和青年科学家论坛等学术交流活动。2018年5月，滩涂专委会被评为“2017年度中国水利学会优秀专业委员会”。

【队伍建设】 规划中心严格贯彻落实“三重一大”集体决策机制，认真落实民主集中制、党政正职末位表态和“五个不直接分管”制度，班子成员间经常性开展谈心谈话活动，切实增进理解互信，提升班子凝聚力、战斗力。关心干部职工生活，关注干部职工思想动态，及时回应职工关心的问题和诉求。继续巩固干部能上能下、畅通年轻干部成长渠道的制度，积极推行导师带徒制度，落实部室负责人和项目负责人带队伍的双重职责，加强合作交流，建立人才队伍培养的长效机制。以项目管理和课题研究为载体，不断提升职工专业素养和综合能力。

【制度建设】　规划中心长期坚持以制度严执行、提效率，紧盯项目管理、财务管理、人事管理等重点工作目标，严格执行上级和本单位各项规章制度，确保各项工作依法依规开展、按时保质完成。研究制定《保留车辆及公务交通费用使用管理办法》《导师带徒指导培养实施方案（试行）》等制度。着力加强预算项目绩效管理，逐项落实专人负责，逐月进行预算执行情况分析，研究预算执行中存在的问题，提出加强预算执行和绩效管理的具体意见。进一步落实两个“必须”要求，全体干部职工必须全面学习单位管理制度，在制度修订前后必须集中讨论学习，切实做到集思广益、凝聚共识，切实强化制度执行，坚持用制度管人、管事、管财、管物。

【党风廉政建设】　按照省水利厅全面从严治党主体责任巡察提出的要求，继续深入谋划单位长远发展、加强党的领导、加强内部管理等。研究制定党风廉政建设责任清单，层层签订廉政责任书，动态排查廉政风险和失职渎职风险，逐级开展廉政提醒谈话，将全面从严治党责任细化到岗位、落实到每一职工。深入推进“两学一做”学习教育常态化制度化，组织开展“学指示、谋新篇、显担当”和“遵守六大纪律”等学习教育活动。严格落实“三会一课”制度和组织生活制度，全年召开专题组织生活会2次、全体党员大会4次、党支部学习会12次、支部委员会会议12次。全体党员全年深入社区开展志愿服务群众活动24次，派出2名教授级高工积极参与“三百一争”专项督导。

（杨　溢）

浙江省水利水电工程质量与安全监督管理中心

【单位简介】　浙江省水利水电工程质量与安全监督管理中心是隶属于浙江省水利厅的纯公益性一类事业单位。机构成立于1986年，初始名称为浙江省水利工程质量监督中心站；1996年，经省编办批准（浙编〔1996〕88号文），浙江省水利工程质量监督中心站与浙江省水利厅招投标办公室、浙江省水利厅经济定额站合并，组建成立浙江省水利水电工程质量监督管理中心；2007年，经省编委批准（浙编〔2007〕39号），将水利工程建设安全监督职能划入，机构全称更名为浙江省水利水电工程质量与安全监督管理中心（以下简称“质监中心”）。质监中心主要职责：贯彻执行国家、水利部和省有关水利工程建设质量与安全管理的法律法规和技术标准；拟订全省水利工程建设质量与安全监督工作的规章制度、技术标准和规程规范并监督实施；负责省级监督的水利工程质量与安全监督的具体实施；组织全省面上小型水利工程质量抽检；指导全省水利水电工程质量与安全监督管理工作，承担考核市县水利工程质量监督机构的具体实施工作；参与重大水利工程质量与安全事故的调查处理；承担全省水利工程质量检测单位行业管理工作；组织指导全省水利工程质量与安全监督人员培训和考核工作；承担省水利厅水利水电工程招标投标办公室的日常工作；承办省水利厅交办的其他工作。质监中心核定事业编制30人（其中领导职数3人），目前在编24人，设置5个科室。截至2018年底，在编专业技术人员23人（其中教授级高工2人、高级工程师12人、中级及以下9人），质量监督经费列入省级财政预算。

【概况】 2018年，质监中心监督在建省级工程49个，施工高峰期工程24个，实际开展各类工程质量检查155次（计划145次），所监督工程未发生质量与安全事故；按计划完成90个面上小型水利工程质量抽检。经水利部对浙江省水利工程质量考核，成绩再次名列全国首位。《基于大数据思维的水利工程质量监督研究与实践》项目获得2018年度浙江省水利科技创新一等奖和水利部大禹水利科技三等奖。

【质量监督与管理措施】 进一步加强省级监督工程的质量与安全管理，加大监督检查力度，在确保常规检查频次的基础上，增加突击检查、联合检查等检查频次，发现问题一盯到底，直至隐患彻底消除，对屡教不改、态度消极的坚决采用约谈、通报等有力手段，形成时间上和空间上的警示震慑作用，有力提升监督检查实效，促进在建工程的质量与安全管理。全年开展监督检查共155次、627人次，发现问题1 200个，出具检查意见130份，完成质量评价意见和监督报告15份。面对繁重的监督任务，监督人员充分表现出担当精神和责任意识，坚守质量与安全底线，工作上吃苦耐劳、积极主动，面对任务不讲价、碰到问题不推诿，敢抓敢管敢罚。监督人员连续4年人均出差超100天，最高达155天。

【监管能力建设】 坚持依法履职，不断规范监督行为。进一步修改完善《水利工程质量与安全监督工作常用文书格式》等工作制度，明确监督全过程各个环节的工作要求，严格执行法律法规及有关工作制度，通过移动监督APP和项目管理平台来规范监督行为和重点工作环节，有效保障质量监督工作程序合法和行为规范。聘请法律顾问，及时研究解决质量与安全监督工作中涉及的法律方面问题，为规范监督行为提供法律支撑。注重实效，稳步推进质量监督信息化建设。进一步完善质量监督“一网三平台”，稳步推进质量监督信息化建设。移动监督数据平台不断总结提高，获得2018年度浙江省水利科技创新一等奖和水利部大禹水利科技三等奖；检测服务平台正式上线运行，所有检测情况实时展现，迈出检测智慧化管理的关键一步。目前，平台登记检测人员 1 457 人、仪器设备 4 513 台，形成检测报告 12 953 份。监督项目管理平台进一步优化，开发完成在线审批功能和工程档案管理功能，已在大型水利工程监督管理中全面推开。初步完成水利工程建设质量安全风险评估系统。

【面上小型项目质量抽检】 全面完成面上小型项目质量抽检。安排资金 270 万元，完成对全省有面上项目计划投资任务的 65 个县（市、区）90 个小型水利项目的质量抽检。通过连续 4 年开展面上小型项目质量抽检，有力提升全省小型水利工程建设质量和管理水平。优化完善质量安全监督简报。依托水利工程质量监督数据管理平台，进一步优化完善《浙江省水利工程建设质量与安全监督简报》，真实反映全省质量监督工作状况，运用大数据技术挖掘监督检查数据，重点通报监督工程的违法违规行为和重大质量安全问题，在全省范围内形成警示效应。全年编发简报 12 期，得到各级领导的重视和基层的广泛关注。

【检测行业管理】 进一步转变监管方式，坚持服务理念，建设完成“浙江省水利工程质量检测服务平台”，于 2018 年 10 月 1 日正式上线运行。将省内 45 家和省外在浙执业的 8 家检测机构全部纳入平台管理，对检测样品送样到出具报告的检测行为实行全过程动态监管，力学检测数据实时上传，检测报告自动生成并可实时在线查询，做到检测行为规范、数据真实、报告合法。加强水利检测行业管理，指导成立浙江省水利工程检测协会，服务水利发展大局，促进行业自律，提升水利质量检测市场公信力，推进行业的健康发展。加强检测单位资质审查。根据检测单位资质随时申请随时受理的要求，进一步细化完善资质的审查程序和要求，重点加强对检测能力和检测人员的审查，进一步提升审查时效。全年完成 20 家单位 44 个类别的乙级资质审查工作。进一步加强检测机构的监管，推进随机抽查制度化和规范化，全年对 16 家检测单位开展“双随机”检查，发挥“惩处一例，警示一片”的警示效应，增强监管对象守法的自觉性。

【人员队伍建设】 持续推进“一骨干一专项”人才培养计划，形成“一月一交流、一月一汇报”的学习制度，促使监督人员对各自专项进行深层次的研究学习，并将学习成果和监督工作融会贯通，监督人员业务能力提升明显。全年共组织交流会 12 次、汇报 47 人次、提交学习报告 128 篇。派遣 3 名新监督人员赴工地实习锻炼，理论联系实践促其在实践中快速成长。安排 6 名监督人员前往兄弟省份参观学习水利工程质量监督工作，促使自身监督工作更加有序规范。

【基层质量管理服务指导】 深入基层服务指导，充分发挥质量监督专家库的技术支撑作用，邀请专家赴基层帮助解决工程建设过程中碰到的问题。监督检查时请基层监督人员参与交流。全年开展基层交流指导20余次、培训授课13次，举办2期全省监督人员的业务培训，培训人员1 100余人次。派出2名技术骨干进行舟山市“千人万项”蹲点和标准化管理技术指导服务，全年集中服务12次、督促标准化创建项目37个。充分听取基层意见，编制完成《小型水利工程施工质量检验与评定规程》和《小型水利工程验收规程》及研究报告，着力解决基层小型水利工程质量管理中存在的突出问题。积极做好市县质量监督考核评优工作。组织开展市县质量监督综合考核回访调研工作，总结完善考核流程和考核标准，促进基层质量监督工作提升。全年共组织调研11次、座谈200余人次。完成全省水利工程建设质量监督先进集体和先进个人评选，进一步激发广大监督人员干事热情，有力保障浙江省水利工程建设质量。

【党建与党风廉政建设】 深入学习贯彻习近平新时代中国特色社会主义思想和党的十九大精神，2018年召开主题党日理论学习会12次、提出建议26条。在质监中心门户网站上开设“党建知识”专栏，通过微信推送“每周一警”，全年累计发布“门户专栏”52篇和 “每周一警”49期。强化党支部主体责任，严格履行好“一岗双责”，全年组织2次廉情分析会，开展2轮谈心谈话全覆盖的廉政提醒。扎实开展“遵守六大纪律”警示教育月专项活动，签订“遵守六大纪律”承诺书。开展廉政风险失职渎职风险点再排查，重点排查关键岗位和重点领域风险，进一步细化完善防控措施。结合“两学一做”学习教育，推进党建台账规范化建设；认真落实“三会一课”、党员学习教育等党支部十大基本制度，严格执行党员管理“十条红线”；组织党员干部2次主题党日活动和“五四”宪法教育活动，切实加强党员干部理想信念教育，进一步增强守法意识和党性观念。

（赵　礼）

浙江省水资源管理中心（省水土保持监测中心）

【单位简介】 2016年3月，省编办（浙编办函〔2016〕20号）文批复成立浙江省水资源管理中心（浙江省水土保持监测中心）（以下简称“水资源水保中心”），为省水利厅直属公益一类县处级事业单位，编制20人，2018年底实有在编16人，领导职数3名，经费来源为100%财政全额补助。单位主要职能：承担水资源论证、取水许可管理、建设项目水土保持方案等行政审批事务的技术性工作；承担用水户的取用水日常管理工作，指导取用水户开展计量、节水有关工作；承担全省用水计划、用水定额编制和修订工作；承担区域节水评估工作；承担全省节水情况通报的编制工作；承担全省水资源管理统计工作；承担全省水资源管理、节约与保护有关基础工作；承担全省节约用水、地下水管理、水功能区管理技术指导；承担全省水土流失及其防治动态的监测和预报工作；承担全省水土保持监测规划、标准的编制并组织实施；承担全省水土保持监测网络的建设和管理；承担全省水土保持监测成果、仪器、设备的技术管理；组织开展国内外水土保持监测的技术合作与交流；承担全省水土保持综合防治的基础工作；组织推广水土保持技术；协助审查水资源管理信息系统、水土保持管理信息系统开发建设方案，协助提出年度建设计划；负责系统内容保障和日常维护管理等工作；受省水利厅委托，承担水资源费征收具体工作；承办省水利厅交办的其他工作。

【概况】 2018年，水资源水保中心紧紧围绕本省水利中心工作，以“抓建设、重规范、强基础、优服务”为主线，在全国率先完成水资源监控能力建设二期项目建设任务，率先开展水土保持监测站标准化建设，深入推进取用水规范管理，扎实开展水土保持监测，严格依法抓好“两费”征收，加强水保学会管理，强化技术支撑保障。2018年水利部国家水资源监控能力建设项目办公室（以下简称“水利部项目办”）对各省国家水资源监控能力项目建设和应用定期评分中浙江省名列前茅，月度考评多次名列第一。

【国家水资源监控能力二期项目建设】 国家水资源监控能力二期项目完成灌区农业用水计量监测设施建设、农业用水计量设施率定、灌区农业用水量分析统计模型构建和水资源管理平台开发应用等4个分项完工验收，年度建设资金共支付1 523万元，中央资金及地方配套资金执行率均为100%。完成335处监测点计量监测设施安装、断面高程测量并接入省水资源管理系统平台，并完成与水利部项目办国控平台的接入对接。完成11个典型灌区水循环模型构建和用水统计模型构建、44个重点中型及以上灌区统计模型研究。完成40余项平台功能和水资源管理手机APP的开发，10个国家重要饮用水源地水质监测数据的共享接入，灌区及计量点基础数据录入。明确监测点图像识别技术路线，初步开发完成灌区监测点摄像头拍摄图片的自动识别功能。数据服务实现与水利部、浙江省“最多跑一次”、省水利厅数字化转型、地方水利信息化建设的基础数据、业务数据和监测数据的交换。

【水资源管理系统建设】 截至2018年12月26日，省水资源管理系统登记的有效取水许可证7 076本，纳入省级监控的取水户在线监测点3 092个，监测取水许可水量93.59亿m^3，累计监测实际取水量72.46亿m^3。省控以上监测点数据上报率、完整率和及时率分别为98.18%、96.17%、96.17%。全省纳入中央平台国控取水户在线监测点568个，比一期新增国控点256个，数据上报率、完整率和及时率分别为98.39%、97.30%、97.30%；纳入国控重要饮用水源地自动监测站16个，比一期新增10个国家重要水源地，水质监测数据上报率、完整率和及时率分别为98.31%、91.02%、91.02%；国家重要水功能区216个，数据上报率、完整率和及时率都为100%，均高于全国平均水平。

【水资源管理系统日常管理】 加强运行维护管理制度建设，在《浙江省水资源管理系统运行维护管理办法》的基础上修订印发《浙江省取水实时监控系统运行维护实施细则》。加强监控日常管理，全年发出各类周报、月度简报60余期，对全省各市、县（市、区）取用水管理存在问题进行通报并督促整改；开发监控数据质量跟踪和纠错、系统预警、短信提醒等功能，全年共发异常预警短信8 300条。重视数据质量的提升，组织监控水量与用水总量上报数据、公报数据、计量数据等横向对比分析，点对点整改；组织一户一单及国控点基础数据复核工作，完成取水户及计量监测点图像及空间信息采集工作，合计录入信息10 770条。进一步推进平台业务应用，年度平台访问量达到60万次，实现最严格水资源管理考核、取水计划管理、取用水专项检查、水资源管理年报、用水总量等8项业务网上办理。

【全省水土保持监测站标准化管理创建】

在2017年启动全省水土保持监测站标准化管理创建工作基础上，继续深入开展创建工作。全年共计组织20余次赴监测站现场，指导地方按《浙江省水土保持监测站管理规程》《浙江省水土保持监测站管理手册》《浙江省水土保持监测站验收办法》等要求，结合监测站自身情况进行标准化创建，截至2018年11月底，宁海、永康、丽水等地9个监测站已顺利通过标准化创建验收，2018年的创建任务提前完成。开展监测站提升改造工作，指导督促常山水土保持科技示范园、安吉水土保持科技示范园等建设进度，常山水土保持科技示范园已完成建设任务，宁海、余姚、永嘉等4个监测站完成提升改造工作。

【组织编制全省水土流失动态监测规划】

根据水利部部署，经过大量调研和前期技术准备，完成监测规划编制，并经省水利厅厅长办公会议审议通过，正式行文印发。《浙江省水土流失动态监测规划》系统分析全省水土流失及其监测现状、存在问题，认真研究水土保持监测工作面临的新形势、新机遇、新挑战，以“防治水土流失，合理利用、开发和保护水土资源”为主线，明确水土流失动态监测规划内容，为浙江省开展水土流失监测指明方向，为维护生态安全、增强防灾减灾能力和建设生态文明提供技术支撑和保障。

【全面开展区域水土流失动态监测】 水土流失动态监测覆盖全省，以县为单元，按重点区域和一般区域，进行水土流失动态监测。同时，加大水土流失样地调查力度，野外调查单元增加到232个，覆盖全省各个市县，作为对水土流失动态监测的有力补充。通过遥感影像解译及实地调查分析，全面准确地分析全省和分市、县（市、区）水土流失面积和强度，评价水土流失的变化趋势，为国家水土保持规划实施情况评估和省对市、市对县水土保持目标责任制考核提供依据。

【做好水土保持信息化工作】 全省共8 239个生产建设项目水保方案录入国家水

土保持监督管理系统，其中省本级680个，在水利部组织专家考评中获小组（8个省）第一名。

【深入开展生产建设项目监督性监测】 进一步规范水土保持监测工作。在2017年监督性监测试行的基础上，扩大监测项目数，对全省有代表性的37个生产建设项目进行监督性监测，比较全面掌握监测工作质量。同时，加强对生产建设项目监测工作的指导，组织编制《全省生产建设项目水土保持监测季报》，涉及各类建设项目376个，为各级水行政主管部门开展监督检查提供依据。

【开展水土保持重点工程治理成效监测评价】 对2个县的3个治理项目开展效益评价，并通过验收。这项工作在水利部考核时得到专家高度评价。

【水土保持督查】 对全省39个生产建设项目水土保持工作进行监督检查，督促生产建设单位全面排查和消除水土流失危害隐患。

【水土保持补偿费征收管理】 2018年，全省征收水土保持补偿费共计2.55亿元，同比增长27.5%；其中省级直接征收8 354万元。开展地方水利部门征收水利部、省水利厅审批项目水土保持补偿费情况统计，完成全省各市水土保持补偿费征收情况调研报告，并将相关信息录入国家水土保持监督管理系统。

【取用水监督管理】 召开省审批取水户座谈会，拟定省审批和太湖局委托管理34家取水户2019年度取水计划量289.22亿m^3，并报省水利厅行文下达。做好企业水平衡测试和用水定额修编评估工作，印发《浙江省水平衡测试技术指南（试行）》，完成全省纺织业取水定额修订工作。开展省级水资源论证评审专家推荐工作，经过动员、各地上报推荐、资格审核、候选人公示等程序，确定216名科研单位、高校及省和地方水资源管理技术骨干入选新一轮省级水资源论证评审专家库。组织做好用水总量统计和水资源管理年报等各项水资源统计工作，实现通过平台应用完成部分内容统计。

【严格把好技术审查关】 按照“最多跑一次”的要求，组织完成省审批取水许可项目取水工程设施的现场核验2项，为省水利厅核发取水许可证提供技术依据；组织开展省审批生产建设项目水土保持方案报告书技术审查27项，组织专家现场查勘14项，及时上报审查意见，为省水利厅审批水土保持方案提供技术依据。

做好浙江省第三批32个县（市、区）节水型社会建设工作方案的审查和技术指导，参与第二批20个县（市、区）节水型社会建设中期督查评估，组织28个县（市、区）国家县域节水型社会达标建设技术评估，对部分县（市、区）进行现场抽查。

做好水生态文明建设试点、节水型载体创建、节水通报等工作的技术指导和服务。

【技术支撑工作】 按照省水利厅部署，全力配合做好最严格水资源管理制度考核工作。参与起草浙江省最严格水资源管理制度考核自查报告和技术报告，协助做好迎接实施最严格水资源管理制度“国考”的各项准备；配合完成省对市考核的现场核查和技术评分等方面工作。积极配合开展全省水资源管理专项行动，全程参与全省水资源管理专项行动的方案制定、工作督查。配合做好《浙江省水利水电工程设计概（预）算编制规定（2018）》起草和《浙江水利工程维修养护定额》修订等工作。

【业务培训】 组织举办全省水资源管理、水土保持监测技术培训班各 2 次，培训人员 400 多人次，进一步提升水资源管理和水土保持业务水平。

【省水土保持学会工作】 召开第二届理事会第一次常务理事会议，选举成立以学会理事长冯强为组长的学会党的工作小组。制定《浙江省水土保持学会优秀设计奖评奖办法》和《浙江省水土保持学会优秀论文评奖办法》，开展学会第一届水土保持优秀设计奖评选，择优向中国水土保持学会推荐。开展水土保持方案报告书质量抽查，按 10% 的比例对 2017 年各级水行政主管部门审批的水土保持方案报告书 102 份进行质量评定并通报。积极参加中国水土保持学会、省科协活动。组织会员参加第一届中国水土保持学术大会、海峡两岸水土保持学术研讨会、南方水土保持研究会年会、省科协 60 周年纪念系列活动及其他学术交流活动。

【党建工作】 围绕全面从严治党工作要求和“清廉浙江”建设总体要求，抓好思想政治建设、党风廉政建设和队伍建设。中心党支部获“厅系统 2016 — 2017 年度先进基层党组织”，1 名干部获“厅系统优秀纪检干部”。严守政治纪律，落实全面从严治党主体责任，召开 13 次支委会和 4 次支部党员大会，以及 19 次支部学习会和 3 次党课。做好政治理论“一周一学”笔记，组织参观嘉兴南湖革命纪念馆、井冈山革命旧址、西溪洪氏家训家风纪念馆，通过支部学习会、现场教育、观看教育片等形式，加强党员干部党性教育。开展“遵守六大纪律”警示教育月专项活动，对廉政风险点展开再排查，签订承诺书。落实民主集中制和“三重一大”制度，分层次开展廉政谈话，每逢节假日强调廉洁自律各项规定。

（张　侠）

浙江省防汛技术中心

【单位简介】 浙江省防汛技术中心前身为浙江省水利厅物资设备仓库。2003 年经省编委批复原浙江省水利厅物资设备仓库为社会公益类纯公益性事业单位，2007 年更名为浙江省防汛物资管理中心，挂浙江省防汛机动抢险总队牌子，核定编制 15 名，机构规格相当于县处级。2016 年省编委《关于调整省水利厅所属部分事业单位机构编制的函》调整中心编制数为 24 名。

2017年省编委《关于浙江省防汛物资管理中心更名的函》同意更名为浙江省防汛技术中心，其主要职责为：开展防汛抢险应急处置技术研究，开展防汛抢险和抗旱新技术、新工艺、新产品的推广应用；在省防指办的指导下，组织开展预案方案编制、洪水风险评估、灾害评价等防汛防台抗旱基础性技术工作；组织省级防汛机动抢险队伍参加重大水利工程险情应急抢险；协助做好全省防汛机动抢险队伍和抗旱服务队伍建设；做好全省防汛防台抗旱物资储备、调运有关具体性工作。现内设办公室、发展计划科、防汛技术科、物资管理科等4科室。截至2018年年底，中心在职人员17名，退休人员6名。

【概况】 2018年，以习近平新时代中国特色社会主义思想为指导，深入学习贯彻党的十九大精神，积极践行新时期水利工作方针和“两个坚持、三个转变”的防灾减灾新理念，紧紧围绕省委省政府重大决策部署，在省水利厅党组正确领导下，着力提升防汛技术服务能力，着力做好省级物资储备管理，稳妥推进三堡基地建设，狠抓党风廉政建设和内部管理，全体干部职工主动担当，积极作为，顺利完成全年工作目标任务。

【抢险队伍建设】 不断强化防汛技术支撑。组织专家和队伍开展防汛抢险技术沙龙和联合训练，提高队伍水利工程综合险情抢险技术。培训全省防汛技术人员170余人。组织经验交流座谈会，加强与市县防办、社会救援力量合作；精心组织全省防汛演练。在丽水市成功举办全省防汛抢险演练，其中直升机救援、主分会场多地多科目同步演练、运用“视联网”向全省直播演练实况等均属首次实现，全省25支防汛抢险队伍和民间救援组织共260余人参加，为历次最高，取得较好的效果。积极探索抢险队伍建设，组织开展与地方抢险队和武警的联合训练和抢险协作，以省级防汛抢险专家及设备厂家等为基础组建专家咨询队伍，不断巩固与设备维护技术服务队伍和专业物流运输公司的联系，提高综合保障能力。

【物资储备管理】 结合新时代防灾减灾的有关要求，开展全省物资储备现状的调研分析，提出《强技术优保障全力做好防汛水利减灾服务工作》和《浙江省防汛物资储备情况调研报告》，完成全省108个储备单位，涉及59种防汛物资，10类全省防汛物资数据统计年报编制工作，加快推进物资储备管理标准化建设。针对物资储备的不同属性，制定《资产性防汛物资管理规定》和《防汛物资零星存货管理办法》等管理办法，积极应用“浙江省防汛物资和抢险队伍管理信息系统”成果，完善物资信息归档，强化物资出入库流程管理，推进物资储备标准化、信息化管理。完成年度物资增储和代储工作，增储5大类16种物资，价值259万元，截至2018年底省级储备物资达3 336万元；合理落实省级代储物资，共落实11家代储单位，完成袋类155万条、布类24万m^2的储备任务。有序组织防汛物资应急调运，组织启动应急待命5次，待命人员170余人次、车辆达100余辆次。全年完成3次防汛物资调运任务，涉及物资价值199.5万元。其中，向省武警总队调运1.6万余件，价值145.2万元，向丽水市调运39.32万元，向常山县、龙游县支援科技下乡活动调运14.94万余元。

【基地迁建工程】 针对三堡基地迁建工程总承包单位施工停滞的情况，经集体讨论决策，采取果断措施，依法解除三堡基地建设总承包合同，有效地控制势态进一步恶化。组织专业安保人员接管施工场地，保障停工期间的现场安全和财产安全，委托公证处固化现场财产和工程量，同步完成工程量的结算审计和后续施工招投标。多次与拱墅区政府及有关部门沟通协调，2018年已通过竣工规划核实，组织相关咨询单位完成项目最终财务结算报告、工程审计报告。

【安全生产】 狠抓安全生产责任制落实，制定“2018年安全生产工作要点”，印发“安全生产月”活动方案，与各科室、有关单位签订“安全生产目标责任书（协议）”，全年召开安全生产各类会议22次。紧盯安全隐患专项整治，从严从紧抓牢基地建设、储备仓库管理和防汛应急保障等安全隐患排查及整改，全年共开展安全专项检查35次，跟踪落实发现的8个安全隐患整改到位。组织开展全省防汛演练、队伍日常训练、应急抢险、设备维护等工作23次，组织储鑫路基地开展消防演练，投入安全生产经费37万元，用于购买灭火器等安全设备、抢险人员安全防护用品及三堡基地建设安全维稳工作等。

【制度建设】 根据新的职能定位要求，及时修订并完善规章制度，将原有的41项制度进行重新梳理，多次征求各科室、人员建议，并提出废、改、立意见，最后形成综合管理、人事财务、廉政建设、迁建工程、物资管理、安全生产等6大方面共48项规章制度。狠抓各项规章制度的落实，以单位主要负责人“五不直接分管”和“末位表态”等制度开始，强化权力制约机制，加强制度执行情况的监督检查，确保有制度必依、执行制度必严、违反制度必究。

【党建与廉政建设】 高度重视思想政治学习，及时制定党建工作计划和支部年度学习计划，创新全体党员轮流谈体会谈收获，全年召开党员大会4次、各类学习会18次，撰写学习心得体会11篇。重视支部组织建设，严格落实“三会一课”、主题党日、民主评议党员等组织生活各项制度，制定“党建知识应知应会”5大方面48条，全年召开支委会13次，发展预备党员1名，接收入党积极分子1名，完成党费收缴6 376元。完善党支部工作纪实，重视廉政纪律教育，全面落实“清廉机关”

建设的要求，由主要领导与班子成员、班子成员与分管科室分别签订《党风廉政建设工作责任书》。对照省水利厅党组《“六大纪律”问题表现对照清单》，制定谈话清单，开展廉政谈话 35 人次，罗列 15 个岗位、70 个重点部位共 125 条进行失职渎职风险点再排查。

（黄昌荣）

附　录

Appendices

275 ～ 312 页

2018年浙江省水资源公报（摘录）

一、综述

2018年，全省平均降水量1 640.3 mm（折合降水总量1 702.42亿m^3），较2017年降水量偏多5.4%，较多年平均降水量偏多2.3%，降水量时空分布不均匀。

全省水资源总量866.54亿m^3，产水系数0.51，产水模数83.5万m^3/km^2。人均水资源量1 521.0 m^3。

全省194座大中型水库，年末蓄水总量243.18亿m^3，较2017年末增加21.42亿m^3。

全省总供水量与总用水量均为173.81亿m^3，较2017年减少5.69亿m^3。其中：生产用水量139.76亿m^3，居民生活用水量28.55亿m^3，生态环境用水量5.50亿m^3。全省平均水资源利用率20.1%。

全省总耗水量96.36亿m^3，平均耗水率55.4%。总退水量45.05亿t。

全省人均综合用水量304.7 m^3，人均生活用水量50.0 m^3（其中城镇和农村居民分别为53.4 m^3和43.1 m^3）。农田灌溉亩均用水量337 m^3，农田灌溉水有效利用系数0.597。万元国内生产总值（当年价）用水量30.9 m^3。

全省河流水体中，各大水系水质总体良好，平原河网、城市内河水体水质改善明显；“十三五”省对市考核717个重点水功能区全年达标率89.1%（高锰酸盐指数和氨氮2项参评）。

二、水资源量

（一）降水量

2018年，全省平均降水量1 640.3 mm，较2017年降水量偏多5.4%，较多年平均降水量偏多2.3%。从流域分区看，太湖水系流域降水量变化较为明显，较2017年降水量偏多24.5%，较多年平均降水量偏多26.5%；浙南诸河、闽东诸河流域降水量较2017年降水量分别增加8.9%、9.1%，与多年平均降水量较为接近；闽江流域较2017年降水量偏少7.8%，较多年平均降水量偏少14.2%；鄱阳湖水系、钱塘江、浙东诸河与2017年降水量及多年平均降水量都比较接近（见表1）。

表1 全省流域分区年降水量与2017年及多年平均值比较

流域分区	鄱阳湖水系	太湖水系	钱塘江	浙东诸河	浙南诸河	闽东诸河	闽江	全省
2018年降水量/mm	1 854.3	1 690.4	1 597.9	1 568.4	1 685.0	2 077.2	1 602.6	1 640.3
2017年降水量/mm	1 918.5	1 358.0	1 601.3	1 554.1	1 547.5	1 903.3	1 739.0	1 555.9
多年平均降水量/mm	1 902.1	1 336.2	1 600.5	1 499.4	1 717.0	2 027.5	1 868.5	1 603.8
较2017年	−3.3%	24.5%	−0.2%	0.9%	8.9%	9.1%	−7.8%	5.4%
较多年	−2.5%	26.5%	−0.2%	4.6%	−1.9%	2.5%	−14.2%	2.3%

从行政分区看，湖州市、嘉兴市、台州市、温州市降水量较 2017 年降水量明显增加，分别偏多 26.0%、25.8%、19.9%、19.2%；嘉兴市、湖州市较多年平均降水量偏多 40.6%、20.2%（见表 2）。

表 2　全省行政分区年降水量与 2017 年及多年平均值比较

行政分区	杭州	宁波	温州	嘉兴	湖州	绍兴	金华	衢州	舟山	台州	丽水	全省
2018 年降水量 /mm	1 675.8	1 603.9	1 912.3	1 678.5	1 681.3	1 556.8	1 423.9	1 739.2	1 370.1	1 649.6	1 561.7	1 640.3
2017 年降水量 /mm	1 556.5	1 595.9	1 604.8	1 334.1	1 334.1	1 447.7	1 488.8	1 849.1	1 457.1	1 376.1	1 676.8	1 555.9
多年平均降水量 /mm	1 553.8	1 518.3	1 827.6	1 193.5	1 398.5	1 461.8	1 512.9	1 818.8	1 275.5	1 634.2	1 733.7	1 603.8
较 2017 年	7.7%	0.5%	19.2%	25.8%	26.0%	7.5%	-4.4%	-5.9%	-6.0%	19.9%	-6.9%	5.4%
较多年	7.9%	5.6%	4.6%	40.6%	20.2%	6.5%	-5.9%	-4.4%	7.4%	0.9%	-9.9%	2.3%

根据闸口、姚江大闸、金华、温州西山、圩仁等 45 个代表站降水量分析，全省降水年内分配不均，4 — 9 月降水量占全年的 67.5%；汛期各月降水量分布在 9% ~ 14.7%，8 月份相对较多为 14.7%。非汛期 11 月和 12 月降水量较大，为 6.0% 和 7.9%。

降水量地区差异显著，全省年降水量为 1 100 ~ 2 700 mm，总体上自西向东、自南向北递减，山区大于平原，沿海山地大于内陆盆地，温州市年降水量是舟山市的 1.4 倍。南北雁荡山、括苍山、天台山、西天目山、千里岗一带为高值区，年降水量在 2 000 mm 以上，单站（峰文站）最大年降水量为 2 685.5 mm。瓯江水系的好溪、龙泉溪上游，钱塘江水系的东阳江、南江、浦阳江上游，浙南沿海诸河的南麂岛、洞头岛，浙东北沿海诸河的象山、舟山群岛一带为全省低值区，年降水量为 1 100 ~ 1 300 mm，单站（安华站）最小年降水量为 1 107.8 mm。

（二）地表水资源量

全省地表水资源量 848.64 亿 m^3，较 2017 年地表水资源量偏少 3.8%，较多年平均地表水资源量偏少 10.1%。地表径流的时空分布与降水量基本一致（见表 3）。

表 3　全省流域分区地表水资源量与 2017 年及多年平均值比较

亿 m^3

流域分区	鄱阳湖水系	太湖水系	钱塘江	浙东诸河	浙南诸河	闽东诸河	闽江	全省
2018 年	5.23	106.41	329.60	91.31	291.04	15.12	9.92	848.64
2017 年	6.54	78.33	386.42	103.15	279.98	15.00	12.54	881.95
多年平均	6.51	73.89	387.06	103.71	342.73	16.07	13.88	943.85
较 2017 年	-20.1	35.9	-14.7	-11.5	4.0	0.8	-20.9	-3.8
较多年	-19.7	44.0	-14.8	-12.0	-15.1	-5.9	-28.5	-10.1

从行政分区看，各市地表水资源量较2017年地表水资源量变化较为明显，湖州市、嘉兴市、台州市、温州市地表水资源量较2017年偏多20%以上，舟山市、丽水市、衢州市、金华市地表水资源量较2017年偏少20%以上。嘉兴市、湖州市地表水资源量较多年平均分别偏多83.1%、32.0%；金华市、丽水市、衢州市地表水资源量较多年平均偏少20%以上。

全省入境水量212.72亿m^3；出境水量249.35亿m^3；入海水量691.05亿m^3。

（三）地下水资源量

全省地下水资源量213.92亿m^3，地下水与地表水资源不重复计算量17.90亿m^3。

（四）水资源总量

全省水资源总量866.54亿m^3，较2017年水资源总量偏少3.2%，较多年平均水资源总量偏少9.3%，产水系数0.51，产水模数83.5万m^3/km^2。

（五）水库蓄水动态

全省194座大中型水库，年末蓄水总量243.18亿m^3，较2017年末增加21.42亿m^3。其中大型水库34座，年末蓄水量218.95亿m^3，较2017年末增加18.43亿m^3；中型水库160座，年末蓄水量24.24亿m^3，较2017年末增加2.99亿m^3。

三、水资源开发利用

（一）供水量

全省年总供水量173.81亿m^3，较2017年减少5.69亿m^3。其中地表水源供水量170.37亿m^3，占98.0%；地下水源供水量0.80亿m^3，占0.5%；其他水源供水量2.64亿m^3，占1.5%。

在地表水源供水量中，蓄水工程供水量66.93亿m^3，占39.3%；引水工程供水量33.54亿m^3，占19.7%，提水工程供水量62.49亿m^3，占36.7%，调水工程供水量7.41亿m^3，占4.3%。

（二）用水量

全省年总用水量173.81亿m^3，其中农田灌溉用水量67.92亿m^3，占39.1%；林牧渔畜用水量9.19亿m^3，占5.3%；工业用水量44.00亿m^3，占25.3%；城镇公共用水量18.64亿m^3，占10.7%；居民生活用水量28.55亿m^3，占16.4%；生态环境用水量5.50亿m^3，占3.2%。

从流域分区看，鄱阳湖水系、闽东诸河、闽江流域的农业用水量占比高于70%，工业、生活用水量相对偏少；太湖水系、钱塘江、浙东诸河与浙南诸河的农业用水量占比都低于50%，工业与生活用水量占比均大于20%。

从行政分区看，丽水市、湖州市、衢州市、嘉兴市、绍兴市、金华市的农业用水量占比高于全省平均水平；舟山市、衢州市、金华市、宁波市、杭州市的工业用水量占比高于全省平均水平；舟山市、温州市、杭州市、宁波市的生活用水量占比高于全省平均水平。

（三）耗水量、退水量

1、耗水量

全省年总耗水量96.36亿m^3，平均耗水率55.4%。其中农田灌溉耗水量48.12亿m³，占50.0%；林牧渔畜耗水量7.13亿m³，占7.4%；工业耗水量15.94亿m³，占16.5%；城镇公共耗水量7.45亿m³，占7.7%；居民生活耗水量12.78亿m³，占13.3%；生态环境耗水量4.95亿m³，占5.1%。

2、退水量

全省日退水量1 234.27万t，其中城镇居民生活、第二产业、第三产业退水量分别为303.48万，661.02万，269.78万t，年退水总量45.05亿t。

（四）用水指标

全省水资源总量866.54亿m³，人均水资源量1 521.0 m³。全省平均水资源利用率20.1%。农田灌溉亩均用水量337 m³，农田灌溉水有效利用系数0.597。

农田灌溉亩均用水量337 m³，农田灌溉水有效利用系数0.597。万元国内生产总值（当年价）用水量30.9 m³。

全省人均综合用水量304.7 m³，人均生活用水量50.0 m³（注：城镇公共用水和农村牲畜用水不计入生活用水量中），其中城镇和农村居民人均生活用水量分别为53.4 m³和43.1 m³。农田灌溉亩均用水量337 m³，其中水田灌溉亩均用水量396 m³，农田灌溉水有效利用系数0.597。万元国内生产总值（当年价）用水量30.9 m³。

四、水资源质量

全省1 112个水功能区，区划河长16 923 km。“十三五”省对市考核的重点水功能区717个，评价总河长12 114 km。

按水功能区目标水质评价，全年达标率为89.1%。其中一级水功能区140个（不包括开发利用区），达标率95.0%，二级水功能区577个，达标率为87.7%。

按八大水系统计，钱塘江水系水功能区228个，全年达标率95.6%；苕溪水系水功能区65个，全年达标率95.4%；运河水系水功能区130个，全年达标率79.2%；甬江水系水功能区90个，全年达标率82.2%；椒江水系水功能区74个，全年达标率77.0%；瓯江水系水功能区84个，全年达标率95.2%；飞云江水系水功能区19个，全年达标率94.7%；鳌江水系水功能区27个，全年达标率100%。

按地市统计，杭州市水功能区87个，全年达标率92.0%；宁波市水功能区73个，全年达标率84.9%；温州市水功能区63个，全年达标率92.1%；嘉兴市水功能区94个，全年达标率75.5%；湖州市水功能区71个，全年达标率94.4%；绍兴市水功能区62个，全年达标率98.4%；金华市水功能区61个，全年达标率91.8%；衢州市水功能区46个，全年达标率100%；舟山市水功能区21个，全年达标率71.4%；台州市水功能区71个，全年达标率77.5%；丽水市水功能区68个，全年达标率100%。

五、重要水事

（一）深化落实最严格水资源管理制度

根据国家实行最严格水资源管理制度考核工作的统一部署，紧密结合浙江省“五水共治”工作安排，深化落实最严格水资源管理制度。2017年度实行最严格水资源管理工作获国家考核组高度评价，连续第四年获评优秀等次，获得国家财政奖励资金5 000万元。完成省对设区市2017年度实行最严格水资源管理制度考核工作，全省11个设区市考核等级均为优秀。11月，省人力资源与社会保障厅、省水利厅对全省水利系统2017年度实行最严格水资源管理制度的优秀单位和个人进行通报表扬。

（二）持续深化河湖长制

2018年初制定《浙江省河（湖）长设置规则（试行）》，进一步明确细化河湖长设置总体原则和设置的具体要求，在河长制的总体框架下，将湖泊水库纳入湖长制实施范围，确立各级湖长由政府负责同志担任、水库湖长原则上由水库安全管理政府责任人担任。随后，又出台实施《关于深化湖长制的实施意见》和《浙江省河（湖）长设置规则》，发布全国首个河湖长制地方标准，紧紧围绕水域空间管控、岸线管理保护、水资源保护和水污染防治、水环境综合整治、生态治理和修复、执法监管等任务，建立“一湖一档”，编制“一湖一策”。

（三）全面贯彻“节水优先”方针

印发《浙江省节水型社会建设规划纲要（2018 — 2022）》，全面部署节水型社会建设工作。完成第一批24个县（市、区）国家县域节水型社会达标省级验收和第二批19个县（市、区）省级节水型社会达标建设中期督查工作。印发《关于加强全省工业节水工作的通知》，积极推进节水型企业创建、水平衡测试、清洁生产审核和节水技术改造等节水工作。实行用水定额动态修订，完成纺织行业用水定额的修订工作。印发《大耗水工业用水户和服务业用水大户名录》，明确水平衡测试重点实施对象，印发《浙江省水平衡测试技术指南（试行）》，指导和规范水平衡测试工作。印发《关于贯彻落实<水效标识管理办法>的通知》，积极推进《水效标识管理办法》的实施，促进浙江省节水产品产业健康快速发展。启动金华市国家节水型社会创新试点工作。积极推进节水载体创建工作，年度新增省级节水型灌区（灌片、园区）46个，节水型企业416家，省公共机构节水型单位37家，节水示范效应逐步增强。

（四）强化取用水监管

实施水资源管理专项行动，在全省开展非法取用水专项整治工作，建立取用水监管长效管理机制，共排查整改非法取用水及日常监管失位行为3 000余例。加强农业取水许可管理，年度完成103个大中型灌区取水许可证发放工作。制定印发《浙江省取水实时监控系统运行维护实施细则（试行）》，明确运维服务范围、运维服务管理对象、运维管理组织、运维服务内容和运维服务规范等内容。

（五）加强水环境保护和治理

“污水零直排区”和“美丽河湖”建设全面深入推进，完成337个“污水零直排区”建设，评定152条（个）市级

“美丽河湖”。全省221个省控断面Ⅰ～Ⅲ类水质断面占84.6%，治水公众满意度83.26，Ⅰ～Ⅲ类省控水质断面比例、治水满意度首次双破80。实行水功能区通报制度，对水质评价不达标的水功能区进行通报，督促各地采取措施提高水质达标率。完成16个全国重要饮用水水源地安全保障达标建设，加强对饮用水源地的保护管理，完成276个饮用水源地环境问题整治。推进入河排污口规范化建设和监督性监测，实现规模以上入河排污口全覆盖。扎实开展水土流失综合治理，年度完成水土流失治理面积454.54 km^2。开展农村水电站生态流量下泄情况集中检查，推进绿色水电创建，完成水电站增效扩容改造193座、生态治理19座，着力推动河流生态修复。

（六）全面推进生态文明建设

温州、嘉兴、衢州、丽水等4个国家级试点均通过省部联合验收；仙居省级试点由省水利厅联合省级相关单位通过验收，水生态文明建设试点工作全面完成。杭州三堡排涝站成功申报国家生产建设项目水土保持生态文明工程。积极研究流域横向生态补偿水量指标及其测算方法，在全国率先建立流域上下游横向生态保护补偿机制，指导衢州、常山、龙游、开化等市县签署钱塘江流域上下游补偿协议。

（七）重点领域改革持续深化

区域防洪影响、水资源论证、水土保持方案“三合一”后初显成效，入园项目涉水审批可实现当天办结。农业水价综合改革全面铺开，全省11个市、83个县（市、区）开展农业水价综合改革试点，均制定出台改革方案、精准补贴和节水奖励办法，全省实施改革面积27.47万 hm^2（412万亩），超年度计划49%。印发《浙江省水利厅关于开展区域水资源论证＋水耗标准管理试点工作的通知》，杭州大江东产业集聚区等9个园区区域水资源论证＋水耗标准管理改革试点有序推进，成效显著。杭州市临安区实施农村水权交易，核发22座集体经济所有山塘水资源使用权证，并实现2宗水资源使用权的转让交易，为水权制度改革探索新路。

（八）开展“世界水日”“中国水周”宣传活动

3月22日，省水利厅联合台州市人民政府，仙居县委、县政府在仙居永安溪畔举行首届浙江省亲水节，通过亲近水，让更多的社会公众自发的节约水、爱护水；“世界水日”当天，在微信朋友圈投放同一张节水宣传海报和同一份节水倡议书，共计覆盖全省260多万微信用户，在全省范围形成宣传声势。“世界水日”“中国水周”期间，在浙江新闻客户端推出的“一秒钟可以节约多少水”H5小游戏，24小时内点击量“10万＋”；在浙江水利微信推出的网络“节水知识竞赛”，吸引2万人次参与答题；全省各地围绕“凝聚全社会节水合力，构建全覆盖节水格局”的宣传主题，开展“百堂节水公开课”等各式纪念活动。

（九）有效应对洪涝台旱灾害

全省平均降水量与常年持平，但各地

多寡不均，嘉兴地区受台风影响出现20～50年一遇高水位，温岭、玉环等地降水持续偏少，局部旱情较重。出梅后，浙江省在1个多月时间内连续遭受8号“玛莉亚”、10号“安比”、12号“云雀”、14号“摩羯”、18号“温比亚”等5个台风影响。面对复杂形势，全省各级防汛、水利部门坚持“一个目标、三个不怕”，竭尽全力减少人员伤亡和财产损失。至汛期结束，全省因灾直接经济损失17.92亿元，为2003年以来最少，仅为近15年平均值的10%，并且实现人员零伤亡。

2018 年浙江省水土保持公报（摘录）

综 述

依据《中华人民共和国水土保持法》和《浙江省水土保持条例》，浙江省水利厅组织编写《浙江省水土保持公报（2018 年）》（以下简称“《公报》”）。《公报》包括 2018 年全省水土流失状况、水土保持监督管理、水土流失综合治理、水土保持监测和重要水土保持事件等内容。

截至 2018 年 12 月 31 日，全省共有水土流失面积 8 316.34 km^2，占全省总土地面积的 7.88%。其中新安江国家级重点预防区（浙江省）水土流失面积 581.49 km^2，省级重点预防区水土流失面积 1 688.63 km^2，省级重点治理区水土流失面积 1 212.25 km^2。

2018 年，全省共审批生产建设项目水土保持方案报告书 1 868 个，其中省级 29 个，市级 297 个，县级 1 542 个。全省对 6 170 个生产建设项目开展水土保持监督检查，检查次数 9 781 次。全省共有 921 个生产建设项目完成水土保持设施自主验收报备，其中省级 13 个，市级 125 个，县级 783 个。

2018 年，全省新增水土流失治理面积 454.54 km^2，其中工程措施 79.32 km^2，林草措施 104.47 km^2，封育措施 269.49 km^2，其他措施 1.26 km^2。实施国家水土保持重点工程 10 个，新增水土流失治理面积 123.00 km^2；实施省级水土流失治理项目 8 个，新增水土流失治理面积 31.66 km^2。

2018 年，全省深入开展水土保持监测站标准化管理创建工作，列入 2018 年标准化创建计划的安吉山湖塘综合观测场等 9 个水土保持监测站顺利通过市级标准化管理创建验收。全省部分监测站开展提升改造工作。全省共有 470 个生产建设项目开展水土保持监测，其中当年新增监测项目 142 个，上报系统监测季报 1 484 份，发布监测信息通报 4 期。

本《公报》中全省水土流失状况数据来源于 2018 年全省水土流失动态监测成果，水土保持监督管理数据和水土流失综合治理数据来源于 2018 年全省水土保持工作年度统计，水土保持监测数据来源于 2018 年全省监测站网成果和生产建设项目水土保持监测成果，经整编后发布。

第一部分 水土流失状况

1.1 全省水土流失

截至 2018 年 12 月 31 日，全省共有水土流失面积 8 316.34 km^2，占全省总土地面积的 7.88%。按水土流失强度分，轻度、中度、强烈、极强烈、剧烈水土流失面积分别为 7 225.09，550.13，157.23，115.92，267.97 km^2，分别占水土流失总面积的 86.88%、6.62%、1.89%、1.39%、3.22%。

与 2017 年相比，全省水土流失面积减少 392.85 km²，减幅 4.51%。从水土流失面积变化来看，轻度流失面积明显增加，中度及以上流失面积明显减少。全省水土流失面积变化情况见表 1。

表 1　全省水土流失面积变化情况

km²

年份	合计	轻度	中度	强烈	极强烈	剧烈
2017 年	**8 709.19**	4 882.01	1 550.81	618.84	544.12	1 113.41
2018 年	**8 316.34**	7 225.09	550.13	157.23	115.92	267.97
变化情况	**-392.85**	2 343.08	−1 000.68	−461.61	−428.20	−845.44

1.2 重点防治区水土流失

2018 年，水利部太湖流域管理局组织开展新安江国家级重点预防区的水土流失动态监测，涉及浙江省建德市和淳安县，水土流失面积 581.49 km²，占区域土地总面积的 8.53%（见表 2）。

表 2　2018 年新安江国家级重点预防区（浙江省）水土流失面积

行政区	水土流失面积 / km²	占区域总面积比例 / %	各级强度水土流失面积 / km²				
			轻度	中度	强烈	极强烈	剧烈
建德市	218.91	9.26	189.11	13.21	3.55	2.63	10.41
淳安县	362.58	8.14	327.68	21.47	2.40	0.67	10.36
合计	**581.49**	**8.53**	**516.79**	**34.68**	**5.95**	**3.30**	**20.77**

2018 年，浙江省组织开展 8 个省级重点预防区和 3 个省级重点治理区的水土流失动态监测，其中重点预防区水土流失面积 1 688.63 km²，占区域土地总面积的 7.25%；重点治理区水土流失面积 1 212.25 km²，占区域土地总面积的 13.87%（见表 3）。

表 3　2018 年省级重点预防区和重点治理区水土流失面积

内容	水土流失面积 / km²	占区域总面积比例 / %	各级强度水土流失面积 / km²				
			轻度	中度	强烈	极强烈	剧烈
省级水土流失重点预防区	1 688.63	7.25	1 489.70	100.10	31.72	21.74	45.37
省级水土流失重点治理区	1 212.25	13.87	1 102.93	59.40	15.86	12.34	21.72

1.3 主要江河流域径流量与输沙量

根据《浙江省水资源公报（2018）》，2018 年，全省平均降水量 1 640.3 mm，较 2017 年降水量偏多 5.4%，较多年平均降水量偏多 2.3%。降水量地区差异显著，全省年降水量为 1 100 ~ 2 700 mm，总体上自西向东、自南向北递减，山区大于平原，沿海山地大于内陆盆地。全省主要江河流域径流量及输沙量见表 4。

表 4　2018 年全省主要江河流域径流量及输沙量

流域名称	计算面积 / km^2	代表站名	降水量 / mm	径流量 / 亿 m^3	输沙量 / 万 t	输沙模数 / [t/(km².a)]	备注
钱塘江	1 719	诸暨（二）	1 495.6	7.688	2.50	14.5	浦阳江
	2 280	嵊州（三）	1 242.9	12.77	3.57	15.7	曹娥江
	4 459	上虞东山	1 493.8	19.32	6.11	14.0	曹娥江
	542	黄泽	1 329.3				黄泽江
	18 233	兰溪	1 267.5	121.3	70.7	38.8	兰江
	2 670	屯溪	1 806.0	26.82	25.00	93.6	新安江，安徽
	1 599	渔梁	1 628.2	10.58	6.31	39.5	新安江，安徽
飞云江	1 930	峃口	1 796.0	19.09	4.86		飞云江
椒江	2 475	柏枝岙（三）	1 639.5	18.59	12.6	50.9	永安溪
	1 482	沙段	1 647.7	9.115	2.71	18.3	始丰溪
鳌江	346	埭头	2 025.0	3.548	3.34		北港
苕溪	1 970	港口	1 451.7	14.59	5.01	25.4	西苕溪

第二部分　生产建设项目水土保持监督管理

2.1 水土保持方案审批

2018 年，全省共审批生产建设项目水土保持方案报告书 1 868 个，其中省级审批 29 个，市级审批 297 个，县级审批 1 542 个（见表 5）。

表 5　2018 年全省生产建设项目水土保持方案报告书审批情况

地级市	省级 / 个	市级 / 个	县级 / 个	小计 / 个
杭州市	5[A]	33	337	375
宁波市	0	44	331	375
温州市	2	18	207	227
嘉兴市	2[B]	9	107	118
湖州市	2[B]	16	114	132
绍兴市	2	3	94	99
金华市	0	56	92	148
衢州市	7[A]	19	19	45
舟山市	0	36	34	70
台州市	2	38	139	179
丽水市	9	25	68	102
合计	**29**	**297**	**1 542**	**1 868**
注：跨地区的同一项目以同一字母上标表示。				

2.2 水土保持监督检查

2018年，全省各级水行政主管部门对6 170个生产建设项目开展水土保持监督检查，检查次数9 781次（见表6）。

表6 2018年全省生产建设项目水土保持监督检查情况

地级市	项目数量/个	检查次数/次
杭州市	746	1 263
宁波市	515	1 132
温州市	840	1 260
嘉兴市	564	902
湖州市	690	1 205
绍兴市	262	498
金华市	609	914
衢州市	261	421
舟山市	343	360
台州市	961	1 345
丽水市	379	481
合计	**6 170**	**9 781**

2.3 水土保持设施自主验收报备

2018年，全省共有921个生产建设项目完成水土保持设施自主验收报备，其中省级13个，市级125个，县级783个（见表7）。

表7 2018年全省生产建设项目水土保持设施自主验收报备情况

地级市	省级/个	市级/个	县级/个	小计/个
杭州市	4[A]	4	161	169
宁波市	0	34	149	183
温州市	2[B]	8	52	62
嘉兴市	0	4	32	36
湖州市	1[A]	5	77	83
绍兴市	3	3	23	29
金华市	3[B]	10	21	34
衢州市	0	22	166	188
舟山市	0	26	29	55
台州市	2	4	49	55
丽水市	1[B]	5	24	30
合计	**13**	**125**	**783**	**921**

注：跨地区的同一项目以同一字母上标表示。

第三部分　水土流失综合治理

3.1 全省水土流失综合治理情况

2018年，全省新增水土流失治理面积454.54 km²，其中工程措施79.32 km²，林草措施104.47 km²，封育措施269.49 km²，其他措施1.26 km²（见表8）。

3.2 国家水土保持重点工程

2018年，全省实施情况国家水土保持重点工程10个，新增水土流失治理面积123.00 km²，总投资9 434.77万元，其中中央财政补助资金3 250.00万元（见表9）。

3.3 省级水土流失治理项目

2018年，全省实施情况省级水土流失治理项目8个，新增水土流失治理面积31.66 km²，总投资7 820.92万元，其中省级财政补助资金979.59万元（见表10）。

表8　2018年水土流失综合治理完成情况

地级市	新增水土流失治理面积 / km²	分项治理措施 / km²			
		工程措施	林草措施	封育措施	其他措施
杭州市	61.38	10.69	13.92	36.67	0.10
宁波市	25.43	0.01	4.39	21.03	0
温州市	129.59	2.69	48.92	77.98	0
湖州市	19.31	1.55	5.35	12.41	0
绍兴市	35.50	7.03	0	27.64	0.83
金华市	38.92	9.02	9.35	20.22	0.33
衢州市	46.06	13.93	10.25	21.88	0
舟山市	3.00	0	3.00	0	0
台州市	38.41	13.39	3.59	21.43	0
丽水市	56.94	21.01	5.70	30.23	0
合计	**454.54**	**79.32**	**104.47**	**269.49**	**1.26**

表9　2018年国家水土保持重点工程

序号	县（市、区）	项目名称	建设性质	新增水土流失治理面积 / km^2	总投资 / 万元	中央财政补助资金 / 万元	主要建设内容
1	淳安县	淳安县梓桐源小流域水土流失综合治理项目	新建	10.50	820.87	360.00	截水沟、排水沟、引水渠、沉沙池、蓄水池、生产道路、经济林治理、护岸、拦沙堰、封育治理
2	建德市	建德市寿昌镇南浦溪小流域水土流失综合治理项目	新建	12.10	819.47	330.00	排水沟、沉沙池、生产道路、经济林治理、植被缓冲带、护岸、拦沙堰、村旁绿化美化、封育治理
3	苍南县	苍南县观美等5条小流域水土流失综合治理项目	新建	15.38	1 014.32	430.00	截水沟、排水沟、沉沙池、生产道路、经济林治理、护岸、拦沙堰、村旁绿化美化、封育治理
4	安吉县	安吉县永和、尚梅小流域水土流失综合治理工程	新建	12.07	925.00	340.00	截水沟、排水沟、沉沙池、蓄水池、梯田、拦沙栅、脱氮除磷墙、经济林治理、水土保持林、护岸、拦沙堰、封育治理
5	新昌县	新昌县长诏水库饮用水源地水土流失综合治理项目	新建	28.00	2 003.07	540.00	截水沟、排水沟、沉沙池、蓄水池、经济林治理、水土保持林、拦沙堰、村庄绿化美化、封育治理
6	开化县	开化县塘坞、富川等7条小流域水土流失综合治理项目	续建	3.14	590.99	76.00	经济林治理、水土保持林、护岸、拦沙堰、村庄绿化美化、封育治理
7		开化县叶溪小流域水土流失综合治理项目	新建	8.10	650.00	194.00	经济林治理、水土保持林、护岸、拦沙堰、封育治理
8		开化县富林、汪川等5条小流域水土流失综合治理项目	新建	9.51	900.69	230.00	截水沟、排水沟、沉沙池、蓄水池、植物篱、经济林治理、水土保持林、护岸、拦沙堰、村庄绿化美化、封育治理
9	仙居县	仙居县三桥溪、括苍坑小流域水土流失综合治理项目	新建	13.00	897.95	390.00	截水沟、排水沟、沉沙池、蓄水池、经济林治理、水土保持林、护岸、拦沙堰、村庄绿化美化、封育治理
10	缙云县	缙云县西弄坑小流域水土流失综合治理项目	新建	11.20	812.41	360.00	截水沟、排水沟、生产道路、沉沙池、蓄水池、经济林治理、水土保持林、护岸、拦沙堰、封育治理
合计				**123.00**	**9 434.77**	**3 250.00**	

表 10　2018 年省级水土流失治理项目

序号	县（市、区）	项目名称	建设性质	新增水土流失治理面积 / km^2	总投资 / 万元	省财政补助资金 / 万元	主要建设内容
1	平阳县	平阳县交溪小流域水土流失综合治理项目	新建	4.10	350.89	150.00	生产道路、经济林治理、水土保持林、护岸、封育治理
2	吴兴区	吴兴区西南丘陵区生态清洁型小流域建设工程	新建	5.05	5 567.19	53.20	生态湿地、水土保持林、生态溪沟、封育治理
3	德清县	德清县龙胜小流域（龙胜村片区）水土流失综合治理项目	新建	3.20	253.14	56.00	截水沟、排水沟、蓄水池、经济林治理、护岸、村庄绿化美化、封育治理
4	临海市	临海市下招洋小流域水土流失综合治理项目	新建	1.66	170.80	54.78	截水沟、排水沟、沉沙池、蓄水池、生产道路、护岸、村庄绿化美化、封育治理
5	三门县	三门县亭旁溪小流域（佃石水库水源地）水土流失综合治理项目	新建	3.24	228.84	125.00	截水沟、排水沟、沉沙池、蓄水池、生产道路、经济林治理、护岸、拦沙堰、村庄绿化美化、库周植被修复、封育治理
6	江山市	江山市新村小溪小流域水土流失综合治理项目	新建	3.34	291.87	174.00	截水沟、排水沟、沉沙池、蓄水池、生产道路、经济林治理、护岸、封育治理
7	龙泉市	龙泉市洪桥等 6 条小流域水土流失综合治理项目	新建	6.48	453.00	256.61	截水沟、排水沟、沉沙池、蓄水池、生产道路、经济林治理、护岸、拦沙堰、封育治理
8	景宁县	景宁县三石、张后山等 4 条小流域水土流失综合治理项目	新建	4.59	505.19	110.00	经济林治理、梯田、水土保持林、护岸、拦沙堰、谷坊、封育治理
合计				**31.66**	**7 820.92**	**979.59**	

第四部分 水土保持监测

4.1 水土保持监测站网

4.1.1 水土保持监测站网

2018年，全省深入开展水土保持监测站标准化管理创建工作，列入2018年标准化创建计划的安吉山湖塘综合观测场等9个水土保持监测站顺利通过市级标准化管理创建验收。全省部分监测站开展提升改造工作，杭州水土保持监测分站建设共享实验室；宁海西溪水库坡面径流场配备植被覆盖度自动观测仪、径流小区泥沙自动监测等设备，完成监测自动化改造；常山水土保持科技示范园完成核心区建设。

4.1.2 典型监测站水土流失观测结果

2018年，全省各水土保持监测站运行正常，按照《浙江省水土保持监测站管理手册（试行）》的要求开展降雨、径流、泥沙和植被等数据的监测（见表11～14）。

（一）综合观测场

表11 综合观测场观测结果

监测站名称	径流小区名称	所在位置	观测环境（条件）				观测结果		
			小区面积 / m^2	措施名称	坡度	土壤类型	降雨量 / mm	径流深 / mm	土壤流失量 / (t/km^2)
安吉山湖塘综合观测场	1号小区	119°34′25.75″ E 30°36′40.80″ N	100	顺坡+竹+麦冬	19°	红壤	1 716.0	22.6	4.62
	2号小区		100	顺坡+竹子	19°	红壤		31.7	4.25
	3号小区		100	顺坡+梨树+麦冬	19°	红壤		17.6	4.87
	4号小区		100	顺坡+梨树	19°	红壤		194.0	187.22
	5号小区		100	梯地+幼白茶树	19°	红壤		41.0	22.64
	6号小区		100	顺坡+幼白茶树	19°	红壤		37.0	20.33
	7号小区		100	顺坡+裸地	21°	红壤		493.6	498.47
	8号小区		100	顺坡+玉米	21°	红壤		242.6	104.82
	9号小区		100	梯地+玉米	21°	红壤		32.1	11.93

（二）小流域控制站

表 12　小流域控制站观测结果

监测站名称	所在位置	观测环境（条件）			观测结果		
		控制面积 / km^2	土壤类型	土地利用类型	降雨量 / mm	径流深 / mm	输沙量 /（t/km^2）
苍南昌禅溪小流域控制站	120°25′23.63″ E 27°22′48.62″ N	3.33	红壤	耕地、林地、毛竹林	1 806.0	124.6	21.48
永嘉石柱小流域控制站	120°44′36.46″ E 28°16′13.95″ N	0.41	红壤	耕地、林地、荒草地	982.0	492.3	9.08

（三）水文观测站

表 13　水文观测站观测结果

监测站名称	所在位置	集雨面积 / km^2	观测结果		
			降雨量 / mm	径流深 / mm	输沙量 /（t/km^2）
建德更楼水文观测站	119°15′00″ E 29°25′12″ N	687	1 425.5	666.6	38.21
临海柏枝岙水文观测站	120°56′10″ E 28°52′59″ N	2 475	1 639.5	751.3	50.89
临安桥东村水文观测站	119°37′36″ E 30°15′48″ N	233	1 638.4	1 068.8	84.88

（四）坡面径流场

表 14　典型坡面径流场观测结果

监测站名称	径流小区名称	所在位置	观测环境（条件）				观测结果		
			小区面积 / m^2	措施名称	坡度	土壤类型	降雨量 / mm	径流深 / mm	土壤流失量 / （t/km^2）
丽水石牛坡面径流场	1 号小区	119°50′03.88″ E 28°24′32.64″ N	100	顺坡 + 裸地	15°	红壤	1 269.5	81.5	966.98
	2 号小区		100	垄沟 + 茶花	15°	红壤		70.8	554.13
	3 号小区		100	垄沟 + 桃树	15°	红壤		65.9	558.23
	4 号小区		100	顺坡 + 杨梅 + 麦冬	15°	红壤		63.9	494.28
	5 号小区		100	垄沟 + 茶树	15°	红壤		64.7	597.68
兰溪上华坡面径流场	3 号小区	119°28′12.14″ E 29°06′19.63″ N	100	顺坡 + 桑树 + 草	15°	红壤	1 130.1	15.5	429.16
永康花街坡面径流场	1 号小区	119°57′22.40″ E 28°55′46.53″ N	100	顺坡 + 方山柿	10°	红壤	1 207.0	84.1	3.00
	2 号小区		100	垄沟 + 桃形李	10°	红壤		450.8	17.12
	3 号小区		100	顺坡 + 方山柿	10°	红壤		486.5	27.65
	4 号小区		100	垄沟 + 茶树	10°	红壤		601.0	105.82
	5 号小区		100	顺坡 + 裸地	10°	红壤		535.4	97.20
常山天马坡面径流场	1 号小区	118°28′14.58″ E 28°54′33.98″ N	100	垄沟 + 茶树	10°	红壤	1 452.0	25.3	0.83
	2 号小区		100	顺坡 + 胡柚	10°	红壤		32.9	10.69
	3 号小区		100	顺坡 + 胡柚 + 草	10°	红壤		28.3	2.79
	4 号小区		100	水平阶 + 胡柚	10°	红壤		42.2	9.93
	5 号小区		100	顺坡 + 裸地	10°	红壤		368.3	373.52
宁海西溪坡面径流场	1 号小区	121°18′13.90″ E 29°18′2.13″ N	100	垄沟 + 枇杷	15°	红壤	1 585.3	72.8	10.04
	2 号小区		100	顺坡 + 幼枇杷 + 草本	15°	红壤		81.4	20.21
	3 号小区		100	顺坡 + 枇杷	15°	红壤		73.8	18.76
	4 号小区		100	顺坡 + 茶 + 草本	15°	红壤		97.1	115.11
	5 号小区		100	顺坡 + 杂草	15°	红壤		306.4	547.84

4.2 生产建设项目水土保持监测

2018 年，全省共有 470 个生产建设项目开展水土保持监测，其中当年新增监测项目 142 个。监测项目涉及全省 11 个地级市的公路、水利等行业。

2018 年，生产建设项目水土保持监测工作按相关要求，共上报水土保持监测季报 1 484 份，发布监测信息通报 4 期（见图 1～2）。

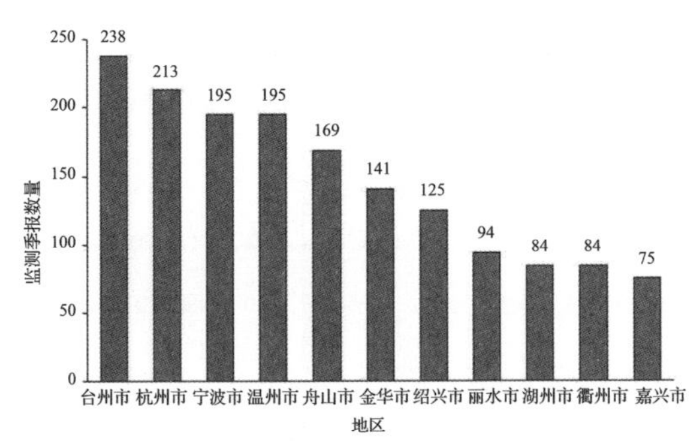

图 1　不同地区监测季报数量

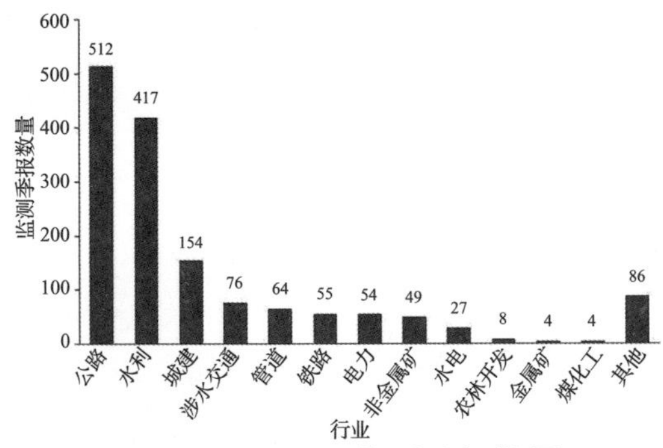

图 2　不同行业监测季报数量

第五部分　重要水土保持事件

（1）省政府召开水资源管理和水土保持工作委员会会议

6 月 1 日，省政府召开省水资源管理和水土保持工作委员会会议，副省长彭佳学主持会议并讲话。省水利厅厅长马林云代表委员会通报 2017 年度全省水资源管理与水土保持工作开展情况和今后 5 年工作总体安排，省水利厅副厅长冯强代表委员办公室布置 2018 年度主要任务和分工安排。

（2）省政府办公厅印发《浙江省水土保持目标责任制考核办法》

9 月 6 日，经省政府同意，省政府办公厅印发《浙江省水土保持目标责任制考核办法》，标志着浙江省水土保持目标责任考核专项制度正式建立，对进一步加强全省水土保持工作具有重要推动作用。

（3）水利部水土保持司副司长陈琴调研浙江省水土保持监督管理工作

9 月 26 — 27 日，水利部水土保持司副司长陈琴来浙江省调研水土保持监督管理工作，就浙江省水利部门落实水土保持“放管服”“最多跑一次”等方面开展调研。省水利厅党组成员、副厅长冯强陪同。

（4）水利部水土保持司副司长张文聪调研浙江省水土流失防治服务乡村振兴工作

5 月 31 日至 6 月 1 日，水利部水土保持司副司长张文聪来浙江省调研水土流失防治服务乡村振兴工作，先后赴上虞区、新昌县实地调研水土流失综合治理项目建设情况。省水利厅党组成员、副厅长冯强陪同。

（5）水利部太湖流域管理局副局长吴浩云来浙江省考核水土保持 3 项重点工作

1 月 11 — 12 日，水利部太湖流域管理局副局长吴浩云来浙江省对水土保持目标责任制、水土保持监测与信息化 3 项重点任务进行考核，考核组对浙江省水土保持3项重点任务完成情况予以充分肯定。省水利厅党组成员、副厅长冯强陪同。

（6）副厅长冯强赴台州市调研水利工程水土保持工作

12月20—21日，省水利厅党组成员、副厅长冯强赴台州市调研水利工程水土保持工作，实地查看临海市方溪水库大田街道方家弄安置区等现场，听取各方关于工程建设和水土保持等工作的汇报。省水资源水保处和省水资源水保中心负责人陪同。

（7）2018年度全省水土保持工作座谈会暨管理人员培训会召开

12月4—5日，省水利厅召开全省水土保持工作座谈会暨管理人员培训会，省水利厅党组成员、副厅长冯强出席会议并讲话。他强调，要聚焦乡村振兴战略和大花园建设，围绕水土保持目标责任制考核等方面扎实做好2019年水土保持工作。会议全面回顾2018年水土保持工作，布置水土保持目标责任制考核相关工作。会议特邀中央党校专家做专题讲座。

（8）全省水土保持监测管理工作会议在宁海县召开

11月20—21日，省水资源水保中心在宁海县组织召开全省水土保持监测管理工作会议。会议总结交流了2017—2018年度水土保持监测工作，通报近一年的监测数据成果。相关县（市、区）水利部门分管负责人及部门负责人、各监测站负责人、相关技术服务和监测设备研发单位代表参加会议，水利部太湖流域水土保持监测中心站和省水利厅水资源水保处相关负责人到会指导。

（9）生产建设项目水土保持工作业务暨从业人员技术培训班在杭州市举办

9月5日，省水资源水保中心、省水土保持学会在杭州市联合举办生产建设项目水土保持工作业务暨从业人员技术培训班，会议全面分析水土保持工作面临的新形势、新要求，对《浙江省水土流失动态监测规划》（2018—2022）进行解读，对全省水土保持监测工作进行部署。各市、县（市、区）水行政主管部门、70多家学会会员单位参加培训。

（10）浙江省地方标准《水土流失综合治理技术规范》发布

11月15日，浙江省地方标准《水土流失综合治理技术规范》（DB33/T 2166—2018）由省质量技术监督局批准发布，于2018年12月7日起实施。明确水土流失现状调查的基本要求，提出综合治理的总体布局、防治措施等方面的技术要求。

2018 年浙江省洪涝台旱灾害公报（摘录）

一、洪涝灾情综述

2018 年，浙江省遭受较典型梅雨、连续多个台风及沿海部分县市持续干旱等灾害，且刚出梅即遭遇台风，台风期间有个别潮位站达到 20 年一遇潮位。由于持续性强降雨不多，全年未发生流域性大洪水，加上全省各地全力做好防御工作，洪涝台旱灾害损失与往年相比总体偏轻，且无人员伤亡。据各地上报统计，全省有 9 个设区市 43 个县（市、区）384 个乡（镇、街道）69.37 万人受灾，倒塌房屋 65 间，农作物受灾面积 4.766 万 hm^2、成灾面积 1.896 万 hm^2。直接经济损失 17.92 亿元，占全省 GDP（5 6197 亿元）的 0.03%，其中，农林牧渔业损失 9.85 亿元，占直接经济损失的 55.0%；工业交通运输业损失 5.12 亿元，占直接经济损失的 28.6%；水利设施损失 2.07 亿元，占直接经济损失的 11.6%。全省没有人员因灾死亡（失踪）。全省洪涝台灾害损失情况见表 1。

表 1　2018 年全省洪涝台灾害损失情况

设区市	洪涝面积 / 万 hm^2		受灾人口 / 万人	死亡人口 / 人	失踪人口 / 人	受淹城市 / 个	倒塌房屋 / 间	GDP/ 亿元	直接经济损失占 GDP 比例 / %	直接经济损失 / 亿元			
	受灾	成灾								总损失	农林牧渔业	工业交通运输业	水利设施
宁波	0.171	0.024	0.73	0	0	0	12	10 580	0.01	0.86	0.38	0.27	0.13
温州	2.965	1.660	42.75	0	0	0	31	5 893	0.16	9.26	6.79	1.05	0.86
嘉兴	1.317	0.174	17.78	0	0	3	1	4 853	0.08	4.10	1.48	2.43	0.02
湖州	0.000	0.000	0.23	0	0	0	0	2 717	0.01	0.18	0.02	0.11	0.05
金华	0.003	0.002	0.02	0	0	0	2	3 942	0.00	0.05	0.02	0.01	0.02
衢州	0.041	0.004	0.53	0	0	0	10	1 401	0.02	0.29	0.21	0.03	0.05
舟山	0.206	0.000	4.75	0	0	0	0	1 147	0.25	2.90	0.82	1.19	0.83
台州	0.043	0.020	2.11	0	0	0	0	4 920	0.00	0.18	0.09	0.02	0.08
丽水	0.020	0.012	0.47	0	0	0	9	1 376	0.01	0.10	0.04	0.01	0.03
合计	**4.766**	**1.896**	**69.37**	**0**	**0**	**3**	**65**	**56 197**	**0.03**	**17.92**	**9.85**	**5.12**	**2.07**

（一）灾情特点

1. 灾害损失总体偏轻。2018 年全省洪涝台直接经济损失、农林牧渔业损失、工业交通运输业损失、农作物受灾面积、受灾人口分别占2000—2017年均值的11.2%、16.5%、9.9%、11.9%、32.1%，均为2003年以来最小，继2017年无人员伤亡后，再次全年洪涝台灾害无人员伤亡。

2. 受灾区域较为集中。2018年全省洪涝台灾害损失主要集中在温州、嘉兴、舟山3市，共计16.26亿元，占全省直接经济损失的90.7%。其中，温州市9.26亿元，占56.9%；嘉兴市4.10亿元，占25.2%；舟山市2.90亿元，占17.8%。

3. 台风灾害损失占比特别大。在7月9日梅雨结束至8月就有5个台风影响浙江，共造成直接经济损失17.49亿元，占全省直接经济总损失的97.6%。其中，梅雨刚结束就遭遇的台风“玛莉亚”造成损失9.37亿元，占52.3%；台风“安比”造成损失2.25亿元，占12.6%；台风“云雀”造成损失4.28亿元，占23.9%。

4. 个别市县持续干旱。受降雨量持续偏少和降雨空间分布不均的影响，玉环市、温岭市水库山塘蓄水率持续偏低，导致两市供水持续紧张，两地分别自2017年8月、9月启动抗旱应急响应，至2018年9月和2019年3月才结束。象山县2018年降水量偏少20.3%，自2018年6月26日一直维持城镇供水Ⅲ级抗旱应急响应，至2019年4月10日才结束响应。

（二）分行业损失情况

1. 农林牧渔业

全省因洪涝台灾害农作物受灾面积4.766万hm^2，其中成灾面积1.896万hm^2、绝收面积0.212万hm^2，因灾减产粮食3.81万t，经济作物损失4.02亿元，大牲畜死亡0.05万头，水产养殖损失1.98万t，农林牧渔业直接经济损失9.85亿元（见表2）。

表2 2018年全省农林牧渔业因灾损失情况

设区市	农作物受灾面积/万hm^2	农作物成灾面积/万hm^2	农作物绝收面积/万hm^2	因灾减产粮食/万t	经济作物损失/亿元	死亡大牲畜/万头	水产养殖损失/万t	农林牧渔业直接经济损失/亿元
宁波	0.171	0.024	0.004	0	0.13	0.03	0.04	0.38
温州	2.965	1.660	0.201	3.37	1.85	0.02	1.13	6.79
嘉兴	1.317	0.174	0.005	0.41	1.36	0	0.01	1.48
湖州	0	0	0	0	0.02	0	0	0.02
金华	0.003	0.002	0.001	0.02	0	0	0	0.02
衢州	0.041	0.004	0.001	0	0.11	0	0	0.21
舟山	0.206	0	0	0	0.53	0	0.80	0.82
台州	0.043	0.020	0	0	0	0	0	0.09
丽水	0.020	0.012	0	0.01	0.02	0	0	0.04
合计	**4.766**	**1.896**	**0.212**	**3.81**	**4.02**	**0.05**	**1.98**	**9.85**

2. 工业交通运输业

全省因洪涝台灾害停产工矿企业3 596个，铁路1条次、公路305条次、供电线路585条次、通信线路19条次一度中断，工业交通运输业直接经济损失5.12亿元（见表3）。

表3 2018年全省工业交通运输业因灾损失情况

设区市	停产工矿企业/个	铁路中断/条次	公路中断/条次	机场关停/个次	供电中断/条次	通信中断/条次	工业交通运输业直接经济损失/亿元
宁波	1	0	20	0	23	0	0.27
温州	2 575	0	231	1	400	18	1.05
嘉兴	604	0	18	1	121	0	2.43
湖州	57	0	0	0	0	0	0.11
金华	1	0	1	0	0	0	0.01
衢州	0	0	9	0	16	1	0.03
舟山	342	0	12	0	13	0	1.19
台州	5	1	0	0	6	0	0.02
丽水	11	0	14	0	6	0	0.01
合计	**3 596**	**1**	**305**	**2**	**585**	**19**	**5.12**

3. 水利设施

全省因洪涝台灾害损坏堤防395处计29.31 km、堤防决口11处计0.45 km、冲毁塘坝20座、损坏护岸298处、水闸27座、灌溉设施471处、水文测站19个、机电井1眼、机电泵站74座、水电站1座，水利设施直接经济损失2.07亿元（见表4）。

表4 2018年全省水利设施因灾损失情况

设区市	损坏堤防		堤防决口		损坏水闸/座	损坏水文测站/个	损坏水电站/座	水利设施直接经济损失/亿元
	处数	长度/km	处数	长度/km				
宁波	1	0.07	0	0	0	0	0	0.13
温州	138	10.81	5	0.23	12	8	0	0.86
嘉兴	12	1.42	0	0	1	0	1	0.02
湖州	40	3.20	0	0	0	0	0	0.05
金华	6	0.58	1	0.02	0	0	0	0.03
衢州	39	0.90	0	0	1	0	0	0.05
舟山	114	8.89	0	0	13	10	0	0.83
台州	32	1.85	5	0.20	0	1	0	0.07
丽水	13	1.59	0	0	0	0	0	0.03
合计	**395**	**29.31**	**11**	**0.45**	**27**	**19**	**1**	**2.07**

二、主要灾害过程

（一）梅雨

浙江6月20日入梅，7月8日出梅，梅雨期19天，比常年（22天）偏短3天，全省平均梅雨量191.9 mm，比多年平均梅雨量（250.5 mm）少23.4%。梅雨量偏少且地区分布不均，丽水仅132.6 mm，比多年平均梅雨量（261.6 mm）少49.3%；衢州、金华、舟山、温州、绍兴、杭州、宁波分别比多年平均梅雨量少38.8%、35.1%、34.9%、18.3%、15.6%、13.3%、9.6%。湖州、台州和嘉兴略偏多，分别比多年平均梅雨量多5.4%、2.4%、1.4%。梅雨期降雨分布情况见图1。

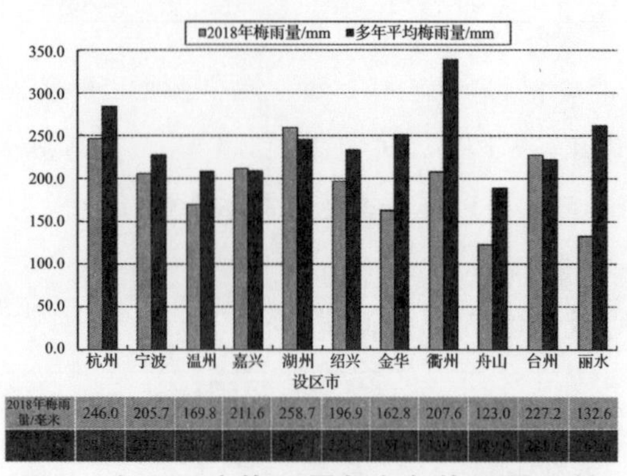

图1 各设区市梅雨量与多年梅雨量比较

2018年梅雨期间多分散性局地强降雨天气，未发生流域性大洪水：

1. 6月19—23日，浙江省出现明显降雨天气。全省平均降水量74.1 mm，其中湖州116.3 mm、杭州108.5 mm、嘉兴98.2 mm；全省共有921个水情站累计降水量大于100 mm、12个站大于200 mm，最大降水量为杭州市滨江区江边站243.5 mm。

2. 6月29日至7月7日，浙江省大部地区多分散性短时强降雨。全省累计平均降水量110 mm，其中台州140.8 mm、杭州132.8 mm、湖州122 mm；全省共有1 795个水情站累计降水量大于100 mm、225个站大于200 mm、5个站大于300 mm，最大降水量为台州市临海汛桥站337.5 mm。

梅雨期间，东苕溪上游、杭嘉湖区、钱塘江上游常山港、甬江上游姚江等主要江河部分控制站最高水位超过警戒（保证）水位0.13～0.73 m，其中，嘉兴市海宁长安站最高水位超过保证水位0.37 m，超保历时近7小时。梅雨期间超警戒（保证）水位测站情况见表5。

表5 梅雨洪水超警戒（保证）水位表

水系名称	站名	最高水位 / m	发生时间	警戒水位 / m	保证水位 / m	超警戒（保证）水位 / m
钱塘江	常山	82.13	6－20 22:15	82.00	84.00	超警 0.13
苕溪	桥东村	85.39	7－01 01:47	84.66	85.66	超警 0.73
杭嘉湖区	塘栖北	2.21	7－07 16:00	2.16	2.66	超警 0.05
	临平上	4.07	7－06 22:00	3.66	4.16	超警 0.41
	临平下	2.30	7－07 00:00	2.16	2.66	超警 0.14
	长安	3.73	7－06 23:00	2.96	3.36	超保 0.37
	软城	1.89	6－23 10:00	1.46	1.96	超警 0.43
	嘉善	1.59	7－07 11:00	1.46	1.76	超警 0.13
	平湖	1.68	6－23 11:00	1.36	1.76	超警 0.32

续表

水系名称	站名	最高水位 / m	发生时间	警戒水位 / m	保证水位 / m	超警戒（保证）水位 / m
杭嘉湖区	桐乡	1.98	7－06 23:00	1.86	2.26	超警 0.12
	崇德	2.19	7－06 23:00	1.86	2.26	超警 0.33
	乌镇	1.91	7－07 09:00	1.56	1.96	超警 0.35
	嘉兴	1.73	6－23 15:00	1.46	1.86	超警 0.27
	王江泾	1.56	7－07 13:00	1.36	1.66	超警 0.20
	新市	2.16	7－07 07:00	1.86	2.46	超警 0.30
	南浔	1.89	7－07 20:00	1.66	2.16	超警 0.23
甬江	余姚	1.92	7－06 09:00	1.90	2.40	超警 0.02
	黄古林	2.01	7－07 01:00	2.00	2.50	超警 0.01
	骆驼桥	1.84	7－06 22:00	1.60	2.00	超警 0.24
舟山岛	糯米村	0.62	6－22 20:00	0.60	0.90	超警 0.02

（二）台风

2018年出梅仅3天，8号台风“玛莉亚”就接踵而至，至8月17日，先后有10号台风“安比”、12号台风“云雀”、14号台风“摩羯”、18号台风“温比亚”等台风集中影响，平均8天1个，且一年内10号、12号、18号3个台风先后在上海登陆，历史罕见（1949年以来从海上西行直接登陆上海的台风仅2个，1977年8号台风和1989年13号台风），14号台风“摩羯”在温岭沿海登陆，12号台风“云雀”登陆在上海、降雨在嘉兴。此后，有19号台风“苏力”、24号台风“潭美”、25号台风“康妮”等3个台风影响浙江海域。9月中旬，又有22号台风（“山竹”）外围环流和低层弱冷空气给浙江省带来降雨影响。

1. 201808号台风“玛莉亚”灾害

第8号台风“玛莉亚”于7月4日20时在美国关岛以东的洋面上生成，6日5时发展成超强台风，逐渐向浙闽沿海靠近，绕过台湾岛，于11日9时10分在福建省连江县黄岐半岛登陆，登陆后继续向西北偏西方向移动，强度快速减弱，穿越福建北部，于11日晚上进入江西省境内减弱为低压。

受8号台风“玛莉亚”影响，7月10 — 11日，浙江温州市大部、台州市和丽水市的部分地区降暴雨到大暴雨、温州局部降特大暴雨。全省平均降水量27 mm，其中温州117.5 mm、台州39.5 mm、丽水38.3 mm；瓯海区175.8 mm、鹿城区173.4 mm、龙湾区163.0 mm；全省有273个水情站累计降水量大于100 mm、23个站大于200 mm，最大降水量为温州市泰顺九峰村站284.5 mm。浙江东南沿海风力达10 ~ 13级，局地14 ~ 17级，最大苍南流岐岙村57.8 m/s（17级），在近40年浙江的台风大风实测记录中排第5位。

受台风“玛莉亚”影响，浙南三大江河口风暴增水大，高潮位增水1.49～1.99 m，主要水位站最高水位均超过警戒水位，超警幅度0.41～0.90 m，其中鳌江河口鳌江站最高水位4.75 m，超过警戒水位0.90 m，列历史实测第三，重现期约20年；鳌江北港水头站、温州西山、瑞安塘下和龙湾永强等站最高水位均超过警戒水位，超警幅度0.01～0.38 m。“玛莉亚”影响期间超警戒（保证）水位测站情况见表6。

表6 台风“玛莉亚”影响期间超警戒（保证）水位表

水系名称	站名	最高水位 / m	发生时间	警戒水位 / m	保证水位 / m	超警戒（保证）水位 / m
杭嘉湖区	乌镇	1.62	7－10 08:00	1.56	1.96	超警 0.06
	王江泾	1.40	7－10 09:00	1.26	1.56	超保 0.14
	南浔	1.70	7－10 09:00	1.66	2.16	超警 0.04
太湖湖区	夹浦	1.96	7－11 21:00	1.86	2.46	超警 0.10
鳌江	永强	3.11	7－11 22:00	3.10	3.60	超警 0.01
	温州西山	3.41	7－11 22:00	3.10	3.60	超警 0.31
	水头	7.38	7－11 12:00	7.00	8.20	超警 0.38
	塘下	3.15	7－11 16:00	3.10	3.60	超警 0.05

“玛莉亚”造成温州、台州、丽水等3个设区市15个县（市、区）174个乡（镇、街道）43.41万人受灾，倒塌房屋31间，农作物受灾面积2.991万hm^2，成灾面积1.677万hm^2。直接经济损失9.37亿元，其中：农林牧渔业6.88亿元，工业交通运输业1.07亿元，水利设施0.91亿元。苍南县损失较大，达4.32亿元（见表7）。

表7 台风“玛莉亚”灾害损失情况表

设区市	洪涝面积 / 万hm^2		受灾人口 / 万人	受淹城市 / 个	倒塌房屋 / 间	直接经济损失 / 亿元			
	受灾	成灾				总损失	农林牧渔业	工业交通运输业	水利设施
温州	2.943	1.655	42.72	0	31	9.19	6.78	1.05	0.86
台州	0.043	0.020	0.33	0	0	0.14	0.09	0.01	0.04
丽水	0.005	0.002	0.36	0	0	0.04	0.01	0.01	0.01
合计	**2.991**	**1.677**	**43.41**	**0**	**31**	**9.37**	**6.88**	**1.07**	**0.91**

2. 201810号台风“安比”灾害

第10号台风“安比”于7月18日20时在菲律宾以东的洋面上生成，20日10时增强为强热带风暴，逐渐向浙北沿海靠近，穿过舟山群岛，于22日12时30分在上海市崇明岛沿海登陆，登陆后自南而北穿过江苏、山东、河北、天津等省市，强度缓慢减弱，于25日2时在内蒙古境内变性为温带气旋。

受10号台风“安比”影响，7月21—23日，浙江东北部部分地区降大到暴雨。全省平均降水量14.2 mm，其中宁波31.7 mm、嘉兴25.0 mm、绍兴24.2 mm；余姚市62.5 mm、海曙区41.5 mm、上虞区41.4 mm；全省有6个水情站累计降水量大于100 mm，最大降水量为宁波市余姚夏家岭站124.5 mm。浙北沿海出现10～13级大风，10级以上大风持续时间长达18小时，最大为嵊泗县嵊山镇38.9 m/s（13级）。

受台风“安比”影响，全省江河水情平稳，仅湖州市吴兴区小梅口站7月22日9时出现最高水位1.96 m，超警戒水位0.10 m，其他主要江河站最高水位均在警戒水位以下。

“安比”主要造成舟山市局部损失，该市4个县（市、区）38个乡（镇、街道）3.10万人受灾，农作物受灾面积0.067万hm^2。直接经济损失2.25亿元，其中：农林牧渔业0.52亿元，工业交通运输业1.00亿元，水利设施0.68亿元。

3. 201812号台风“云雀”灾害

第12号台风“云雀”于7月25日2时在西北太平洋洋面生成，29日凌晨在日本本州岛南部登陆（台风级），登陆后穿过日本南部强度逐渐减弱，后在海上缓慢回旋，于8月3日10时30分前后在上海金山沿海再次登陆，登陆后穿过上海西部，进入江苏南部，在苏南地区减弱为热带低压。台风“云雀”移动路径异常复杂，且登陆在上海，降雨集中在浙北，为历史罕见。台风生成后先向东北方向移动，后转为西北方向，登陆日本后转向西偏南，之后又折向西偏北穿过舟山群岛进入杭州湾，登陆上海金山。

12号台风“云雀”登陆在上海，降雨在嘉兴，8月1—3日，杭州湾两岸的嘉兴、宁波、杭州和绍兴东部地区以及舟山、湖州东部地区等普降暴雨，部分大暴雨。全省平均降水量30.3 mm，其中嘉兴151.4 mm、湖州67.6 mm、宁波55.7 mm；海盐县188.3 mm、南湖区184.5 mm、海宁市181.3 mm、桐乡市158.3 mm；全省有120个水情站累计降水量大于100 mm、10个站大于200 mm，最大降水量为宁波市慈溪四灶浦十二塘闸273 mm。浙北沿海、舟山群岛、杭州湾水面出现8～10级局部11～12级大风，杭州湾两岸地区出现6～8级大风，最大嵊泗花鸟岛36.9 m/s（12级）。

受台风“云雀”影响，杭嘉湖区大部分江河站超警戒水位，其中嘉兴市主要河网控制站全面超保证水位，幅度为0.24～0.65 m。嘉兴站最高水位2.36 m，超过保证水位0.5 m，列历史实测第6位，低于历史实测最高水位0.23 m；海盐欤城站最高水位2.61 m，超过保证水位0.65 m，排历史实测第3位，仅低于历史实测最高水位0.06 m；海宁硖石站最高水位2.70 m，超保证水位0.34 m，位列历史实测第5位。台风“云雀”影响期间超警戒（保证）水位测站情况见表8。

表8　台风“云雀”影响期间超警戒（保证）水位表

m

水系名称	站名	最高水位	发生时间	警戒水位	保证水位	超警戒（保证）水位
杭嘉湖区	塘栖北	2.28	8－04 08:00	2.16	2.66	超警 0.12
	临平上	4.04	8－03 13:00	3.66	4.16	超警 0.38
	临平下	2.42	8－03 22:00	2.16	2.66	超警 0.26
	长安	3.73	8－03 19:00	2.96	3.36	超保 0.37
	硖石	2.70	8－03 18:10	1.96	2.36	超保 0.34
	欤城	2.61	8－03 18:00	1.46	1.96	超保 0.65
	嘉善	2.00	8－03 21:00	1.46	1.76	超保 0.24
	平湖	2.14	8－03 20:00	1.36	1.76	超保 0.38
	桐乡	2.59	8－03 18:00	1.86	2.26	超保 0.33
	崇德	2.65	8－03 19:00	1.86	2.26	超保 0.39
	乌镇	2.26	8－03 19:20	1.56	1.96	超保 0.30
	嘉兴	2.36	8－03 19:54	1.46	1.86	超保 0.50
	王江泾	1.96	8－03 23:00	1.36	1.66	超保 0.30
	新市	2.27	8－04 01:00	1.86	2.46	超警 0.41
	南浔	1.98	8－04 05:00	1.66	2.16	超警 0.32
曹娥江	新昌	43.13	8－03 04:00	43.00	44.00	超警 0.13
甬江	虞江波	2.25	8－03 11:00	2.10	2.90	超警 0.15

受“云雀”影响，嘉兴、湖州等地部分道路、桥涵、小区出现积水，部分工厂、农田受淹。

“云雀”造成嘉兴、湖州等2个设区市12个县（市、区）68个乡（镇、街道）18.01万人受灾，倒塌房屋1间，农作物受灾面积1.317万hm^2，成灾面积0.174万hm^2。直接经济损失4.28亿元，其中：农林牧渔业1.50亿元，工业交通运输业2.54亿元，水利设施0.07亿元（见表9）。

表9　台风“云雀”灾害损失情况表

设区市	洪涝面积/万hm^2		受灾人口/万人	受淹城市/个	倒塌房屋/间	直接经济损失/亿元			
	受灾	成灾				总损失	农林牧渔业	工业交通运输业	水利设施
嘉兴	1.317	0.174	17.78	3	1	4.10	1.48	2.43	0.02
湖州	0	0	0.23	0	0	0.18	0.02	0.11	0.05
合计	**1.317**	**0.174**	**18.01**	**3**	**1**	**4.28**	**1.50**	**2.54**	**0.07**

4. 201814 号台风“摩羯”灾害

第 14 号台风“摩羯”于 8 月 8 日 14 时在西北太平洋洋面生成，12 日 23 时 35 分前后在浙江温岭沿海登陆从东南到西北斜穿浙江省内地，依次穿过台州、金华、绍兴、杭州和湖州等地，强度逐渐减弱，于 13 日 8 时前后进入安徽省境内。

“摩羯”是 2018 年首个登陆浙江的台风，从登陆台州温岭到离开浙江进入安徽省历时 8.5 个小时，强降雨范围较广，影响台州、湖州等 8 个地市。受“摩羯”影响，8 月 11 — 13 日，浙江大部分地区出现大到暴雨，局部大暴雨。全省平均降水量 49.7 mm，其中台州 92.9 mm、湖州 74.8 mm、绍兴 64.3 mm；37 个县（市、区）面雨量超过 50 mm，较大的有嵊泗 126.9 mm、黄岩 102.7 mm、天台 99.3 mm、富阳 97.9 mm、安吉 95.0 mm；全省有 341 个水情站累计降水量大于 100 mm，最大降水量为台州市临海黄家寮水库 204 mm。全省 50 mm 以上雨量覆盖面积约 4.2 万 km^2，约占浙江省陆域面积的 40%，100 mm 以上雨量覆盖面积约 0.78 万 km^2。浙中北沿海出现 9 ~ 11 级、局部 12 ~ 13 级大风，较大有温岭石塘镇三蒜岛 37.5 m/s（13 级）、路桥区湖屿岛 35.3 m/s（12 级）。

台风“摩羯”登陆前后恰逢农历七月的天文最大潮汛，部分沿海潮位站遭遇天文最高潮与最大风暴增水双碰头叠加，实测最高潮位均超过警戒水位，其中浙中北沿海及河口主要站点超警幅度 0.47 ~ 0.84 m（高潮位增水 0.38 ~ 1.08 m）。乍浦和健跳 2 站实测最高潮位均排历史第 3，重现期为 20 年和 10 年；澉浦实测最高潮位排历史第 4，重现期约 15 年；镇海站实测最高潮位排历史实测第 5，重现期接近 20 年；海门和定海站实测最高潮位分别排历史第 6 和第 8。杭嘉湖区部分江河站及椒江干流永安溪支流朱溪下回头站最高水位超过警戒水位，超警幅度 0.01 ~ 0.26 m。台风“摩羯”影响期间超警戒（保证）水位测站情况见表 10。

表 10　台风“摩羯”影响期间超警戒（保证）水位表

m

水系名称	站名	最高水位	发生时间	警戒水位	保证水位	超警戒（保证）水位
杭嘉湖区	软城	1.47	8 – 13 05:10	1.46	1.96	超警 0.01
	嘉善	1.68	8 – 13 07:00	1.46	1.76	超警 0.22
	平湖	1.50	8 – 13 07:00	1.36	1.76	超警 0.14
	乌镇	1.62	8 – 13 11:00	1.56	1.96	超警 0.06
	嘉兴	1.54	8 – 13 09:00	1.46	1.86	超警 0.08
	王江泾	1.55	8 – 13 10:00	1.36	1.66	超警 0.19
	南浔	1.67	8 – 13 10:00	1.66	2.16	超警 0.01
太湖湖区	夹浦	1.93	8 – 13 08:00	1.86	2.46	超警 0.07
椒江	下回头	56.06	8 – 03 11:00	55.80	56.80	超警 0.26

“摩羯”台风降雨有效增加大中型水库增蓄水，特别是前阶段缺水较为严重的东阳、义乌、温岭、玉环等地，缺水状况得到一定程度的缓解。全省未发生明显灾情，无人员因灾伤亡。

5. 201818号台风“温比亚”灾害

第18号台风“温比亚”于8月15日14时在东海东南部海面上生成，随后向西偏北方向移动，17日4时5分在上海浦东新区南部沿海登陆，14时进入安徽境内，对浙江影响减弱。

受18号台风“温比亚”影响，8月15—17日，浙北地区普降暴雨到大暴雨。全省平均降水量30.6 mm，其中湖州87.2 mm、舟山76.3 mm、宁波71.1 mm；7个县（市、区）面雨量大于100 mm，较大的有镇海134.6 mm、江干128.5 mm、江北114.4 mm；全省有226个水情站累计降水量大于100 mm、5个站大于200 mm，最大降水量为舟山市定海区肚斗水库268 mm。浙北沿海海面、舟山群岛和杭州湾水面出现9～11级、局部12～13级大风，浙北沿海地区和内陆平原出现6～8级大风，最大嵊泗徐公岛40.6 m/s（13级）。

受“温比亚”影响，杭嘉湖区主要平原河网控制站最高水位全面超警戒水位，其中嘉兴、乌镇、王江泾、嘉善和长安等5站超保证水位0.02～0.15 m。台风“温比亚”影响期间超警戒（保证）水位测站情况见表11。

表11 台风“温比亚”影响期间超警戒（保证）水位表

m

水系名称	站名	最高水位	发生时间	警戒水位	保证水位	超警戒（保证）水位
杭嘉湖区	塘栖北	2.33	8－18 01:00	2.16	2.66	超警 0.17
	临平下	2.38	8－17 21:00	2.16	2.66	超警 0.22
	长安	3.48	8－17 22:00	2.96	3.36	超警 0.52
	欤城	1.81	8－17 19:00	1.46	1.96	超警 0.35
	嘉善	1.87	8－17 22:00	1.46	1.76	超保 0.11
	平湖	1.71	8－17 21:00	1.36	1.76	超警 0.35
	桐乡	2.15	8－17 13:00	1.86	2.26	超警 0.29
	崇德	2.27	8－17 19:00	1.86	2.26	超保 0.01
	乌镇	2.09	8－18 01:00	1.56	1.96	超保 0.13
	嘉兴	1.90	8－18 00:00	1.46	1.86	超保 0.04
	王江泾	1.83	8－17 23:00	1.36	1.66	超保 0.17
	新市	2.33	8－18 08:00	1.86	2.46	超警 0.47
	南浔	2.08	8－18 00:00	1.66	2.16	超警 0.42
苕溪	德清大闸下	2.46	8－18 04:00	–	–	超历史最高 0.05

续表

水系名称	站名	最高水位	发生时间	警戒水位	保证水位	超警戒（保证）水位
太湖湖区	小梅口	1.87	8－17 06:00	1.86	2.46	超警 0.01
	夹浦	1.86	8－17 19:00	1.86	2.46	同警戒水位
甬江	大碶	1.69	8－17 04:00	1.60	2.00	超警 0.09
	虞波江	2.37	8－17 10:00	2.10	2.90	超警 0.27
	余姚	2.23	8－17 11:00	1.90	2.40	超警 0.33

“温比亚”造成舟山市 3 个县（市、区）26 个乡（镇、街道）1.66 万人受灾，农作物受灾面积 0.139 万 hm^2。直接经济损失 0.64 亿元，其中：农林牧渔业 0.30 亿元，工业交通运输业 0.18 亿元，水利设施 0.15 亿元。

6. 201822 号台风“山竹”外围和冷空气共同影响灾害

第 22 号台风“山竹”于 9 月 7 日 20 时在西北太平洋洋面上生成，8 日 8 时加强为热带风暴，10 日 20 时加强为强台风，11 日 8 时加强为超强台风，15 日在菲律宾北部登陆，16 日 17 时在广东台山海宴镇再次登陆，登陆后自东南向西北穿过广东，17 日 17 时减弱为热带低压。

尽管 22 号台风“山竹”在广东登陆，但受 22 号台风“山竹”外围环流和低层弱冷空气渗透影响，9 月 15 — 17 日，浙北大部和东南沿海地区普降大到暴雨、局部大暴雨。全省平均降水量 46.8 mm，其中嘉兴 129.4 mm、宁波 113 mm、舟山 77.9 mm；13 个县（市、区）面雨量超过 100 mm，较大的有平湖 154.6 mm、北仑 149.7 mm、桐乡 148.3 mm、宁海 146 mm、海宁 142.3 mm；全省有 436 个水情站累计降水量大于 100 mm、23 个站大于 200 mm，最大降水量为宁波市宁海王社站 243.5 mm。

受强降雨影响，杭嘉湖区和宁波市主要河网控制站最高水位超过警戒水位；其中，嘉兴市主要河网控制站最高水位超过保证水位，超保幅度 0.14 ~ 0.63 m。台风“山竹”影响期间超警戒（保证）水位测站情况见表 12。

表 12 台风“山竹”影响期间超警戒（保证）水位表

m

水系名称	站名	最高水位	发生时间	警戒水位	保证水位	超警戒（保证）水位
杭嘉湖区	塘栖北	2.19	9－17 22:00	2.16	2.66	超警 0.03
	临平上	4.10	9－17 04:00	3.66	4.16	超警 0.44
	临平下	2.32	9－17 21:00	2.16	2.66	超警 0.16
	长安	3.99	9－17 06:00	2.96	3.36	超保 0.63
	硖石	2.63	9－17 15:00	1.96	2.36	超保 0.27
	欤城	2.53	9－17 19:00	1.46	1.96	超保 0.57

续表

水系名称	站名	最高水位	发生时间	警戒水位	保证水位	超警戒（保证）水位
杭嘉湖区	嘉善	1.72	9－17 21:00	1.46	1.76	超警 0.26
	平湖	2.07	9－17 14:00	1.36	1.76	超保 0.31
	桐乡	2.49	9－17 15:00	1.86	2.26	超保 0.23
	崇德	2.54	9－17 13:00	1.86	2.26	超保 0.28
	乌镇	2.16	9－17 15:00	1.56	1.96	超保 0.20
	嘉兴	2.18	9－17 15:00	1.46	1.86	超保 0.32
	王江泾	1.80	9－18 07:00	1.36	1.66	超保 0.14
	新市	2.19	9－18 05:00	1.86	2.46	超警 0.33
	南浔	1.92	9－18 06:00	1.66	2.16	超警 0.26
甬江	虞波江	2.61	9－17 12:00	2.10	2.90	超警 0.51
	奉化西坞	2.58	9－17 15:00	2.20	2.50	超保 0.08
	洪家塔	32.30	9－17 11:00	31.30	32.80	超警 1.00
	姜山	2.09	9－17 21:00	1.90	2.30	超警 0.19
	余姚	2.24	9－17 15:00	1.90	2.40	超警 0.34
	骆驼桥	1.83	9－17 11:00	1.60	20	超警 0.23
鳌江	水头	7.07	9－17 23:00	7.00	8.20	超警 0.07
舟山岛	老碶头	1.84	9－17 16:00	1.50	2.00	超警 0.34
	龙山	1.52	9－17 15:00	1.50	1.90	超警 0.02

强降雨造成宁波、金华、台州等3个设区市5个县（市、区）32个乡（镇、街道）2.53万人受灾，倒塌房屋14间，农作物受灾面积0.174万hm^2，成灾面积0.026万hm^2。直接经济损失0.95亿元，其中：农林牧渔业0.40亿元，工业交通运输业0.29亿元，水利设施0.19亿元（见表13）。

表13 台风“山竹”灾害损失情况表

设区市	洪涝面积 / 万hm^2		受灾人口 / 万人	受淹城市 / 个	倒塌房屋 / 间	直接经济损失 / 亿元			
	受灾	成灾				总损失	农林牧渔业	工业交通运输业	水利设施
宁波	0.171	0.024	0.73	0	12	0.86	0.38	0.27	0.13
金华	0.003	0.002	0.02	0	2	0.05	0.02	0.01	0.02
台州	0	0	1.78	0	0	0.04	0	0.01	0.04
合计	**0.174**	**0.026**	**2.53**	**0**	**14**	**0.95**	**0.40**	**0.29**	**0.19**

（三）局地强降雨

1. 4月22—23日，受暖湿气流共同影响，浙西和中北部地区普降大到暴雨、局部大暴雨。全省平均降水量35 mm，其中湖州68.3 mm、杭州63.6 mm、衢州59.5 mm；淳安县80.7 mm、开化县75.3 mm、德清县75 mm、安吉县73.2 mm、吴兴区69.7 mm；全省共有821个水情站累计降水量大于50 mm、49个站大于100 mm，最大降水量为湖州市安吉银坑站175 mm。

2. 4月29日，浙江省中西部地区部分降大到暴雨、局部大暴雨。全省平均降水量16.3 mm，其中衢州49 mm、金华43.2 mm；开化县84.5 mm、金东区69 mm、柯城区65.9 mm、兰溪市64.9 mm、龙游县58.7 mm；全省共有287个水情站累计降水量大于50 mm、98个站大于100 mm，最大降水量为衢州市龙游高塘表水库166 mm。

3. 5月30—31日，受暖湿气流和弱冷空气共同影响，浙江省普降大到暴雨、局部大暴雨。全省平均降水量39.4 mm，其中温州61.7 mm、丽水55.2mm、台州45.9 mm；泰顺县85.8mm、黄岩区84.5 mm、文成县83.1mm、永嘉县77.7 mm、青田县75.3 mm；全省共有798个水情站累计降水量大于50 mm、80个站大于100 mm，最大降水量为丽水市青田县塘坑水库171.5 mm。

4. 6月5日，浙江省温台丽地区普降大到暴雨、局部大暴雨。全省平均降水量27.5 mm，其中丽水61.9 mm、温州60.4 mm、台州51.4 mm；庆元县84.1 mm、泰顺县81.8 mm、黄岩区80.9 mm、云和县77.8 mm、路桥区70.1 mm；全省共有831个水情站累计降水量大于50 mm、14个站大于100 mm，最大降水量为丽水市庆元冯家山水库116 mm。

5. 8月24—25日，受热带低压环流和东南气流影响，浙江省东南沿海普遍降雨，杭州和绍兴北部等地出现大到暴雨，局部大暴雨。全省平均降水量41.2 mm，其中温州124.5 mm、台州68.9 mm、舟山46.1 mm；瓯海区188.2 mm、龙湾区179.3 mm、洞头区176.9 mm、苍南县134.7 mm、瑞安市130.8 mm；全省共有917个水情站累计降水量大于50 mm、365个站大于100 mm、24个站大于200 mm，最大降水量为温州市泰顺九峰村站266 mm。

6. 9月6—8日，受冷空气影响，浙江省自北而南大部出现大雨暴雨过程、温州局部降大暴雨。全省平均降水量28.7 mm，其中温州61.8 mm、嘉兴38.1 mm、杭州35.5 mm；平阳县91.3 mm、苍南县82.2 mm、瓯海区77.9 mm、泰顺县69.7 mm、瑞安市66.7 mm；全省共有394个水情站累计降水量大于50 mm、54个站大于100 mm，最大降水量为温州市平阳石牛坑站201.5 mm。

上述强降雨造成温州、衢州和丽水3个设区市7个县（市、区）70个乡（镇、街道）0.66万人受灾，倒塌房屋19间，农作物受灾面积0.078万 hm^2，成灾面积0.019万 hm^2。直接经济损失0.43亿元，其中：农林牧渔业0.25亿元、工业交通运输业0.04亿元、水利设施0.07亿元（见表14）。

表14　局地强降雨灾害损失情况表

设区市	洪涝面积/万 hm^2		受灾人口/万人	受淹城市/个	倒塌房屋/间	直接经济损失/亿元			
	受灾	成灾				总损失	农林牧渔业	工业交通运输业	水利设施
温州	0.022	0.005	0.02	0	0	0.07	0.01	0	0
衢州	0.041	0.004	0.53	0	10	0.29	0.21	0.03	0.05
丽水	0.015	0.010	0.11	0	9	0.07	0.03	0.01	0.02
合计	**0.078**	**0.019**	**0.66**	**0**	**19**	**0.43**	**0.25**	**0.04**	**0.07**

（四）干旱

2018年，台州玉环、温州温岭、宁波象山等地水库蓄水持续偏低，供水紧张。

1. 玉环市。自2017年7月初入伏后，玉环市持续高温少雨，开始旱象露头，玉环市于2017年8月13日启动抗旱Ⅳ级应急响应，后随着旱情加剧，于2017年9月15日和12月8日逐步提升抗旱应急响应至Ⅲ级、Ⅱ级。2018年上半年旱情延续，旱情特征为供水形势严峻，农业旱情相对不严重。2018年初，全市水库几乎干涸，2月19日、26日和3月12日全市水库蓄水41.12万 m^3，蓄水率2.2%。全市供水水平从10万～11万t/d正常水平降至年底的7万～7.5万t/d水平，其中从长潭引水6.5万t/d左右，市域内水库供水控制在1万t/d以内。主汛期后，受台风和台风外围环流影响，降雨充沛，水库蓄水增加，至9月17日8时，水库蓄水851.73 m^3，蓄水率46.5%，旱情基本解除。8月28日17时，抗旱应急响应从Ⅱ级降到Ⅳ级，9月18日17时玉环市解除抗旱Ⅳ级应急响应。

2. 温岭市。从2017年下半年开始，受降雨量持续偏少和降雨空间分布不均影响，温岭市水库山塘蓄水率持续偏低，四大水库平均蓄水率在20%～25%徘徊长达7个月之久，但河道水位基本都在正常水位范围内，全市大范围管网供水非常紧张，给群众生活生产造成较大影响。2017年9月，启动抗旱Ⅳ级应急响应；2017年11月，将抗旱应急响应等级提升至Ⅲ级。2018年初，特别是7、8月份降雨较多，水库、山塘蓄水情况得到较大改善，在8月底将抗旱应急响应调整为Ⅳ级。2019年以来，温岭市连续阴雨天气，降雨量较常年偏多，全市水库水量得到较为明显的补充，饮用水供水紧张状态基本缓解。截至3月20日8时，温岭市四大水库平均蓄水率61.5%，于2019年3月20日9时全面解除抗旱应急响应。温岭市自2017年9月18日启动抗旱应急响应以来到全面解除，历时长达整整一年半，跨越3个年度，持续时间之长历年罕见，期间一直处于管网供水限供状态。但整个抗旱过程中，在防汛、水利、供水等部门的科学调度和管控下，最大限度地保障全市市民的供水安全，社会层面基本保持平稳。

3. 象山县。2017 年秋冬以来，象山县持续干旱少雨，至 2018 年 7 月 2 日 8 时，5 座中型水库蓄水量为 1 088 万 m^3，占可蓄水量的 20.37%。象山县于 2018 年 6 月 26 日启动城镇供水抗旱Ⅲ级应急响应，同时积极采取抗旱措施，包括向白溪水库应急引水；启用西周莲花大口井向西周区域补充供水，启用茅洋大口井、西周大口井等补充供水，实施从墙头方家岙水库、丹西九顷水库引水补充联网区域供水；南部区域实施大塘港水库补充供水，与溪口水库原水混合供应，并加快鹤浦应急引水工程建设进度。2019 年初，象山县连续降雨，全县水库水量得到较为明显的补充，截至 4 月 10 日 8 时，5 座饮用水水库蓄水量为 3 415 万 m^3，占控制蓄水的 63.8%。象山县于 2019 年 4 月 10 日 12 时起结束城镇供水抗旱Ⅲ级应急响应。

三、防汛防台抗旱行动与成效

2018 年，全省各级各部门在省委、省政府的正确领导下，按照国家防总的总体部署，认真贯彻习近平总书记防灾减灾重要论述和党的十九大、省第十四次党代会、省委十四届历次全会精神，深入开展“大学习大调研大抓落实”活动，坚持以人民为中心，紧紧围绕“不死人、少伤人、少损失”的总目标，立足防大汛、抗大旱、抢大险、救大灾，思想上真正重视，措施上真正落实，最大限度减少灾害损失，人员无一伤亡。

（一）省委省政府高度重视，决策指挥正确。省委省政府领导高度重视防汛防台工作。省委书记车俊要求各地各部门认真学习贯彻习近平总书记和李克强总理的一系列重要批示指示精神，高度重视，提高警惕，防止麻痹，压实责任，严格措施，有效防灾抗灾减灾，最大限度减少人民群众生命财产损失。省长袁家军要求强化底线思维，严格管控各类风险隐患，全面落实各项防御措施，切实提升灾害防控能力，确保人民群众生命财产安全。省政协主席葛慧君亲自部署防台救灾宣传，并多次致电省防指指导防汛防台工作。省委副书记郑栅洁要求拔高政治站位，坚持防台无小事，坚持责任到位，坚持加强领导，全力以赴做好防台防灾工作，努力减轻灾害损失。常务副省长冯飞要求及时采取措施和响应预案，把台风带来的损失减到最小。副省长、省防指指挥彭佳学反复强调要严守安全底线，从重从严从大从紧落实各项防御措施，多次组织召开防汛防台抗旱工作会议，台风影响期间彻夜坐镇省防指，组织分析会商，研究部署防御对策措施。副省长、温州市委书记陈伟俊亲自部署温州市防汛防台工作。其他省领导主动抓好分管领域的防汛防台抗旱工作。

（二）各级各部门贯彻省委省政府决策坚决有力。面对台风连续集中影响，各级党委、政府坚决贯彻省委省政府决策部署，按照绝不能因为工作疏忽造成群死群伤，绝不能因为工作失职给党和国家造成负面影响的要求，不麻痹、不侥幸、不轻敌，组织动员基层广大干部群众，发扬连续作战精神，全力应对台风灾害。台州市委书记陈奕君，嘉兴市委书记张兵，舟山市委书记俞东来，丽水市委书记胡海峰等亲自动员部署，深入一线抓检查、抓发动、抓落实；有关市、县（市、区）班子领导分赴联系点指导帮助台风防御工作；基层各类责任人坚守岗位，奋战在防台第一线，确保各项措施的有效落实。

防指各成员单位按照职责分工，密切配合，通力协作。8号台风期间，滞留在上大陈岛帽羽沙附近海域的20艘外省籍渔船遇险，18号台风影响期间，浙岱渔“04252”搁浅，19名船员遇险，省防指组织协调海事、海洋部门成功营救。省水利厅共派出85个组次检查指导防汛防台，督查水利工程安全管理。宣传部门大力宣传报道防台风工作。国土部门加强地质灾害隐患排查和治理。建设部门严格落实市政设施、危旧房屋安全度汛措施。公安、交通等部门加强道路车辆、交通运输船只的安全管理。电力、通信等部门加强电力、通信保障。经信、安监等部门督促相关企业做好无动力船舶、危化品等防汛防台保安。农林渔部门指导地方做好农林牧渔业防灾工作。民政等部门做好避灾场所安全管理和灾民救济救助。教育、旅游等部门做好校舍、师生和游客的防汛防台安全管理。省军区、驻浙部队、武警部队积极支持地方防汛防台抢险救灾。

（三）防御准备扎实充分。省防指在年初就明确年度目标、主要任务和工作要求，各级防指早研究、早部署、早行动，积极做好2018年洪涝台旱灾害防御准备工作。

1. 全面落实责任。按照“网格化、清单式”管理，定格、定人、定责和“纵向到底、横向到边、不留死角”的要求，推进防汛防台工作在基层落地生根。全省共落实防汛防台抗旱各类责任人31万名，并在各级媒体公布，接受社会监督。组织所有基层防汛防台责任人安装防汛管理APP。根据机构职能变化和防汛抢险工作实际，省防指重新明确各成员单位的职责。省防指办建立“每日一检查、每月一通报”制度，加强对各市县防汛值班情况的检查。各级防指将年度重点工作任务细化分解，逐项排出任务表、责任表、时间表，明确任务、责任到人，确保每项工作有人管、有人盯、有人促、有人干。

2. 深入开展隐患排查整治。按照“全覆盖、零容忍、严执法、重实效”的要求，全省共出动检查人员10.1万人次，检查工程和村庄39 868处（个），对发现的3 971处防汛安全隐患逐项“销号”或落实保安措施。截至2018年底，全省共核销地质灾害隐患点4 505处，完成综合治理项目3 889个，其中重大地质灾害隐患点治理项目1 109个，减少受威胁人数133 731人。全部完成本轮城镇危旧房、农村D级危房和涉及公共安全的C级危房治理改造任务。3月底前全部完成1 085处水毁工程修复。

3. 着力夯实防御基础。组织开展水库安全度汛专项行动，全省4 318座水库全面落实“三个责任人”和“三项重点措施”。梳理、修订各类防汛防台预案1 200余个。省气象、水文部门建立合作机制，实现数据共享。省水文局完成兰溪、诸暨、瓶窑等站洪水预报方案修订。按照抢大险的要求，及时调整补充防汛抢险物资，其中防汛袋类3 000万条、土工布62万m^2、块石65万m^3、救生衣（圈）18万件、舟艇5 354艘，总价值约7.68亿元，组建县级以上防汛抢险和抗旱服务队217支3.47万人。

4. 加强宣传培训演练。全省共培训各类防汛责任人9.7万人次，县级以上组织开展防汛防台宣传活动120余场次。组织开展全方位、多层次、贴近实战的防汛抢险演练，省防指联合丽水市防指在丽水开展险情抢护、堰塞湖处置、人员转移安置、遇险船只和落水人员营救、城镇内涝强排水、伤员救治、卫生防疫等科目演练。省防指成员单位和市县乡村共组织20万人次参与观摩演练。

（四）应急处置有力有序。面对连续不断的台风，各级防汛部门科学研判，精准施策，分阶段、分层次采取“防、避、抢”等措施。

1. 强化监测预报预警。各级防汛部门密切监视台风动态，积极做好水、雨、风、潮和地质灾害、城市内涝等监测预报预警，据统计，省水利、气象、海洋、国土、建设等部门共发布预警短信近7 160万条、台风信息158次、海浪警报73期、风暴潮警报39期、地质灾害预警短信61万多条，开展水文预报824站次，各级水利部门通过山洪灾害预警平台发出预警信息1.28万次。

2. 准确研判及时响应。2018年台风路径复杂怪异，对浙江省的影响判断困难，如10号台风“安比”移动路径多次跳跃变化，预报登陆点从浙中沿海，逐步调整为浙中北沿海、宁波、舟山、上海；12号台风“云雀”先在日本本州岛南部沿海登陆，而后西行穿过舟山群岛进入杭州湾，且移动缓慢，“登陆在上海、降雨在嘉兴”，前所未有；14号台风“摩羯”在温岭登陆前后恰逢农历七月的天文最大潮汛，面临“风、雨、潮”三碰头的不利形势，对此，省防指密切跟踪，准确研判，针对海上防风、沿海防潮、陆上防雨，及时动态部署。19号、24号、25号3个台风主要影响浙江省沿海海域，省防指打破常规，实施海上防台风应急响应。据统计，全省共启动防汛防台应急响应637次，其中Ⅰ级9次、Ⅱ级59次、Ⅲ级185次、Ⅳ级384次。

3. 突出抓好避险管控。坚持以人为本，生命至上。台风影响期间，突出抓好海岛景区、农（渔）家乐、海涂养殖、危旧房、工棚等高风险区域人员的疏散、转移避险；及时关闭涉海、涉水旅游景区；组织渔船回港或驶入安全水域避风，做到定人到船、不漏一船；加强“四客一危”船舶、无动力船舶、工程施工船舶安全监管和海陆交通安全管控，提前布防大马力救助船。据统计，全省共转移危险区域人员116.47万人次，组织船只进港避风或前往安全水域12.9万艘次，停运客运班线2 847条次、沿海客（渡）运785个航次。

4. 全面排查风险隐患。台风影响期间，积极做好水库、山塘、海塘、堤防等水利工程和石油、化工、核电、电力等重要设施的安全管理，全面排查薄弱环节和安全隐患；加密巡查观测台风影响期间的运行状况，确保隐患早发现，早处置。全省共出动10.32万人次，检查和排查重点部位7.44万处，整改风险隐患2 500多处，有力保障防汛防台安全。

5. 科学调度水利工程。严格执行水库控运计划，根据雨情、水情和工情，精心调度水利工程，充分发挥水利工程兴利除弊功能。8号台风影响前，针对部分水库水位超汛限的实际，采取有力措施，将水库水位降低至汛限水位以下，水库河网预泄预排2.22亿m^3。12号台风影响前，嘉兴、宁波、绍兴分别启用南排工程、姚江大闸、曹娥江大闸预排，为应对可能的强降雨腾出调蓄容量；强降雨致使嘉兴市河网水位迅速上涨后，省防指积极协调，太湖防总暂时关闭太浦闸，减轻嘉兴防洪压力。在14号台风影响前，全省河网抢排水量2.39亿m^3，有效降低河网水位；台风期间，水库全力拦蓄水量2.19亿m^3，既有效减轻下游江河压力，又显著增加台风前缺水较为严重的东阳、义乌、温岭、玉环等地水库蓄水，缓解供水紧张状况。

按照党中央、国务院和国家防总部署，在省委、省政府的正确领导下，全省各地各部门坚持以人为本，精心准备，周密部署，科学调度，积极发扬团结协作精神，全力防灾抗灾，确保主要河流重点河段、大中城市及重要城镇、重要基础设施的防洪安全，确保水库无一垮坝，城乡供水正常。据统计，全省共投入抢险人员8.63万人次，消耗防汛袋24.71万条、沙石料36.05万m^3、木材0.07万m^3，用油69.41 t、用电35.23万kW·h，减少受淹耕地1.007万hm^2、减少受灾人口18.30万人、避免可能造成的伤亡事件392起7 186人次，防灾减灾直接经济效益达192亿元，有效减轻灾害损失。